实用精细化学品丛书

国家教学团队建设成果　　总主编　强亮生

化妆品

——原料类型·配方组成·制备工艺

第二版

唐冬雁　董银卯　编著

化学工业出版社

·北京·

化妆品是与人们生活密切相关的精细化学品。本书在简介化妆品的分类、组成、功效评价和发展趋势的基础上，详细介绍了化妆品原料以及肤用化妆品、毛发用化妆品、口腔卫生用品、美容化妆品和特种化妆品的配方组成和制备工艺等。

第二版保留了第一版的基本结构，在内容上根据近年来化妆品的发展趋势，删除了部分不再使用的、欠温和以及有争议的原料，典型性欠佳的配方；增补了天然和绿色的动植物提取物原料、抗炎抗敏原料以及 BB 霜、CC 霜、抗敏化妆品等符合发展潮流的原料和产品配方。

修订后，本书更贴近化妆品发展实际，可供从事化妆品研究、开发、生产、管理、使用、销售的专业人员和管理人员阅读和使用，也可作为高等院校化学、化工专业的化妆品及相关课程的辅助教材及教学参考书。

图书在版编目（CIP）数据

化妆品：原料类型·配方组成·制备工艺/唐冬雁，董银卯编著 . —2 版 . —北京：化学工业出版社，2017.3
（2023.8 重印）
（实用精细化学品丛书）
ISBN 978-7-122-28954-4

Ⅰ.①化…　Ⅱ.①唐…②董…　Ⅲ.①化妆品
Ⅳ.①TQ658

中国版本图书馆 CIP 数据核字（2017）第 018404 号

责任编辑：傅聪智　　　　　　　　装帧设计：关　飞
责任校对：边　涛

出版发行：化学工业出版社（北京市东城区青年湖南街 13 号　邮政编码 100011）
印　　装：北京天宇星印刷厂
710mm×1000mm　1/16　印张 18　字数 370 千字　　2023 年 8 月北京第 2 版第 7 次印刷

购书咨询：010-64518888（传真：010-64519686）　售后服务：010-64518899
网　　址：http://www.cip.com.cn
凡购买本书，如有缺损质量问题，本社销售中心负责调换。

定　　价：49.00 元　　　　　　　　　　　　　　　版权所有　违者必究

前　言

《化妆品——原料类型·配方组成·制备工艺》作为"实用精细化学品丛书"的分册之一，自第一版于 2011 年出版以来，以其实用性受到读者的欢迎，同时被许多院校选作教材。

《化妆品——原料类型·配方组成·制备工艺》出版迄今已逾 5 年，在此期间，所述化妆品的原料类型、配方组成和制备方法等均有了一些变化，尤其是伴随人们生活水平的提升，对此类产品安全性需求的加深，植物性、全天然等原料在愈来愈多地运用于产品体系，相应衍生出新的配方结构和组成；加之随着精细化工技术的不断发展，一些新的制备技术和手段也逐渐运用于化妆品的生产之中。鉴于此，在化学工业出版社的提议和倡导之下，于 2016 年 3 月启动《化妆品——原料类型·配方组成·制备工艺》的再版修订工作。

《化妆品——原料类型·配方组成·制备工艺》分册的修订宗旨和修订方向与丛书的整体修订宗旨及方向保持一致。以体现实用性为主，并增强科学性、新颖性和准确性。增补近年的新原料、新配方、新工艺和新应用；通过选用近年的授权专利、权威期刊的文章、国内外知名公司的产品资料等方式，增加新配方和新工艺，更新和删除实用性欠佳和老旧的配方。

本书在保留原有各章节结构和特色的前提下，对各章节部分内容做了一些必要的修改和补充。具体的修订说明如下。

（1）第 1 章和第 2 章的部分小节中，结合目前化妆品行业和产品领域的变化进行整体改动。如第 1 章绪论中原有各节（化妆品的定义、分类、组成、特性、安全性和功效性评价方法、发展状况和趋势等）只保留各节原来的名称，其中的内容在结合目前的状况下重新进行阐述，更新原有内容。再如第 2 章化妆品原料中的基质原料和辅助原料中，删除部分不再使用的原料和欠温和以及有争议的原料，增加天然和绿色的动、植物提取物原料类型，增加抗炎、抗敏类化妆品原料类型；防晒和保湿原料的介绍中增加近年出现在典型产品中的新型原料。

（2）第 3 章和第 4 章的部分小节中，删除或调整了 3 级标题中类别区分较细、归属类型不准确或使用不普遍的产品对应的各小节。如删除原 3.1.7（化妆水）、4.1.6（专用香波）、4.2.2（发油）等节内容；删除原 3.4 美白（化）皮肤用化妆品一节；调整了 3.3 节中的编排方式，增加了营养膏霜和乳液、精华液的类型介绍。

（3）在第 3～7 章中，均剔除老旧和不典型的配方类型、所涉原料和制备方法，结合近年的授权专利配方、权威期刊的文章或国内外知名化妆品公司的产品配方，增加新原料、新产品和新工艺的介绍。

（4）第6章的6.1脸（颊）部美容化妆品的内容介绍中，增加现有广受欢迎的气垫霜、BB霜、CC霜等产品的原料、配方和工艺的内容。

（5）第7章中的各节编排顺序基本统一为"概述、主要原料（或产品类型及主要原料）、制备工艺（或设计原则）、产品配方"。其中上一版7.2节（祛斑化妆品）与第3章的3.4节（美白化妆品）合并为"美白祛斑化妆品"，精炼和合并了其中的相近内容；增加了7.3节（抗敏化妆品）。

全书共7章，由哈尔滨工业大学唐冬雁、北京工商大学董银卯编著。全书由唐冬雁统编定稿，由哈尔滨工业大学强亮生教授主审。

本书在编写、修订过程中，参考了多部相关教材、专著、专利和科研论文，均以参考文献的形式列于书后，在此向参考文献的作者表示诚挚的谢意。本书编写和修订还得到哈尔滨工业大学以及化工与化学学院各级领导、有关专家和学者的大力支持和帮助，在此一并致谢。本书在编写、修订中的不足之处，敬请广大读者批评指正，以便完善。

编著者

于哈尔滨工业大学（哈尔滨）

2016.12

第一版前言

随着社会的进步和人们物质、文化生活水平的提高，化妆品已是现代文明社会中各年龄、各层次人群的日常必需消费品，化妆品工业亦已成为新兴的精细化学工业的一个重要组成部分。为适应化妆品研制、开发和生产部门专业人才的需要，我们组织编写了本书。

编者于 2003 年曾编写了《化妆品配方设计与制备工艺》一书，由化学工业出版社出版后得到了广大化妆品生产者和研究人员的关注，还有一些高校将该书选作教材。但在使用过程中读者反映，该书存在介绍原理内容偏多，介绍配方实例及其制备工艺偏少等问题。化学工业出版社路金辉编辑建议我们针对读者的意见，重新编写本书，以期在系统地介绍典型化妆品类型的原料基础上，注重理论与实践的结合，突出其实用性。经编者考虑，删减原理部分的介绍，增加配方实例部分的比重，加强产品制备工艺方面的介绍，并将原书更名为《化妆品——原料类型·配方组成·制备工艺》，以求"名副其实"。本书可作为高等院校化学、化工专业的化妆品及相关课程的教材或教学参考书，也可作为化妆品的研究、开发、生产、管理人员的工具书。

本书由哈尔滨工业大学唐冬雁、北京工商大学董银卯编著。书中第 1、2 章和第 8 章由唐冬雁编著；第 3～7 章由唐冬雁、董银卯共同编著。全书由唐冬雁统编定稿，由哈尔滨工业大学强亮生教授主审。

本书在编写过程中，参考了多部相关教材、专著和科研论文，均以参考文献的形式列于书后，在此向参考文献的作者表示诚挚的谢意。由于编者水平有限，加之时间仓促，难免有疏漏和不妥之处，恳请读者提出批评意见，以便完善。

编者

2010. 6

目 录

第1章 概　述

1.1　化妆品的定义和分类

1.1.1　化妆品与化妆品科学

　　一般说来，化妆品是用以清洁、养护和美化人体皮肤、毛发、牙齿以及指（趾）甲、嘴唇等部位而使用的日常用品。化妆品的使用对象为人体的表面皮肤及其衍生的附属器官（毛发、指甲等）。其所起的主要作用包括：清洁作用，可温和地去除皮肤及毛发上的污垢；保护作用，可保护皮肤使之光滑、柔润，防燥、防裂、御寒、防晒，可保护毛发使之光泽、柔顺、防枯、防断；营养作用，可保持皮肤角质层的含水量，维系皮肤的水分平衡，补充易被皮肤吸收的营养物质及延缓衰老；美容作用，可美化面部皮肤（包括口、唇、眼周）及毛发（包括眉毛、睫毛）和指（趾）甲，使之色彩耀人，富有立体感或散发香气；特殊功能作用，形成一类介于药品和化妆品之间的产品，具有特殊的功效，如提供育发、染发、烫发、脱毛、健美、除臭、祛斑等作用。

　　（1）化妆品的定义

　　在国内，根据 GB 5296.3—2008《消费品使用说明　化妆品通用标签》，将"化妆品"定义为：以涂抹、洒、喷或其他类似方法，施于人体表面任何部位（皮肤、毛发、指甲、口唇等），以达到清洁、芳香、改变外观、修正人体气味、保养、保持良好状态目的的产品。在国外，尽管国际上对化妆品尚无统一定义，但各国依据本国情况颁布的化妆品法规中，对化妆品的定义都很类似，只是管理范围和分类略有不同。如美国《联邦食品、药品和化妆品法》（FDA1906）中对化妆品的定义：是以涂抹、擦布、喷洒或类似方法用于人体，使之清洁、美化、增加魅力或改变容颜，而不影响人体结构和功能的产品。欧盟对化妆品的定义：是指用于人体外部器官［皮肤、毛发、指（趾）甲、口唇和外生殖器］或口腔牙齿、口腔黏膜以清洁、香化、保护、保持其健康、改善其外观、去除体味为目的的物质和制品（化妆品不包括药品以及所有口服、注射、吸入人体内的其他产品）。日本《药事法》对化妆品的定义：是指为了达到清洁、美化身体、增加魅力、改变容颜、保护皮肤和头发健康，以涂敷、撒布或其他类似方法在身体上使用为目的，对人体作用缓和的制品。韩国则将化妆品定义为用于人体清洁、美化、增加魅力，使容貌变得亮丽；维持、提高皮肤、毛发健康；使用后对人体作用轻微的物品（医药物品除外）。其中功能性化妆品是指有助于皮肤美白的产品；有助于改善皮肤皱纹的化妆品；能提高皮肤抵抗紫外线能力，保护皮肤的化妆品。

随着全球经济的快速发展，推进国际化妆品法规一体化的进程也在加速，统一化妆品的定义和范围已成为需要。

（2）化妆品科学

随着国内外化妆品工业的迅速发展，有关化妆品的科学理论也在逐步建立，与其他各类学科一样，化妆品科学也逐渐形成为一门新兴的独立学科。

化妆品科学是研究化妆品的原料类型、配方组成、工艺制造、性能评价、安全使用和科学管理的一门综合性学科，其涉及面较广。现代化妆品首先是在化学知识的基础上研制出的产品，如对原料类型、配方组成的研究与确定，需要了解每一种原料的化学成分及化学性质，须有无机化学、有机化学、高分子化学的知识；生产工艺的研究与确定中，尽管大多几乎不经过化学反应过程，仅是各类物料的混合，但是要使每种物料既能发挥各自特性，又能在配伍后赋予产品良好的功能并保持性能稳定，需要物理化学、胶体化学、表面化学、化工原理、化工机械与设备等方面的知识；而化妆品性能及质量的检测，会应用到生物化学、分析化学及现代仪器分析和高分子流变学等方面的知识，故化妆品科学的发展建立在化学学科基础上。此外，皮肤科学、药理学、营养学、毒理学、微生物学、心理学、管理学等均与化妆品科学的发展有着密不可分的关系。现代的化妆品几乎是在化妆品科学和皮肤科学的最新知识基础上研究、开发出来的；将与化妆品有关的各因素归纳在一起，再根据综合科学理论制造而成的化妆品，属于化学制品范畴。

1.1.2 化妆品的分类

化妆品种类繁多，形态交错，我国尚未统一其分类方法，其他国家的分类方法也不尽相同。有按产品使用目的和使用部位进行分类的，也有按剂型进行分类、按生产工艺和配方特点进行分类以及按消费者性别和年龄进行分类的。其中通用的分类方法是以产品的使用目的和使用部位为基准，而比较规范的分类方法则是按其生产工艺和外形特点进行分类。

（1）按化妆品用途（目的或作用）分类

① 清洁类化妆品　清洁类化妆品是起到清洁、卫生作用或消除不良气味的化妆品。

皮肤正常新陈代谢所分泌的皮脂，在空气中被氧化分解成有害于皮肤的物质，汗腺分泌的汗液、盐分、尿素等，新陈代谢中脱落的坏死细胞，加上环境中灰尘等一起形成污垢，这些污垢会妨碍汗液和皮脂的分泌，促进细菌的繁殖，危害健康。因此，清洁用化妆品成为生活的必需品，也备受人们的青睐。如用于毛发部位清洁的洗发液（水）、洗发膏、剃须膏等；用于皮肤清洁的洗面奶、清洁霜、卸妆水（油）、沐浴液（露、膏）、清洁面膜、磨砂膏、去死皮膏等；用于指（趾）甲部位清洁的指甲液等；用于口唇部位清洁的唇用卸妆液等。

② 保护（护理）类化妆品　保护类化妆品是能起到保护、保养作用的化妆品。

此类化妆品也可用作美容化妆前的基础处理，故也称作基础类化妆品，是通过调整皮肤的水分和油分，起到保养和滋润肌肤，保持皮肤健康的作用。如用于皮肤护理的护肤膏（霜或乳液）、化妆水、爽肤水、养护面膜等；用于毛发护理的护发素（精油）、发乳、发膜、焗油膏等；用于指（趾）甲护理的护甲水、指甲硬化剂等；用于口唇护理的润唇膏等；用于眼部护理的眼霜、眼用面膜等。

③ 营养类化妆品　营养类化妆品是给皮肤和毛发等部位补充水分和养分，保持皮肤角质层含水量，增进血液循环，清除过剩的氧自由基，延缓皮肤、毛发老化的化妆品。如添加了维生素、人参、珍珠粉、芦荟、超氧化物歧化酶（SOD）、水解蛋白、中草药、透明质酸等生物活性成分的膏、霜、乳液、面膜等。

④ 美容、修饰类化妆品　美容、修饰类化妆品是能起到美化和修饰皮肤、毛发、指（趾）甲等部位，增加人体魅力作用的化妆品。如用于毛发部位美化、修饰的染发膏（液）、护染膏、彩发膏、黑发霜、烫发剂、定型摩丝、发胶、睫毛膏等；用于皮肤部位美容、修饰的粉底霜（液）、遮盖（瑕）霜、BB霜、CC霜、粉饼、胭脂、腮红、眼影、眉笔、眼线笔（液）、香水、古龙水等；用于指（趾）甲部位美容、修饰的指（趾）甲油等；用于口唇部位美容、修饰的唇膏、唇彩、唇线笔等。

⑤ 特殊用途（特种）类化妆品　特殊用途类化妆品通常含有专属性较强的药效成分，通过某些特殊功能起到美化、修饰、消除人体不良气味等作用的化妆品。其也可称作功能性化妆品或活性化妆品，有的书籍将其列入美容化妆品类，也有将其列入药物化妆品类（称为药妆品，由美国美容化学协会创始人 Albert Klingman 首次提出，是介于药物和化妆品之间的制品），此类化妆品的作用超过赋予皮肤以色泽等但不及治疗的药物，药物作用相对缓和，性能介于药品和化妆品之间。特种化妆品包括具有美白祛斑、除痘、育（生）发、脱毛、美乳、祛（腋）臭等作用的产品。

此种分类方法亦有直接结合消费者日常使用目的和部位进行划分的，如分为毛发类、皮肤类、唇眼类、指（趾）甲类化妆品；再如分为护肤品类，包括护肤霜、爽肤水、眼霜、面膜、卸妆油、沐浴露、洗面奶等；彩妆类，包括 BB 霜、CC 霜、粉底液、腮红、粉饼、眼线液、眉笔、唇膏、眼影等；染发类，包括染发膏、护染膏、彩发膏、黑发膏等；护发养发类，包括洗发水、护发精油、睫毛增长液、发膜、护发素、育发精华露等。

（2）按产品的形态分类

根据产品形态，可对化妆品进行分类。

① 液态化妆品　液态化妆品包括透明液态化妆品和多相液态化妆品。

在室温下，产品呈完全溶解、澄清的液体状态化妆品，称为透明液态化妆品。透明液态化妆品包括水溶性化妆品，如透明香波、化妆水、冷烫液等；醇溶性化妆品，如香水、花露水、祛臭水、营养头水、啫喱水等；油溶性化妆品，如发油、防晒油、护唇油、浴油、按摩油等。

在室温下，产品由互不相溶的原料混合而成的两相或多相液体，经静置后呈相分离，使用前需经振荡使其混合均匀，这种化妆品称为多相液态化妆品。多相液态化妆品包括油-水混合液，如双层化妆水；油-醇混合液，如免洗护发水；粉-水混合液，如湿粉、炉甘石花露水等。

② 乳化体类化妆品　乳化体类化妆品是化妆品类型中最多的品种，是指借助乳化体或物理方法使油、水两相或与粉末呈均匀、乳白软膏状的化妆品。

按体系中的内、外相特点可分为油包水型（W/O）或水包油型（O/W）乳化体类化妆品。O/W 型化妆品主要包括雪花膏、剃须膏、营养霜、粉底霜、乳化香波等；W/O 型化妆品主要包括冷霜、清洁霜、发乳膏等。

③ 粉类化妆品　粉类化妆品是指由各种干粉原料与各种功能化学原料混合而成，并以散布方法使用的化妆品，如香粉、爽身粉、痱子粉、扑面粉、粉状香波、面膜（粉）、粉状染发剂等。

④ 粉状成型类（固体粉末状）化妆品　粉状成型类化妆品是指由各种粉末、着色剂和黏合剂等混合后，放入金属容器内，经过压缩成型的化妆品。其形状包括饼状、块状、条状等，如眼影块、胭脂、粉饼等。

⑤ 固融体棒状化妆品　固融体棒状化妆品的主要成分是一些高熔点的油性原料（如油、脂、蜡等），在制造时先将油性原料加热融化后，加入粉体、色料，倾入模具中冷却成型而得，多数美容类化妆品属于此类，如口红、唇膏、防裂膏、眼影膏等。

⑥ 笔状化妆品　笔状化妆品是将化妆品制成笔状，多为美容类化妆品，如眉笔、眼线笔、唇线笔等。

⑦ 纸状化妆品　纸状化妆品是将化妆品涂在柔软的纸上而得的化妆品，如香水纸、香粉纸、防晒纸巾等。

⑧ 气雾剂型化妆品　气雾剂型化妆品是在耐压密闭容器内，充入液体或流动性乳剂，甚至粉剂，再充入低压液化气体（或挥发性较高的液体）作为推进剂，借助阀门，将内容物喷洒为均匀、细雾状或泡沫状的化妆品，如喷发胶、定型摩丝、剃须泡沫、喷雾香水、暂时性染发剂等。

⑨ 啫喱状化妆品　啫喱状化妆品是由水溶性高分子原料与水、酒精或多元醇等配制成的透明或半透明凝胶状（jelly）制品，如发用定型啫喱、护肤啫喱、啫喱面膜等。

(3) 按国家标准分类

我国化妆品的分类原则主要是按产品的功能、使用部位进行区分的，对于多功能、多使用部位的化妆品是以产品主要功能和主要使用部位来划分的。按照中华人民共和国国家标准（GB/T 18670—2002）（2002 年 3 月 5 日发布，2002 年 9 月 1 日实施），化妆品可分为清洁类化妆品、护理类化妆品及美容/修饰类化妆品，见表 1-1。

表 1-1　国家标准（GB/T 18670—2002）中的化妆品分类及其常用品种举例

功能 部位	清洁类化妆品	护理类化妆品	美容/修饰类化妆品
皮肤	洗面奶、卸妆水（乳）、清洁霜（蜜）、面膜、花露水、痱子粉、爽身粉、浴液	护肤膏霜、乳液、化妆水	粉饼、胭脂、眼影、眼线笔（液）、眉笔、香水、古龙水
毛发	洗发液、洗发膏、剃须膏	护发素、发乳、发油、发蜡、焗油膏	定型摩丝、发胶、染发剂、烫发剂、睫毛液（膏）、生发剂、脱毛剂
指（趾）甲	洗甲液	护甲水（霜）、指（趾）甲硬化剂	指（趾）甲油
口唇	唇部卸妆液	润唇膏	唇膏、唇彩、唇线笔

　　除上述分类方法外，还有其他分类方法，如使用性别可分为男用化妆品和女用化妆品；按化妆品的适用年龄或阶段可分为婴儿用化妆品（选用低刺激性原料配制而成的化妆品）、少年用化妆品（选用调整皮脂分泌作用的原料配制而成的弱油性化妆品）、青年用化妆品和中老年用化妆品、孕妇用化妆品（针对孕期雌激素和黄体素分泌增加引起的肌肤问题配制而成的化妆品）等；按化妆品的内容物分为 SOD 系列化妆品、果酸系列化妆品、芦荟系列化妆品、珍珠系列化妆品、蜂蜜系列化妆品等。

1.2　化妆品的组成与特性

1.2.1　化妆品的组成

　　化妆品是由多种成分组成的混合体系，通过在基质原料中添加多种成分制得。其基质原料是组成化妆品的基本原理，主要由油性原料和水组成。油性原料包括油脂类、蜡类、碳氢化合物以及组成这些成分的高级脂肪酸和高级脂肪醇类。常用的膏霜类或乳（奶）液等化妆品是由油脂和水为基质，在乳化剂作用下以乳状液形式存在产品，其乳状液为分散体系，由两种互不相溶的液体组成。一种液体以小液滴的形式分散在另一液体介质中，液滴大小通常为 $1\sim5\mu m$，可在普通显微镜下观察到。液滴称为内相，又称分散相；介质称为外相，又称连续相。要得到稳定的乳状液，体系中除含有内相和外相组分外，还需加入第三相组分作为稳定剂。内相和外相组分通常都含有化妆品的基质（基础）原料，而使乳状液保持稳定的第三相物质为乳化剂。

除基质原料外，在化妆品中通常通过添加色素（如天然色素、合成有机色素和无机色素）以掩盖原料的颜色及赋予产品特定外观，及使人体使用后具有自然和健康的颜色；加入香料（如天然和合成香料）以掩盖某些原料的异味，吸引消费者的注意，并通过散发香气，掩盖皮肤分泌的汗味和皮脂味，提神醒脑。

此外，在化妆品中常加入防腐剂和抗氧剂以保证化妆品在保藏期中的质量稳定以及对消费者的安全负责。其中防腐剂是为抑制化妆品中微生物的生长而加入到化妆品中的物质，具有抗微生物作用。对化妆品防腐剂的要求包括：广谱型抗菌性能，对多种微生物都具有抗菌活性；与化妆品中其他组分具有良好的相容性，不致引起失效，且能在化妆品的 pH 值范围内保持效力；在产品的存放和使用过程中性能稳定，不发生分解；无毒、对皮肤无刺激，不产生过敏；基本无色、无臭；使用方便，经济合理等。抗氧剂是具有延迟化妆品中含有的油脂、蜡类等成分发生酸败作用的物质。酸败产生的过氧化物、醛、酸等可使化妆品变色、变质进而引起产品质量下降。

1.2.2 化妆品的特性

化妆品是由多种成分组成的混合体系，虽然其剂型和用途各不相同，但具有共同的体系特性和质量特性。

（1）化妆品的体系特性

① 胶体分散性　化妆品大都属于胶体分散体系（也称溶胶，其粒子大小为 $10^{-9} \sim 10^{-6}$ m），即化妆品常是将某些组分以极小的微粒（液、固体）分散在另一介质中，形成一种多相分散体系而制得。这种胶体的多相分散体系的主要特征是多相不均匀性、组成的不确定性、多分散的结构以及具有聚结倾向的不稳定性。据统计，90%以上的化妆品为胶体分散体系。

② 流变性　化妆品的流变特性主要涉及化妆品的黏性、弹性、硬度、润滑性、可塑性、分散性等物理性质，主要表现在化妆品使用过程产生的各种感觉中，如"稠"、"稀"、"浓"、"淡"、"黏"、"弹性"、"润滑性"等，谓之流变心理学。尤其化妆品使用中涉及外力作用时，如存在搅动或需从瓶口倾出时，即变得易于流动；而静置时则能恢复到原有的黏稠状态。化妆品的流变性来自化妆品本身所具有的黏弹性结构，反映出化妆品内部的构造，是内部单个粒子以及粒子间相互作用的反映，不仅是化妆品设计、制备、运输、储存等方面的重要参数，也是产品质量保证的依据。化妆品的流变性既影响化妆品的使用，又关系化妆品的配方设计、工艺过程、设备选择、质量管理等方面。

③ 表面活性　化妆品大都具有表面活性特性。一方面是因为化妆品属胶体分散体系，分散相微粒的比表面积大，表面与表面相吸附的结果导致了物质表面性质的改变，从而使其有表面活性；另一方面，化妆品成分中常含有表面活性物质，如表面活性剂，用作化妆品中的乳化剂、增溶剂、湿润剂、发泡剂和去污剂等，因此使化妆品具有相应的表面活性。

（2）化妆品的质量特性

① 高度的安全性　安全性、稳定性、使用性和有效性是评价化妆品的四要素。化妆品是直接接触人体的日常生活用品，每天使用甚至会连续数年乃至几十年使用，其安全性至关重要。化妆品与外用药物不同，外用药物如具有某些暂时性的副作用，停用后则可消失；而化妆品属长期使用产品，并长时间停留于皮肤、面部、毛发等部位，不能有任何影响健康的不良反应或有害作用。

② 相对的稳定性　化妆品要求的稳定性，是指在一段时间内（保质期内）的储存、使用过程中，即使在炎热或寒冷环境下，化妆品的胶体化学特性和微生物存活性保持稳定，其香气、颜色、形态等均无变化。化妆品大都属胶体分散体系，体系始终存在着分散与聚集两种相互对峙的倾向，尽管体系中存在乳化剂，但其本质上为热力学不稳定系统，只能获得暂时的稳定，所以化妆品的稳定性是相对的。对一般化妆品来说，要求产品具有2～3年的稳定期限，不是、也不可能永久稳定。

③ 使用的舒适性　化妆品在使用中除体现愉悦消费者的颜色和香味外，还需有使用的舒适感。产品除要求与皮肤的融合度、潮湿度和润滑度适合，还应易于使用，即形状、大小、重量、结构、功能性和携带性适宜。如美容类化妆品需强调美学上的润色，而芳香类产品则在整体上能赋予身心舒适感。

④ 一定的功效性　化妆品与药品的作用对象不同，药品主要依赖于药物成分的效能和作用；而化妆品的使用对象为健康人，其功效性主要依赖于其中的活性成分和构成配方主体的基质的效果。化妆品需除具有柔和的作用外，化妆品还要有助于保持皮肤正常的生理功能以及体现容光焕发的效果。功效性化妆品依据产品类型体现不同的功能，如具有保湿功能、防紫外线能力、美白祛斑效果等。

1.3　化妆品的安全性和功效性评价

1.3.1　化妆品的安全性评价

为保证化妆品的安全性，防止化妆品对人体产生近期和可能潜在的危害，各国都制定了化妆品的相关法规。化妆品的安全性可根据国家的有关法规和行业部门的有关规定和要求进行评价。我国制定的《化妆品安全性评价程序和方法》（GB 7919—1987）国家标准，规定了化妆品的安全性评价程序和方法。

评价化妆品安全性的方法涉及卫生学、卫生化学、毒理学和物理学等学科领域，而人体接触化妆品的主要途径是皮肤，由于化妆品的性能或使用者的身体素质等原因，皮肤有时也会发生化妆品中毒的现象。化妆品中毒具体表现为三种，即致病菌感染、一次刺激性和异状敏感性反应。

预防致病菌感染可通过对原材料、物料的消毒、产品的防腐和生产工艺上的灭菌加以控制；原料及产品的检测项目包括微生物污染测试、微生物限度测试、抗菌测试。一次刺激性是由于原料中的某种杂质引起发炎，高纯度原料的使用可有效避免该反应。化妆品中的某一成分在长期使用过程中使皮肤产生抗体，异状过敏性反应就是这种抗体与化妆品中的抗原反应而产生，产生抗体的能力则因人而异。原料及产品的检测项目包括重金属污染测试、限用物质分析（如糖皮质激素、性激素、抗生素、塑化剂等）、防腐剂测试等。

（1）安全性评价中的一般性问题

讨论化妆品中某种成分的安全性评价时，不仅要考虑该成分本身的有关信息，还要考虑施用时的各种影响因素。影响因素包括：①成分的理化特性，如成分的结构和化学特性、所处状态、分子量和化学纯度，杂质或伴有的污染物及其性质和浓度等；②成分的危险性评价，如成分的危险性鉴别（成分固有的毒理学特性）、剂量反应评价、暴露评价、危险特性分析等。

（2）相关的毒理学研究

对化妆品成分潜在毒性的确定需基于一系列毒理学研究，并成为危险性评价工作的一部分。而后者是整个安全性评价的第一步。目前大部分毒理学研究仍然使用动物，对化学物质的毒性研究亦是如此。传统的人类毒理学资料都是将动物按人的暴露条件处理后进行研究推论出来的。

目前在改进、减少动物试验方面已经获得长足进步，一些替代试验亦已经面世。后者是基于体外试验，主要涉及皮肤腐蚀、光致突变、光毒性和皮肤吸收等方面。然而，由于各种原因，包括脊椎动物的复杂性，尚无完善的和经过验证的体外替代方法来进行重复剂量的动物毒性试验，亦无相应的预验证/验证方案。

（3）安全性试验项目和评价方法

化妆品安全性评价程序分为五个阶段。第一阶段为急性毒性和动物皮肤、黏膜试验，试验项目包括急性皮肤毒性试验、急性经口毒性试验、皮肤刺激试验、眼刺激试验、皮肤变态反应试验、皮肤光毒和光变态反应试验；第二阶段为亚慢性毒性和致畸试验，试验项目包括亚慢性皮肤毒性试验、亚慢性经口毒性试验、致畸试验；第三阶段为致突变、致癌短期生物筛选试验，试验项目包括鼠伤寒沙门氏菌回复突变试验（Ames）、体外哺乳动物细胞染色体畸变和染色体互换（SCE）检测试验、哺乳动物骨髓细胞染色体畸变率检测试验、动物骨髓细胞微核试验、小鼠精子畸形检测试验；第四阶段为慢性毒性和致癌试验，试验项目包括慢性毒性试验、致癌试验；第五阶段为人体激发斑贴试验和试用试验。

凡属于化学品新原料，要求进行五个阶段的试验；凡属于含药物的化妆品以及化妆品新产品，要求进行动物急性毒性试验、皮肤与黏膜试验以及人体试验，可根据化妆品所含成分的具体性质、使用方式和作用部位等因素，分选其中几项或全部试验内容；而对于非本国生产的进口化妆品，则要求进口单位提供产品的安全性评价资料。

对各评价项目，均有规范的化妆品安全性评价方法。

① 急性皮肤毒性试验和急性经口毒性试验　急性皮肤毒性试验系指受试物涂敷皮肤一次剂量［以敷用受试物的质量（g、mg）或以实验动物平均体重敷用受试

物的质量（mg/kg）表示]后产生的不良反应。当受试动物一次或 24h 内多次摄取大剂量受试物质，因毒理反应而引起 50%受试动物死亡的剂量，称之为半致死量（以 LD_{50} 表示，单位为 mg 或 g/kg 体重）。急性皮肤毒性试验的测试目的是确定受试物是否经皮肤渗透和短期作用产生毒性反应，并为确定亚慢性试验或其他特殊毒性试验提供实验依据。

试验动物选用成年大鼠、豚鼠或家兔，其建议体重分别为 200～300g、350～450g、2.0～3.0kg。将动物背部脊柱两侧毛发剪掉或剃掉，受试物涂敷面积不少于动物体表面积的 10%。液体受试物直接使用；固体受试物则研磨成粉状，用适量水或无毒无刺激性赋形剂（常用橄榄油、羊毛脂、凡士林等）混匀，以保证受试物与皮肤接触良好。实验动物随机分为 5～6 组，若用赋形剂，需设赋形剂对照组。

急性皮肤毒性试验时，将受试物均与涂敷于动物背部，用油纸和两层纱布覆盖，再用无刺激性胶布或绷带加以固定（防止脱落和动物舔食），24h 后用温水或适当溶剂清除残留物，观察一周（动物全身中毒表现和死亡情况）；若给药 4 天后仍有受试动物死亡，则需继续观察一周。

当受试物的皮肤毒性较低时，较难测得其经皮 LD_{50}，需进行急性经口毒性试验。该试验系指受试物一次经口饲予动物引起的不良反应。其剂量表示法同急性皮肤毒性试验。

试验动物选用成年小鼠和/或大鼠，其建议体重分别为 18～22g、180～200g；或选择其他敏感的动物。常用水或食用植物油为溶剂溶解受试物；或选用羧甲基纤维素、淀粉、明胶制得混悬液。实验动物随机分为 5～6 组，每组动物 5～10 只。

急性经口毒性试验时，用特制的灌胃针头将受试物一次给予动物（或 24h 内分成 2～3 次给药，合并为一日剂量），观察动物中毒表现和死亡情况。

急性经口毒性实验和急性皮肤毒性实验的评价结果见表 1-2。

表 1-2　急性经口毒性实验和急性皮肤毒性实验的评价表（LD_{50}/mg·kg^{-1}）

级别	大鼠急性经口 LD_{50}	兔涂敷皮肤 LD_{50}	级别	大鼠急性经口 LD_{50}	兔涂敷皮肤 LD_{50}
极毒	<1	<5	低毒	≥500～5000	≥350～2180
剧毒	≥1～50	≥5～44	实际无毒	≥5000	≥2180
中等毒	≥50～500	≥44～350			

确定试验物质能否经皮肤渗透和短期作用产生毒性反应，并为确定亚慢性毒性试验及其他特殊毒性试验提供实验依据。

② 皮肤刺激性试验　皮肤刺激是指皮肤接触受试物后产生的可逆性炎性症状。皮肤刺激性试验主要是为防止由化妆品作为直接原因而引起斑疹，确保安全性的考察方法；以及考察试验物质对皮肤细胞和血管直接的毒性作用。

皮肤刺激性试验是将健康成年兔子或豚鼠等作为试验动物（至少 4 只）。受试物[0.1mL（g）]以一次剂量[0.1mL（g）]或多次剂量[每次 0.1～0.5mL（g）]滴在

2.5cm×2.5cm 的四层纱布上，贴敷在健康无破损皮肤上，一层油纸覆盖，无刺激性胶布和绷带固定；另侧涂赋形剂对照（皮肤去毛面积左右各约 3cm×6cm），24h 后用温水或无刺激性溶剂除去残留受试物，于 1h、24h、48h 后观察涂抹部位皮肤反应。多次皮肤刺激试验中取受试物，每天涂抹 1～2 次，连续涂抹 14 天，每天观察皮肤反应。

皮肤刺激性反应评价见表 1-3，皮肤刺激强度的评价见表 1-4。

表 1-3　皮肤刺激性反应评价表

皮肤反应		积分	皮肤反应		积分
红斑形成	无红斑	0	水肿形成	无水肿	0
	勉强可见	1		勉强可见	1
	明显红斑	2		皮肤隆起轮廓清楚	2
	中等-严重红斑	3		水肿隆起约 1mm	3
	紫红色红斑并有焦痂形成	4		水肿隆起超过 1mm，范围扩大	4
					总分：8

表 1-4　皮肤刺激强度评价表

强度	分值	强度	分值
无刺激性	0～0.4	中等刺激性	2.0～5.9
轻刺激性	0.5～1.9	强刺激性	6.0～8.0

③ 眼睛刺激试验　眼刺激性是指眼表面接触受试物后产生的可逆性炎性反应。眼刺激性试验是用兔的眼睛作为受试部位，受试物可为原液或用赋形剂配制的 50％软膏或其他剂型；受试物一次剂量[0.1mL(g)]或多次剂量（原液 0.1mL 或软膏 0.1g）滴入（涂入）或喷洒一侧眼内，另一眼作为对照，滴药后眼被动闭合 5～10s，观察 6h、24h、48h 和 72h 后角膜、虹膜和结膜的变化和反应，以及第 4 天、7 天的恢复情况。如受试物明显引起眼刺激反应，可再选受试动物，滴入受试物 4s 或 30s 后，用生理盐水冲洗，观察眼的刺激反应。多次眼刺激试验中取受试物，每日 1 次，连续试验 14 天，继续观察 7～14 天。

眼刺激实验的评价标准见表 1-5。

表 1-5　眼刺激性评价表

急性眼刺激积分指数(1、A、0、1)(最高数)	眼刺激的平均指数(M、1、0、1)	眼刺激的个体指数(1、1、0、1)	刺激强度
0～5	48h 后为 0		无刺激性
5～15	48h 后<5		轻刺激性
15～30	48h 后<10		刺激性
30～60	7 天后<20	7 天后(6/6 动物<30)(4/6 动物<10)	中度刺激性
60～80	7 天后<40	7 天后(6/6 动物<60)(4/6 动物<30)	中度～重度刺激性
80～110			重度刺激性

按上述评价标准评定，如一次或多次接触试验物质，不引起角膜、虹膜和结膜的炎性变化，或虽引起轻度反应，但这种改变是可逆的，则认为该试验物质可以安全使用。

④ 皮肤变态反应试验　皮肤变态反应试验是指通过重复接触受试物后机体产生免疫传递的皮肤反应，人类的反应可能为瘙痒、红斑、丘疹、水疱或大疱，动物仅见皮肤红斑和水肿。由于接触致敏的发病过程为致敏（诱导）和激发两个阶段，故受试动物（首选白色豚鼠，每组10～25只）在接触受试物后至少一周，需再次给予激发接触，通过能够引起皮肤反应确定有否致敏作用。试验中从头部向尾部成对地做三次皮内注射［0.1mL FCA（福氏免疫佐剂：Freund's Complete Adjuvant，是死结核菌、液体石蜡和表面活性剂的混合物）、0.1mL 受试物、0.1mL 受试物和FCA的等量混合物］，各点间距1.5cm。注射后第8天，用2cm×4cm滤纸涂以赋形剂配制的受试物，贴敷于注射部位，固定48h，作为第二次致敏［为提高敏感性，亦可在第二次致敏前24h，于受试部位涂抹10%十二烷基硫酸钠（SLS），对照组仅用溶剂或赋形剂处理］。在末次致敏后14～28天，再涂敷赋形剂配制的受试物，固定24h。激发接触后，24h、48h和72h后观察皮肤反应，进行评价。

⑤ 皮肤光毒和光变态反应实验　皮肤光毒性物质是指由于光线的存在而引起初次皮肤刺激性反应的物质。皮肤光变态反应是指受试化学物质在光能参与下产生的抗原抗体皮肤反应。不通过机体免疫机制，而由光能直接加强化学物质所致的原发皮肤反应，称为光毒反应。

光毒性试验一般用豚鼠或兔子作为试验动物，每组动物8～10只。在剪掉毛的动物背部涂敷试验物质，用中波紫外线灯光线照射，观察照射1h、24h、48h后照射部位和未照射部位的反应差别来评价有无光毒性。

光敏性试验使用的动物有豚鼠和小鼠。试验方法与皮肤变态反应试验一致，分为诱导阶段和激发阶段。通过在皮肤上涂敷化学物质，用中长波紫外线灯照射进行光的过敏诱导；一定期间后再涂敷化学物质并用光线照射，观察照射后24h、48h、72h后的皮肤反应。结合光敏性试验与光毒性试验的结果，以排除和确认其反应不是由于刺激性引起的。

凡受试动物首次接触受试物，能在光能作用下引起类似晒斑的局部炎症反应，即可认为受试物具有光毒作用；凡化学物质单独与皮肤接触无作用，经过激发接触和特定波长光照射后，局部皮肤出现红斑、水肿感甚而全身反应，而未照射部位无此反应者，可认为受试物是光敏物质。

⑥ 亚慢性和慢性皮肤毒性试验和经口毒性试验　亚慢性、慢性皮肤毒性试验系指受试物重复涂抹或长期接触受试动物皮肤引起的不良反应，用以确定受试物多次重复或长期接触涂抹皮肤可能引起健康的潜在危害，为提供经皮渗透可能性、靶器官和慢性皮肤毒性试验剂量选择提供依据。亚慢性、慢性经口毒性试验系指动物多次重复或长期经口接受受试物引起的不良反应，其用来确定受试物重复经口给予动物可能引起的健康的潜在危害，为提供靶器官、蓄积可能性和慢性/致癌性试验

提供实验依据。

此类毒性试验可为考察化妆品长时间作用于皮肤时，是否引起包括内脏器官在内的全身影响或接触受试物的最大耐受量和安全剂量提供资料。除啮齿类小动物外，也使用兔子等中等动物作为受试动物。亚慢性毒性试验一般进行 4 周至 3 个月，慢性毒性试验一般进行 6 个月至 2 年，试验中观察受试动物的摄食量、体重的变化以及一般状态的变化，并检查血液、生化指标等的变化。在投药结束后解剖动物，对其各脏器进行观察，测定重量，进行组织学检查等。判断对特定脏器及其全身的影响（急性毒性试验也称为一次性投毒试验，亚急性和慢性毒性试验也称为反复性投毒试验）。

⑦ 致畸试验　胚胎发育过程中，接触后影响器官分化和发育，导致形态和机能缺陷，出现胎儿畸形，即为致畸作用。通过致畸试验，一方面鉴定受试物有无致畸性，另一方面确定其胚胎毒作用，为受试物在化妆品中的安全使用提供依据。受试动物选用大、小白鼠或兔。设置三组给药组和一组空白组，每组至少 12 只受孕动物。在其孕期 6～15 天期间，每天灌胃给药。根据第 20 天孕鼠（兔）的活胎、早期吸收和迟死胎数目等进行评定。

⑧ 致突变性试验　致突变性试验是用来评价试验物质对细胞核和遗传学影响而引起突变的可能性。使用沙门氏菌和大肠杆菌，在本来不生长的培养基中，计算由于物质的致突变性引起的（复归突变）菌落数进行细菌复归突致试验及进行评价；使用哺乳类动物的初代培养细胞，观察出现异常形态染色体和倍数体细胞的数量进行哺乳类动物培养细胞的染色体致突变试验及进行评价；啮齿类动物的微粒试验是对投与试验物质的小鼠骨髓中的多染性红细胞中的没有脱核的红细胞数量进行评价。前两者的试验，也用于检查试验物质经代谢后成为致突变物的可能性。致突变性试验结果和致癌性试验结果有一致性，也被用于预测致癌性。

⑨ 致癌性试验　致癌性试验系指长期接触（吸入、摄入、皮肤吸收或注射）受试物引起的肿瘤危害。受试动物选用大鼠或小鼠，至少设置三个剂量组和一个对照组，每组动物 25～50 只。小鼠和大鼠的试验时间分别为 18 个月和 24 个月，通过长期的经口或皮肤涂抹后观察和检测肿瘤的发生情况。

⑩ 人体激发斑贴试验和试用试验　激发斑贴试验是借用皮肤科临床检测接触性皮炎致敏原的方法，进一步模拟人体致敏的全过程，预测受试物的潜在致敏原。经动物试验后，可在一定程度上推测肉眼可见的大多数反应，但如刺痛、瘙痒等感觉性刺激反应在动物试验中很难预测，故在化妆品投放市场正式使用之前还须采用人体试验方法来确认其安全性。

a. 斑贴试验　试验全过程包括诱导期、中间休止期及激发期；受试物与皮肤有充分接触时间；斑贴部位为人体上背部或前臂屈侧等敏感部位皮肤；受试者无过敏史，样本数不少于 25 人。一般使用特制的橡皮膏进行封闭性的贴敷，对挥发性高的物质也适用于进行开放性贴敷。人体斑贴试验的皮肤反应评定标准见表 1-6 和表 1-7。

表 1-6　皮肤反应评级表

皮肤反应	分级
无反应	0
红斑和轻度水肿、偶见丘疹	1
浸润红斑、丘疹隆起、偶见水疱	2
明显浸润红斑、大小水疱融合	3

表 1-7　致敏原强弱标准表

致敏比例	分级	分类
(0~2)/25	1	弱致敏原
(3~7)/25	2	轻度致敏原
(8~13)/25	3	中度致敏原
(14~20)/25	4	强致敏原
(21~25)/25	5	极强致敏原

如人体斑贴试验表明试验物质为轻度致敏原，可做出禁止生产和销售的评价。

b. 试用试验　实际上，各种动物试验和动物代替试验都不能与人的使用条件完全相同。为此，在化妆品的开发中就要在特定的条件下评价在使用时的影响情况。对于防晒剂，要探讨温度、湿度和紫外线等环境变化的影响以及出汗的影响；对于护肤制品，要探讨干燥和脂质量等皮肤状态、反应性等。

c. 其他试验　在受试者的手腕和背部，测定接触性过敏反应和粉刺形成情况。

1.3.2　化妆品的功效性评价

(1) 防晒化妆品的防护效果评价

伴随着对紫外线危害的逐步认识，各种防晒剂及新型防晒化妆品应运而生，为保证其安全有效性，须采取适当的方法对化妆品的防晒效果进行科学、合理和正确的评价。

① 防晒性能评价方法　防晒化妆品的主要功效是防晒或防紫外辐射对人类皮肤的不良影响。由于短波紫外线（UVC）可被大气臭氧层吸收，故来自太阳辐射的紫外线主要有中波紫外线（UVB）和长波紫外线（UVA）到达地球表面，因此防晒化妆品的主要功效体现在对 UVB 和 UVA 的防护效果上。评价防晒化妆品的防晒效果有许多指标，一般用防晒系数或防晒因子（sun protection factor，SPF）来衡量物质对 UVB 的防御能力。它是防晒化妆品保护皮肤、避免发生日晒红斑的性能指标。日晒红斑也称作紫外线红斑，主要是日光中 UVB 诱发的一种皮肤红斑反应，因此防晒化妆品 SPF 值也经常代表对 UVB 的防护效果指标。SPF 的定义为：

SPF＝已被保护皮肤的最小红斑剂量［MED（PS）］/未被保护皮肤的最小红斑剂量［MED（US）］

由于 SPF 值的定义是建立在皮肤红斑反应的基础之上，因此只有利用人体皮肤的红斑反应才能准确、客观地测定 SPF 值。防晒制品的 SPF 值越大，其保护作用越强。防晒能力与 SPF 值之间的关系见表 1-8。

表 1-8 防晒能力与 SPF 值之间的关系

防晒能力	SPF 值	效果
最小	2～4	允许晒黑
尚好	4～6	允许有点晒黑
良好	6～8	允许很少晒黑
优良	8～15	微许或不许晒黑
特优	15～	不许晒黑

SPF 值仅仅是表示防护阳光中 UVB 的指标，而与 UVA 防护无关。在 SPF 值为 12～20 时，需有对 UVA 的防护，所以在选择防晒化妆品时，除 SPF 值外，还应注意防护 UVA 的指标。日本化妆品工业联合会在 1998 年制定并提出 UVA 的防护指数为 UVA-PF（protection factor of UVA），它分为 3 个 PA 等级，"+"越多，表明防晒效果越明显，具体见表 1-9。

表 1-9 日本化妆品工业联合会 PA 认证标准

UVA-PF 值	PA 等级	效果
$2 \leqslant X \leqslant 3$	PA+	可有效防护 UVA
$4 \leqslant X \leqslant 7$	PA++	很有效防护 UVA
$\geqslant 8$	PA+++	非常有效防护 UVA

目前，美国食品和药品管理局（FDA）的条例中规定市场产品允许标识的最高 SPF 值为 30+，同时各协会正开会讨论是否可以采用更高的 SPF 值；澳大利亚和新西兰允许标识的最高 SPF 值也是 30+；欧洲和日本规定允许标识的 SPF 值最高可达到 50+；其他国家和组织一般遵循以上两种 SPF 标准中的一种。

② 防晒性能测试方法　SPF 值测定法包括人体测试法、仪器测试法、SPF 值的抗水性测试法。

a. 人体测试法　国际 SPF 试验方法是一种利用已知输出性能的氙灯模拟器进行的实验室方法。为了测定 SPF 值，需在试验志愿者皮肤上用紫外线照射出一系列递增的迟发性皮肤点状红斑反应。试验部位限于后背腰部和肩线之间。

受试者背部皮肤至少应分三区：第一区直接用紫外线照射；第二区涂抹测试样品后进行照射；第三区涂抹 SPF 标准对照品后进行照射。照射时紫外线的剂量依次递增，被照射皮肤由于浅表血管扩张而产生不同程度的迟发性红斑反应。照射后 16～24h，由经过培训的评价人员进行判断。

受试者正常皮肤的最小红斑量（MED）、测试样品所保护皮肤的 MED 必须是同一受试者经同一天试验的判断结果。单个受试者的 SPF 值就是上述两个 MED 的比值。所有受试者个体的 SPF 值保留一位小数，求其算术均数即为该测试产品的 SPF 值。每次试验中至少保证 10 个以上的受试者出现有效结果，受试者人数不得超过 20 人。在一次试验中，同一受试者皮肤上可进行多个产品的测试。

SPF 与防晒效果的关系在美国 SPF 测定标准中有明确说明，如 SPF 为 6～8，为中等防晒效果；SPF 为 8～12，为高度防晒效果；SPF 在 12～20 或 20～30 时，为高强或超强防晒效果。对于防晒化妆品，虽然 SPF 和 PFA 值越大，防晒效果越好，但各国依据人体皮肤类型的不同，适宜的制品 SPF 值有所不同。我国防晒化妆品的 SPF 在 8～15 为宜；欧洲、美国及日本也有 SPF 为 50 甚至为 65 的产品，但现在的趋势是倾向于最大 SPF 为 30。为了配制高 SPF 的防晒制品，必须用多种防晒剂复配（单一防晒剂的 SPF 一般不超过 6～8），这些高含量的防晒剂势必对皮肤有很大的刺激且油腻感重，因此超高 SPF 的防晒制品并不是很可取。

b. 仪器测定法　利用仪器测定的方法可以粗略估计防晒产品的防晒效果。常用方法有紫外分光光度计法和 SPF 仪测定法。二者原理大致相同，即根据防晒化妆品中紫外线吸收剂和屏蔽剂可以阻挡紫外线的性质，将防晒化妆品涂在特殊胶带上，用不同波长的紫外线照射，测定样品的吸光度值，依据测定值大小直接评价防晒效果。SPF 仪器法增加了特殊的软件程序，将测定结果以及其他实验因素转换成 SPF 值直接显示。

c. 防晒化妆品 SPF 值的抗水性能测定法　季节和使用环境的特点通常要求防晒产品具有抗水抗汗性能，即在汗水的浸洗下或游泳情况下仍能保持一定的防晒效果。为了达到这一目的，在研发产品配方时一般尽可能减少亲水性乳化剂的使用，在不影响产品稳定性的基础上尽可能提高油脂的含量。此外还可以使用一些特殊的抗水性高分子化合物，以提高产品的抗水效果。对防晒化妆品 SPF 值的抗水抗汗性能测定，目前以美国 FDA 发布的试验方法被公认为是客观合理的标准测试方法。所用主要设备为一室内水池，具有水旋转功能，水质新鲜，符合美国 FDA 40CFR 部分规定的饮用水标准。测试的基本步骤为：在皮肤受试部位涂抹防晒品，干燥；受试者在水中以中等量活动 20min，然后出水休息 20min（勿擦拭试验部位）；再入水并以中等量活动 20min，自然干燥；按美国 FDA 规定的 SPF 测试方法进行紫外照射和测试。

化妆品 UVA 防护效果测试方法包括人体测试法和体外测试法等。

a. 人体测试法　也即 UVA-PF（PPD）法，该法由日本化妆品工业协会于 1995 年建立。其原理是通过测试 UVA 照射后引起永久色素沉着（Persistent Pigment Darkening，PPD）所需的时间来判断防护效果，UVA-PF 值为

UVA-PF＝保护区域的最小黑化剂量/未保护区域的最小黑化剂量

根据 UVA-PF 值的范围，分别标记为 PA＋（UVA-PF2～3）、PA＋＋（UVA-PF4～7）和 PA＋＋＋（UPF-PF≥8）。该法的优点是考虑了光稳定性，但其重复性略显不足。

b. 体外测试法　其中 UVA/UVB 比值法测试的主要程序为，将产品涂抹于底物，无紫外线的黑暗条件下 15min；测试涂抹产品的底物自 290nm 至 400nm 下的紫外线透射率（波长间隔为 2nm 或更少）；将涂抹产品的底物用相当于 17.5J 的阳

光紫外线照射，计算紫外线照射前后的 UVA/UVB 比值。而欧盟于 2006 年 9 月要求 UVA-PF/SPF＞1/3，采用 UVA-PF 的人体测试法（PPD）或体外测试法（欧洲化妆品协会 Calipa UVA 方法），只有达到 UVA-PF/SPF＞1/3 的标准才能在外包装上标识 UVA 防护标记。该法是基于德国标准 DIN 67502，同时包括测试前对样品进行 1.2J/cm² 剂量的照射，照射后进行体外 UVA-PF 评价。美国 FDA 于 2007 年 8 月 27 日颁布了推荐规则，对 UVB 的防护分为四类，即低（SPF 2～15）、中（SPF 15～30）、高（SPF 30～50）和极高（SPF 50＋）；对 UVA 防护则分为四个星级，测试方法分人体测试（UVA-PPD）和体外测试（UVA1/UV）两种。人体测试（PPD 值）分别为＜2、2～4、4～8、8～12、＞12，或体外测试（UVA1/UV 比值）分别为＜0.2、0.2～0.39、0.4～0.69、0.7～0.95 时，对应的防护效果为无 UVA 防护、一星（低）、二星（中）、三星（高）、四星（极高）。

（2）护肤化妆品的保湿功效评价

皮肤护理类化妆品最基本的功能是维持皮肤正常的屏障功能和保湿性。保湿类护肤品可以明显提高皮肤的含水量，增加皮肤弹性，可适用于各种原因所导致的皮肤干燥、瘙痒及脱屑等。保湿类护肤品还可以预防正常皮肤受损，并对已受损的皮肤有修复的促进作用，以及用于皮肤病的辅助性治疗等。

护肤产品中保湿剂的保湿性能测定分为体外与在体试验两种。相对于体外试验，在体试验相对较难，虽然其对环境要求不高，但对测试对象要求比较高，受测试对象的年龄、皮肤类型、皮肤老化程度等因素的影响。体外测定保湿性能相对而言没有诸多客观因素的影响，结果比较恒定、可靠。

① 保湿剂保湿作用的体外评价方法　保湿剂保湿作用的体外评价方法中，最主要和最常用的测定方法是称重法。其原理是依据不同保湿剂对水分子的作用力不同，其吸收水分和保持水分的能力也不同。作用力大的保湿剂，对水分子结合力强，吸收和保持水分的量也较大。因此，可根据保湿剂吸湿、保湿性能的差异，在控制试验条件下的前提下，用称重方法来评价保湿剂的保湿功效。

② 保湿剂保湿作用的非创伤性在体评价方法　该方法是国内外对护肤产品保湿功效评价中，使用最广泛的评价方法。非创伤性在体评价护肤品皮肤保湿效果的方法主要有两类：一类是测定皮肤弹性与干燥性的方法；另一类是测定角质层水分含量的方法。

a. 皮肤干燥度评价方法　测定蜕屑速率是研究表皮角质化中病理改变的方法之一，也被用于护肤产品的评估，如诊断干燥病或测得角质层的水化程度。

判断皮肤干燥程度最直接的方法是观察皮肤表面的鳞屑。由于皮肤起皱程度的外观分级易受到环境因素改变及主观判断的影响，所以通过洗涤技术来收集胶质细胞，将其量化（称量、细胞计数）或生化性质评估（提取脂类）是评估干燥皮肤的适合方法。目前广泛使用的是用透明胶带获取角质层表面的松弛细胞和鳞屑，用计算机图像分析技术进行测定的角质层脱落部分的客观分析，该方法具有快捷、重现性好等特点，对于干燥皮肤的评估具有一定的参考价值。

b. 测定角质层水分含量的方法　包括电容量测定法，通过测定电容值的变化来间接反映皮肤的水合状态；电导率测定法，通过测定表皮电导率的变化反映表皮角质层的含水量；经表皮失水率测定，也称为 TEWL（transepidermal water loss）法，这一测定方法是根据漫射原理来测定邻近皮肤表面水分的蒸气压的变化，以此反映经皮失水率，也因此，TEWL 法反映的是角质层的屏障功能，并不能直接表示角质层的含水量，皮肤的 TEWL 值越低，表明皮肤的屏障功能越好，反之则越差，因此它可以作为评价护肤品在通过保湿作用后对表皮屏障功能的维护、修复和加强作用的较为敏感的指标。

上述三种测定角质层水分含量的方法中，最常用的是将电容量测定法和经皮失水率测定法相结合，综合评价护肤产品的保湿功效。

（3）美白化妆品的效果评价

美白剂是指能控制皮肤黑色素的合成以及局部的色素沉着等的制剂。有效美白剂的开发和研制是美白化妆品研制的基础，而美白剂研制中依据的是色素的形成机理及其沉积机制。近年来，有关黑色素形成的机制和控制机制的研究，除以往的生物化学、细胞生物学的方法以外，还增加了利用遗传工程的分子水平的解析手法。

目前，黑色素生成抑制剂的评价分为体外评价技术、体内评价技术和人体试验的评价技术。

① 体外评价技术

a. 体外一次筛查法　尽管目前对黄褐斑、雀斑的生成机制还有很多未知的地方，但可采取细胞水平和色素合成量的降低作为指标进行筛查，亦可筛选出黑色素抑制剂。这种方法是采取优先考虑筛查酪氨酸酶抑制剂，而不考虑其他类物质的作用机制的做法。

b. 酪氨酸酶活性抑制试验法　这一方法中选择的酪氨酸酶是蘑菇酪氨酸酶。试验中采用的是已广泛应用的小鼠 B16 黑色素瘤及人皮肤的黑素细胞。酶活性的测定因使用酪氨酸羟化酶或多巴氧化酶而不同。前者是用闪烁计数器测量带有氚标志的酪氨酸基质转换成多巴时，游离出的带有氚标志的水量；后者则使用 475nm 的吸收波长观测从多巴基质转换成德多巴色素的酶反应的初始速率，从而测定酶的活性。后者是筛查法中一般使用的，可根据抑制多巴氧化酶的活性求得酪氨酸酶抑制效果，方法较简便。

c. 抑制黑色素合成试验法　该方法中的培养细胞一般使用人体黑素细胞、黑色素瘤细胞及小鼠 B16 黑色素瘤细胞等。在以筛查为目的使用时，以易于培养的小鼠 B16 黑色素瘤细胞最为合适，这是因为小鼠 B16 黑色素瘤细胞在经过几代的反复培养后，它的黑色素产生能力会降低，所以须对其实行定期的单细胞分离培养，克隆出黑色素产生能力高的细胞。即使这样产生能力还是有下降时，可在小鼠的背部皮内注入细胞，用形成的黑色肿瘤再次重新培养。

② 体内评价技术——用实验动物做动物的体内试验　细胞水平的体外试验已成为重要的试验方法，但是，为了填补用细胞和人体进行评价之间的差距，一般是

利用动物试验进行评价。受试动物通常选用与人皮肤特点相近的类型，如皮肤中由黑素细胞且含有与东方人同样的黄褐色素，经紫外线照射同样可被晒黑的褐色土拨鼠。有色土拨鼠剃毛后，用遮光布将不必要的部位盖好，每隔数天用紫外线照射数次，反复几次后使均一的紫外线色素沉着形成。可经 UVB 或 UVA 联合处理，最后经紫外线照射一次；也可在色素沉着形成后开始测定药剂的效果。前者适用于评价日晒后色素沉着的预防效果，后者则适用于色素沉着的早期改善效果。

③ 人体试验的评价技术——人体防治紫外线色素沉着的改善试验　在黑色素生成抑制剂的评价中，常规的方法是对皮肤照射人工紫外线以引起色素沉着来对药剂进行评价。观察防止日照后色素沉着的效果，抑或观察色素沉着的早期改善效果。通常这些方法是在无紫外线照射的手臂内侧等处进行。首先阶段性地在各受试者的上臂内侧部位照射适量的紫外线测定 MED（最小红斑量），随后连续 3 天在上臂内侧试验部位照射 1.0～1.5MED 的紫外线，作为两处色素沉着部位，用评价药剂每日 3 次连续涂抹，保留另处作为对照，须确保紫外线照射时皮肤上没有残留受试物。每过一段时间用肉眼及图像解析的方法观察色素沉着的变化程度。皮肤的颜色主要是由黑色素和血红蛋白的量来决定的，可以测定这两个指标的简便仪器，通常是色彩色差计、测量黑色素量的黑色素等测定仪。

（4）抗敏化妆品的效果评价

抗敏化妆品的效果评价分体内实验和体外实验。目前针对抗敏性物质抗敏性测定的研究报道复杂多样，包括基本的体外实验、动物实验、人体实验以及少量细胞实验，针对性也有屏障功能、神经镇静、抑制炎症反应之分。体内实验主要在人体皮肤和兔皮及兔眼黏膜上进行。

屏障功能维护和修复相关实验包括透明质酸酶抑制实验、自由基清除实验、红细胞溶血实验、皮肤角质层神经酰胺含量分析、皮肤屏障结构相关蛋白分析等；神经镇静实验包括降钙素基因相关肽、香草酸亚型瞬时受体电位 1 通道蛋白的相关研究；抑制炎症反应评价实验包括 THP-1 细胞 CD54/CD86 表达量研究、基于白三烯的 5-脂氧合酶活性研究等。

敏感性皮肤所引起的感觉刺激是难以定性、定量的，并且通常没有可见的伴随症状发生，需要相对客观的方法进行评定。刺激试验作为一种半主观的方法目前已经被广泛的用于敏感性皮肤的判定，主要的半主观评定方法有：①十二烷基硫酸钠（SDS）试验，是运用非常广泛的一种方法。SDS 可以调节皮肤表皮的张力，增加皮肤血流量，增加皮肤表面通透性。它作为一种原始的刺激物，通过细胞毒作用直接损伤皮肤。②乳酸刺激试验：在敏感性皮肤的筛选中，乳酸刺激试验是运用最广泛的方法之一。测试方法分为涂抹法和桑拿法两种。涂抹法是在室温下将 10% 的乳酸涂抹在鼻唇沟与任意一侧脸颊。桑拿法是先用桑拿器蒸脸 15min，然后用 5% 的乳酸涂抹在鼻唇沟与任意一侧脸颊。进行 4 分法评分（0 分为无刺痛，1 分为轻度刺痛，2 分为中度刺痛，3 分为重度刺痛），取其平均值，分数越高则皮肤敏感性越高。这种评定分法看上去似乎主观性很强，但其结果与实际情况很相似，且具有很强的可重复性。此外，还可运用氯仿-甲醇混合试验、二甲基亚砜试验、乙酰胺试验等刺激试验对敏感性皮肤进行判定。

透明质酸酶是过敏反应的参与者。研究表明，透明质酸酶与炎症、过敏有强相关性，许多抗过敏药物有强抑制透明质酸酶活性的作用。透明质酸酶活性抑制和肥大细胞释放组胺抑制活性之间有很好的相关性。众多研究表明，透明质酸酶体外抑制试验可作为测定抗过敏活性的方法之一。

抗过敏活性以透明质酸酶抑制率为指标，透明质酸酶抑制率越大则抗过敏活性越强。取 0.1mL 0.25mmol/L $CaCl_2$ 溶液和 0.5mL 透明质酸酶液 37℃保温培养 20min；加入处理后的样品液 0.5mL，继续 37℃保温培养 20min；加入 0.5mL 透明质酸钠液 37℃保温 30min，常温放置 5min；加入 0.1mL 0.4mol/L NaOH 溶液和 0.5mL 乙酰丙酮溶液，置于沸水浴中加热 15min 后立即用冰水进行冷却 5min；加入埃尔利希试剂 1.0mL 并用 3.0mL 无水乙醇进行稀释，放置 20min 显色，用分光光度计测定其吸光度值。抗过敏活性计算公式：

$$透明质酸酶抑制率 = [(A-B)-(C-D)]/(A-B) \times 100\%$$

式中　A——对照溶液 ABS 值（用醋酸缓冲溶液代替样品溶液）；

　　　B——对照空白溶液 ABS 值（用醋酸缓冲溶液代替样品溶液及酶液）；

　　　C——试样溶液 ABS 值；

　　　D——试样空白溶液 ABS 值（用醋酸缓冲溶液代替酶液）。

实验时先对 A 组试样进行 450～700nm 范围的波长扫描，以确定最大吸收波长，然后以去离子水作为参比，在该最大吸收波长处进行样品的 ABS 值测定。

（5）抗衰老化妆品的效果评价

经过数十年的研究和探索，抗衰老化妆品的发展已日趋完善。现有抗衰老化学品按其活性原料的作用机制大致分为保湿类、清除自由基类、细胞修复类以及吸收紫外线类四类。其功效评价方法主要包括体外评价和人体评价两部分。人体评价的方法有很多，包括专家评分、高品质的图像分析、经皮水分流失、角质蛋白的变化以及红斑和干燥的临床数据等。体外评价包括清除自由基能力的测定和成纤维细胞体外增殖能力检测。

① 清除自由基能力的测定　是否具有清除自由基的能力是评价抗衰老化妆品（原料）的重要指标之一。目前评价清除自由基的能力的指标主要有：清除二苯代苦味酰基自由基（DPPH）能力、清除超氧阴离子能力、清除羟自由基能力。

② 成纤维细胞体外增殖能力检测　人体皮肤成纤维细胞的复制寿限与供者的年龄呈负相关，供者年龄每增加一岁，其细胞的体外复制寿限降低 0.2 代。为检测样品对细胞衰老的影响，在细胞体外传代的培养液中加入一定浓度的受试物溶液，进行传代培养，记录各组传代的间隙天数，以此来评价抗衰老化妆品对成纤维细胞体外增殖能力的影响。

1.4 化妆品工业的发展

自古以来，人类对美化自身的化妆品就有不断的追求。化妆品已日益深入到人们的日常生活中，成为现代文明社会中各个年龄层次的人群不可缺少的日常用品，也是人们美化生活、职业文明等的必需消费品。世界人口的逐年增长，带来化妆品消费量的提升，也促进了化妆品工业的发展。

1.4.1 化妆品工业发展概况

(1) 国内化妆品工业发展概况

中国化妆品市场是全世界最大的新兴市场。众所周知，我国是人口大国，化妆品的需求量大；与其他国家相比，我国的化妆品市场空间巨大，化妆品工业的发展迅速。2001年至2013年，我国化妆品市场取得了15.9%的复合年增长率，成为世界上增长速度最快的国家之一；人均化妆品消费额也从2001年的0.16美元，上升到2013年的13.6美元。2013年，中国已成为仅次于美国、日本的全球第三大化妆品消费市场。2013年我国化妆品市场规模达228亿美元，占全球化妆品市场的7%，2016年市场容量将达到284亿美元。中国化妆品市场规模的扩大，不仅满足了国民日益增长的消费需求，也为国民创造了广阔的就业机会和空间，为国民经济的发展做出了巨大贡献。在化妆品的消费结构中，护肤品占40%~50%，发用类占30%~40%，彩妆类占10%左右，其他类占10%左右；从产品定位看，中低端化妆品仍是最为畅销的类型，约为高端化妆品销售规模的3倍；从产品的增长速度看，男士化妆品和婴幼儿护理品的销售额增速较快。

中国化妆品市场的巨大潜力吸引了世界上各国的化妆品企业，几乎所有的国外著名化妆品公司，如美国的保洁、雅芳，英国的联合利华，德国的汉高，日本的资生堂、花王，法国的欧莱雅、迪奥等均已进入中国市场。利用外资推动和加速我国化妆品产业的发展已成为目前国内化妆品工业发展的特点之一，国外化妆品公司和企业的加入在某种程度上繁荣了我国的化妆品市场，促进了化妆品工业的发展，也提升了国内化妆品的科技含量和新产品推出的速度，但同时如何利用自身的优势加快发展和保护化妆品的民族品牌也成为摆在国内化妆品企业面前的问题。

(2) 世界化妆品工业发展概况

总体来看，世界化妆品的生产主要集中在欧洲、美国、日本等发达国家，其化妆品企业凭借强大的研发能力、品牌影响力及营销能力，占据着化妆品产业的领先地位，引领全球的美容理念和产业发展方向，排名前列的品牌如欧莱雅、宝洁、联合利华、雅诗兰黛、资生堂，合计约占全球市场份额的52.4%。

美国作为全球第一大化妆品市场，其化妆品生产和销售额较为可观，化妆品工业产值在2010年即达到360亿美元，全美有500余家化妆品生产企业，生产化妆品种类约 25000 多种，这些产品除供应本土市场需求外，大量出口到世界各地。世界知名的化妆品品牌中美国占据 2/3 以上，如伊丽莎白·雅顿、雅诗兰黛、倩碧、玉兰油、玫琳凯、美宝莲等。欧洲化妆品工业历史悠久，整体化妆品市场较为成熟，人均化妆品消费水平较高；整体化妆品市场对绿色天然产品的推崇度较高，2010 年欧洲地区天然化妆品的市场规模即已突破 10 亿欧元。亚洲国家中日本是化妆品工业较为发达的国家，尤其在保养类护肤品和医学美容品方面的市场前景较为突出。韩国化妆品工业主要致力于针对亚洲人皮肤的特点，进行保湿、美白、抗皱等多功能产品的研究和开发，其产品品种的覆盖度全面，满足不同消费层次需求，因此，其产品占其本土市场的 50% 以上，还尤其受到东南亚地区消费者的普遍喜爱，2012 年其化妆品出口额增长到 10.7 亿美元，超过其进口，中国和日本是其化妆品最大的出口国。化妆品消费市场中，亚太市场占比最大，西欧、北美、拉美地区分列其后；2014 年的化妆品市场规模，亚太地区占全球同期总量的 34.7%，西欧占比 21.8%、北美占比 20.9%、拉美占比 12.5%、东欧占比 7.3%、非洲及中东占比 2.8%。而就世界化妆品的品种结构而言，护肤品、护发品、彩妆类依然是需求量最大的品种类型。2014 年，全球护肤品市场规模占化妆品市场总量的35.3%，护发品占比 23.3%，彩妆类占比 16.6%，香水类占比 12.8%，卫生、香体类占比 10.8%，口腔用品占比 1.2%。

就化妆品的工艺技术而言，不断引入新技术是各国化妆品工业普遍追求和采用的做法。如新型乳化技术应用于膏霜和乳液类制品的研制和开发：进入 20 世纪 90 年代后，相继出现了低能乳化、电磁波振荡连续乳化和高剪切连续乳化技术等的采用。这些技术既缩短了乳化时间，又节约了能源，还提高了产品质量；通过机械乳化代替人工乳化的技术，可在体系中少用或不用表面活性剂，避免其带来的不良影响；多相乳化技术可制得兼具 O/W 和 W/O 型的膏体，既实现对皮肤的良好渗透，又易于被皮肤吸收。再如活性成分的皮肤传输技术（如微胶囊化；制成脂质体、纳米微球等）应用于产品的研制和开发，有效保留了化妆品组分的活性，实现了其对皮肤的有效作用，并延长了作用时间，增强了制品的实际功效。诸多新型分离、提纯、鉴定和分析技术的开发和使用也有效促进了化妆品工业的发展。

1.4.2 化妆品工业发展趋势

纵观化妆品工业的发展历程，1970 年以前化妆品研究的重点是产品的制造，其相关学科为胶体化学、流变学、统计学等。20 世纪 80 年代以后，化妆品工业的研究重点步入了人和物相互调和的时代，化妆品的安全性、有用性受到极大的重视，化妆品的研究领域也扩展到皮肤学、生理学、生物学、药理学及心理学等。至20 世纪末，已推出了高安全性并具有一定生理学功效的化妆品类型，如美白化妆品、保湿化妆品、防衰老化妆品、防脱发化妆品等。

进入 21 世纪后，化妆品将相应进入化妆品硬件和使用化妆品的人类相互融合的新阶段，制造出对于消费者真正有价值的商品，将逐渐成为化妆品工业领域和化妆品企业追求的一致目标。为实现化妆品的深化发展，化妆品的基础研究已从化妆品科学扩展到细胞生物学、分子生物学、近代药物化学、药理学、心理学及生命科学等。化妆品的研究也将不仅重视提高化妆品的生理功效，即生理学的有用性，而且重视化妆品的心理学功效研究，包括通过五官的感觉影响与改变人的心理状态。根据近代生命科学的原理，心理状态影响人的神经、内分泌、免疫功能等，创造良好的心里状态是可以达到身心健康的目标，还可更高层次地实现消费者对于"美丽与健康"的理想。此外，21世纪是谋求人与地球环境共同生存，不断创造新的美的世界的时代，使肌体美丽也成为其中的必然，化妆品的环保研究将被进一步提到日程中来，运用生物技术手段，将多种植物、药材、海产品用于化妆品生产，甚至全部采用植物的天然萃取成分研制化妆品，成为越来越多的化妆品生产企业未来产品研发的重点和趋势。此外提高化妆品的生理学有用性仍然备受重视，尤其是延缓皮肤衰老、肌肤美白、生发化妆品的研究和开发，亦成为化妆品研究的热点。

（1）国内化妆品工业发展趋势

对于中国的化妆品行业，虽经过几十年的快速发展，且取得较为突出的成就，但我国化妆品生产贸易尚存在诸多不完善之处，化妆品产业的发展面临诸多压力，占据中国化妆品销售排行榜前十位的均是国外品牌，60％的化妆品市场份额被跨国公司所占据，大的化妆品需求与滞后的生产形成较为鲜明的对比。目前的化妆品人均年消费额尚处于较低水平，相当于美国的1/10和日本的1/20。大力发展本土化妆品产业，创造属于本土的品牌，提升产品竞争力，成为未来国内化妆品产业的发展趋势。

随着我国经济的持续快速发展，市场需求潜力将不断释放，化妆品行业具有巨大的成长空间。据中国香料香精化妆品工业协会预计，到2020年，中国个人护理用品行业年增长率将保持在12％。总体上，护肤品仍会是我国化妆品市场中规模最大的子行业，未来的化妆品市场呈现出市场层次化日益清晰的趋势。产品细分愈来愈细，男士剃须护理、婴幼儿护理用品、彩妆、面膜等细分市场具有很大的增长趋势。中国化妆品工业在相当一段时期内需强化高科技在化妆品学中的应用，加强科技投入，提高产品科技含量，增加附加值；调整产品结构，提高产品质量，增加花色品种，拓宽应用范围；规范化妆品的管理，保证产品质量，向国际化管理接轨。

① 原料绿色化和工艺清洁化　利用我国丰富的自然资源和传统文化底蕴开发天然化妆品原料，研制绿色环保产品，提升产品质量监管力度，均是提升我国产品品牌竞争力的有效手段。

将动植物提取物添加到化妆品中，在中国有其独到之处。可从植物中提取胶原蛋白、植物激素、植物多糖、美白成分及杂环类成分等，如人参皂苷应用于化妆品中对皮肤有着明显的护肤功能，对皮肤角质层有很强的亲和性和"穿透"力，促进细胞生长等；再如我国开发的添加天然"茶多酚"的化妆品，具有易被皮肤吸收，活性稳定，在酸性和避光条件下，活性能长期保持不变，无毒、无刺激性等良好功能，是具有前途的化妆品的添加物。金属硫蛋白是 20 世纪末开发成功的从动物体内提纯的具有生物活性及独特性能的低分子量的蛋白质，可作为化妆品的良好生物添加剂，有修复受损细胞的作用，受到医学界的关注。采用绿色化学合成原料、采用生物技术合成与人体自身结构相仿并具有高亲和力的生物精华物质，丰富化妆品添加剂种类，提升化妆品的功效等，均是国内十分看重且具有发展前景的化妆品领域。此外，已有国内化妆品企业和原料制造商将纳米技术应用到化妆品中，如新型载体在化妆品中的运用也越来越多地受到业内专家的重视。主要通过纳米脂质载体包覆，来有效降低功能添加物等对皮肤的刺激性。纳米技术的发展带来了多种新型载体系统，如纳米颗粒悬浮液、脂质体、固体脂质纳米颗粒、纳米结构脂质载体、纳米乳液、聚合物纳米颗粒、磁性纳米载体及无机材料纳米载体等。

② 品种多样化　从品类的细分化到功能的个性化是我国未来化妆品品种的发展趋势之一。

随着我国及世界进入老龄化阶段，适合中老年人的身体特点、心理状态和新消费观念的老年人专用化妆品还有待开发；儿童化妆品市场也将是广阔和活跃的，对儿童更为安全、适用、质优及包装新颖的儿童化妆品将有一片天地；男士化妆品随同女士化妆品的发展而得到发展，护肤、须用、发用、浴用和古龙水等适合男性的化妆品也必然得到发展；良好体现出防止水分流失、杀菌防臭以及提神抗疲劳，且易于携带的运动型化学品亦具有良好的未来市场；随着我国女性消费者收入水平的提高和护理理念的转变，对面膜的消费观念迅速转变，使用面膜的消费频率快速提高。相对于其他护肤产品，面膜更多强调美白、补水保湿和祛斑等密集护理功能。在环境恶化现象日益突出的情况下，面膜因具备密集护理作用受到欢迎。追求个性化的趋势使得彩妆化妆品的研发，尤其是美化与护理于一体的彩妆化妆品的开发成为趋势。

③ 技术的高新化　产品品牌竞争力的大小很大程度上取决于产品的高科技含量，科技创新是化妆品品牌的灵魂，运用绿色天然、生物化学以及纳米技术等研制集美白、保湿、抗皱等功能于一体的多功能产品；以生命科学为基础的生物技术来生产新原料、研究和应用脂质体和微胶囊等新制剂、开发功效性化妆品以及完善化妆品功效评价，都是今后化妆品的发展的基础和趋势。微乳化、脂质体和微胶囊载体化、纳米技术等的运用，可有效提升活性物质的功效、改善化妆品的性能。

（2）国外化妆品发展趋势

国际化妆品的发展在美国、西欧、东南亚等国家和地区趋于供求平衡，稳步增长，因此，今后除发展中国家的化妆品将大幅增长外，总体不会出现大起大落的增与降。而品种和质量、用途和功能将是市场追求的"热点"。如天然原料和天然化妆品，防晒、抗衰老、抗敏感、祛痘祛黑头等功能化妆品的需求仍呈上升趋势，是未来化妆品产业中的亮点。

天然绿色环保是国外化妆品市场的未来发展中不变的重要主题，化妆品原料和制品的天然化理念在全世界盛行，越来越多的新技术、新工艺用于天然原料的开发以及天然产品的研制。据芝加哥市场调查公司预测，2016年的美国绿色天然化妆品市场规模达到94亿美元，至少有75％的产品含有天然绿色成分，且增长趋势会持续；欧洲化妆品工业更为突出地崇尚原料和产品的天然绿色，且格外注重产品的创新和功能化。世界化妆品原料的未来发展趋势依然是"重返大自然"。近十几年来，国内外在医药、保健品和化妆品领域掀起了绿色浪潮，"天然活性成分"被视为安全、健康和有效的代名词。随着医学研究的深入，广大消费者对使用化学合成物制造的化妆品持更加谨慎的态度。近年来，化妆品生产开始原料的天然化，形成开发天然资源的世界热潮。国外化妆品公司对化妆品原料的开发相当重视，主要集中在研究安全、有效和性能稳定的化妆品原料，医学手段在研究中已得到越来越多的应用。这也是世界发展化妆品的必由之路。

此外，消费者对化妆品的认知加深以及要求提升，产品的使用年龄分层愈来愈明确。全球儿童护理产品市场增长快速，到2017年儿童护理用品市场将达到668亿美元，2012年—2017年复合年均增长率为7％；欧洲、中东和非洲合计将占据34.7％的市场份额，亚太地区居次。这一市场的增长动力主要在于父母可支配收入的增长及父母平均年龄的增长。其中，尤以对健康无害的有机类儿童化妆品最受关注。且随着人民健康意识的逐步加强和对自身形象的关注度的提升，男士化妆品逐渐兴起，发展速度惊人，市场潜力巨大。欧洲已成为男性化妆品市场规模较大的地区，且市场日趋成熟，拉美和亚太地区的男士化妆品市场增长速度逐步加快。

需求的不断提升促使产品愈来愈细化，功能性逐渐增强，尤其多效合一的化妆品在国家市场上备受推崇。如可提供包括遮瑕、收缩毛孔、调整肤色以及舒缓和护肤在内的多重功效的BB霜，其源于亚洲，发展于西方市场，成为2012年增长最快的化妆品之一，亦成为多效合一的化妆品的代名词；以及在此基础上，更为新颖和尤其强调清爽、滋润和富含高效皮肤护理成分的CC霜等均是该趋势下的化妆品类型。而伴随健康和美容理念的深入人心，人们对既能美容又能对健康起到作用的化妆品的兴趣日益浓厚，全球药妆市场面临大的增长，全球药妆市场总值到2017年将达到305亿美元，2012年—2017年将以7.7％的复合年均增长率持续上升。强劲的经济发展态势、拥有较高可支配收入的中产阶层使得药妆市场增长迅速。

此外，随着生物技术在分子生物学、医药等领域的快速发展，生物技术逐渐成为化妆品行业未来发展的方向之一。生物技术可用于化妆品活性成分的筛选和生产，得益于生物发酵技术、植物组培技术、干细胞技术、核酸技术等在化妆品行业的高效应用。生物技术主要用于生产科技含量比较高的化妆品活性添加剂，如蛋白质及多功能多肽类、氨基酸类、脂质类、酶类、多糖类、有机酸类、维生素类和植物活性成分类等生物制剂。

随着精细化工的发展，尤其是油脂工业、表面活性剂工业、香料合成工业以及染料工业等的发展，使化妆品工业进入了一个崭新的阶段。现代生物工程技术与传统精细化工技术相结合，将会给21世纪的化妆品工业带来新的飞跃。

第2章 化妆品的原料

化妆品是由不同功能的原料按一定的科学配方组合,通过一定的混合等加工技术制得的化工产品。其特性及质量除与配制技术及生产设备等有密切关系外,主要决定于构成它的原料。掌握化妆品原料的结构、性能和特点,才能正确、灵活运用各类原料,制造出各种新颖的产品。

化妆品的原料非常广泛,凡是对人体皮肤、毛发等有清洁、保护、滋养、疗效、美化作用,或为便于化妆品配制而添加的物料以及为提高产品品质而添加的物料,均称为化妆品的原料。

根据化妆品原料的用途与性能,可分为基质原料、辅助原料和添加剂。基质原料,也称基础原料,是构成化妆品基体的物质原料,在化妆品配方中占有较大的比重,体现化妆品的主要性质和功用;辅助原料是使化妆品成型、稳定或赋予化妆品以芬芳及其他特定作用的配合原料,一般辅助原料的用量都较少,但在化妆品中是不可缺少的组分。

2.1 化妆品的基质原料

基质原料是构成各种化妆品的主体,体现了化妆品的性质、功能和用途。

2.1.1 油性原料

油性原料是化妆品的主要基质原料,一般分为油脂、蜡类、高级脂肪酸、高级脂肪醇和酯类。油脂、蜡类是组成膏霜类、乳液类护肤(发)品、唇膏等的基质原料,通常以常温时原料的物理形态区别其称谓。常温下呈流态的油性物质称为油,呈半固态的脂肪质称为脂,呈固态的软性油料称为蜡。在化妆品中,油性原料主要起护肤、柔滑、滋润、固化赋形以及特殊功能等作用。

(1) 油脂、蜡的特性和功能

油脂、蜡具有特殊的物理、化学性质,无论是在乳化型还是非乳化型的化妆品配方中,油脂的用量均比较多。其特性和质量状况会直接影响产品的安全性和稳定性。油脂的一些特性和质量，通常是以一些物（理）化（学）常数来表征的，包括色泽和气味、密度、熔点和凝固点、酸值、碘值、皂化值以及不皂化物含量等。

① 色泽和气味　天然油酯和蜡类的色泽和气味与其来源、采集方式和精制技术有密切的关系。油脂普遍含有一定量的类胡萝卜素，呈现淡黄色或微黄色，精制不充分则呈黄褐色。此外，油脂也会因为含有聚苯酚或含氮化合物而呈暗褐色。油脂、蜡的异味大致有四类：a. 甘油酯类（含萜烯类碳氢化合物、酮类、醛类、羰基化合物、含硫化合物等）特有的气味；b. 甘油酯因贮藏条件等因素发生氧化或微生物作用导致的变质而产生的异味；c. 磷脂质、不皂化物等杂质产生的异味；d. 在脱色精制、加氢或其他加工过程中因氧化或还原等产生的异味。

② 熔点　油脂、蜡的熔点直接反映了油脂、蜡的化学结构和组分，在化妆品配方设计时，这一指标对产品的工艺条件选择和质量控制都非常重要，还可使产品随季节所产生的变化控制在最小范围内。熔点不仅赋予产品稠度，还影响产品使用时的延展性。如低熔点的脂肪酸必然会影响分子间的凝聚力和黏性；使用时也会影响皮肤的感觉。

③ 黏度和稠度　黏度与化妆品配方中的油性组分有关，关系到延展性、黏性以及可涂抹性等与化妆品感官质量及商品价值密切相关的特性，是影响化妆品质量的重要因素。油相组分的熔点、油-水相的比例、表面活性剂的种类和数量均会直接影响到产品的黏度。特别是在油相的熔点附近，这种变化尤为明显。在由液态油和蜡配成的化妆品中，这类基质将明显影响产品的使用性。

油脂通常具有较高的黏度，这主要来源于其长链分子间的吸引力。一般来讲，油脂的黏度随着其不饱和度的增加而略有减少，随氢化程度的增加会稍有增加。在饱和度相同的条件下，含相对分子质量低的脂肪酸的油脂黏度稍低。蓖麻油含有较多蓖麻醇酸，易形成分子间氢键，体现出较大的黏度。除蓖麻油外，一般油脂的黏度在数量级上无明显差别。

稠度是浓分散体的流变性质。与化妆品稠度有关的因素不仅与所用的原料有关，生产过程中的温度、搅拌条件、陈化时间也会影响稠度。如口红、防裂唇膏、牙膏等产品，当外加切应力较小时，产品不流动，只发生弹性形变；当外加切应力超过某个临界值后，体系就发生永久形变，表现出可塑性，此临界值称为塑变值。塑变值与铺展性有关，当切应力超过塑变值后，流体会发生剪切变稀，有利于流体的铺展，这种性质即为稠度，亦称触变性。

④ 酸值　酸值反映了油脂中的游离脂肪酸部分所需要的氢氧化钾的质量，因此代表了油脂中游离脂肪酸的含量。脂肪酸的酸值与其分子量成反比。油脂存放时间较久后，就会水解产生部分游离脂肪酸，故酸值也标志着油脂的新鲜程度。

⑤ 碘值　油脂的碘值表明油脂的不饱和程度。碘值高的油脂，含有较多的不饱和键，在空气中易被氧化，即易发生腐败。可依据碘值的大小对油脂进行分类：碘值小于 100 的油脂称为不干性油；碘值在 $100\sim130$ 的油脂，称为半干性油；碘值大于 130 的油脂，称为干性油。

⑥ 皂化值与不皂化物　皂化值表明油脂中脂肪酸的含量多少，与油脂中脂肪酸分子量成反比。一般油脂的皂化值在 180～200，甘油含量在 10% 左右。不皂化物是油脂皂化时，油脂成分中不能与苛性碱起作用的物质。不皂化物指的是不溶于水、与碱不易反应的物质，常为高分子的醇类、蜡、甾醇、碳水化合物、色素等。天然油脂中不皂化物含量一般不超过百分之一，而鱼类油脂、海洋动物油脂的不皂化物含量可高达百分之几十。

（2）油脂、蜡的分类

油脂的主要成分是甘油脂肪酸酯，广泛存在于天然的动植物界。油脂用作化妆品原料时，对皮肤作用缓和，其功能主要有：使皮肤细胞柔软，增加其吸收力；在皮肤表面形成疏水薄膜，能抑制表皮水分的蒸发，防止皮肤干燥、粗糙；涂布于皮肤表面能避免机械和药物引起的刺激，提供保护作用；能抑制皮肤炎症，促进剥落层的表皮形成。

蜡类是高碳脂肪酸与一元醇形成的酯类，其中还含有游离脂肪酸、游离醇、烃类、树脂等。蜡类原料是制造唇膏等美容化妆品的重要原料。蜡类原料的主要功能包括：作为固化剂提高制品的性能和稳定性等；提高液态油的熔点，赋予产品触变性，改善对皮肤的柔软效果；在皮肤表面形成疏水薄膜，抑制表皮水分的蒸发；赋予产品光泽，提高其商品价值；改善产品成型性，便于使用。

油脂和蜡类还存在其衍生物，作用各不相同。如脂肪酸，具有乳化作用，便于制品的成型和乳化；高级脂肪醇，具有助乳化作用，并提供润滑作用。

按来源不同，油性原料主要包括动、植物油脂、蜡；矿物油、蜡以及合成（半合成）油脂、蜡。

① 动植物油脂　化妆品使用的油脂几乎均是不干性油脂和部分半干性油脂。由于半干性油脂的稳定性较差，需经精制加工除去不饱和组分后再使用。适于作化妆品的植物性油脂有：椰子油、橄榄油、蓖麻油、杏仁油、花生油、大豆油、棉籽油、棕榈油、芝麻油、扁桃油、麦胚芽油、鳄梨油等。

动物性油脂一般含有高度不饱和脂肪酸，碘值高、色泽差，有特殊的臭味，几乎不直接使用于化妆品，只有少数动物油脂用于各类化妆品中。动物油分为陆栖动物油——水貂油、卵黄油；水产动物油——鱼肝油、海龟油。动物脂有牛脂、猪油、羊脂等。这些动植物油脂加氢后的产物称为硬化油。在化妆品中较常见的硬化油有：硬化椰子油、硬化牛脂、硬化蓖麻油、硬化大豆油等。

a. 椰子油　椰子油是凝固点为 20～28℃、相对密度为 0.914～0.938（15℃）、皂化值为 245～271、碘值为 7～16 的淡黄色液体，含低级脂肪酸的甘油酯较多。其脂肪酸主要有月桂酸（44%～52%）、肉豆蔻酸（13%～19%）、辛酸（5%～9%）、癸酸（6%～10%）、棕榈酸（8%～11%）及油酸（5%～8%）。椰子油在常温下能与烧碱溶液起皂化作用，因此与牛脂一样，都可作为化妆皂用的重要油脂原料。椰子油对头发和皮肤略有刺激性，因此无法直接应用于乳膏或面霜等化妆品，但它是化妆品工业中很重要的间接原料。如椰子油和棉籽油混合，半硬化后可用于乳膏类化妆品。

b. 蓖麻油　蓖麻油是凝固点为－10～13℃、相对密度为 0.950～0.974（15℃）、皂化值为 176～187，碘值为 81～91 的淡黄色黏稠液体。蓖麻油含有蓖麻油酸（12-羟基-9-十八烯酸）（87%）、油酸（7%）、亚油酸（3%）及硬脂酸（1%）。蓖麻油的黏度比一般的油脂高得多，且受温度的影响较小。它是不干性油，暴露于空气中，不会显著地增加其酸值。在蓖麻油的分子中含有羟基和双键两个官能团，使它易溶于低碳醇而难溶于石油类溶剂，可与其体积一半的轻质石油溶剂混溶。蓖麻油是整发化妆油和演员化妆品的主要原料，特别适合制作口红，还可制作化妆皂、膏霜和润发油等。蓖麻油的主要缺点是有不愉快的特殊气味，采用适当的处理方法和用香精掩盖，可以消除蓖麻油的气味，但存放一段时间后又会出现这种气味，特别是沾污容器的螺纹处更容易产生这种气味，精炼后可消除这一缺点。

c. 橄榄油　橄榄油是相对密度为 0.910～0.918、皂化值为 188～196、碘值为 77～88 的淡色或黄绿色的液体油脂，不溶于水，微溶于乙醇，可溶于乙醚、氯仿等。橄榄油不同于其他植物油的是有较低的碘值和当温度降低到 0℃时还能保持液体状态的特性。其脂肪酸的主要成分是油酸（82.5%）、棕榈酸（9%），亚油酸（6%）、硬脂酸（2.3%）和微量的肉豆蔻酸。由于橄榄油中含亚油酸较少，故与其他液体油脂相比，不易氧化。橄榄油主要用于润肤霜、抗皱霜、健肤油、按摩油、发油和护发素等化妆品；在口红中，用作四溴荧光素的分散剂；此外，也用于高级香皂和防晒油中。一般纯度的橄榄油制品，在贮存一段时间后，会呈现典型的油脂气味。

d. 水貂油　水貂油是相对密度为 0.9～0.918、皂化值为 190～220、碘值为 76～90 的动物油脂。其脂肪酸主要有肉豆蔻酸（4%）、棕榈酸（16%）、棕榈油酸（18%）、硬脂酸（2%）、油酸（42%）及亚油酸（18%）。水貂油有较好的吸收紫外线性能，在 207～208nm 处显示吸收峰。水貂油还具有优良的抗氧化性能和耐热性，不易变质。由于水貂油渗透性能良好，对人体皮肤有较好的亲和性，易于被人体吸收，用后滑润而不腻，油性感小，并使皮肤柔软和有弹性，对干性皮肤尤为适用，是优质的发油原料。目前，其用途已扩大到婴儿用油和各种膏霜类化妆品中。

e. 蛇油　蛇油由蟒蛇科动物蟒蛇的脂肪提纯精制而得。蛇油是相对密度为 0.9172、碘值为 105～120、皂化值为 184～188 的淡黄色油状液体。蛇油对皮肤皲裂有良好的治疗功效，可使皮肤产生平滑、凉爽的感觉，适用于护肤制品和药用油膏。

f. 牛脂　牛脂取自食用牛的脂肪。牛脂是相对密度为 0.860～0.870、碘值为 35～48、皂化值为 193～202 的白色软固体，有特殊臭味，可溶于乙醚和氯仿。其脂肪酸主要有肉豆蔻酸（2%～8%）、棕榈酸（24%～37%）、硬脂酸（14%～29%）、棕榈油酸（2%～3%）及油酸（40%～50%）。牛脂不直接应用于化妆品，与椰子油和猪油等均是作为制皂的重要油脂原料。

② 动植物蜡　植物蜡主要有巴西棕榈蜡、小烛树蜡等；动物蜡有蜂蜡、鲸蜡、羊毛脂等。

a. 巴西棕榈蜡（巴西蜡）　巴西蜡是用巴西的棕榈树叶浸提制得的熔点为 66～82℃、相对密度为 0.996～0.998（25℃）、皂化值为 78～88，碘值为 7～14 的淡黄色固体。巴西棕榈蜡主要是由蜡酯、高碳醇、烃类和树脂状物质组成，是化妆品原料中硬度最高的一种，也是天然蜡中熔点最高的一种；与蓖麻油的互溶性很好。巴西棕榈蜡广泛用于唇膏的制造，以增加其耐热性、硬度、韧性和光泽，还可用于制作睫毛膏等锭状化妆品。

b. 鲸蜡　鲸蜡是由抹香鲸头部提取出来的油腻物经冷却和压榨而得。它是凝固点为 41～49℃、皂化值为 118～135、碘值不超过 5 的白色固体蜡，其精制品几乎无色无味，长期暴露于空气中易腐败。鲸蜡的主要成分为棕榈酸十六酯、月桂酸和豆蔻酸等。棕榈酸十六酯极易乳化，故可用作膏霜类的油分和用于口红等锭状化妆品中以及需赋予光泽的乳液制品中。

c. 蜂蜡　蜂蜡又称蜜蜡，由蜜蜂腹部的蜡腺分泌而得，是构成蜂巢的主要成分。它是熔点为 61～65℃、皂化值为 88～102、碘值为 8～11、不皂化物为 52%～55% 的淡黄色固体。其主要成分是蜡质（17%）、游离脂肪酸（13%～15%）及烃（10%～14%）。蜂蜡可以和几乎所有的蜡类及油类配伍，因含有大量游离脂肪酸，经皂化可作为良好的乳化剂。由于蜜蜂的种类以及采蜜的花卉种类不同，其品质各异。根据蜂蜡的品质不同，可分为欧洲产和东亚产两大类。东亚产的蜂蜡较为适用于香脂的原制造，也是口红等美容化妆品的原料；欧洲产的蜂蜡可作为油性膏霜类的油分，制备出色泽洁白的产品。此外，蜂蜡还具有抗细菌、抗真菌、愈合创伤的功能，因而也用于制造香波、洗发剂、高效去头屑洗发剂（治疗真菌引起的多头皮屑症）等。

d. 羊毛脂　羊毛脂是从羊毛中提取的脂肪物。羊毛脂是熔点为 34～42℃、皂化值为 88～89、羟值为 27～39、碘值为 21～30 的微黄色的半固体，略有特殊臭味。羊毛中含有 10%～25% 的羊毛脂，它能使羊毛润滑，有抗日光和防风的作用。羊毛脂的组成复杂，其主要成分是各种酯的混合物及少量游离醇、痕量游离脂肪酸和烃类。构成其酯的醇以 C_{18}～C_{26} 脂肪醇为主，还有少量的二醇及甾醇。羊毛脂中醇的组成见表 2-1。羊毛脂能溶于苯、乙醚、氯仿、丙酮、石油醚和热的无水乙酸，不溶于水，但能吸收两倍重的水而不分离。

表 2-1　羊毛脂中醇及其组成

组分	组分数目	质量分数/%
脂肪醇	23	20.5
正构脂肪醇	7	4
异构脂肪醇	5	6
反式异脂肪醇	6	7
正二醇和异二醇	5	3.5

组分	组分数目	质量分数/%
甾醇	5	29
胆甾醇		20
7-氧胆甾醇		5
胆甾烷-3,5,6-三醇		2
胆甾-7-烯-3-三醇		2
胆甾-3,5-二烯-7-单醇		2
异胆甾醇	6	27
羊毛甾醇		10
二氢羊毛甾醇		10
羔甾醇		1
二氢羔甾醇		4
7,11-二氧羊毛甾-8-烯-3-醇		2
7-氧羊毛甾-8-烯-3-醇		
碳氢化合物		1
未证实的组分		22
总含量		约 100

　　羊毛脂较早即用作化妆品的原料，具有良好的润湿、保湿、渗透性能以及防脱脂的功能，无油腻感，能形成致密的润肤膜，用作皮肤化妆品的调理剂及美容/修饰类化妆品的颜料分散剂，还可用作肥皂、香波的脂剂，也常用于浴油、防晒油和美容化妆品中，在口红中部分或全部取代蓖麻油，用作指甲油的清除剂及气溶胶中的添加剂，能防止阀门堵塞。作为优良的润肤剂，羊毛脂与白矿油和凡士林等非极性烃类不同。烃类润肤剂无固定的乳化能力，几乎不被角质层吸收，主要依靠吸留作用润肤。而羊毛脂易被皮肤吸收，不仅通过阻滞外表皮水分传递的损失起到润湿作用，且同时使水乳化（其乳化能力主要来自于组成中的二醇，此外，胆甾醇酯类和高级醇也有助乳化作用），因此可作为保湿剂和乳化剂。

　　羊毛脂加氢制成羊毛醇后，其乳化性能比羊毛脂更优，更广泛地用于化妆品中。羊毛醇与环氧乙烷或环氧丙烷的缩合产物即羊毛醇醚，其铺展性和渗透性能好，用于护肤和护发用品，在皮肤和头发上形成致密膜，给人以柔软、光滑之感。

　　③ 矿物油脂和蜡　矿物油脂和蜡是指天然矿物（主要是石油）经精制加工得到的高分子碳氢化合物，以直链饱和烃为其主要成分。矿物油脂和蜡的沸点较高，多在 300℃ 以上。其来源丰富，易精制，不易腐败，性质稳定，是化妆品价廉物美的原料类型。化妆品中常用的矿物性油脂和蜡类有液体石蜡、凡士林等，其他如固体石蜡、微晶石蜡等也广泛用于化妆品中，与其他蜡类和合成脂类一起用作香脂、口红、唇膏、发蜡等化妆品的油性原料。

　　a. 液体石蜡　液体石蜡，也称为矿油或白油，是分馏石油高沸点部分（330～390℃），经硫酸和苛性钠处理以及活性炭脱色，再以结晶法除去固体蜡精制而得的一类液态烃类的混合物。液体石蜡是相对密度为 0.840～0.885（15℃）的无色、无臭、透明的黏稠状液体，其主要成分为 $C_{16}H_{34}$～$C_{21}H_{44}$ 正构烷烃和异构烷烃的混合体系，具有化学稳定性及对微生物的稳定性以及润滑性等特点，对皮肤、毛发的柔软效果好。市售的白油分为轻质和重质两种类型，前者黏度低，对皮肤、毛发的洁净及润湿效果好，但柔软性差；后者黏度高，柔软效果好，但洁净、润湿性差。

白油在化妆品中应用广泛，需用量大，是香脂类化妆品的主要原料，以及发油、发蜡、发乳及膏霜和乳液等各种乳化制品的重要原料，也是固融体油膏的重要原料。

b. 凡士林 凡士林由石油残油脱蜡精制而成，是熔点为 38～63℃，相对密度为 0.815～0.880（60℃），皂化值、碘值均为零的无色、无臭的半固体。其主要成分是多种石蜡的混合饱和烃，常含微量不饱和烃。凡士林通常需要加氢使其化学性质稳定。与液体石蜡类似，凡士林也是化妆品重要的油性原料，在香脂、乳液等基础化妆品中广泛应用，既可以作为乳液制品、膏霜及唇膏、发蜡等制品中的油性原料，也是各种软膏类药物化妆品中的重要基质，几乎能与所有的药物配伍而不会使药物变性。

④ 合成（半合成）油脂和蜡 合成（半合成）油脂、蜡一般是各种油脂或原料经加工合成的改性油脂和蜡，不仅组成与原料油脂相似，可保持其优点，而且可通过改性赋予其新的特性。合成油脂、蜡组成稳定，功能突出，已广泛应用于各类化妆品。常用的合成油脂和蜡类包括羊毛脂衍生物、硅油及其衍生物、各类脂肪酸（醇）及酯类等。

a. 角鲨烷 角鲨烷是由从鲨鱼肝中提取的角鲨烯烃加氢后制得，其皂化值小于 0.5，碘值小于 3.5，为无色、无臭的油状透明液体，主要成分是六甲基二十四烷（异三十烷）及其他纯度较高的侧链烷烃。据研究，人体皮肤的皮脂腺分泌的皮脂中约含有 10% 的角鲨烯和 2.4% 的角鲨烷。

角鲨烷极其稳定，对皮肤的刺激性较低，能使皮肤柔软。与矿物油系烷烃相比，角鲨烷油腻感弱，并具有良好的皮肤浸透性、润滑性及安全性，可作为膏霜、乳液、化妆水、口红及护发制品中的油性原料。

b. 羊毛脂衍生物 由于色泽及气味等问题，羊毛脂在化妆品中的用量不宜过多。尤其放置过久的羊毛脂，其色泽、气味及黏着性等都会改变，对过敏体质的人还会引起变态反应；其油溶性的特点也使其应用受到限制。为此，羊毛脂的改性可保留羊毛脂的良好特性并消除其存在的缺陷。羊毛脂精制后经氢化、乙酰化、乙氧基化、烷氧基化等改性以及经分馏、色谱分离和分子蒸馏等加工方法，可制得许多具有良好性质的羊毛脂衍生物。羊毛脂及其衍生物的制备方式如图 2-1 所示。

羊毛醇是熔点为 45～58℃、酸值小于 32、羟值为 122～165 的无色或微黄色固体，具有颜色浅、气味低、不黏等优点，性能较羊毛脂优越，可替代羊毛脂，在化妆品中多用于膏霜、乳液、蜜等制品。羊毛醇可吸收本身质量 4 倍的水，比羊毛脂具有更好的保水性，对皮肤有很好的湿润性、渗透性和柔软性。因它具有降低表面

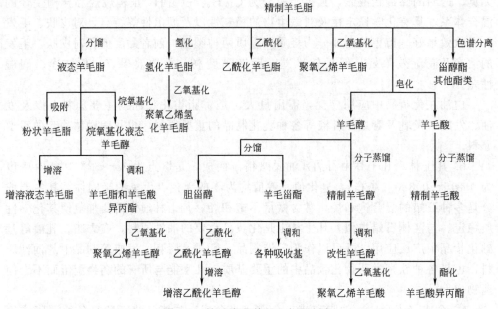

图 2-1　羊毛脂及其衍生物的制备

张力的作用，而体现出乳化和分散性，可作为 W/O 型乳液的乳化（助）剂，并使 O/W 型乳液稳定，提高颜料的分散性和乳化的稳定性，适用于美容化妆制品，还可作为树脂的增塑剂，用来做整发喷雾剂。

乙酰化羊毛脂由羊毛脂与醋酐进行乙酰化反应而得到，其是熔点 30～40℃、酸值小于 4、皂化值为 95～125、羟值小于 10 的象牙色至黄色半固状物质。乙酰羊毛脂具有羊毛脂的优点，体现出较好的抗水性能和油溶性，能形成抗水薄膜，减少水分蒸发，保持皮肤的水分，避免受外界环境因素影响而脱脂，使皮肤柔软，还具有增溶分散能力。由于它对皮肤无刺激、性能温和、安全无毒，而被广泛使用。在化妆品中，可用在乳液、膏霜类护肤及防晒化妆品中；与矿物油混合后，用于婴儿油、浴油及唇膏、发油、发胶等化妆品中。

聚氧乙烯羊毛脂是由羊毛脂醇与环氧乙烷进行加成反应而生成，可加成 5～100mol 环氧乙烷。用 EO 表示加成的环氧乙烷，EO 的数目代表羊毛脂中平均每分子中含有的环氧乙烷的数目，则 30～100EO 羊毛脂是淡黄色软蜡状至硬蜡状固体，其水溶液及含 40% 以下的乙醇溶液均澄清透明。聚氧乙烯羊毛脂是非离子表面活性剂，对皮肤、眼睛无刺激、无毒，安全性好，在化妆品中可作为乳化剂、增溶剂、分散剂，是制造润肤水、清洁剂、乳液等的原料。

氢化羊毛脂是将羊毛脂经氢化钠还原处理得到。其熔点为 48～54℃、碘值小于 20、皂化值小于 6，在矿物油中的溶解度大于一般羊毛脂，乳化能力与一般羊毛脂相近。氢化羊毛脂的稳定性高、色浅、气味低、不黏，吸水性好，可代替羊毛脂用于要求色浅、味淡、耐氧化和酸败的各类化妆品中，与皮肤制剂中的药物（如水杨酸、苯酚、类固醇等）都可匹配。一般也可用于唇膏、发胶、指甲油、雪花膏和剃须膏等中。

c. 硅油及其衍生物　硅油又称硅酮，学名为聚硅氧烷，属高分子聚合物。硅油无臭、无毒，对皮肤无刺激，无过敏，有优良的物理和化学特性，是一类无黏性和油腻感的合成油和蜡类化妆品原料。其具有良好的化学稳定性、生物惰性；具有低的表面张力和强的憎水性，能在皮肤表面形成均匀的防水、透气的保护膜。此外，硅油还具有良好的抗紫外线辐射性能，在紫外线作用下不会氧化变质而引起皮肤刺激作用；良好的抗静电性能和明显的防尘效果；良好的缓释定香作用，可延长化妆品的保香期；良好的匹配性能，对化妆品的其他组成，特别是活性成分无任何不良作用。硅油对某些皮肤病，如发汗困难型湿疹、神经性皮炎和职业性皮炎等的治疗有一定的辅助作用。自 1950 年美国道康宁公司首先将它应用于化妆品，制造出硅酮护手霜，体现出良好的护肤、润肤效果以来，这种原料引起了化妆品同行的极大兴趣。19 世纪 70 年代后，硅油在化妆品中得到迅速发展。目前常用于化妆品配方中的硅油主要有二甲基硅油、聚醚-聚硅氧烷、环状聚硅氧烷等。

二甲基硅油是化妆品中应用较多的硅油品种，可在皮肤表面形成憎水膜，增加化妆品的耐水性，又可保持皮肤的透气性，成膜后不影响汗液排出，增强皮肤柔软度和滑爽感；对头发具有柔软作用并赋予光泽，无油腻感和残余感。二甲基硅油在化妆品中常用作代替传统油性原料（如石蜡、凡士林等）的高级原料，主要应用于护肤膏霜、乳液及香波中，国外还多用于抑汗产品中。其结构式为

$$\mathrm{CH_3{-}\underset{\underset{CH_3}{|}}{\overset{\overset{CH_3}{|}}{Si}}{-}O{-}\left[\underset{\underset{CH_3}{|}}{\overset{\overset{CH_3}{|}}{Si}}{-}O\right]_n\underset{\underset{CH_3}{|}}{\overset{\overset{CH_3}{|}}{Si}}{-}CH_3}$$

环状聚硅氧烷为无色透明液体，具有黏度低、挥发性好、流动性和铺展性强、表面张力低和兼容性好等特性。其在挥发时不造成皮肤凉湿感，可使皮肤干爽、柔软，且可赋予化妆品快干、光滑、光泽性好等性能，在化妆品中除可应用于护肤、抑汗、抑臭类产品外，还多用于美容类化妆品及发胶等化妆品中。其结构式为

$$\left[\underset{\underset{CH_3}{|}}{\overset{\overset{CH_3}{|}}{Si}}{-}O\right]_n \quad n=3\sim6$$

聚醚-聚硅氧烷是在硅氧烷疏水链上连接亲水性的聚醚基团，如环氧乙烷、环氧丙烷等而形成的共聚物。经聚醚改性后的硅油具有非离子性，可明显降低表面张力，无需乳化剂即可以任何比例与水互溶，这类硅油统称为水溶性硅油。可以作为化妆品中的调理剂，用于香波、发胶、浴液、须后液等制品中，改善毛发的梳理性，提供产品防尘（抗静电）的效果，且具有稳定泡沫的作用，使用后具有滑爽和柔软的感觉。其结构式为

$$(CH_3)_3SiO-\underset{\underset{CH_3}{|}}{\overset{\overset{CH_3}{|}}{Si}}-O\underset{n}{\Big]}-\underset{\underset{(CH_2)_3-O-(C_2H_4O)_x-(C_3H_6O)_y-H}{|}}{\overset{\overset{CH_3}{|}}{Si}}-Si(CH_3)_3$$

d. 脂肪酸、脂肪醇和酯　化妆品用脂肪酸、脂肪醇和酯等多数来自动植物油脂、蜡的水解产物的进一步分离和纯化。其物理性质与油脂相似，相对密度小于1，不溶于水，可溶于乙醚、氯仿和苯等有机溶剂。

高级脂肪酸和醇是各种乳化制品和油膏的重要原料。化妆品中使用的脂肪酸主要是 C_{12} 以上的脂肪酸，如月桂酸、软脂酸、硬脂酸、油酸和肉豆蔻酸等。化妆品中使用的高碳醇有月桂醇、鲸蜡醇、硬脂醇、豆蔻醇和油醇等。其中，豆蔻醇的使用历史最为悠久，多用于乳液的助乳化剂，并能抑制产品的油腻感和降低蜡类的黏接性；油醇可提高口红染料的溶解性。化妆品中使用的酯类多数是由高级脂肪酸与低相对分子质量的一元醇酯化所得。这类酯与油脂互溶，具有黏度低、延展性好、对皮肤渗透性好及无油腻感等优良性能，可以替代动植物油脂，在化妆品得到广泛的应用；而且通过各种化学处理得到的酯，在其纯度、物理性能、化学稳定性、微生物稳定性及对皮肤的刺激性和皮肤的吸收性等方面较天然油脂优越，还可赋予乳化制品特殊的功能，也是色素和香料的理想溶剂，部分脂肪酸酯因具有优良的表面活性可作为化妆品的辅助原料，是很有发展前景的重要的化妆品原料。

2.1.2　粉质原料

粉质原料是组成香粉、爽身粉、粉饼、唇膏、胭脂、眼影和牙膏、牙粉等的重要基质原料。粉质原料一般是无机粉质原料、有机粉质原料以及其他粉质原料，在化妆品中的用量可达 30%～80%，磨细后在化妆品中发挥遮盖、滑爽、吸收、吸附及摩擦等作用。

对化妆品所选用粉质原料的质量要求很高，粉末细度通常达 300 目以上，水分含量应在 2% 以下；不能对皮肤有任何刺激性，符合皮肤的安全性要求；原料或制品的杂菌含量小于 10 只/g，不得检出致病菌，如金黄色葡萄球菌、绿脓杆菌等；原料的 pH 值须严格控制，如碳酸钙的 pH 值应小于9.5，目的是使粉类制品的 pH 值接近7；原料或制品的重金属含量也须严格控制，如作为禁用有毒物质的 Pb、As、Hg 在化妆品中的含量限为 40mg/kg、10mg/kg 和 1mg/kg。化妆品中粉质原料要求较高，故应用品种不多，一般都来自天然矿产粉末。无机粉质原料的主要品种有滑石粉、高岭土、锌白粉、钛白粉、黏土等；有机粉质原料主要有硬脂酸锌、硬脂酸镁、聚乙烯粉、纤维素微珠、聚苯乙烯粉等，可作为摩擦剂用于化妆品中，或起到吸附水或油的粉料吸附剂的作用。

(1) 滑石粉

滑石粉是天然矿产的含水硅酸镁，主要成分是 $3MgO \cdot 4SiO_2 \cdot H_2O$，质地柔软，易粉碎成白色或灰白色细粉。滑石粉具有薄片结构，割裂后的性质与云母相似，这种结构使滑石粉具有光泽和滑爽的特性。因产地不同，滑石粉的质地不一，成分也略有不同，以色白、有光泽和滑润者为上品。我国滑石矿蕴藏丰富，质地优良，辽宁、山东、广西等地均有蕴藏，其中尤以辽宁海城的滑石矿床（粉红色滑石）为世界上著名的滑石产地。

滑石粉色泽洁白、滑爽、柔软，不溶于水、酸、碱溶液及各种有机溶剂，经机械压碎、研磨成粉末状，其细度可分 200 目、325 目及 400 目等多种规格，延展性为粉料类中最佳者，但其吸油性及附着性稍差。滑石粉对皮肤不发生任何化学作用，是制造香粉类化妆品的原料。

（2）高岭土

高岭土又称白（陶）土或磁（瓷）土，是天然矿产的硅酸铝，主要成分是 $2SiO_2 \cdot Al_2O_3 \cdot 2H_2O$。高岭土为白色或淡黄色细粉，略带黏土气息，有油腻感，以白色或微黄或灰的细粉、色泽白、质地细者为上品。我国的高岭土矿分布非常广泛，几乎各省都有，较著名的高岭土矿产地有安徽的祁门、江苏的苏州等。

高岭土不溶于水、冷稀酸及碱中，易分散于水或其他液体中，对皮肤的黏附性好，具有抑制皮脂及吸收汗液的性能。在化妆品中与滑石粉配合使用，能消除滑石粉的闪光性。广泛应用于制造香粉、粉饼、水粉、胭脂等。

（3）锌白粉

锌白粉是从氧化锌、锌矿的蒸气中获得或自碳酸锌加热制取，其化学成分为 ZnO。锌白为无臭、无味的白色非晶形粉末，以色泽洁白、粉末均匀而无粗颗粒为上品。锌白可溶于酸，不溶于水及醇，高温时呈黄色，冷却后恢复白色，在空气中能吸收二氧化碳而生成碳酸锌。

锌白带有碱性，因而可与油类原料调制成乳膏，富有较强的着色力和遮盖力。此外，锌白对皮肤微有起燥和杀菌的作用。锌白可用于粉类或防晒化妆品中，使用量在 15%～25%。

（4）钛白粉

钛白粉是用硫酸处理钛铁矿等天然矿石得到的，主要成分是 TiO_2。钛白粉为白色、无臭、无味、非结晶粉末，化学性质稳定，折射率高（可达 2.3～2.6），不溶于水和稀酸，溶于热浓硫酸和碱。

钛白粉是一种重要的白色颜料，其着色力和遮盖力在白色颜料中都是最高的：着色力是锌白的 4 倍，遮盖力是锌白的 2～3 倍。粒度极微细（粒径约为 $30\mu m$）时，对紫外线透过率极小，可用于防晒化妆品中。钛白粉的吸油性及附着性亦佳，但其延展性差，不易与其他粉料混合均匀，故常与锌白粉混合使用，用量常在 10% 以内。钛白粉在化妆品粉类制品中应用很广，用于香粉、粉饼、粉乳等制品中作为重要的遮盖剂或防晒原料。

（5）硬脂酸锌

硬脂酸锌 $[Zn(C_{18}H_{35}O_2)_2]$ 属于金属脂肪酸盐类 [其通式为 $(RCOO)_nM$，式中 R 为碳数 16～18 的脂肪酸，M 常为锌、镁、钙、铝等金属]，这类盐亦称金属皂，一般不溶于水，但可溶于油脂中，对不干性油有促进氧化作用。这类粉质原料对皮肤具有润滑、柔软及附着性。

硬脂酸锌是白色质轻的细粉，可用硬脂酸钠和硫酸锌溶液相互作用而得；工业品一般是硬脂酸和棕榈酸的锌盐混合物，且常含有氧化锌。硬脂酸锌微臭，有油腻感，不溶于水和乙醚，溶于苯和热乙醇，遇酸分解。硬脂酸锌有较好的黏着性和润滑性，可用于香粉、爽身粉等粉类制品。

(6) 膨润土

膨润土又称皂土，是黏土的一种，由天然矿产胶岭石经加工制得，主要成分为 Al_2O_3 与 SiO_2。膨润土为胶体性硅酸铝，呈白色、粉红色或浅棕色，不溶于水，但与水有较强的亲和力，遇水可膨胀为原体积的 $8\sim10$ 倍，加热后可失去吸收的水分。其悬浮液较为稳定，但易受电解质影响，在酸、碱过强时，则会产生凝胶。应用于化妆品中可产生清爽的感觉，用作乳液制品的悬浮剂或用于粉饼等制品中。

(7) 碳酸钙

天然的碳酸钙是以大理石、方解石、石灰石等矿石研磨精制而得，称为重质碳酸钙；将天然石灰石经过沉淀法制得的碳酸钙称为轻质碳酸钙。天然碳酸钙的颗粒较粗，色泽较差，在化妆品中较少使用。轻质碳酸钙按颗粒大小分为多个等级，多用于化妆品中。

碳酸钙为无臭、无味的白色细粉，不溶于水，能被稀酸分解释放出二氧化碳，对皮肤分泌的汗液、油脂具有吸着性，还有掩盖作用和摩擦作用，在化妆品中多用于香粉、粉饼、牙膏等制品中；用于粉类制品，具有除去滑石粉闪光的功效；因其具有良好的吸收性，可作为香精的混合剂。

(8) 磷酸氢钙

磷酸氢钙是用磷矿、硫酸及纯碱制成磷酸氢二钠，再与钙盐作用而制得，其化学式为 $CaHPO_4\cdot2H_2O$，为白色单斜晶体或粉末，无臭、无味，不溶于醇，溶于稀盐酸、硝酸及醋酸中，在 75℃ 时开始失水而成无水磷酸氢钙。磷酸氢钙在化妆品中主要用作牙膏的摩擦剂。

2.1.3 溶剂类原料

溶剂是香脂、雪花膏、牙膏、洗发香波、香水、花露水、指甲油等膏状、浆液状或液状化妆品配方中不可缺少的主要成分，与配方中其他成分配合，使制品具有一定的物理化学特性，且便于使用。在化妆品中除了利用溶剂的溶解性，还通常利用其挥发、润湿、润滑、增塑、保香、防冻及收敛等性能。许多固体化妆品在生产过程中通常也需要溶剂配合，如粉饼成型时需要溶剂辅助胶黏；化妆品中香料和颜料的加入，通常也需要借助溶剂溶解以实现均匀分散。

(1) 水

水是良好的溶剂，也是清洁剂、化妆水、霜膏、乳液、水粉、卷发剂等化妆品的重要原料。水质的好坏往往直接影响到化妆品的质量和生产的成败。化妆品的生产可以根据需要和可能，采用各种水处理方法以纯化用水，如采用离子交换树脂的离子交换、螯合剂沉淀、活性炭吸附、蒸馏的方法等。现在广泛使用在化妆品中的是去离子水，要求水质纯净、无色、无味，且不含钙、镁等金属离子，无杂质。

（2）醇类

醇类是香料、油脂类的溶剂，也是化妆品的主要原料。用于化妆品的醇有高碳醇、低碳醇和多元醇。高碳醇除在化妆品中作为油性原料直接使用外，还可作为表面活性剂亲油基的原料。

低碳醇是香料、油脂的溶剂，能使化妆品具有清凉感，并且有杀菌作用。常用作溶剂的低碳醇有乙醇、异丙醇、正丁醇、戊醇等。乙醇主要应用在香水、花露水及发水等产品中，发挥其溶解、挥发、芳香、防冻、灭菌、收敛等特性。丁醇在化妆品中是制造指甲油的原料；戊醇在化妆品中用作指甲油的偶联剂；异丙醇稍有杀菌作用，可替代酒精而应用于制品中，作为溶剂和指甲油中的偶联剂。

多元醇主要作为香料的溶剂、定香剂、黏度调节剂、凝固点降低剂、保湿剂等。常用的多元醇有乙二醇、聚乙二醇、丙二醇、甘油、山梨糖醇等。

（3）酮、醚、酯类及芳香族有机化合物

小分子的酮、醚、酯类，如丙酮、丁酮、二乙二醇乙醚、乙酸乙酯、乙酸丁酯、乙酸戊酯等以及甲苯、二甲苯等通常用作指甲油的溶剂组分，但一般存在毒性或刺激性。

2.1.4 胶质原料

胶质类原料主要是水溶性高分子化合物，在水中能溶解或膨胀而成为溶液或凝胶状分散体系。水溶性高分子的亲水性来自其结构中的亲水性官能团，如羧基、羟基、酰氨基、氨基、醚基等。这些基团不仅使大分子具有亲水性，还赋予其许多重要的特性和功能，如增稠、加溶、分散、润滑、缔合和絮凝等作用。在化妆品中主要使固体粉质原料黏合成型，对乳状或悬浮液起稳定作用，具有增稠或凝胶化作用，可成膜、保湿和稳定泡性等。

胶质类原料的溶液或分散液一般是黏性液体，具有不同程度的触变性，即受到外加剪切应力时会不同程度地使黏稠度下降，外加应力去除后，又会恢复原来的黏稠度。有些胶质的水溶液在不同温度时也表现出不同的黏稠度。胶质类原料应用于化妆品中相应可以产生许多重要的功能，因而成为化妆品的重要原料。

水溶性高分子化合物在化妆品中的具体作用包括：

① 胶体保护作用　作为保护胶体，以提高乳液的稳定性。

② 对半流体的增稠、凝胶化作用　可赋予化妆品适当黏度，既不产生黏糊感，也无拉丝现象，产品使用后给人以舒适的感觉。

③ 乳化和分散作用　一些水溶性高分子化合物是具有表面活性的物质，可提供乳化作用；在某些疏水性高分子化合物中引入亲水基环氧乙烷得到相对分子质量数千的嵌段共聚物，可具有良好的分散作用和低起泡性，同时对皮肤的刺激性和毒

性都较低，较适用于化妆品。

④ 成膜作用　水溶性高分子化合物胶质水溶液，水分蒸发后生成网状结构的薄膜。成膜是该类化合物在化妆品中的重要作用之一。喷发剂、发型固定液、护发水、发膏等都含有水溶性高分子化合物水溶液，使用后，水分或乙醇蒸发，在毛发表面形成高分子化合物的薄膜，从而达到护发、定型的作用。面膜是此类原料在护肤化妆品中的典型应用。伴随水溶性高分子薄膜的形成过程，对皮肤会产生一定的刺激和绷紧作用，促进血液循环，同时对皮肤表面和毛孔中存在的排泄物和污垢等具有溶解作用，通过薄膜剥离得以清除。而利用成膜过程及成膜后持续的收缩功能，可赋予皮肤弹性，使眼角等处的细小皱纹逐渐消失，起到去皱作用。

⑤ 黏合性　水溶性高分子化合物可用作胶黏剂，与少量的油脂、表面活性剂、保湿剂配合使用，用于粉饼和锭状美容化妆品中。

⑥ 保湿作用　水溶性高分子化合物的保湿功能是通过其亲水基和水作用形成氢键而显示，因此比多元醇的保湿作用小得多。

⑦ 薄膜稳定作用　水溶性高分子化合物常用于泡沫量、泡沫稳定性或细腻度等要求较多的化妆品中，如剃须膏、泡沫浴剂、洗发香波、气溶胶等制品。

化妆品所使用的水溶性高分子主要是多糖类，还有一些动物胶、无机胶和合成高分子化合物。胶质原料中天然胶质原料，如植物树胶、淀粉胶、动物明胶、干酪素及微生物胶质等，稳定性稍差，受气候、地理环境等的影响，还易受到细菌、霉菌的作用而变质，因此，逐渐被纤维素衍生物类的半合成高分子化合物和诸如聚乙烯醇、聚乙烯吡咯烷酮类的合成高分子化合物所代替。合成水溶性高分子化合物性质稳定，对皮肤刺激性低，在化妆品生产中得到广泛应用。但天然水溶高分子化合物有其绿色、环保、安全等优点，故在化妆品中仍在使用。

化妆品用水溶性高分子化合物的主要类型列于表 2-2 中。

表 2-2　化妆品用水溶性高分子化合物的主要类型

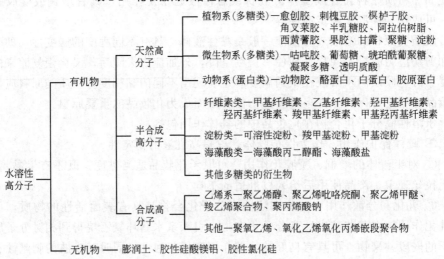

（1）有机胶质类

有机胶质类主要包括天然有机（植物性、动物性）胶质、半合成有机胶质、合成有机胶质。

① 天然胶质　天然胶质是植物或动物原料通过物理过程或物理化学方法提取而得。常见的有胶原（蛋白）类和聚多糖类。胶原（蛋白）类是哺乳动物的皮制得的胶原或植物蛋白水解、分离纯化制得。聚多糖类是植物渗出液、种子、海藻和树木精制提炼而得。

a. 淀粉　淀粉的主要成分是碳水化合物（$C_6H_{10}O_5)_n$，为无味的白色细粉，是从含淀粉成分较高的植物种子或块茎与水共同磨碎成乳状液，过筛后，静置使淀粉下沉，分离后经反复水洗、干燥后制得。淀粉不溶于冷水、酒精或乙醚，但在热水中形成凝胶冻。在化妆品中可作为香粉类制品中的粉剂的一部分，在牙膏和胭脂中可用作黏合剂及增稠剂。

b. 阿拉伯树胶　阿拉伯树胶的来源和品种复杂，是从主要产于非洲的胶树树干上自然渗出的黏固物或将树干割裂而渗出的液体，经干燥而得。阿拉伯树胶为淡黄色、无色或琥珀色不透明的树脂状固体，无臭、无味、无毒，不溶于酒精、氯仿、乙醚、精油及油脂类，能溶于两倍重的水中，形成透明的黏液，略呈酸性，当遇铁、硼砂、硅酸钠等则产生沉淀或凝胶。阿拉伯树胶是最早应用于化妆品中的一种胶黏剂，也是应用较为广泛的植物黏胶。阿拉伯树胶主要应用于食品和制药工业。在化妆品中，主要用作乳化剂、悬浮剂和增稠剂，面膜和粉剂中的胶黏剂和头发定型剂等。

c. 果胶　果胶广泛存在于水果及植物中，是一种多糖类胶，可用稀酸浸取果皮或果肉及植物，经脱色浓缩，或以乙醇、丙酮等沉淀而得。果胶一般为白色粉末或为糖浆状的浓缩物，可溶于水、甘油，但不溶于酒精及其他有机溶剂。其黏液在碱性中呈不稳定状态，在适当条件下，能凝结成胶冻状。在化妆品中，果胶可用作乳化制品的保护胶体及乳化剂，还可用作牙膏的胶黏剂。

d. 海藻酸钠　海藻酸钠存在于海带和裙带菜等褐藻类植物中，与碱共煮、抽离钠盐精制而得，为白色或淡黄色的无味、无臭粉末，能溶于水，不溶于30%以上酒精溶液及多种有机溶剂，其水溶液为无色、无味、无臭的较为黏稠的透明液体。海藻酸钠的溶液为带有电荷的胶体，遇酸和二价金属及多价金属的盐则生成沉淀，pH值低于3.3时亦不稳定。海藻酸钠是天然水溶性高分子化合物中用途较广泛的一种褐藻胶，可用于食品工业中，用于制造果冻制品；在化妆品中，主要是用作增稠剂、乳化剂、稳定剂，还可作为成膜剂。

e. 黄蓍树胶　黄蓍树胶是黄蓍树皮部裂口分泌黏液的凝聚物，经干燥而得，为白色、微黄或微红粉末或为片状固体，有臭味，不溶于酒精，难溶于水，配制其溶液时，先用70℃热水浸泡树胶后搅拌即得澄清溶液。其吸水性较强，在水中膨胀成凝胶，在甘油中膨胀性较差，其黏稠液略呈酸性，若加矿物酸、食盐或加热，或长期放置则其黏度降低而为澄清液。黄蓍胶是一种很好的胶合剂及增稠剂，它在微酸或微碱的条件下适应性较强，常与阿拉伯树胶合并使用，在化妆品中多用于牙膏和发浆等制品。

f. 明胶　明胶亦称白明胶，是动物皮肤、白色缔结组织（如筋腱、韧带等）和骨头等动物组织经部分水解、纯化而制得的清洁干燥胶制品。明胶为蛋白质的聚合体，是无色或淡黄色、无臭、无味的半透明片状或颗粒状的固体，不溶于冷水，但可在冷水中逐渐吸收 5～19 倍量的水，缓慢膨胀软化，可溶于温水及冷甘油与水混合液中，也可溶于醋酸，但不溶于酒精、乙醚和氯仿。明胶在乳状化妆品中可用作乳化剂和乳液稳定剂，也可应用于发乳等制品。当明胶作为乳液的稳定剂时，胶冻的强度和 pH 值条件则相对重要。其保护作用、乳化能力和黏合作用较为突出，可用作增稠剂、成膜剂、润湿剂、皮肤保护剂、抗刺激剂等。

明胶水解形成水解明胶，含有人体所需的十几种氨基酸。其相对分子质量较小，水溶性强，分散力也好，在皮肤表面易分散成膜，起到润湿的作用，能阻止皮肤角质层水分的蒸发，含水解明胶所制出的膏霜，对皮肤有较好的保护作用。

g. 甲壳素及其衍生物　甲壳素是一种聚氨基葡糖，为聚 β-(1,4)-N-乙酰-2-氨基-2-脱氧-D-吡喃葡萄糖，是广泛存在于从菌藻类到低等动物的一种高相对分子质量的多糖，它是龙虾和蟹壳的主要成分。其生物合成量大约每年几十亿吨，是仅次于纤维素的生物聚合物。甲壳素几乎不溶于水及各种有机溶剂，一般都是利用甲壳素进行化学改性制成水溶性甲壳素衍生物，扩大其应用领域。甲壳素脱除 70％以上的乙酰氨基，成为脱乙酰壳多糖后可溶于醋酸等稀酸溶液中，成为水溶性甲壳素；脱乙酰壳多糖也称为聚葡糖胺或壳聚糖。甲壳素和壳聚糖均是长的直链聚糖分子。

由于甲壳素的难溶性状，应用于化妆品中的主要是壳聚糖及其衍生物。壳聚糖对皮肤和毛发的亲和力较好，可形成透明的保护膜。此外，其保湿性好，可作为透明质酸代用品用于制品中。通过对合成的一系列壳聚糖衍生物的吸湿性和保湿性与市售的保湿剂、透明质酸（HA）、吡咯烷酮羧酸钠（PCA）和乳酸钠（LAC）进行对比研究，结果表明羧甲基壳聚糖和壳聚糖二元羧酸酯的保湿性和吸湿性与透明质酸相近。表 2-3 列出了各物质吸湿率和保湿率的比较结果。利用壳聚糖及其衍生物可与蛋白质成膜，用于香波和护发素中，显示出高湿度下的稳定性及较低的粘连性，与传统固发剂相比，头发在梳理时静电较少；壳聚糖也可用作香料、染料和活性剂胶囊的成膜剂。此外，还可用于医药中，促进伤口的愈合和制成人造皮肤；利用其化妆品/药物双重作用，可用于生产剃须后洗剂及皮肤损害、晒伤处理液等。

② 半合成胶质　半合成胶质是由天然物质经化学改性而得的，主要包括改性纤维素和改性淀粉。这类半合成胶质兼有天然化合物和合成化合物的优点，并以丰富的可再生农业原料为基础，进一步化学改性而制得。这类水溶性高分子化合物原料丰富、应用范围广。改性纤维素中的取代基一般为甲基、乙基、羟烷基、羧甲基等；而化妆品中使用的淀粉及其衍生物主要有玉米淀粉、辛基淀粉琥珀酸铝、磷酸淀粉钠和糊精等。

表 2-3　甲壳素、壳聚糖衍生物与部分优良保湿剂的保
湿性、吸湿性比较（平衡时间：46h）

试样	吸湿率①/%		水分残存率②/%	
	R.H.81%③干燥	R.H.43%干样	R.H.43%干样	硅胶干燥湿样
透明质酸（HA）	43	14	140	20
吡咯烷酮羧酸钠（PCA）	103	33	170	70
乳酸钠（LAC）	108	32	150	35
羧甲基甲壳质	22～24	8～10	70～100	20～30
6-O-羧甲壳聚糖	41～44	14～17	120～150	10
壳聚糖二元羧酸酯	22～60	12～16	120～160	20～30
壳聚糖二元羧酸酯	28～38	12～14	120～160	20～40

① 吸湿率＝100(样品放置后质量－样品放置前质量)/样品放置前质量。

② 水分残存率＝100(样品放置后的水分质量)/(样品中加水分质量)。

③ R.H. 为相对湿度。

　　a. 甲基纤维素　甲基纤维素（MC）亦称纤维素甲醚，是由纤维素的羟基衍生而得到。其为白色、无味、无臭的纤维状固体，可溶于冷水，在温水中仅呈膨胀状态，不溶于热水和多数有机溶剂。其水溶液黏度及其溶解度随甲基化和聚合度不同而不同，可通过调节反应物质的比例生成不同聚合度产物，呈现不同的性质。甲基纤维素不与油脂作用，对光线也极为稳定；在水中膨胀成透明、黏稠的胶状溶液的黏度随 pH 值变化较小。甲基纤维素在化妆品中作为胶黏剂、增稠剂、成膜剂等。

　　b. 羧甲基纤维素　羧甲基纤维素简称 CMC，是纤维素的多羧甲基醚的钠盐，其结构式为：

　　CMC 为白色、无臭、无味的粉末，一般含钠量在 6.98%～8.50%。一个聚合体纤维素分子中的—OH 数被—OCH₂COONa 基取代之比，称为取代度。取代度越高，水溶解性越好，黏液透明性也越好。通常市售羧甲基纤维素的取代度为0.75，为完全可溶于水而无游离的纤维素。CMC 在冷、热水中都能分散形成黏稠胶态溶液，在 pH 值为 2～10 的范围内是稳定的；在 pH 值小于 2 时，则会出现沉淀；大于 10 时，则黏度急剧降低。CMC 对人体无毒，但对重金属离子非常敏感，在重金属离子存在情况下，易被细菌氧化或降解。CMC 的吸湿性相当强，在24℃、相对湿度50%的条件下，放置48h，则吸水高达18%。CMC 可替代或和天然的水溶性高分子化合物混合使用。在化妆品中，CMC 可作为胶黏剂、增稠剂、乳化稳定剂、分散剂等，我国牙膏生产中主要使用的胶黏剂也是 CMC。

　　c. 羟乙基纤维素　羟乙基纤维素简称 HEC，是由纤维素中的—OH 基与环氧乙烷进行加成反应所制得。其反应式为：

$$[C_6H_7O_2(OH)_3]_n + [CH_2\!-\!CH_2]_n \xrightarrow{\text{NaOH}} [C_6H_7O_2(OH)_3OCH_2CH_2OH]_n$$
$$\underset{O}{\underbrace{}}$$

HEC 为淡黄色、无臭的颗粒状粉末，对皮肤和眼睛几乎无毒性、无刺激性；经长时间搅拌即可溶于水，在冷水中更容易溶解，增加其溶液的温度会降低溶液的黏度，但将溶液冷却到常温则恢复原有的黏度，对 pH 值变化及重金属离子的适应性优于 CMC，是一种性能优良的黏合剂。

作为非离子型水溶性高分子化合物，HEC 与各种表面活性剂、溶剂混溶性好，在化妆品中有广泛的应用。在护肤产品中，用作乳液的稳定剂；由于其具有良好的成膜性，还可在清洗后的皮肤表面形成薄膜状的保护层。在水剂型的化妆品中，HEC 可用作悬浮剂；在粉状化妆品中可用作黏合剂；在剃须膏中可用作泡沫稳定剂。添加了 HEC 的睫毛油和眼影剂，可在卸妆时容易被水清洗掉。HEC 可用于护发素、香波等护发产品中作增稠剂，使产品的黏度从液态到凝胶状。

d. 羟丙基纤维素　羟丙基纤维素简称 HPC，为无味、无臭的白色粉末。它是通过纤维素与环氧丙烷反应制得的一种非离子纤维素醚，增大环氧丙烷的取代度可增大其在有机溶剂中的溶解度。HPC 的一个显著特性是在室温或提高温度时的较宽 pH 范围内，在水及极性有机溶剂中都有良好的溶解性。此外 HPC 具有良好的热塑性和成膜性。HPC 在化妆品中可用作分散剂、稳定剂和成膜剂，应用于香波、浴液和固发胶等制品。

③ 合成胶质　合成水溶性高分子化合物是由单体聚合而制得的，一般来自于石油工业的乙烯型的烯烃及其含有羧基、羧酸酯基、酰胺基或氨基的衍生物。相较于天然和半合成胶质原料，合成胶质具有高效和多功能化的特点，亦有较低的生物化学耗氧量（BOD），在后续的污水处理中显示较大的优越性。其所用单体原料的组成较为规范，质量标准也容易控制，保证了产物的均匀性和稳定性。

合成胶质主要品种有乙烯类、丙烯酸聚合物、聚环氧乙烷等。

a. 聚乙烯醇　聚乙烯醇简称 PVA，是将聚醋酸乙烯酯皂化而得的白色或淡黄色粉末。PVA 在水中的溶解性及溶液黏度与其聚合度及浓度有很大的关系，PVA 的 1%～5% 水溶液在正常放置或持续加热搅拌，黏度不会有很大的变化；而 PVA 的高浓度（18% 以上）或高黏度溶液，经长期静放则会出现凝胶。

化妆品用聚乙烯醇均为其水溶液。在化妆品中主要利用的是 PVA 的成膜性，用作面膜和喷发胶等的原料，也可作乳液的稳定剂。

b. 聚乙烯吡咯烷酮及其衍生物　聚乙烯吡咯烷酮简称 PVP，为白色或淡黄色的无臭、无味的粉末或透明溶液，平均相对分子质量为 25000～40000。PVP 可溶于水、甲醇、乙醇、丙二醇、甘油、氯仿中，但不溶于甲苯、丙酮及四氯化碳中。PVP 的吸湿性和胶着力均较强，在 5% 相对湿度下，约可吸收 20% 的水分；其胶着力为甲基纤维素的 18 倍。PVP 的水溶液在酸性中尚稳定，但胶着力降低；当体系的 pH 大于 10 时，溶液变得不稳定。

聚乙烯吡咯烷酮在化妆品中的应用很广。利用其良好的成膜性，且薄膜无色透明，坚硬且光亮的特性在摩丝、喷发胶、凝胶等固定发型产品中作成膜剂；也可用在膏霜及乳液制品中作稳定剂，还可作为分散剂、泡沫稳定剂、去污剂等。

c. 聚环氧乙烷　聚环氧乙烷亦称聚氧乙烯，其结构式为$\pm O-CH_2-CH_2\pm_n$。当 $n=1$ 时，称为环氧乙烷；当 $n=200\sim300$ 时，称为聚乙二醇（PEG）；当 $n>300$ 时，称为聚氧乙烯。

聚氧乙烯产品按各种不同的分子量及标准分成系列产品，每种产品的黏度各不相同。其粉末或其水溶液对皮肤和眼睛都无刺激性。在许多领域，如农业、石油、纺织、食品等有着广泛的应用，在化妆品中可作为胶黏剂、增稠剂和成膜剂等。其中 PEG 以其良好的保湿性和亲肤性适用于膏状化妆品、乳液状化妆品、须后润肤露、唇彩、牙膏和洗发液。

d. 丙烯酸聚合物　丙烯酸聚合物是由丙烯酸聚合而得的水溶性树脂。其结构式为：

$$\pm CH_2-CH\pm_n$$
$$|$$
$$COONa$$

丙烯酸聚合物一般为无臭粉末，其相对分子质量为数百万，易溶于水，其水溶液为无色、无臭的黏液。溶液干燥后，为透明、坚韧的薄膜。丙烯酸聚合物的性质随聚合度的不同而不同：聚合度低的产物可略溶于酒精，并与甘油、丙二醇、碘、碘化物、酚、硅酸钠等具有混合性。溶液黏度受酸、碱性影响较大：水溶液在碱液中黏度增加且稳定，在有机酸（如醋酸）中则黏度降低，加无机酸（如盐酸、硫酸等）则溶液凝固，溶液若加入甲醇、乙醇、异丙醇、丙酮等则胶化而生成白色沉淀。丙烯酸聚合物对重金属离子，特别是铁离子不稳定。

在化妆品中，丙烯酸聚合物可作为增稠剂、分散剂、乳化稳定剂等。

（2）无机胶质类

无机水溶性高分子化合物主要包括膨润土和胶性硅酸镁铝。

① 膨润土　膨润土主要用作牙膏或粉剂的胶黏剂，其来源及具体性能见本章 2.1.2 节。

② 胶性硅酸镁铝　胶性硅酸镁铝是一种天然的无机胶黏剂，是由含有硅酸镁铝的矿石精制而得的产品。其为无臭、不燃、质地软滑的白色粉末，安全无毒，略带涩味，具有高度的亲水性、触变性和成胶性，还具有较好的增稠性、扩散性、悬浮性和保湿性，以及良好的化学稳定性、配伍性。胶性硅酸镁铝不溶于水和醇类，在水溶液中高度分散，其水分散体无油腻感。矿物凝胶在化妆品中可用于香波、乳液等制品，可作为 CMC 的替代品。

2.2　化妆品的辅助原料

化妆品的辅助原料是指为化妆品提供某些特定性能而加入的除基质原料以外的

所有原料，如香料、颜料、防腐剂、抗氧剂、表面活性剂、保湿剂等，也包括各类功能性添加剂。

2.2.1 表面活性剂

表面活性剂是化妆品重要的辅助原料，广泛应用于化妆品原料的乳化、分散、润湿、渗透、起泡、消泡、增溶等方面，在新型多功能、多组分的化妆品的生产和制备中起着重要的作用。除此以外，表面活性剂还在洗涤用品、食品、医药、纺织、皮革、造纸、照相、油漆、石油、金属、建筑、农业、国防工业等部门有着广泛的应用。稳定的膏霜和乳液中的乳化剂是通常需要添加的物质，乳化剂即是一种具有降低油、水两相界面张力的表面活性剂，其分子结构中同时存在着亲水性基团和亲油性基团。化妆品用表面活性剂根据其来源和性质，可以分为天然表面活性剂和合成表面活性剂两大类。

（1）天然表面活性剂

化妆品所用的天然表面活性剂主要包括卵磷脂、氨基酸类、蔗糖酯类和一些生物表面活性剂等。由于化妆品的高安全特性，加之"回归大自然"的要求日益突出，越来越多的天然表面活性剂被开发出来。其中生物表面活性剂显示出良好的选择性、专一性和生物结构的多样性，越来越多地应用于化妆品中。

① 卵磷脂　卵磷脂是生物体细胞的组成成分之一，广泛分布在动植物中。卵磷脂较早就被用作乳化剂（稳定剂）、分散剂、润滑剂、细胞活性剂等使用，起到活化皮肤、保持皮肤湿润和防止皮肤干燥等作用。其双亲结构是由较长的两个酰基在甘油中进行酯结合的亲油结构和以磷酸基为媒介而结合的季铵基亲水结构组成。遇水分散时，很明显地形成有稳定的双分子膜结构的磷脂质小细胞体（脂肪小体）。用于护肤化妆品中，磷脂质对皮肤有保湿作用，能够增强皮肤角质层的水分结合能力，并对皮肤有润滑作用；用于护发化妆品时，可使头发光滑、易梳理、润湿；用于肥皂中，可以缓和对皮肤的刺激；用于香波、液体洗涤剂中，配入的氢化卵磷脂可起珠光剂的作用。

卵磷脂的组成不同，其乳化能力也不相同。天然卵磷脂中因含有不饱和脂肪酸，相应存在耐热、耐光、耐酸性差等缺点。随着精制技术的发展，提供了生产高纯度的卵磷脂和符合使用目的的磷脂质卵磷脂的条件；新的乳化方法和新的使用技术，扩展了卵磷脂天然表面活性剂的应用；如混合卵磷脂和多元醇，添加油相成分进行乳化；如混合卵磷脂和高级醇及酰氨酸盐进行乳化；再如蛋白质和卵磷脂溶解于多元醇中并添加油相成分进行乳化等。而开发出的加氢改质卵磷脂，则改善了其耐热、耐光、耐酸性差的不足，用途相应广泛，可用作保湿剂和乳化剂。

② 皂角苷　皂角苷是广泛分布于植物中的三萜烯和甾类化合物系配糖体的总称，属天然表面活性剂，可用作洗涤剂。其某些品种除具有强的抗静电和抗炎症作用外，还具有乳化和增溶能力。

③ 烷基苷　烷基苷是糖链为亲水基和烷链为亲油基的非离子型天然表面活性

剂，由于其糖类成分和高级醇都来源于天然产物，因此其对皮肤和眼睛的刺激性极低，且洗涤力、起泡性、生物降解性优异，可与阴离子、阳离子并用，缓和阴离子表面活性剂的刺激性，也可在硬水中使用。

一些天然表面活性剂的衍生物，如烷基磷酸酯、氨基酸系、甲基糖苷的脂肪酸酯衍生物以及蔗糖脂烷基糖苷聚甘油酸酯等也是常用的乳化剂。

（2）合成表面活性剂

与天然表面活性剂相比，人工合成的表面活性剂具有显著的降低两相界面张力的作用。合成表面活性剂品种繁多，但实际应用在化妆品中的表面活性剂只是其中很小的部分，常用在化妆品中的也就是几十种，且其用量也仅占表面活性剂总产量的 $1\%\sim2\%$。

在化妆品中，合成表面活性剂的用途很广，主要体现的作用有乳化、洗涤、润湿、分散、增溶、发泡、保湿、润滑、杀菌、柔软、消泡和抗静电等，其中尤以去污、乳化、调理为其主要特性，往往同一种表面活性剂兼有两种或两种以上的功用。

a. 乳化、分散作用　乳化、分散作用是指非水溶性物质能均匀地分散于分散介质中（一般常以水为分散介质），而形成稳定的分散体系。当分散相为液体时，则称之为乳化作用；当分散相为固体颗粒，则称之为分散作用。

b. 起泡和消泡作用　表面活性剂分子在液膜上、下两侧的气-液界面作定向排列。伸向气相的碳氢链段之间相互吸引，使活性剂分子形成相当坚固的液膜；伸入液相的极性基团由于水化作用，具有阻止液膜流失的能力，即为起泡、稳泡作用，亦为降低表面张力的作用。同样，若加入相反性质的表面活性剂则破坏薄膜层，而使气泡消失，为消泡作用。

c. 润湿及渗透作用　当表面活性剂加入溶液体系时，由于降低了表面张力，使其润湿角 θ 变小，表现为液滴展开，即可使物质被水等溶剂快速润湿或渗透。

d. 洗涤去污（净洗）作用　洗涤去污作用是表面活性剂用作清洗产品原料的重要作用，亦是表面活性剂降低表面张力引起润湿、渗透、分散、乳化、增溶、起泡等多种作用的综合结果。当污垢遇洗涤液中的表面活性剂时，经润湿和渗透，并辅以外力搓洗，污物随泡沫脱离物品表面，然后经乳化和扩散将污物分散到洗涤液中，达到净洗目的。

e. 增溶作用　在化妆品配方中加入的石蜡烃、高级脂肪醇、脂肪酸及染料等不溶于水或难溶于水的物质，在表面活性剂的存在下可均匀溶解于体系的作用，称为增溶作用。不溶于水或难溶于水的物质的溶解度的增大与表面活性剂的胶团有关，可认为是油溶性物质进入或吸附于胶团的结果。这也是增溶作用和乳化作用的区别。

f. 杀菌作用　表面活性剂有某种程度的杀菌或抑制微生物的作用，其中尤以阳离子表面活性剂和两性离子表面活性剂为代表。

g. 缓蚀作用　起缓蚀作用的有机缓蚀剂大部分是表面活性剂。它们易溶于油，也可在水中分散并形成胶团，在油-水界面处，形成定向排列的吸附层，并明显改变界面状态，从而起到减缓或终止腐蚀的作用。在气雾剂产品中缓蚀剂缓蚀作用的发挥尤为突出。

表面活性剂还具有其他方面的作用，如抗静电、柔软等。

根据在水中的离解性质，可将合成表面活性剂分为阴离子表面活性剂、阳离子表面活性剂、非离子表面活性剂和两性离子表面活性剂。在化妆品中，表面活性剂应用最多的为阴离子型和非离子型两类，阳离子型的应用较少，主要应用的阳离子型表面活性剂是季铵盐类表面活性剂，发挥其灭菌、抗静电等作用。化妆品应用的表面活性剂的主要品种、性能和用途如表 2-4 所示。

表 2-4　化妆品中表面活性剂的主要品种、性能和用途

类型	名　称	主要性能	用　途
阴离子型	皂类	乳化、洗涤、发泡	膏霜、发乳、香波
	肌氨酸盐	乳化、洗涤、发泡	香波、奶液、牙膏
	烷基硫酸盐	乳化、洗涤、发泡	香波、牙膏
	磺化琥珀酸盐	洗涤、发泡	香波、泡沫浴
	烷基醚硫酸盐	发泡、洗涤、增溶	香波、泡沫浴、牙膏
	氨乙基磺酸盐	乳化、洗涤、发泡	香波、泡沫浴
	脂肪酰多肽缩合物	乳化、洗涤	香波及皮肤洗涤
	脂肪酸单甘油酯硫酸盐	发泡、洗涤、乳化	香波、牙膏
	磷酸酯	乳化、抗静电	香波
阳离子型	酰胺基胺	乳化、杀菌	各种化妆品
	吡啶卤化物	乳化、杀菌	各种化妆品
	季铵盐	头发调理、抗静电、杀菌	护发洗发用品
	咪唑啉	乳化、杀菌	香波
两性离子型	咪唑啉衍生物	乳化、洗涤、柔软	婴儿香波
	甜菜碱	乳化、洗涤、柔软	香波
	氨基酸	乳化、洗涤、柔软	香波
	氧化脂肪胺	增稠、润滑、乳化、柔软、抗静电	香波
非离子型	多元醇脂肪酸酯	乳化、柔软	各种化妆品
	聚合甘油脂肪酸酯	乳化、柔软	各种化妆品
	聚氧乙烯脂肪醇、甾醇及苯酚	保湿、柔软	香波、发乳
	聚氧乙烯多元醇脂肪酸酯	乳化、增溶	乳化香水、膏霜及蜜
	聚氧乙烯脂肪酸酯	增溶、乳化	膏霜及蜜
	聚氧乙烯聚氧丙烯嵌段聚合物	润湿、发泡、乳化、洗澡	膏霜及蜜
	聚氧乙烯烷基胺	乳化	各种化妆品
	烷基醇酰胺	乳化、增溶、稳定泡沫	香波及洗涤用品

① 阴离子表面活性剂　阴离子表面活性剂溶于水时与其亲油基相连的亲水基是阴离子。它的亲油基常是脂肪酸、高碳醇、烷基、烷基苯等，其结构中也有嵌入酰胺键和酯键等；亲水基多是羧酸基（—COO⁻）、磺酸基（—SO₃⁻）、硫酸基（—SO₄⁻）等的钠、钾及三乙醇胺盐等。阴离子表面活性剂的主要类型有：羧酸盐类、脂肪酰-肽缩合物、磺酸盐类、硫酸酯盐类和磷酸酯盐类等。在亲油基中，若

碳数高，则亲油性强，相反则弱。在化妆品中，阴离子表面活性剂多作为去污剂、发泡剂，有的也可作为乳化剂。

a. 高级脂肪酸皂　其通式为 RCOOM，R 一般为 $C_8 \sim C_{22}$ 的烷基；M 为金属盐，常为 Na^+、K^+ 及三乙醇胺。其钠盐和钾盐主要用作皂基。在化妆品配方中，羧酸（主要是硬脂酸）作为油相组分，碱金属和胺类作为水相组分，两者混合后生成羧酸盐，即在反应体系中生成乳化剂，普遍用于 O/W 型膏霜和乳液。羧酸钠发泡性能良好，有较好的去污能力；主要缺点是二价或三价离子的羧酸盐不溶于水，耐硬水能力低，遇电解质（如氯化钠）也会发生沉淀，在 pH 值低于 7 时，产生不溶的游离脂肪酸，导致其表面活性消失。

在化妆品配方中最常见的是三压硬脂酸，为 $C_{16} \sim C_{18}$ 直链脂肪酸为主的混合物；带甲基支链的硬脂酸兼有硬脂酸和油酸的优点，耐氧化、颜色稳定和脂肪冻点低，也已开始广泛应用；油酸盐易形成乳液，可利用其调节硬脂酸皂类的黏度，油酸铵有较好的渗透性和匀染作用，较广泛用于染发和漂白头发制品中。

b. 脂肪醇硫酸钠　脂肪醇硫酸钠简称为 AS，通式为 $ROSO_3M$，其中 R 一般为 $C_{12} \sim C_{18}$ 的烷基；M 为金属盐，常为 Na^+、K^+、NH_4^+、Mg^{2+} 及三乙醇胺和二乙醇胺。AS 是脂肪醇经硫酸化直接导入亲水基，中和后生成的脂肪醇硫酸盐。其代表性的产品是月桂醇硫酸钠（K_{12}）。由于有很好的发泡能力和去污能力，水溶液呈中性并具有耐硬水性，生物降解性良好且无毒等特点，在化妆品中已多方面取代了肥皂。AS 的不足之处是它在水中的溶解度不够高；对热也不够稳定，高温时容易分解，温度愈高，时间愈长，水解的也越多；且 AS 对皮肤和眼睛有轻微的刺激性。

AS 是工业和民用上广为使用的一类表面活性剂，在化妆品中可作为香波类产品的原料；AS 还可作为膏霜类化妆品的乳化剂。

c. 脂肪醇聚氧乙烯醚硫酸盐　脂肪醇聚氧乙烯醚硫酸盐简称为 AES，其分子式为 $R(CH_2CH_2O)_nOSO_3Na$，R 为 $C_{12} \sim C_{14}$ 的烷基。AES 是在脂肪醇硫化之前，先使脂肪醇与 n 个环氧乙烷缩合（其中 n 一般是 $1 \sim 5$），以增加其亲水性能，然后再硫酸化、中和，而得到的产物。

AES 为淡黄色的黏稠液体，通过脂肪醇加成环氧乙烷，使 AES 的亲水性能优于 AS，且具有非离子表面活性剂的性质，不受水的硬度影响，在硬水中仍保持较好的去污力。AES 的水溶液的黏度比 AS 高，其耐热性也比 AS 好，且刺激性远低于 AS。另外，AES 具有良好的与其他阴离子、非离子表面活性剂的配伍性。

在化妆品中，AES 被广泛应用于制造香波、浴液、洗手液及液体洗涤剂，是其中重要的原料。化妆品中最常用的是聚氧乙烯（3EO）月桂醇硫酸钠，其水溶液在低温时仍保持透明，适宜于配制透明液体香波。

d. 直链烷基苯磺酸钠　直链烷基苯磺酸钠简称为 LAS，是属于烷基苯磺酸钠（ABS）类型的品种。ABS 的通式为 $RC_6H_4SO_3M$，其中 R 为烷基，M 多为 Na。

烷基苯磺酸钠是由烷基苯磺化后，经中和制得的。通常烷基链长为 $C_3 \sim C_{20}$，一般是以 C_{12} 为主体的 $C_{12} \sim C_{15}$ 的混合烷基。

此类表面活性剂的溶解度、起泡性和洗涤力及生物降解性等性质与烷基（R）的结构有很大关系，长链烷基苯磺酸盐有很好的泡沫和润湿作用，而短链的烷基苯磺酸盐发泡作用不好，但也具有降低表面张力作用，能增加其他表面活性剂在无机盐存在下的溶解度，可作为水溶性增溶剂；直链烷基化产物的生物降解性优于支链烷基化产物。LAS 具有较强的洗涤力和良好的发泡性和溶解性，是工业和家用洗涤剂的主要原料；但其对皮肤有较强的刺激和脱脂作用，且单独使用时会使头发干燥发涩，故在化妆品中较少使用，但可适量用于香波和浴液中。

② 阳离子表面活性剂　阳离子表面活性剂在水中可离解出具有表面活性的阳离子，与阴离子表面活性剂相遇，会产生不溶性沉淀而抵消各自的表面活性，故一般不同时使用。阳离子表面活性剂的疏水基通常是由脂肪酸或石油化学品衍生而来，表面活性的阳离子的正电荷一般由氮原子携带，也可以由硫和磷原子携带。但目前有商业价值的阳离子表面活性剂中，绝大多数都含有带正电荷的氮原子。因此，脂肪胺是阳离子表面活性剂的重要原料。

阳离子表面活性剂具有乳化、加溶、润湿、洗涤和分散等作用，但其洗涤作用是有限的。由于一般硬表面带有负电荷，带正电荷的阳离子表面活性剂对其有着十分明显的活性，因此其抑菌性和对硬表面吸附的亲和性较突出。阳离子表面活性剂还易被人体皮肤、头发和牙齿所吸附，可作为清洁剂、消毒防腐剂、杀菌剂、杀真菌剂、抗静电剂、纺织柔软剂、缓蚀剂、消泡剂和浮选剂等，某些季铵盐型阳离子表面活性剂还具有良好的乳化性能。阳离子表面活性剂在化妆品中的应用主要是用作杀菌剂、抑菌剂、头发调理剂、皮肤柔软剂和抗龋齿添加剂等。

阳离子表面活性剂主要有胺盐型和季铵盐型阳离子表面活性剂，还包括高分子型阳离子表面活性剂。

胺盐型阳离子表面活性剂主要包括烷基胺盐型、羧酸酯胺盐型、酰胺基胺盐型及咪唑啉型等。其中咪唑啉型表面活性剂占有相当的比例。根据原料的不同分别可以制得乳化剂、柔软剂及纤维助剂，若进一步加工又可制备生产季铵盐型和两性离子型表面活性剂，尤其两性咪唑啉型表面活性剂是目前应用性能优良的品种。咪唑啉型阳离子表面活性剂的通式可表示为：

$$(R=C_{11} \sim C_{17};\ R'=H、C_2H_4OH、C_2H_5 等)$$

季铵盐型阳离子表面活性剂主要包括烷基季铵盐型、含苯环的季铵盐型和含氮的杂环类季铵盐型。季铵盐的碱性要比叔胺盐的碱性大，在碱性条件下稳定（胺盐型遇碱重新生成原来不溶性的胺），故季铵盐型产品的使用介质环境得以拓宽。季铵盐型阳离子表面活性剂的通式为：

$$\left[R - \overset{\displaystyle R'}{\underset{\displaystyle R''}{\overset{|}{\underset{|}{N^+}}} - R''' \right] X^- \qquad (R = C_{12} \sim C_{18}；R'、R''、R'''常为 CH_3、C_2H_5 等)$$

高分子表面活性剂具有良好的乳化、分散、絮凝、加溶等性能，一般作高分子絮凝剂、凝聚增效剂或腈纶的缓染剂，也有用于头发调理剂中，如聚丙烯酰胺，有非离子型特点，也可认为是一种弱阳离子高分子表面活性剂；再比如季铵化的聚硅氧烷对皮肤和毛发具有良好的柔软和抗静电效果，还可起到有效的保湿作用。

a. 烷基胺盐　烷基胺盐包括各种伯胺的乙酸盐，其结构式为 RNH_2CH_2COOH，其中 R 可以是椰子脂基、牛油脂基、氢化牛油-烷基等。此类产品在化妆品中可用作头发调理剂和抗静电剂。

烷基胺盐中的酰胺基烷基胺盐可以是各种脂肪酰胺的乳酸盐和丙酸盐，其结构式分别为：

$$R-\overset{O}{\overset{\|}{C}}-NH-(CH_2)_3-\overset{CH_3}{\underset{CH_3}{\overset{|}{\underset{|}{N}}}} \cdot HOOCCH-CH_3 \qquad RC-\overset{O}{\overset{\|}{}}-NH-(CH_2)_3-\overset{CH_3}{\underset{CH_3}{\overset{|}{\underset{|}{N}}}} \cdot HOOCCH_2CH_3$$
$$OH$$

乳酸盐　　　　　　　　　　　丙酸盐

R=椰子脂基、硬脂基、异硬脂基、各种植物油脂基

这类表面活性剂一般可溶于水，作为阳离子型乳化剂。与非离子表面活性剂复配可制备在酸性介质中稳定、耐电解质性良好的乳液；与阴离子表面活性剂复配，虽对头发和皮肤的亲和力不如季铵盐类阳离子表面活性剂，但在毛发上的积聚也较少，体现出在酸性和中性范围内较温和的调理效果。使用这类表面活性剂配制的乳液，有助于保持产品较低的黏度，放置后又不会沉降分离。

b. 烷基咪唑啉　烷基咪唑啉是有机一元环叔胺，呈中强碱性，用酸中和形成胺盐，与卤代烷或硫酸酯反应生成季铵化合物。它是典型的阳离子表面活性剂，可以很牢固地吸附在带负电荷的表面，如毛发、皮肤、牙齿、玻璃、纸张、纤维、金属和含硅材料等的表面。

烷基咪唑啉是非极性液体，有很优良的乳化性能。在化妆品中，主要用作调理剂、乳化剂、抗静电剂和抗菌剂等，用于香波、护发素和一些护肤品。

c. 季铵盐　季铵盐在酸性和碱性介质中都具有稳定性，热稳定性也较好。季铵盐的溶解性与烷基的链长有关：$C_8 \sim C_{16}$ 单烷基三甲基季铵盐可溶于水；$C_{16} \sim C_{18}$ 单烷基三甲基季铵盐难溶于水，可溶于极性溶剂；单烷基三甲基季铵盐不溶于非极性溶剂；而双烷基二甲基季铵盐溶于非极性溶剂，不溶于水。季铵盐突出的特性是对有负电荷的固体表面有吸附作用和杀菌消毒作用。不同种类的季铵盐，其润湿作用、发泡和乳化作用存在较大的差别，具有很有限的洗涤作用。一般季铵盐对复配的试剂要求很高，如阴离子表面活性剂、氧化物、过氧化物、硅酸盐、硝酸银、柠檬酸钠、酒石酸钠、硼砂、高岭土、蛋白质和一些高分子化合物等都会导致季铵盐型阳离子表面活性剂的杀菌力降低或产生混浊、沉淀。其品种主要有烷基三

甲基季铵盐、烷基苯基二甲基季铵盐、咪唑啉季铵盐等。

十八烷基三甲基氯化铵简称为 1831，为白色或微黄色固体，可溶于水，易溶于异丙醇水溶液中，具有抗静电、杀菌、乳化、柔软等性能，稳定性良好（但不宜在 100℃ 以上长期存放），耐光、热、强酸、强碱，其生物降解性优良，与阳离子、非离子和两性表面活性剂的配伍性良好。应用较广的是其 1% 的水溶液，其 pH 值为 6.5～7.5。1831 在化妆品中主要用作毛发调理剂，是护发素的主要原料。

双烷基二甲基季铵盐含有两个长链的烷基作为疏水基，具有良好柔软性、抗静电性和一定的杀菌能力，也有较好的润湿和乳化能力，如二硬脂基二甲基氯化铵适用于制备 O/W 型乳化体。双烷基二甲基季铵盐的刺激性较烷基三甲基季铵盐小，在弱酸性时呈阳离子特性，在中性和碱性条件下为非离子化的水合物。在化妆品中主要用作调理剂，用于护发素和调理香波，改进头发的梳理性并易于清洗。

咪唑啉季铵盐不溶于矿物油，溶解于水及氯代烃类溶剂。在水或非水溶液体系，具有优良的抗静电、润滑、纤维软化和缓蚀等性能。可用于护发素中作为基质，能赋予头发优良的梳理性、润滑、柔软和光泽，也可用于发胶等护发制品中。

③ 两性离子表面活性剂　两性离子表面活性剂毒性小，对眼睛和皮肤的刺激性低，并兼具阳离子和阴离子表面活性剂的特性，可耐硬水和较高浓度的电解质溶液，有一定的杀菌性和抑霉性、抗静电作用以及良好的乳化和分散效能，可与几乎所有其他类型的表面活性剂配伍，体现协同效应，可吸附在带负电荷或正电荷的物质表面，而不会形成憎水膜。但由于其体现的阴离子和阳离子的特性均较弱，两性离子表面活性剂在化妆品中的应用有限。

两性离子表面活性剂主要有甜菜碱型、β-氨基丙酸型、咪唑啉型。

a. 甜菜碱型　甜菜碱衍生物（$R_3N^+CH_2COO^-$）包括羧酸型、硫酸酯型和磺酸型甜菜碱。三个 R 取代基可以不同，可为烷基、芳基或其他有机基团，通常由一个长链和两个短链构成，短链可以是二甲基、二羟乙基等。作为表面活性剂，其中的长链基团为含 7 个碳原子以上的脂肪烃基。常见的甜菜碱型两性离子表面活性剂品种是十二烷基二甲基甜菜碱（又称 BS-12）和月桂基酰胺丙基甜菜碱。此类化合物对皮肤和眼睛的刺激性很低，与其他表面活性剂复配物对皮肤和眼睛较少或几乎不产生刺激。在较大的 pH 值范围内水溶性都很好，且具有很好的抗硬水能力。

羧酸盐甜菜碱在等电点和等电点以上（即中性和碱性范围）呈两性，在等电点以下（即酸性范围）呈阳离子性质，不表现出阴离子的性质。除在很低的 pH 值范围与阴离子表面活性剂产生沉淀外，羧酸盐甜菜碱可与所有类型的表面活性剂匹配。在酸性和中性的水溶液中，能与碱土金属和其他金属离子（如 Al^{3+}、Cr^{3+}、Cu^{2+}、Ni^{2+}、Zn^{2+} 等）匹配。羧酸盐型甜菜碱在酸性时润湿和发泡能力比在碱性时好，且发泡力不受水的硬度影响。磺酸盐型甜菜碱在所有的 pH 值范围内均呈两性，在酸性范围内具有良好的水溶性，在碱性溶液中会生成沉淀。

b. β-氨基丙酸型　氨基丙酸衍生物（$RN^+H_2CH_2CH_2COO^-$）是一类常用的两性表面活性剂，如 N-十二烷基-β-氨基丙酸。如同其他氨基酸衍生物一样，β-氨基丙酸型表面活性剂对皮肤和眼睛的刺激性很低，可以认为在化妆品中的使用是安全的。

β-氨基丙酸型两性离子表面活性剂在中性或碱性范围内有优良的发泡能力，而在低 pH 值时，失去发泡能力。当处于两性状态时，β-氨基丙酸型两性离子表面活性剂对头发有很好的亲和力，适用于所有类型的毛发化妆品。

c. 咪唑啉型　咪唑啉型两性离子表面活性剂是由长链脂肪酸与乙氨基乙醇胺缩合反应生成 2-烷基羟乙基咪唑啉，再通过烷基化反应，生成两性咪唑啉化合物。在烷基化反应中，由于烷基化试剂的种类和用量不同，产生一系列两性咪唑啉。由于咪唑啉环在烷基化过程中容易发生水解开环，因此，烷基化后所得到的通常是混合体系，商品咪唑啉也通常为混合物的形式。两性咪唑啉的浓溶液（浓度在 20%以上）会刺激眼睛，但在一般使用浓度时，对眼睛和皮肤的刺激性都很低，或不产生刺激性，可认为是无毒的。

两性咪唑啉表面活性剂是性能温和的洗涤剂，可与所有类型的表面活性剂匹配，与阴离子表面活性剂复配时，可降低阴离子表面活性剂对眼睛的刺激性，且不影响其发泡性能。此类表面活性剂的抗硬水能力较强，使用 pH 值范围通常为 6.5～7.5，但其乳化能力较差。两性咪唑啉型表面活性剂可广泛用于温和香波和沐浴制品，制得的香波能使头发柔软、易梳理和抗静电。

④ 非离子表面活性剂　非离子表面活性剂表面活性由整个中性分子体现。其分子结构中的亲油基大致与离子型表面活性剂相同，主要由高碳脂肪醇、烷基酚、脂肪酸、脂肪胺和油脂等提供；但亲水基团一般是含有羟基或环氧乙烯链的化合物，即亲水基主要由环氧乙烷、多元醇、乙醇胺等提供。由于这些亲水基团在水中不解离，故亲水性极弱，只靠一个羟基和醚键结合，不易将大的憎水基溶解于水，必须有多个这样的基团结合，才能发挥其亲水性。调整羟基的数量和环氧乙烷链的长度，可以合成从仅微溶于水到亲水性很强的多种表面活性剂。

非离子表面活性剂具有较高的表面活性，其水溶液的表面张力低，加溶作用强，并具有良好的乳化能力和洗涤作用。其在水中不解离，因此对硬水或电解质都相对稳定，能在较宽的 pH 值范围内使用，与各类表面活性剂匹配。含有醚基或酯基的非离子表面活性剂在水中的溶解度随温度的升高而降低，当超过某一温度（浊点）时，溶液会出现混浊和相分离；冷却时又可恢复澄清。

非离子表面活性剂亲水能力的不同，即亲水-亲油平衡值（HLB）的不同，其溶解、润湿、渗透、乳化和增溶等性能也就各不相同。可根据非离子表面活性剂在水中的溶解度不同，将其分为三类：不溶型、悬浮型和可溶型。不溶型主要是多元醇脂肪酸酯，如硬脂酸甘油酯和山梨醇酯，其 HLB 值小于 3，主要作为 W/O 型乳化剂或 O/W 型的油相稳定剂；水中悬浮型包括多元醇的酯类，如油酸山梨醇酯和聚氧乙烯化合物（其 EO 为 5～8），其 HLB 值为 4～10；水可溶型包括含 10 或 10以上环氧乙烷数的非离子表面活性剂，其 HLB 值大于 10，可作 O/W 型乳化剂。

a. 脂肪醇聚氧乙烯醚　脂肪醇聚氧乙烯醚简称 AEO，是由脂肪醇与环氧乙烷反应制成具有各种亲水性的一系列非离子表面活性剂，通式为 $[RO(CH_2CH_2O)_nH]$，其中 R 可为椰子油还原醇、月桂醇、十六醇、油醇、鲸蜡醇等，n 为参加反应的环氧乙烷的物质的量（mol），随着加成数 n 的增加，产物可从弱亲水性到强亲水性，其浊点从常温到 $100℃$ 以上，HLB 值也相应增大。脂肪醇聚氧乙烯醚以 $C_{12} \sim C_{15}$ 醇生产的系列产品主要有 AEO（3）、AEO（7）、AEO（9）、AEO（10）、AEO（15）、AEO（20）等，其产品的性状和亲水性能见表 2-5。

表 2-5　常见醇醚系列非离子表面活性剂的性状及其亲水性能

项目	AEO(3)	AEO(7)	AEO(9)	AEO(10)	AEO(15)	AEO(20)
活性物含量/%	≥99	100	≥99	80		
浊点/℃	40±5	77±3	68±5	95	≥90	>100
pH 值	6~7.5	5.5~7.5	6~7.5		6~7	6~7
HLB 值			12.5	14.7	14.5	16.5

　　脂肪醇聚氧乙烯醚的主要用途是配制洗涤剂，如椰子油还原醇（$C_{12} \sim C_{14}$）的 EO 加成物可直接用于洗涤剂配方中，它们还是生产醇醚硫酸盐等阴离子表面活性剂的主要原料。因此，AEO 构成了化妆品的直接或间接原料。

　　b. 烷基酚聚氧乙烯醚　烷基酚聚氧乙烯醚简称 APE，通式为 $ROC_6H_4(CH_2CH_2O)_nH$。其性质与 EO 加成数 n 有很大的关系。当 $n>8$ 时，其产品具有良好的水溶性，但生物降解性能较 AEO 差。

　　烷基酚聚氧乙烯醚的主要品种有辛基酚聚氧乙烯（10）醚和壬基酚聚氧乙烯（9）醚。辛基酚聚氧乙烯（10）醚［简称为 APE（10）］，其商品名为 TX-10 或 OP-10，为棕黄色黏稠的糊状物，其 HLB 值为 14.5，能溶于水形成透明液体，具有良好的去污、乳化、分散、润湿等性能，在化妆品中可作为清洁类产品的原料。壬基酚聚氧乙烯（9）醚的商品名为 TX-9，为浅黄色的膏状物，其 HLB 值为 12.8，具有去污、乳化和润湿等作用，在较宽的 pH 值范围内和较宽的温度范围内稳定，抗硬水能力较强，可与阴离子、阳离子表面活性剂配伍。

　　c. 烷基醇酰胺　烷基醇酰胺是带有酰胺基团的多元醇型非离子表面活性剂。这类产品通常是由烷基醇胺（单乙醇胺、二乙醇胺、三乙醇胺等）和脂肪酸缩合而生成脂肪酰醇胺。如由 1mol 月桂酸或椰子油脂肪酸与 2mol 二乙醇胺在氮气流下经搅拌加热脱水缩合而制得的尼纳尔（Ninol），国内开发的同类产品称之为 6501 或 704 洗涤剂。

　　尼纳尔具有优良的洗涤性能，特别是能产生稳定的泡沫，在洗涤剂和化妆品工业中是有效的稳泡剂，能够延长和稳定泡沫。用少量的尼纳尔和其他洗涤剂配合能产生良好的增效性，因此，可广泛用作稳泡剂；尼纳尔还具有增稠的作用，在清洁类化妆品中用作增稠剂；此外，它还具有对金属缓蚀和防锈的作用。但烷基醇酰胺对电解质、盐、酸很敏感，在低浓度电解质溶液中，如自来水中就会析出混浊，溶液体系 pH 值降至 8 或 8 以下时，就会成为凝胶，虽可通过加入阴离子表面活性剂得以改善，但最好的使用 pH 值条件是 8～12。尼纳尔在化妆品中是制造香波、沐浴液等液体洗涤制品不可缺少的组分，但因其较强的脱酯性，使其用量上不宜过多。

d. 聚乙二醇脂肪酸酯　聚乙二醇脂肪酸酯是由脂肪酸乙氧基化制得，也可称作乙氧基化脂肪酸或脂肪酸聚氧乙烯酯。可依据环氧乙烷加成数目的不同，获得由完全油溶到完全水溶的产品。当乙氧基化的数目在 8 以下时，产品表面为油溶性；n 大于 8 后，逐渐在水中分散或溶解；n 为 12 以上时，才会显示在水中的溶解能力。常见的聚乙二醇脂肪酸酯产品有聚乙二醇硬脂酸酯（商品名为 SE 乳化剂）、聚乙二醇月桂酸酯、聚乙二醇油酸酯等。这类产物的生物降解性较强，对眼睛和皮肤不会产生刺激性，具有使用的安全性；但与 AEO 或 APE 型非离子表面活性剂相比，其去污力、发泡力和润湿性都比较差；分子结构中酯键的存在，使其稳定性较低，在强酸、强碱溶液中或受热情况下容易水解。但其生物降解性完全和泡沫少的特点使其可用作化妆品的乳化剂、增稠剂、珠光剂等。

e. 脂肪酸单甘油酯　脂肪酸甘油酯是由脂肪酸与甘油直接酯化得到，也可由油脂和甘油进行酯交换而获得的非离子表面活性剂。工业上常采用后者，如采用椰子油与甘油进行酯交换可得到月桂酸单甘油酯。

脂肪酸单甘油酯是一类较常见的乳化剂品种，乳化能力较强，且成本较低。在化妆品中一般常用作 W/O 型乳化剂，加入金属脂肪酸盐后可成为自乳化型。常见的品种有单硬脂酸甘油酯、月桂酸单甘油酯、油酸单甘油酯、聚氧乙烯单甘油酯等。

f. 失水山梨醇脂肪酸酯和聚氧乙烯失水山梨醇脂肪酸酯　山梨醇为葡萄糖加氢制得的带有甜味的六元醇，其与脂肪酸直接反应的过程中，生成山梨醇脂肪酸单酯和双酯的混合物。当反应温度升高到 230～250℃时，既发生酯化反应，也同时发生山梨醇的分子内失水反应而形成醚键，得到失水山梨醇单酯和双酯的混合物，其通用商品名为司盘（Span）；将其进一步乙氧基化，得到聚氧乙烯失水山梨醇脂肪酸酯的混合体系，其通用商品名为吐温（Tween）。

一般所说的失水山梨醇酯是指各种失水山梨醇的混合物。这类表面活性剂具有很好的稳定性，对皮肤和眼睛无刺激性，使用安全。山梨醇酯只适合作纤维柔软剂，不适合作乳化剂；而失水山梨醇酯可表现出良好的乳化性能，应用较为广泛。

依据酯化所用的脂肪酸类型的不同，可得到不同的司盘和吐温品种。月桂酸酯化得到的失水山梨醇单月桂酸酯为司盘-20；棕榈酸酯化的产物称为司盘-40；硬脂酸酯化产物称之为司盘-60；油酸酯化产物称为司盘-80。司盘系列产品本身均不溶于水，很少单独用作乳化剂，而是与其他水溶性表面活性剂复合使用，以取得良好的乳化效果。将上述失水山梨醇酯的司盘系列与环氧乙烷进行加成反应，可制得与司盘商品牌号对应的吐温系列非离子表面活性剂品种。此外，还有聚氧乙烯（20EO）失水山梨醇三硬脂酸酯（吐温-65）和聚氧乙烯（20EO）失水山梨醇单油酸酯（吐温-85）。吐温系列产品的水溶性和分散性较好，在化妆品中是一类应用很广泛的表面活性剂，主要用作乳化剂。

司盘和吐温构成了很重要的药品、化妆品和食品用乳化剂类型。在化妆品中，常选用司盘产品和吐温产品共同复配使用成为"乳化剂对"，以作为 O/W 型乳化剂。

g. 蔗糖酯和葡萄糖酯　蔗糖酯是蔗糖和各种酸酯化产物。调节酯化度和脂肪酸碳链的长度，可以制得不同 HLB 值的蔗糖脂肪酸酯表面活性剂。由于是由蔗糖和油脂（脂肪酸）这类可再生的天然产物为原料制得，产物无毒、无味，可不受限制地应用于食品、化妆品和药物中，可作为洗涤剂的活性物。蔗糖酯不仅对皮肤无刺激，还对皮肤有滋润和保护作用。这种表面活性剂降低表面张力的能力比其他类非离子表面活性剂大。与其他表面活性剂复配可发挥协同作用，也可降低其他表面活性剂的刺激性。

葡萄糖为原料形成的烷基糖苷（APG）具有优良的水溶性；和蔗糖酯相同，烷基糖苷具有高度的安全性；原料来源广泛、成本低廉。此外，还具有良好的增溶性、保湿性、乳化能力、增稠能力和生物降解性。

h. 聚醚　聚醚是由环氧乙烷和环氧丙烷共聚得到的嵌段聚合物，是以聚氧丙烯为疏水基，以聚氧乙烯为亲水基的高分子型非离子表面活性剂。

这类产品对皮肤的作用温和，属安全性较高的表面活性剂类型，可用于各类化妆品和医药中。聚醚是优良的润湿剂、悬浮剂、乳化剂、加溶剂和分散剂，其品种中 HLB 值小于 3 的类型可用作消泡剂。经聚醚改性后的聚硅氧烷表面活性剂是硅油乳状液配制时常用的乳化剂。

i. 氧化胺及其衍生物　氧化胺是叔胺和过氧化氢或过氧化物反应的产物，是有极性的非离子表面活性剂。在中性或碱性条件下氧化胺在水溶液中以不电离的水合物存在，显示非离子性；在碱性溶液中，显示弱的阳离子性（在低 pH 值时，会有羟基铵离子的生成），当 pH 值低于 3 时，产品的阳离子性体现尤为明显。因此，在中性或弱酸性条件下，氧化胺可以和所有类型的表面活性剂复配，在低 pH 值时，它不能和某些阴离子表面活性剂复配。氧化胺无毒，对皮肤温和，无刺激性，与阴离子表面活性剂复配时，可抑制阴离子表面活性剂使蛋白变性的作用，从而降低对皮肤的刺激性。

氧化胺的起泡和稳泡能力优于烷基醇酰胺，增稠作用与烷基醇酰胺相近。其突出特性是调理作用，在弱酸性条件下，具有阳离子的特性，可与头发和皮肤上的羧基作用，易吸附在皮肤或毛发的表面，减少或消除头发表面的静电，使头发易于梳理。因此，氧化胺主要用作香波、泡沫沐浴剂和皮肤清洁剂的调理剂，特别是适于微酸性环境；也可用作增泡/稳泡剂、增稠剂、润湿剂和抗静电剂。

2.2.2　香料和香精

一般来讲，凡能被嗅觉或味觉感觉出芳香气息或芳香味道的物质都属于香料。在香料工业中，香料通常特指用以配制香精的各种中间产品。香精亦称调和香料，是由人工配制成的香料混合物。

香料和香精的用途非常广泛。在食品、烟酒制品、医药制品、化妆品、洗涤剂、香皂、牙膏等各种行业中，香料和香精都有广泛的应用；香水的生产更是直接依赖于香料和香精；此外，在塑料、橡胶、皮革、纸张、油墨以至饲料的生产中，都要使用香料和香精。熏香、除臭剂更是广为人知的香料和香精的应用实例。近年来，还出现了香疗保健用品，通过直接吸入飘逸的香气或者将香料与皮肤接触，使人产生有益的生理反应，从而达到防病、保健、振奋等作用。

(1) 香料类型及其提取方法

香料按其来源及加工方法分为天然香料和人造香料，进一步可细分为动物性天然香料、植物性天然香料、单离香料、半合成香料及合成香料。天然香料是指来源于自然界，保持原有的动、植物香气特征的香料，其通常利用自然界存在的芳香植物的含香部位和泌香动物的腺体分泌物为提取原料，采取粉碎、冷却、压榨、发酵、蒸馏、萃取以及吸附等物理和化学方法进行提取加工而成。植物性天然香料是以芳香植物的采香部位（花、枝、叶、草、根、皮、茎、籽、果等）为原料提取的芳香组分的混合物，大多依靠物理方法分离和提取，多数呈膏状或油状，少数呈半固体或树脂状；根据形态不同分为浸膏、油树脂、精油、净油、辛香料、酊剂、香膏等。动物型天然香料品种相对较少，只有十几种，主要有龙涎香、海狸香、麝香、灵猫香和麝香鼠香等，但在天然香料中占有重要地位，一般作为定香剂使用。单离香料是使用物理或化学方法从天然香料混合物中分离提取的单一香料化合物。例如，用重结晶的方法从薄荷油中分离出来的薄荷醇（俗称薄荷脑）。半合成香料是指以单离香料或植物性天然香料为反应原料，通过制成衍生物而得到的香料化合物。松节油即为重要的半合成香料，在香料产品中占有较大比例。合成香料是指通过化学方法制取的香料化合物，特别指以石油化工基本原料及煤化工基本原料为起点经过多步合成反应和加工而制取的香料产品。合成香料和半合成香料一般统称为合成香料。在合成香料中，某些产品的分子结构与天然香料中发现的香料成分完全相同，因此，某些香料产品既可能是单离香料，也可能是合成香料。

随着人们对绿色、环保、安全性化妆品需求的增加，天然香料在化妆品中的应用日益广泛，地位越来越重要。

① 动物性天然香料　常见的动物性天然香料有龙涎香、海狸香、麝香、灵猫香、麝香鼠香。主要作为高品质香水、化妆品和香精的重要原料。

a. 龙涎香　龙涎香取自抹香鲸肠内的病态分泌结石，其密度比水低，排出体外后漂浮于海面或冲至岸上而为人们所采集。龙涎香中主要的有效成分是无香气的龙涎香醇（分子式 $C_{30}H_{52}O$），结构式为：

龙涎香醇通过自氧化作用和光氧化作用而成为具有强烈香气的化合物：γ-二氢紫罗兰酮、2-亚甲基-4-(2,2-二甲基)-6-亚甲基环己基丁酸、α-龙涎香醇，$3a,6,6,$

9*a*-四甲基十二氢萘并［2:1:6］呋喃。这些化合物共同形成了强烈的龙涎香气。使用时通常是用90%（质量分数）的乙醇将龙涎香稀释成30%（质量分数）的酊剂，经放置一段时间后使用。

龙涎香是品质极高的香料佳品，具有微弱的温和乳香，用于高品质香水的配制。

b. 海狸香　海狸生殖器附近有两个梨状腺囊，其内的白色乳状黏稠液即为海狸香，雌雄两性海狸均有分泌。腺囊经干燥取出的海狸香呈褐色树脂状，其主要成分为对乙基苯酚、苯甲醛、内酯及海狸香素等。

海狸香香气独特，留香持久，主要用作东方香型香精的定香剂，用以配制高品质香水。

c. 麝香　麝香分泌于雄性麝鹿，自其阴囊分泌的淡黄色、油膏状的分泌物存积于位于麝鹿脐部的香囊，并可由中央小孔排泄于体外。腺囊干燥后，分泌液变硬，呈棕色，成为脆性的固态物质，呈粒状并含少量结晶。固态时麝香发出恶臭，用水或酒精高度稀释后才散发独特的动物香气。

麝香属于高沸点难挥发物质，不但留香能力非常强，且可赋予香精诱人的动物性香韵，常用于高品质香水的香精配制中。研究结果表明，天然麝香中主要的芳香成分是饱和大环酮——3-甲基环十五酮，其次的香成分有麝香吡啶、麝香吡喃等。

3-甲基环十五酮

d. 灵猫香　来自灵猫的囊状分泌腺，无需特殊加工，用刮板刮取香囊分泌的黏稠状分泌物即为灵猫香。在天然灵猫香混合物中，主要的香成分是仅占3%（质量分数）左右的不饱和大环酮——灵猫酮，其化学结构为9-环十七烯酮：

灵猫香香气比麝香更为优雅，曾长期作为高品质香水配方中的通用成分。

② 植物性天然香料　植物性天然香料的主要成分多为具有挥发性和芳香气味的油状物，它们是芳香植物的精华，因此也把植物性天然香料统称为精油。常见的应用于化妆品的植物性天然香料见表2-6。

表 2-6　常见的应用于化妆品的植物性天然香料

来源	香料名称	应用
花类	玫瑰、薰衣草、茉莉、紫罗兰精油	洗发香波、润肤露、沐浴皂
草类	挥发油	香精、薰香剂和香水
叶类	苦橙叶、香叶、芳樟叶、薄荷、迷迭香	睡眠眼膜、喷雾、面霜、乳液、爽肤水、香水、香粉、膏霜和香皂香精
果实类	甜橙、红橘、柑、苦橙、葡萄柚、柠檬以及香柠檬	柠檬草精油、柠檬水、柠檬精油皂手工皂、柠檬美白洁面膏

植物性天然香料的提取方法主要有水蒸气蒸馏法、压榨法、浸提法、吸收法、发酵法和超临界萃取法等。用水蒸气蒸馏法和压榨法制取的天然香料，通常是芳香的挥发性油状物，统称精油，其中压榨法制取的产物也称压榨油；超临界萃取法制得的产物一般也属于精油。浸提法是利用挥发性溶剂浸提芳香植物，产品经过溶剂脱除（回收）处理后，通常成为半固体膏状物，故称为浸膏；某些芳香植物及动物分泌物经乙醇溶液浸提后，有效成分溶解于其中而成为澄清的溶液，这种溶液则称为酊剂。用非挥发性溶剂吸收法制取的植物性天然香料混溶于脂类非挥发性溶剂之中，称香脂。浸膏或香脂用高纯度的乙醇溶解，滤去植物蜡等固体杂质，将乙醇蒸除后所得到的浓缩物称为净油。

水蒸气蒸馏法是提取植物性天然香料最常用的方法。产量较大的植物性天然香料中，有很大一部分是用水蒸气蒸馏法生产的，如薄荷油、留兰香油、广藿香油、薰衣草油、玫瑰油、白兰叶油以及桂油、茴香油、桉叶油、依兰油等；重要的半合成原料类型的香茅油也是利用水蒸气蒸馏法生产的。水蒸气蒸馏法的工艺流程如图 2-2。

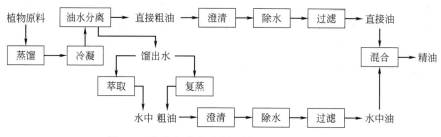

图 2-2　水蒸气蒸馏法制取精油的工艺流程图

浸提法也称固液萃取法。用浸提法从芳香植物中提取芳香成分的浸提液中，尚含有植物蜡、色素、脂肪、纤维、淀粉、糖类等难溶物质或高熔点杂质。将溶剂蒸发浓缩后，得到膏状物质，称为浸膏。用乙醇溶解浸膏后滤去固体杂质，再通过减压蒸馏回收乙醇，可以得到净油。直接使用乙醇浸提芳香物质，则所得产品即为酊剂。选择的浸提溶剂应遵循无毒或低毒、不易燃易爆、化学稳定性好和无色、无味，兼顾考虑其对于芳香成分和杂质的溶解情况，并尽量选择沸点较低的溶剂，以利于蒸除回收。

压榨法主要用于柑橘类精油的生产，这些精油中的萜烯及其衍生物的含量超过 90%（质量分数）。萜烯类化合物在高温下容易发生氧化、聚合等反应，因此，如用水蒸气蒸馏法进行含萜烯类香料的加工，会导致产品香气失真。而压榨法最大的特点是其过程在室温下进行，可使精油香气保真，保证质量。目前压榨法制取精油的工艺技术已较为成熟，可依靠设备实现绝大部分生产过程的自动化。

吸收法生产天然香料主要有非挥发性溶剂吸收法和固体吸附剂吸收法等形式。固体吸附剂吸收法是典型的吸附操作，所得产品是精油；而非挥发性溶剂吸收法所得是产品是香脂。吸收法常用于处理较为娇嫩或较为名贵的鲜花，其加工温度不高，无外加化学作用或机械损伤，产品的杂质极少，香气保真，所得产品多为天然香料中的名贵佳品。尤其香势较强的鲜花所释放的芳香气体成分，可利用这一方法进行提取。

随着科学技术的发展，新型的提取分离技术的出现，如分子蒸馏、超临界CO_2萃取、微波辅助技术、超声提取技术等，会大大丰富和促进植物性天然香料的提取技术和水平。

③ 单离香料　单离香料组分单一，可更好地满足香精调配的需要。如从香茅油中分离出具有玫瑰花香的萜烯醇——香叶醇，可在玫瑰香型香精中用作主香剂，在其他香型香精中也被广泛使用。而香茅油由于含有其他香成分，在很多情况下不能像香叶醇一样，在香精中直接使用。可采用物理法和化学法对天然香料进行单离。

物理法主要包括蒸馏法、冻析法、重结晶法等。a. 蒸馏法。用于加工精制单离香料的蒸馏过程主要是精密精馏和减压蒸馏过程。天然精油中经常有同分异构体并存，如在香叶油、玫瑰油、玫瑰草油等天然精油中同时存在的香茅醇和玫瑰醇即为同分异构体。这些同分异构体的沸点差较小，用普通精馏过程很难实现单离香料的有效分离，因此精密精馏在单离香料的生产中有着广泛的应用。天然精油中常含有某些热敏性组分，温度过高会发生分解、聚合或其他化学反应，破坏香味成分或生成影响香料质量的物质，故单离香料生产中多采用减压蒸馏。b. 冻析法是通过降温的方法使高熔点的组分以固状形式析出，以实现香料的单离和提纯的方法。在日化、医药、食品、烟酒工业有着广泛应用的薄荷脑（薄荷醇）就是从薄荷油中通过冻析的方法单离出来的。用于合成洋茉莉醛和香兰素的重要原料黄樟油素主要是使用冻析结合减压蒸馏的方法生产。c. 重结晶法主要用于某些在天然精油中含量较高的香料组分的精制，以得到合乎要求的单离香料。这样的单离香料包括樟脑、柏木醇、香紫苏醇等。

化学处理法制备单离香料的原理是：利用可逆的化学反应将天然精油中带有特定官能团的化合物转化为某些易于分离的中间产物，以实现分离纯化，再利用化学反应的可逆性使中间产物复原而成原来的香料化合物。可利用的反应类型包括：a. 亚硫酸氢钠加成物分离法。醛及某些酮可与亚硫酸氢钠发生加成反应，生成不溶于有机溶剂的磺酸盐晶体加成物。这一反应是可逆的，用碳酸钠或盐酸处理磺酸盐加成物，便可重新生成对应的醛或酮。b. 酚钠盐法。酚类化合物与碱作用生成的酚钠盐溶于水，可将天然精油中其他化合物组成的有机相与水相分离，然后用无机酸处理含有酚钠盐的水相，便可实现酚类香料化合物的单离。c. 硼酸酯法。这是从天然香料中单离醇的主要方法之一。硼酸［$B(OH)_3$］与精油中的醇（ROH）可以生成高沸点的硼酸酯［$B(OR)_3$］，经减压蒸馏后与精油中的低沸点组分分离，再经皂化反应，可使醇游离出来。

④ 半合成香料和合成香料　各种天然精油不仅可以精制单离香料或直接用于调配香精，还可以作为半合成或合成香料的原料。

半合成香料由于其独特的品种或品质以及工艺过程的经济性而独具优势，是以煤焦油或石油化工基本原料为原料的全合成香料所无法替代的。全合成香料是从石油化工及煤化工基本原料出发，通过多步合成而制成的。随着近代科学技术的发展，尤其是化学分析和有机合成技术的发展，多数天然香料都可进行成分剖析，主要的发香成分也可实现化学合成，且有很多自然界并未发现的发香物质被合成出来并应用于香精调配之中。按照分子结构的不同，可将合成香料划分为无环脂肪族香料、无环萜类香料、环萜类香料、非萜脂环族香料、芳香族香料、酚及其衍生物香料、含氧杂环香料、含 N、S 杂环香料。每类合成香料中又可根据官能团的情况，划分为饱和烃、不饱和烃、醇、醛、酮、醚、酸、酯、内酯等。

（2）香精和调香

香精的应用中，包括对香型和形态两方面的要求。香型的确定主要是通过配方的拟定来解决，而香精的形态则主要是通过批量生产中的特定工艺来实现。

香型体现的是香精的主体香气，而香韵则是指由于次要成分的加入而赋予香精浓郁丰润、富于魅力的独特感受。香精配方的拟定是香精生产的基础，一般称之为调香。

① 香气的类型与强度　各种香料的香气不仅在类型上有区别，而且在强弱上也有不同。通常香味物质产生的香感觉在一定的浓度范围内随着香物质浓度的增加而增强。当我们将一定的香精或香料产品按照一定比例稀释后进行嗅辨，即可根据能否嗅辨来确定香气强度。这种香气强度反映了香味物质分子固有的性质。

② 香精的组成和作用　调香无固定和绝对的方法以供遵循，从一定意义上说，是技术与艺术的结合，因而在很大程度上依赖于调香师的经验和艺术鉴赏力。通常从香精的香型、香韵以及其中各种香料的挥发度对香感觉的影响等方面综合衡量选用原料。从香型、香韵的基本组成和作用角度，香精中主要含有主香剂、合香剂、定香剂、修饰剂、稀释剂。

主香剂是决定香精香型的基本原料，在多数情况下，一种香精含有多种主香剂。合香剂亦称调节剂，其基本作用是调和香精中各种主香剂的香气，使主体香气更加浓郁。定香剂亦称保香剂，是一些本身不易挥发的香料，它们能抑制其他易挥发组分的挥发，从而使各种香料挥发均匀，香味持久。修饰剂亦称变调剂，是一些香型与主香剂不同的香料，少量添加于香精之中，可使香精格调变化，别具风韵。稀释剂通常是一些具有稀释或溶解作用的溶剂类芳香成分，常用乙醇，此外还有苯甲醇、二丙基二醇、二辛基己二酸酯等。

根据香料在香精中的挥发性可以将香料分为头香、基香和体香。头香是对香精嗅辨的最初片刻所感觉到的香气，其挥发度高、扩散力好。常用的头香剂有辛醛、壬醛、癸醛、十一醛、十二醛等高级脂肪醛以及柑橘油、柠檬油、橙叶油等天然精油。基香亦称尾香，是指在香精挥发过程中最后残留的香气，挥发度较低。体香是挥发度介于头香和定香剂之间的香料所散发的反映香精主体香型的香气。

③ 香精的分类　香精可按形态或香型进行分类。

按照形态分类，可分为水溶性香精、油溶性香精、乳化香精、粉末香精等。

水溶性香精，常用 40%～60%（质量分数）的乙醇水溶液为溶剂，广泛用于汽水、冰淇淋、果汁、果冻等饮料及烟酒制品中，在香水等化妆品中也有应用。

油溶性香精常用两类溶剂：一类是天然油脂，如花生油、菜籽油、芝麻油、橄榄油和茶油等；另一类是有机溶剂，如苯甲醇、甘油三乙酸酯等。以天然植物油脂配制的油溶性香精主要用于食品工业中，如糕点、糖果的加工中；而以有机溶剂配制的油溶性香精，一般用于化妆品中，如膏霜、发脂、发油等中。许多香料本身就是醇、酯类化合物，在配方中加入此类物质后，通常不需要再添加有机溶剂。

乳化香精是大量的蒸馏水中添加少量香料，并加入表面活性剂和稳定剂，经加工制成乳液而得。乳化香精主要应用于糕点、巧克力、奶糖、奶制品、雪糕、冰淇淋等食品中，在发乳、发膏、粉蜜等化妆品中也经常使用。乳化香精中常用的表面活性剂有单硬脂酸甘油酯、大豆磷脂、山梨糖醇酐脂肪酸酯、聚氧乙烯木糖醇酐硬脂酸酯等；常用的稳定剂有酪朊酸钠、果胶、明胶、阿拉伯胶、琼胶、海藻酸钠等。

粉末香精一类是由固体香料磨碎混合制成的粉末香精；另一类是粉末状液体吸收调和香料制成的粉末香精和赋形剂包覆香料而形成的微胶囊状粉末香精。这类香精广泛应用于香粉、香袋、固体饮料、固体汤料、工艺品、毛纺品中。

按照香型分类，香精可分为花香型香精（以模仿天然花香为特点的香精，如玫瑰、茉莉、铃兰、郁金香、紫罗兰、薰衣草香等）、非花香型香精（以模仿非花香的天然物质为特点的香精，如檀香、松香、麝香、皮革香、蜜香、薄荷香等）、果香型香精（以模仿各种果实的气味为特点的香精，如橘子、柠檬、香蕉、苹果、梨、草莓等）、酒用型香精（主要用于酒类产品中的香精，有柑橘酒香、杜松酒香、老姆酒香、白兰地酒香、威士忌酒香等）、烟用香型香精（主要用于烟草类产品中的香精，如蜜香、薄荷香、可可香、马尼拉香型、哈瓦那香型、山茶花香型等）、食用香型香精（主要用于食品中的香精。如咖啡香、可可香、巧克力香、奶油香、奶酪香、杏仁香、胡桃香、坚果香、肉味香等）以及幻想型香精（由调香师根据丰富的经验和美妙的幻想，巧妙地调和各种香料，尤其是使用人工合成香料而创造的新香型；幻想型香精大多用于化妆品，往往冠以优雅抒情的名称，如素心兰、水仙、古龙、巴黎之夜、圣诞之夜等）。

④ 香精的调配与工艺流程　香精配方的拟定大体上有四个步骤：明确调香的目标，即明确香精的香型和香韵。根据所确定的香型，选择适宜的主香剂以调配香精的主体部分，形成香基。在香基的香型的适宜的基础上，进一步选择适宜的合香剂、修饰剂、定香剂等。加入富有魅力的顶香剂。拟定配方后的香精初步调配完成后，要经过小样评估和大样评估，通过考察后完成香精配方的拟定。

不同类型的香精的调配及其大体工艺流程有以下几个。

a. 不加溶剂的液体香精　其生产工艺流程为：

其中熟化是香精制造工艺中的重要环节，经过熟化之后的香精香气变得和谐、圆润和柔和。

b. 水溶性和油溶性香精　水溶性香精的生产工艺流程为：

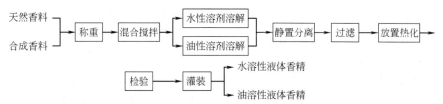

水性溶剂常用 40%～60%（质量分数）的乙醇水溶液，一般占香精总质量的 80%～90%；其他的水性溶剂，如丙二醇、甘油溶液等也有使用。油性溶剂常用精制天然油脂，一般占香精总质量的 80% 左右；其他的油性溶剂有苯甲醇、甘油三乙酸酯等。

c. 乳化香精　其生产的工艺流程为：

配制外相液的乳化剂常用单硬脂酸甘油酯、大豆磷脂、二乙酰蔗糖六异丁酸酯（SAIB）等；稳定剂常用阿拉伯胶、果胶、明胶、羧甲基纤维素钠等。乳化一般采用高压均浆器或胶体磨在加温条件下进行。

d. 粉末香精　粉末香精的加工方法主要有粉碎混合法、熔融体粉碎法、载体吸附法、微粒型快速干燥法以及微胶囊型喷雾干燥法等。

如果配方中选择的香味原料均为固体，则粉碎混合法是生产粉末香精的最简便的方法，只需经过粉碎、混合、过筛、检验等简单处理，即可制得粉末香精成品。熔融体粉碎法是把蔗糖、山梨醇等糖质原料熬成糖浆，加入香精后冷却，再将凝固所得硬糖粉碎、过筛获得粉末香精的方法，其缺点是在加热熔融的过程中，香料易挥发或变质，制得的粉末香精的吸湿性也较强。载体吸附法是制造粉类化妆品所需要的粉末香精的方法，可以用精制的碳酸镁或碳酸钙粉末与溶解了香精的乙醇浓溶液混合，使香精成分吸附于固态粉末之上，再经过筛分即可用于粉类化妆品。微粒型快速干燥法是制备冰淇淋、果冻、口香糖、粉末汤料中广泛应用的粉末状食用香精的方法，香精采用薄膜干燥机或喷雾干燥法制成。微胶囊型喷雾干燥法是将香精与赋形剂混合乳化，再进行喷雾干燥，得到包裹在微型胶囊内的粉末香精的方法，其中的赋形剂就是能够形成胶囊皮膜的材料，多为明胶、阿拉伯胶、变性淀粉等天然高分子材料或聚乙烯醇等合成高分子材料。

以甜橙微胶囊型粉末香精的制备为例，其生产工艺流程为［括号中的数字代表原料在配方中的质量分数（％）］：

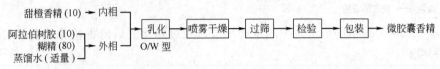

(3) 加香和应用

化妆品的加香除了考虑选择适合的香型外，还要考虑香精对化妆品质量的影响及其使用效果，以及对皮肤、毛发、口腔等的安全性等。

① 皮肤和毛发用化妆品的香精选择

a. 香气的协调　化妆品为多组分体系，香料和香精本身的性状及其在混合体系中体现的性状需综合考虑；化妆品单品往往也不是单独使用的，其所含香精与其他化妆品的香气协调性在加香和应用时亦需综合考虑。雪花膏的香气通常需要与香粉的香气协调；胭脂的加香也有和雪花膏类似的要求。而香水使用的香精，要散发圆润优雅的香气，引起人们的好感和喜爱。

b. 赋香率　一些以香味为主体的化妆品，如香水、香粉等，赋香率要求高一些；而其他一些化妆品，赋香率则要略低。在通常情况下，各类化妆品的赋香率为：香水 2％～25％；花露水 1％～5％；雪花膏 0.5％～1％；冷霜 0.5％～1％；奶液 0.5％～1％；香粉 2％～5％；胭脂 1％～3％；唇膏 1％～3％；眉笔 1％～3％；发蜡、发油小于 0.5％；爽身粉 1％左右；香波小于 0.5％。

c. 溶解度　香水和花露水类基本上是香精的酒精溶液，香精需溶于该类溶剂；发油、发蜡等是以植物油和矿物油为基质，醇溶性香精一般在其中的溶解较小，加香中需通过增溶而制得透明产品；奶液类含水分较多，冷霜类则含油脂较多，为得到不分层、干裂、浑浊、变形的稳定产品，需尽量减少香精用量，并辅以技术手段促进香精溶入。

d. 变香和变色　香精是多组分体系，在贮存、运输和使用过程中，均会受温/湿度和介质酸碱度等因素的影响，自身或相互间会发生氧化、聚合、缩合和分解等反应，从而改变原有香味和颜色。香精的变香性是制造香水时改善香气的有效手段，但对于制备化妆品则是不可忽视的问题，尤其对于含较多的油类、蜡类和高碳脂肪醇等物质的膏霜类等化妆品，因其常带有脂蜡气息，故脂蜡香的香料的使用则需尽量避免。

e. 附加的功能性　香料和香精在化妆品中除能体现良好的芳香功能外，常会附加特殊的药用功效或营养价值等，起到祛斑、抗皱、美白、抗菌、抗氧化、抗紫外线以及提神等作用，这类香料和香精备受喜爱。如薰衣草精油除赋予产品特定香气，还具有滋润和白嫩皮肤、促进皮肤细胞更新等功效；再如柠檬精油富含维生素C，会格外提供产品的美白、收敛和平衡油脂分泌等功效等。

② 口腔用品的香精选择　牙膏、爽口液等口腔卫生用品，其配方结构与洗涤

用品或化妆品有很大差别，其中使用的香精属于食品用香精的一部分，需符合食品规格。

a. 符合香型要求　牙膏用香精的香型不仅要求有良好的嗅觉，更重要的是使用后口腔中要留有清凉、爽口和新鲜的味感。牙膏中适用的香型相应有薄荷、留兰香、果香、冬青和茴香等类型。

b. 符合留香时间要求　用牙膏、爽口液等洁齿仅用数分钟，且洁齿后用大量清水漱清，使用者并不要求口腔内长期留香，所以在设计主配方时毋需强调尾香，一般也不用考虑采用定香剂。

c. 符合颜色及其稳定性要求　牙膏的颜色大多数为白色，爽口液多为无色或浅色透明液体，故配制香精时避免选用深色香料，同时通过应用试验以确定不发生颜色改变等现象。

d. 符合保持产品稳定性要求　牙膏的组分中含有大量不溶于水的摩擦剂、表面活性剂、增稠剂、甜味剂等，以及一些功能性药物。这些物质与选用的香精需避免发生导致变香或变色的反应。

2.2.3　颜料和色素

颜料和色素在化妆品中属于着色剂，可赋予产品特定颜色和外观，也是美容化妆品等使用后显现皮肤自然而健康的颜色或者提供美化效果的成分。颜料和色素分为有机合成色素（包括染料、色淀、颜料）、无机颜料和天然色素。颜料和色素在制品中的用量较少，但其纯度、稳定性、安全性等因素均会明显影响化妆品的外观和质量。

(1) 有机合成色素

有机合成色素主要是指染料。染料须对被染的基质有亲和力，能吸附或溶解于基质中，使被染物具有均匀的颜色。染料分为水溶性染料和油溶性染料两种。水溶性染料的分子中含有水溶性基团（碘酸基），而油溶性染料的分子中不含可溶于水的基团。按生色基团来分，可分成以下几种。

① 偶氮系染料　以偶氮基（—N＝N—）为发色基团的偶氮苯作为色原体的一类染料。含有一个偶氮基的称为单偶氮，两个的称为双偶氮。化妆品中许可使用的染料多属于偶氮系列染料。水溶性偶氮系染料用于化妆水、乳液、香波等的着色；油溶性偶氮系染料用于乳膏、头油等油溶性化妆品的着色。

② 呫吨系染料这类染料含有夹氧杂蒽（呫吨）基。呫吨染料可分为酸性和盐基性两种。酸性呫吨存在两种互变异构体，一种异构体是酚型，它是游离酸型的结构，酚型的水溶性较差。与此相反，另一种异构体为醌型（或称呫吨），一般具有较高的水溶性。呫吨系染料用于口红、香水、香料等的着色。

③ 三苯甲烷系染料　在这类染料的分子结构中，中心碳原子与 3 个芳香环连接在一起。它们都是水溶性、阴离子型的磺化的体系。三苯甲烷系染料非常易溶于

水，用于化妆水和香波等的着色；缺点是耐光性不好，对碱性介质敏感，用时需经过试验以确定是否适宜。

④ 蒽醌系染料　蒽醌系染料有青色、绿色、紫色，耐光性好，具有良好的物理和化学性质，适于化妆品使用。水溶性的产品用于化妆水、香波等的着色；油溶性的产品用于头油等的着色。

其他用于化妆品中的染料还有靛蓝系染料、亚硝基系染料等。

(2) 颜料

颜料是不溶于水、油、溶剂并能使它种物质着色的粉末。颜料有较好的着色力、遮盖力、抗溶剂性和耐久性，广泛应用于口红、眼影、胭脂及演员化妆品。常用的无机颜料称作矿物性颜料，对光稳定性好，不溶于有机溶剂，但其色泽的鲜艳程度和着色力不如有机颜料，主要用于演员化妆品中的底粉、香粉、眉黛等化妆品中。颜料中能产生珍珠光泽效果的基础物质叫作珍珠光泽颜料，常用于口红、指甲油、眼影、香粉等系列产品。

化妆品用无机颜料中合成氧化铁是重要的一类，包括氧化铁红（Fe_2O_3）、氧化铁黄（$Fe_2O_3 \cdot xH_2O$）、氧化铁黑（Fe_3O_4）和氧化铁棕 $[(FeO)_x \cdot (Fe_2O_3)_y]$；二氧化钛（$TiO_2$）的耐光性好，对紫外线有一定的吸收作用；氧化锌（$ZnO$）是仅次于二氧化钛的白色颜料，它对皮肤有缓和的干燥和消毒作用，遮盖力也很好。此外，群青蓝（硫代硅铝酸钠的复合物，$Na_6Al_6Si_6O_{24}S_4$）为色泽鲜艳，不溶于水的蓝色颜料；锰紫（$NH_4MnP_2O_7$）是亮度和遮盖力中等，耐光、耐候和耐热性极好的的紫色颜料；亚铁氰化铁铵 $[FeNH_4Fe(CN)_6]$ 是中等程度耐水、醇、含氧溶剂、脂肪烃、芳香化合物和棉籽油作用，耐酸性和氧化性中等；耐碱性和还原性差，耐光性很好，分散性和耐热性差的深蓝色粉末，均在化妆品中用作眼黛、眉笔等的着色剂。化妆品用无机颜料还有炭黑（为黑色颜料）以及氧化铬绿（Cr_2O_3，为绿色颜料）等。

珠光颜料是由较高折射率的物质所构成，是面部、唇、眼和指甲用美容化妆品最重要的着色剂。用于化妆品的珠光颜料有鱼鳞片、氯氧化铋（$BiOCl$）、覆盖云母等。其中覆盖云母珠光颜料是当今品种多和重要的珠光颜料。这种珠光颜料是以片状云母粉为基底，表面用化学方法覆盖一层其他材料构成的复合颜料。最常见的覆盖材料是 TiO_2，其他一些物质，如红色氧化铁、黑红氧化铁、亚铁氰化铁、氧化铬和胭脂红等都可与 TiO_2 一起同时沉积在白云母上，使透明吸收颜料与干涉效应结合起来，产生浅色发亮的珠光效果，主要用于指甲油、眼影膏、唇膏、湿粉和扑粉等美容化妆品。

(3) 天然色素

天然色素取自动植物，其优点是安全性高、色调自然而不刺眼，一些天然色素还同时兼具营养和药物功效；但由于着色力、耐光、稳定性、色泽鲜艳度和供应等方面的问题，故在化妆品应用中有实际价值的品种相对偏少。一些普遍稳定的用于化妆品中的天然色素有胭脂红、红花苷、胡萝卜素、姜黄和叶绿素等。

胭脂红是从雌性胭脂虫红干粉中提取出来的红色色素，是带光泽的红色碎片或深红色粉末，溶于碱溶液，微溶于热水，几乎不溶于冷水和稀酸，在大多数溶剂中的溶解度都很小。其主要成分是胭脂红酸，主要用作口红、眼影制品、乳液和化妆水的着色剂。

叶绿素广泛存在于植物体中，常和胡萝卜素共存，是植物进行光合作用的重要因子。已发现共有 5 种叶绿素，分为叶绿素 a、b、c、d、e，其中以叶绿素 a（$C_{55}H_{72}MgN_4O_5$）含量最高，是以乙醇作为溶剂，从蚕粪中萃取制得。叶绿素在化妆品中用于油溶性或水溶性的膏霜、乳液和醇制品等的着色，其对疮伤等皮肤病还有治疗的效果，也应用于牙膏中，但用于酸性或含钙的化妆品中会产生沉淀。

胡萝卜素是绿叶植物中重要的色素之一，常见于动植物组织中，是维生素 A 的前身，以数种异构体存在，α-胡萝卜素熔点为 175℃；β-胡萝卜素是棕色晶体，熔点为 181～182℃，不溶于水，稍溶于乙醇和乙醚。β-胡萝卜素可以从天然植物中提取，也可以采用人工合成的方式生产。β-胡萝卜素主要特点是兼有着色剂和营养剂两方面的功能，可用于各类乳液和膏霜类产品。

靛蓝是由蓼蓝的叶制取的一种天然青色素，它是带铜色光泽的暗青色粉末。作为青色着色剂可用于化妆品中，不用于眼部化妆品中。

此外，一些藻类天然颜料，如水溶性的藻胆蛋白和脂质可溶的类胡萝卜素可用作着色剂。这类色素已通过人工培养海藻，采用提取方式进行工业化生产。作为天然颜料在化妆品工业中的应用是很有前途的。

2.2.4 防腐剂和抗氧剂

(1) 防腐剂

化妆品在生产、使用和保存过程中许多因素都可造成微生物污染。化妆品的许多原料是微生物生长繁殖的营养物质，在适宜的温湿度条件下，微生物可大量生长繁殖；此外在化妆品生产过程中如果设备、环境等清洗消毒不彻底也易感染微生物。为保证化妆品在生产、使用和保存过程中安全有效，须在化妆品中添加一种或多种防腐剂，防止化妆品腐败变质。

我国《化妆品卫生规范》（2007 年版）规定有 56 种防腐剂可用于化妆品，并对其使用浓度及范围做出了限定。化妆品中添加的防腐剂一般有：醇类，如乙醇、苯甲醇、苯氧乙醇等；酯类，如对羟基苯甲酸酯类，如其甲酯、乙酯、丙酯、丁酯等（商品名为尼泊金酯类）、碘丙炔醇丁基氨甲酸酯等；酸类，如安息香酸、水杨酸、山梨酸等以及季铵盐类等。研究表明，进口和国产化妆品中防腐剂的使用侧重有所不同，如碘丙炔醇丁基氨甲酸酯在国产化妆品中经常使用，而在进口化妆品中未见或少见使用；苯甲酸及其盐类和酯类与 DMDM 乙内酰脲 2 种物质在国产化妆品中的使用频率明显高于进口化妆品；咪唑烷基脲和山梨酸及其盐类 2 种物质在进口化妆品中使用较多，而在国产化妆品中使用较少。此外，4-羟基苯甲酸及其盐类和酯类与苯氧乙醇是化妆品中使用频率较高的防腐剂，在护理、清洁、美容修饰类化妆品中及其他类化妆品中均普遍使用。咪唑烷基脲更多地使用于护理类化妆品，而较少出现在清洁和美容修饰类化妆品中。甲基异噻唑啉酮和甲基氯异噻唑啉酮、甲基异噻唑啉酮与氯化镁及硝酸镁的混合物在清洁类化妆品中的使用较为普遍，而在护理和美容修饰类化妆品中较少使用，尤其是在美容修饰类化妆品中的使用率低。相比之下，美容修饰类化妆品使用的防腐剂种类远少于护理和清洁类化妆品，如苯甲酸及其盐类和酯类、苯甲醇、双（羟甲基）咪唑烷基脲、DMDM 乙内酰脲、碘丙炔醇丁基氨甲酸酯、水杨酸及其盐类等常见防腐剂在美容修饰类化妆品中极少使用；氯苯甘醚则作为例外更多地使用于美容修饰类化妆品中，而在护理和清洁类化妆品中很少使用。

随着人们对防腐剂安全性问题的广泛关注，低毒或者无毒的天然防腐剂成为研究热点。国内外的研究者从不同的植物中提取有抗菌性的天然物质，比如薰衣草精油、金盏花提取液等。另外有些植物性的提取物中，不仅有抗菌抑菌效果，还有一定的抗痘和美白的作用，主要是一些酚类或者黄酮类的物质，比如从丁香中提取出来的丁香酚，有抑菌和抗氧化作用。但天然防腐剂的作用效果及与制品的其他组分间的协同性尚有待系统研究。

通过抑菌试验可以确定选用何种防腐剂以及是否需要添加防腐剂。有些化妆品，如卷发液、染发剂、收敛剂、爽身粉、香水、化妆水等，因产品本身不具备微生物生长的条件，且配方中没有水分，不需或较少使用防腐剂；pH 值高于 10 或低于 2.5 的产品，乙醇含量超过 40％ 的产品，甘油、山梨醇和丙二醛等在水相中的含量高于 50％ 及含有高浓度香精的产品均不属于添加防腐剂的范围。由于很多防腐剂只能在很窄的 pH 值范围内发挥良好的效果，因此，选用防腐剂时应注意 pH 值，还必须考虑配方中各成分对防腐剂的影响，尤其是配方中用了非离子表面活性剂的产品。如果是乳化体，对油相则加油溶性防腐剂，对水相则加水溶性防腐剂，两者配合使用能取得较好的效果。对易污染的产品，选用防腐剂还应考虑再污染的问题。对于中性且高营养成分又含大量水分的产品，则须采用高效和较多量的防腐剂。

（2）抗氧剂

化妆品中多含有动植物油脂、矿物油，这些组分在空气中能自动氧化，而降低化妆品的质量，甚至产生有害于人体健康的物质，因而，须加抗氧剂以防止化妆品氧化。

抗氧剂大部分为酚系、醌系、胺系、有机酸、酯类以及硫黄、磷、硒等无机酸以及盐类，如丁基羟基茴香醚（BHA）、叔丁基羟基甲苯（BHT）、五倍子酸丙酯、维生素 E 等。BHA 在低浓度时，抑制氧化的能力大，对动物油脂的效果好；BHT

对矿物油脂的氧化抑制效果较好；五倍子酸丙酯在低浓度时，对植物油的氧化抑制效果好。如果使用上述抗氧剂的混合物比单独使用某一种抗氧化剂的效果更好，则说明抗氧化剂的混合物起到了增效作用。

为了达到化妆品的安全性和质量要求，抗氧剂须满足：极少量加入就有抗油脂氧化和变质的作用；本身或在反应中生成的物质是完全无毒的，且不会带给化妆品异味。抗氧剂在含油脂的化妆品中用量一般是 $0.02\%\sim0.1\%$。常用于化妆品中的抗氧剂如下。

① 2,6-二叔丁基-4-甲基苯酚（BHT）　　其结构式为：

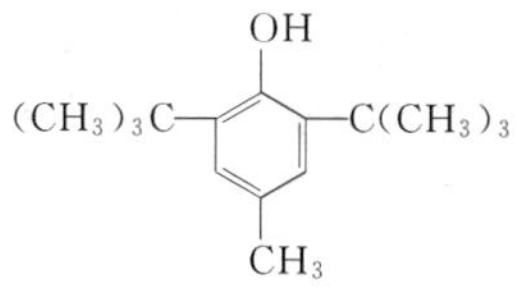

BHT 是相对分子质量 220.19 的白色结晶状粉末，无臭、无味，不溶于水、氢氧化钾溶液和甘油，在乙醇中溶解度为 25%（20℃），在豆油中溶解度为 30%（25℃），在猪油中溶解度为 40%（40℃），热稳定性好。

② 叔丁羟基茴香醚（BHA）　3-叔丁基-4-羟基茴香醚和 2-叔丁基-4-羟基茴香醚的结构式分别为：

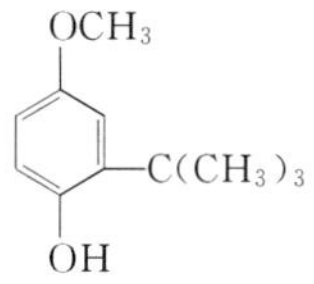

3-叔丁基-4-羟基茴香醚 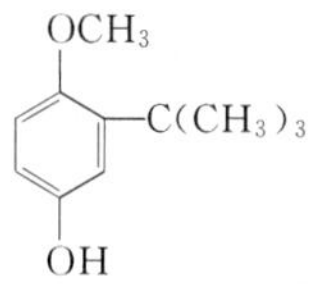　　　　　　2-叔丁基-4-羟基茴香醚

BHA 的相对分子质量为 180.25。它与没食子酸丙酯、柠檬酸、磷酸有很好的协同效果。

③ 没食子酸丙酯（五倍子酸丙酯）　其结构式为：

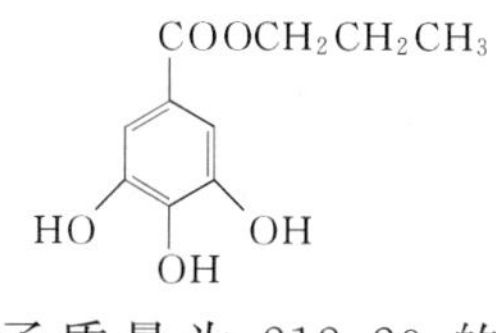

没食子酸丙酯是相对分子质量为 212.20 的白色或淡黄色粉末，含量为 98.5%～102.5%，熔点为 146～148℃，无毒性，能溶于醇和醚，在水中溶解度约 0.1%。没食子酸丙酯也是食品用防腐剂。

其他抗氧剂有维生素 E、磷脂等。

2.2.5　保湿剂

皮肤老化的最重要的"感觉"是干燥，表现为低水分含量及缺乏保持水分的能力，皮肤变得松脆、粗糙并起鱼鳞片。以补充皮肤水分、防止干燥为目的的高吸湿性物质，称为保湿剂。皮肤保湿机理，其一是吸湿；其二是防止内部水分的散发，控制其转移的屏障层（防御层）。这种屏障层功能正常时的水分渗透为 $2.9g/(m^2 \cdot h^{-1})$ $\pm 1.9g/(m^2 \cdot h^{-1})$，而完全丧失时为 $229g/(m^2 \cdot h^{-1})$ $\pm 81g/(m^2 \cdot h^{-1})$，说明屏障层非常重要。

根据保湿机理开发出了多种效果良好的保湿剂。常用的保湿剂包括多元醇类、酰胺类、乳酸和乳酸钠、吡咯烷酮羧酸钠、葡萄糖脂、胶原蛋白类、甲壳质衍生物等。

（1）多元醇类

甘油是略带甜味的黏稠液体，可混溶于水、甲醇、乙醇、正丙醇、异丙醇、正丁醇、异丁醇、仲丁醇、叔戊醇、乙二醇、丙二醇和酚等物质中。甘油在化妆品中是 O/W 型乳化体系不可缺少的保湿性原料，也是化妆水的重要原料，还可以作为含粉膏体的保湿剂，对皮肤具有柔软和润滑的作用。此外，甘油还广泛用于牙膏、粉末制品和亲水性油膏中。

丙二醇是无色、透明、略带黏性的吸湿性液体。可混溶于水、丙酮、乙酸乙酯和氯仿中，并溶解于酒精、乙醚中。丙二醇在化妆品中应用较广泛，可作为各种乳化制品和液体制品的润湿剂和保湿剂，与甘油、山梨醇复配可作为牙膏的柔软剂和保湿剂，在染发制品中用作调湿剂、匀染剂和防冻剂。

1,3-丁二醇是无色、无臭的黏稠液体，具有良好的保湿性，可吸收相当于本身质量 12.5%（R.H.50%）或 38.5%（R.H.80%）的水分，刺激性小于甘油和丙二醇。可广泛用于化妆水、膏霜、乳液和牙膏中作为保湿剂。此外，1,3-丁二醇还有抗菌作用。

山梨醇是以葡萄糖为原料而制得的白色的结晶粉末，略带甜味。山梨醇易溶于水、微溶于乙醇、乙酸、苯酚和乙酰胺，但不溶于其他有机溶剂。山梨醇具有良好的吸湿性，且有安全、化学稳定性好的特点，在日化领域得到广泛的应用，既可作为非离子表面活性剂的原料，也可用于牙膏、化妆品中作为膏霜类制品的优良保湿剂。

聚乙二醇是由环氧乙烷和水或乙二醇逐步加成而制得的水溶性聚合物，也可以溶于大多数强极性的有机溶剂中，有一系列低到中等相对分子质量的产品类型，可以作为水溶性胶质成分用于各类化妆品中。聚乙二醇由于具有水溶性、生理惰性、温和性、润滑性和对皮肤的润湿、柔软性等优异的性能而在化妆品和制药工业中广泛应用。低相对分子质量的聚乙二醇有从大气中吸收并保存水分的能力，且有增塑性，可用作保湿剂；随着相对分子质量的增加，其吸湿性急剧下降。高分子量的聚乙二醇可广泛用于日化、医药、纺织、造纸等工业中，用作润滑剂或柔软剂。

（2）乳酸和乳酸钠

乳酸是自然界中广泛存在的有机酸，是厌氧生物新陈代谢过程中的最终产物，安全无毒。乳酸也是人体表皮的天然保湿因子（NMF）中主要的水溶性酸类，在其中的含量约为 12%。乳酸和乳酸盐影响含蛋白质类物质的组织结构，对蛋白质的增塑和柔润作用明显，因此，乳酸和乳酸钠可使皮肤柔软、溶胀、弹性增加，是护肤类化妆品中很好的酸化剂，乳酸分子的羧基对头发和皮肤有较好的亲和作用。乳酸钠是很有效的保湿剂，其保湿能力比甘油等传统的保湿剂强；乳酸与乳酸钠组成缓冲溶液，可调节皮肤的 pH 值。在化妆品中，乳酸和乳酸钠主要用作调理剂和皮肤或毛发的柔润剂，调节 pH 值的酸化剂，用于护肤的膏霜和乳液、护发的香波和护发素等护发制品中，也可用于剃须制品和洗涤剂中。

(3) 吡咯烷酮羧酸钠

吡咯烷酮羧酸钠（简写为 PCA-Na）是表皮颗粒层丝质蛋白聚集体的分解产物，在皮肤的天然保湿因子中含量约为 12%，其生理作用是使皮肤的角质层柔润。角质层中吡咯烷酮羧酸钠的含量减少，会使皮肤粗糙、干燥。商品型吡咯烷酮羧酸钠是无色、无臭、略带碱味的透明水溶液，其吸湿性远较甘油、丙二醇、山梨醇等高。在相对湿度为 65% 时，放置 20 天后其吸湿性高达 56%，30 天后其吸湿性可达 60%；而甘油、丙二醇、山梨醇在同样情况下，放置 30 天后的吸湿性分别为 40%、30%、10%。吡咯烷酮羧酸钠主要用作保湿剂和调理剂，用于化妆水、收缩水、膏霜、乳液中，也用于牙膏和香波中。

(4) 透明质酸

透明质酸是从动物组织中提取的白色无定形固体，是由 (1→3)-2-乙酰氨基-2-脱氧-β-D-(1→4)-O-β-D-葡萄糖醛酸的双糖重复单元所组成的聚合物，其相对分子质量为 20 万～100 万。透明质酸属天然生化保湿剂，有较强的保湿性，安全无毒，对人体皮肤无任何刺激性。透明质酸可溶于水、不溶于有机溶剂。其水溶液体系中由于分子结构的舒展以及膨胀，使其在低浓度下仍然有较高的黏度，可结合较大量的水，因而具有优异的保湿性能、高的黏弹性和高的渗透性。

透明质酸是目前化妆品中性能优异的保湿剂品种。在化妆品中可提供对皮肤的滋润作用，使皮肤富有弹性和光滑性，延缓皮肤衰老。

(5) 水解胶原蛋白

胶原蛋白也称为胶朊，是构成动物皮肤、软骨、筋、骨骼、血管、角膜等结缔组织的白色纤维状蛋白质，一般占动物总蛋白质含量的 30% 以上，在皮肤真皮组织的干燥物中胶原蛋白占 90% 之多。

胶原蛋白是构成动物皮肤、肌肉的基本蛋白质成分，与皮肤、毛发都有良好的亲和性，皮肤、毛发对其有良好的吸收性，可使其渗透到毛发等的内部，体现出良好的亲和性和功效性。且因水解后，胶原蛋白的多肽链中含有氨基、羧基和羟基等亲水基团，可表现出对皮肤良好的保湿性。水解胶原蛋白还具有使紫外线诱发的皮肤色斑减少和消除皱纹等作用。因此，水解胶原蛋白的作用主要体现在保湿性、亲和性、祛斑美白、延缓衰老等方面。在动物组织中，胶原蛋白是不溶于水的物质，但可以体现较强的结合水的能力。通过酸、碱或酶的作用可以进行胶原蛋白的水解，得到可溶性的水解胶原蛋白，广泛应用于化妆品和医药美容品中。

其他类保湿剂还有甲壳质及其衍生物、葡萄糖酯类保湿剂以及芦荟、藻类等植物保湿剂等。

2.2.6 防晒剂

人体经受日光暴晒后会出现皮肤红肿、红疹，甚至形成皮炎，严重时还会患皮肤癌。研究表明，上述皮肤问题主要是日光中的紫外线对人体皮肤的伤害。不同物质对紫外线有不同的反射率和透过率。防晒剂即是一类通过反射或吸收作用以防止紫外线伤害皮肤的物质。迄今为止，国际上开发的防晒剂已有 60 余种，但由于其在起到防晒作用的同时也具有一定的副作用，全球范围内多个国家和国际组织都对防晒成分进行了一些限制，日本允许使用的防晒剂为 34 个，澳大利亚和新西兰为31 个，欧盟为 39 个，中国 29 个，加拿大 22 个，韩国 21 个，而美国只允许 16 个。

按防护作用机理，防晒剂可分为物理紫外线屏蔽剂、化学紫外线吸收剂，还有来源于天然的防护紫外线的防晒剂。

（1）物理紫外线屏蔽剂

物理紫外线屏蔽剂通过反射及散射紫外线而对皮肤起到保护作用，主要为无机粒子，其典型代表为二氧化钛、氧化锌粒子。其均有很强的散射紫外线的能力，使用纳米级的二氧化钛和氧化锌粉体作为化妆品防晒剂，可制得透明度好，对 UVA和 UVB 的防护作用都很好，且具化学惰性的制品。但其作为粉体的添加量和使用的安全性也一直是产品研制中格外需考虑的问题。

（2）化学紫外线吸收剂

化学紫外线吸收剂大都是具有共轭体系的化合物，现约有 40 余个品种。按吸收紫外线辐射的波段不同，可分为 UVA 吸收剂（如二苯酮类、邻氨基苯甲酸酯和二苯甲酰甲烷类化合物等）和 UVB 吸收剂（如对氨基苯甲酸酯及其衍生物、水杨酸酯及其衍生物、肉桂酸酯类和樟脑类衍生物等）。美国使用频率较高的几种防晒剂依次是：甲氧基肉桂酸酯、二苯甲酮-4、二苯甲酮-3、辛基二甲基对氨基苯甲酸、水杨酸辛酯、丁基甲氧基二苯甲酰甲烷（Parsol 1789）。而欧洲同期使用较为频繁的则有：Parsol 1789、4-甲基亚苄基樟脑（Parsol 5000）、甲氧基肉桂酸酯、辛基三嗪酮等。

对氨基苯甲酸酯（简记为 PABA）及其衍生物是较早使用的防晒剂品种。这类物质通常含有两个极性较高的基团，能形成分子间的氢键，使分子缔合，倾向于形成晶态化合物，在最终的产品中会形成粗粒，影响产品的外观和使用性能。PABA与水或极性溶剂的缔合，会降低制品的耐水性；氢键的形成还会引起溶剂对吸收波长的影响，使最大吸收波长向短波方向移动，从而影响防晒效果。羧基和氨基的存在使其对 pH 较为敏感；游离胺也倾向于在空气中氧化，引起颜色变化。加之，其使用的安全性尚在争议中，大大影响了它的实际应用。

水杨酸酯及其衍生物是目前国内较常用的防晒剂。常见品种有水杨酸苯酯、水杨酸苄酯、水杨酸薄荷酯、对异丙基苯基水杨酸酯等。由于水杨酸的空间排列可使其形成分子内的氢键，使酚基和羧酸酯被拉紧，为抗衡这一张力，两个基团稍会偏离于同一平面，这一较小的偏离会引起消光系数的下降。故这类物质的吸收率低，但因稳定性和安全性好，常与其他防晒剂配合使用。

肉桂酸酯类在防晒化妆品中的加入量在 1% ～2%，主要品种包括对甲氧基肉桂酸酯、甲氧基肉桂酸戊酯混合异构体、肉桂酸苄酯、肉桂酸钾等。其中 2-乙基己基-4 甲氧基肉桂酸酯是应用较广的 UVB 吸收剂，在分子中存在不饱和的共轭体系，吸收效果良好。

二苯甲酮类是对 UVA 和 UVB 段均有吸收的广谱型的吸收剂。其吸收率差，但毒性低，无光致敏性，对光、热稳定性好。其中最常用的是二苯甲酮-3（2-羟基-4-甲氧基-二苯甲酮）和二苯甲酮-4（2-羟基-4-甲氧基二苯甲酮-5-磺酸）。其中二苯甲酮-3 是油溶性的，是有效的 UVA 段吸收剂，并用于增补 UVB 段防晒剂的作用；而二苯甲酮-4 是水溶性的。

邻氨基苯甲酸酯类防晒剂吸收率低，且存在与 PABA 产品类似的对皮肤的刺激性。

樟脑类防晒剂具有贮藏稳定、不刺激皮肤、无光致敏性的特点，皮肤对该物质的吸收能力弱，毒性小。

(3) 天然防晒剂

天然防晒剂主要是从天然植物中提取而得的具有紫外线屏蔽或吸收作用的物质。许多天然动植物（成分）具有吸收紫外线的作用，槐米的有效成分芦丁是目前公认的一种较理想的天然广谱防晒剂，其他如海藻、甲壳素、沙棘、黄芩、甘草、紫草、桂皮、银杏、鼠李、苦丁茶等及人体毛发水解产物等都具有较好的紫外线吸收性能。此外，许多植物提取物虽然对紫外线没有直接的吸收或屏蔽作用，但加入到产品后可通过抗氧化或抗自由基作用来减轻紫外线对皮肤造成的辐射损伤，从而间接加强产品的防晒性能。如芦荟、葡萄籽提取物、燕麦提取物和富含维生素 E、维生素 C 的植物萃取液等。

由于合成的紫外线防护剂对皮肤的刺激性和安全性等方面的原因，人们致力于天然紫外线防护剂的开发。天然广谱防晒剂的筛选和开发，借用天然植物提取物开发出温和且有效的防晒剂品种，以及新型大分子或高分子紫外线吸收剂、仿生防晒剂、脂质包覆防晒剂等，均是防晒剂的发展方向。采用生物技术制造与人体自身结构相仿、并具有高亲和力的生物精华物质，加入到防晒产品中，制得生物防晒制品；模仿皮肤自身的化学防晒反应机理，采用天然细胞中吸收紫外线的防晒成分从而合成出仿生防晒剂将是追求的目标。纳米技术的发展带来了多种新型载体系统，如纳米颗粒悬浮液、脂质体、固体脂质纳米颗粒、纳米结构脂质载体、纳米乳液、聚合物纳米颗粒、磁性纳米载体及无机材料纳米载体等，可通过纳米脂质载体包覆化学防晒剂，制成粒径为 50～1000nm 的纳米载体系统，其高结晶度的脂质微粒可以起到光散射的作用，同时将化学防晒剂包覆于其中，这样不仅大大降低了化学防晒剂因光敏与光毒效应对皮肤造成的刺激，而且对防晒也起到协同增效的作用。

2.2.7 中草药和瓜果类添加剂

伴随化妆品倡导绿色、天然、环保和安全，且追求功效的发展趋势，以作用温和、刺激性小、安全性高的中草药提取物作为添加剂，应用于化妆品中成为新产品开发的热点。

（1）化妆品中使用的中草药种类及其作用

化妆品中所用的中草药是由中草药萃取液或浓缩物调配而成的，其在化妆品中可因活性成分的不同而具有一种或多种功效。

① 皮肤化妆品用中草药　中药来源的天然美白剂可结合多成分、多靶点与多功效的优势，通过促血液循环改善肤色、减少黑色素含量而达到直接增白的效果；通过抗氧化保护肤色及抑制黑素细胞的增殖等途径达到美白祛斑的效果。目前大多数美白化妆品是以酪氨酸酶为作用靶点，多种黄酮类、多酚类、鞣花酸等中药有效成分均具有抑制酪氨酸酶活性的作用，为中药美白产品的开发奠定了物质基础。水芹科植物，如当归、白芷、川芎等有扩张血管的消炎作用，水芹有抗酪氨酸酶的作用，能抑制黑色素的生长，所以对治疗雀斑、老年斑效果很好。美白化妆品中常用的中草药及其美白机制见表2-7。

表2-7　美白化妆品中常用的中草药及其美白机制

中草药（美白活性成分）	美白机制	应用
芦荟（芦荟苦素）	抑制酪氨酸酶活性	芦荟美白乳液，洁面乳
当归、红花、桃仁	活血，可治疗黄褐斑	
人参（熊果苷）	抑制黑色素的还原性能	美白霜
白芷、白鲜皮、白蔹	抑制酪氨酸酶活性	中药美白霜
盐角草（水提物）	抑制酪氨酸酶活性、抗氧化	保湿乳
白芷、白术、白及、白附子	活血	美白面膜
红花（红花黄色素）（红花黄酮）	竞争性抑制酪氨酸酶	美白祛斑霜、面膜
槐花（总黄酮）	竞争性抑制酪氨酸酶	美白精油、面膜
丁香（丁香酚）	抑制酪氨酸酶	
金银花	抗氧化和抑制酪氨酸酶	
番红花［rocusalin H(3)，cnocin-1(5)］	抑制酪氨酸酶	
旋覆花（绿原酸、芦丁、槲皮素、木犀草素和山柰酚）	抗氧化和抑制酪氨酸酶	
玉米须	抑制酪氨酸酶	
辛夷	抑制黑色素细胞增殖	
莲花	抑制酪氨酸酶	
当归	抑制酪氨酸酶	祛斑霜、增白蜜
乌梅、柠檬（有机酸）	皮肤角质层有轻微剥脱作用	
川芎（川芎嗪）	抑制黑素细胞增殖、酪氨酸酶活性	
人参皂苷、白茯苓	清除多余超氧自由基，减少黑素形成	祛斑霜
甘草（甘草酸）、当归（阿魏酸）、槐米	甘草和当归对酪氨酸酶有抑制作用；槐米抗氧化作用	护肤霜
薰衣草	治疗痤疮，酪氨酸酶活性抑制	
薄荷、艾叶、黄荆、柠檬草、高良姜、姜黄、生姜、柚子、罗勒	有抑制酪氨酸酶活性	精油

中草药(美白活性成分)	美白机制	应用
柑橘属植物精油(柠檬醛和月桂烯)、佛手挥发油	抑制酪氨酸酶活性	中药面膜
薏苡仁、珍珠、赤芍、赤小豆、牵牛子、绿豆、冰片	活血化瘀	
白蔹	强烈的移植黑色素细胞	
虎杖(虎杖苷)	可减少黑色素的含量	
锁阳	酪氨酸酶有抑制	
桑(桑叶、桑葚、桑白皮和桑枝)(黄酮类)	酪氨酸酶有抑制	
沙棘	治疗黄褐斑有效	
银杏(银杏叶提取物)	抑制黑色素生长	洁面霜
茶(茶多酚)	抑制酪氨酸酶和过氧化氢酶的活性	
牡丹花	阻止酪氨酸羟化以及多巴氧化,减少黑色素的生成	
益母草	抑制酪氨酸酶活性和 B-16 黑素瘤细胞的增殖	
青草	使深色氧化型色素还原成浅色还原型色素,抑制黑色素	治疗黄褐斑等色素沉着
月见草(种子提取物)		中草药祛斑霜
黄芩(黄芩苷)	抑制酪氨酸酶活性	
地榆(鞣质)	抑制酪氨酸酶活性	
石榴(石榴多酚和花青素)	酪氨酸酶抑制剂	护肤霜等
灵芝	美白抗皱	灵芝霜

天然植物来源的保湿化妆品既满足了消费者绿色无毒的需求,同时还可提供美容保湿营养的功效。其防止水分流失方面的机制主要有:a. 植物提取物含有的羟基与水以氢键形式结合,形成锁水膜,防止皮肤水分的流失,这一类的植物有白芨、竹茹等;b. 植物提取物中的神经酰胺成分,渗透进入皮肤和角质层中与水结合,修复因脂质缺乏所致的皮肤天然屏障,从而提高皮肤的保水能力,如合欢花等;c. 天然植物有效成分可促进水通道蛋白 AQP3 表达,增强水分子跨膜通透性,如筋骨草等;d. 提取物抑制透明质酸酶活性,减少皮肤保湿剂-透明质酸的降解,提高皮肤保湿效果,如紫苏、杏汁、紫草及千屈菜等中药的提取物含有良好的透明质酸酶抑制剂。保湿化妆品中常见的中草药成分及其应用见表 2-8。

表 2-8 保湿化妆品中常见的中草药成分及其应用

中药	活性成分	应用现状
白芨	白芨多糖	防冻润肤霜
竹茹	竹子精华素 EZR2005	润肤霜
筋骨草	提取物	润肤霜
百合	提取物	洁肤乳,保湿面膜,百合高保湿修护霜,保湿水
紫苏	紫苏黄酮	紫苏叶控油细肤水

中药	活性成分	应用现状
千屈菜	单宁酸	—
竹子	竹叶黄酮	护肤霜
芦荟	多糖,氨基酸,有机酸	肥皂,护肤霜
甘草	提取物	面膜
莴苣	提取物	保湿剂

中草药来源的天然防晒成分因其性能温和、副作用小、安全可靠、具有广谱防晒效果等特点,受到人们的青睐。如金银花和菊花的乙醇及水提液在整个紫外光谱区均有较好的防晒性能。利用中草药提取物开发的防晒剂,除可以吸收紫外线达到防晒效果,还具有防止氧自由基的形成同时防止皮肤免疫系统和角质细胞的衰退,修复皮肤,延缓衰老的作用。如黄连、黄芪、芦荟、黄芩、肉苁蓉、虎杖不仅具有很高的防晒效果,还能起到抗氧化及清除自由基的作用。防晒类化妆品中常用中草药及其在化妆品中的应用状况见表2-9。

表 2-9　防晒类化妆品中常用中草药及其在化妆品中的应用现状

中药名称	成分	应用现状
芦荟	芦荟苷	芦荟防晒保湿护肤膏,芦荟凝胶
黄芩	黄芩苷	黄芩苷美白霜,黄芩苷抗粉刺啫喱霜,黄芩苷防晒乳
肉苁蓉	苯乙醇总苷可能是其防晒的主要成分	肉苁蓉美白防晒霜
黄蜀葵花	提取物	黄蜀葵祛痘美白溶液
沙棘叶、金银花	提取物	金银花可做天然防晒霜
槐米	芦丁	芦丁防晒乳液
薏苡仁	薏苡仁油	草本防晒霜
核桃	提取物	核桃油护肤霜
番红花	提取物	番红花乳液
桃花	桃花提取物	治疗 UV-B 诱导的红斑形成
茶	茶多酚	防晒剂
甘草,当归和芦荟	甘草酸和阿魏酸	甘草-当归-芦荟防晒霜
茴香	酯类	茴香面霜
三七	三七皂苷	洁面霜

中草药来源的某些组分具有抗敏、抗刺激的作用。通常所说的"抗敏",是指针对皮肤屏障功能受损、神经功能异常的敏感或炎性症状的皮肤的一系列修护作用,包括对其日常的护理和改善,抑制刺激反应,舒缓炎症和过敏。部分具有抗敏、抗刺激的植物提取物活性物质及其功效特性见表2-10。

以中草药为原料的抗衰老化妆品相比化学抗衰老成分而言,具安全、温和、高效、持久等优点,成为研发的热点。当归、茜草、地木耳、淫羊藿、竹荪等中草药来源的多糖具有清除体外自由基和调节体内抗氧化系统功能的作用,可有效提供抗衰老功效。抗衰老化妆品中常用的中草药及其作用机制见表2-11。

表 2-10　具有抗敏、抗刺激的活性物质及其功效特性

活性成分	提取来源	功效特性		作用机制
羟基酪醇	橄榄果实	强抗氧化,保护红细胞,抗血管生成,抑制炎症	细胞修护	屏障修护
原花青素	葡萄籽	清除自由基,稳定细胞膜		
蓝蓟油	蓝蓟种籽	抗氧化,修复细胞膜流动性,促进细胞再生		
	薰衣草	清除自由基,促进细胞再生		
蓝香烟油	马齿苋	清除自由基,收缩平滑肌,防止干燥老化		
松果菊苷	狭叶松果菊细胞	抗氧化,抗衰老,抑增殖,保护血管	结构维持	
褐藻多糖	褐藻	促进神经酰胺生成,抑制炎症,保护血管,促进愈伤		
羟苄基酒石酸	仙人掌茎	调节细胞增殖,修护损伤,保湿抗氧化		
白芍总苷	芍药	调节细胞增殖,抗衰老,抑制炎症因子		
茶多酚	茶叶	抗氧化,调节细胞增殖,抑制炎症因子		
牡丹酚苷	牡丹皮	天然抗过敏功效,消炎抗菌	杀菌	抗炎杀菌
黄芩苷	黄芩茎叶	祛斑美白,抑制过敏,抗菌杀菌		
龙葵总碱	龙葵丁燥绿果	抗肿瘤,刀血糖,强心,抗过敏,抗菌		
水苏糖	豆科植物	抑制透明质酸水解,抑制炎症反应	抑制炎症	
酰基邻氨基苯甲酸	燕麦麸皮	抗组胺,抗过敏,抗炎症,抗氧化		
槲皮素	多种植物	抗氧化,抑制炎症,保护血管		
β-乳香酸	乳香树胶脂	抑制 5-脂氧合酶,白细胞弹性蛋白酶		
蜂斗菜素/蜂斗菜酮	款冬叶	抗炎,止痛,抗痉挛		

表 2-11　抗衰老化妆品中常用的中草药及其作用机制

中药	成分	作用机制
番红花	番红花素、番红花醛	对 DPPH 自由基有较高的清除能力,可使 MDA 生成减少,具有抗氧化功能
红花	红花黄色素、红花色素等	对·OH,O_2·等自由基有较好清除作用
槐花	芦丁以及槲皮素等类黄酮	DPPH,·OH,O_2·等
人参花	人参皂苷	清除自由基
	人参皂苷 Rb_1、人参皂苷 Rd	抑制 MMP_1 和 MMP_3 的表达
月季花	提取物	DPPH
	黄色素	·OH,O_2·
野菊花	提取物	·OH,O_2·,DPPH
玉米须	黄酮	·OH,O_2·,DPPH
	玉米素	抑制 MMP-1 的表达
梅花	提取物	O_2·,DPPH
密蒙花	总黄酮溶液	ABTS+,·OH,O_2·,DPPH
凌霄花	提取物	O_2·,DPPH
扶桑花	提取物	DPPH
合欢花	总黄酮	·OH
款冬花	款冬花提取物	抑制 MMP-1 的表达

中药	成分	作用机制
金银花 姜黄	水提物	·OH,O$_2$· 清除自由基
牡丹花	水提液	羟自由基
青果	酚类(包括 4-异丙儿茶酚和 4-羟基苯甲醚)和黄酮提取物,超氧化物歧化酶	超氧自由基(O$_2$·)
丹参(丹参祛痘霜)	丹参酮	

注：DPPH 为 1,1-二苯基-2-三硝基苯肼；MDA 为丙二醛。

② 毛发化妆品用中草药　发用化妆品中添加中草药有效成分,可起到调理、柔软、营养头发、防止头发脱落和促进头发生长等作用。具有生发乌发作用的中药多为解表药,其次为清热药、补益药和活血药,还有一些是收涩药。解表类和清热类药通过祛邪、补益、活血以促进毛发的正常生长并由灰、黄、白转黑；收涩药多富含鞣质和有机酸,与美发方剂中含的铁、铜等元素合用,主要起染发作用。何首乌、五味子、黑芝麻、侧柏叶、人参、墨旱莲等具有很好的养发护发防脱的功效。发用化妆品常用中草药及其主要成分与作用见表 2-12。

表 2-12　发用化妆品常用中草药及其主要成分与作用

中药	主要成分	营养头发类型
何首乌	大黄酚、大黄素、大黄酸、大黄素甲醚、脂肪油、淀粉、糖类、苷类和卵磷脂等	黑发和润发
人参、川芎	提取物	润发、营养、防脱发、去屑
旱莲草	皂苷、鞣质、维生素 A、萜类	促进毛发生长,须发变黑
皂角	皂角苷、酚类和氨基酸	防脱发、乌发
南五味子	挥发油、有机酸、蛋白质、萜类等	使白发变黑
女贞子	有机醛如齐墩果酸等、苷类、黄酮类、多糖类、脂肪油以及多种人体所需的微量元素	防脱发、乌发和护发
芦荟	蒽醌苷	去头屑
白蔹	提取物	防性激素旺盛而导致的防脱发,促进头发生长
生姜	乙醚提取物	去头屑
薄荷	提取物	治疗头屑,头癣、头痒和油脂过多
鼠尾草	提取物	脂溢性脱发,油腻头发
菊花	菊花提取物	养发护发
辣椒	辣椒红色素	染发剂
枸杞(枸杞护发素,洗发香波,乌发乳)	提取物	防治脱发,乌发亮发,营养
月见草(洗发水)	γ-亚油酸与烟酸衍生物	营养发根毛囊刺激生发
沙棘	沙棘油	皮肤和头皮营养和保护作用
花粉	破壁花粉的提取成分	营养,增强弹性和光泽
甘草	氯仿萃取物	育发生发
当归	维生素 A、维生素 B$_{12}$、棕榈酸、油酸等	柔软,滑爽,防脱发

此外，其他天然动植物中提取的药物，如维生素类也常用于化妆品，用来预防或缓解人体维生素缺乏，而维生素缺乏可导致皮肤或毛发及口腔内的多种症状。含皂苷、树胶、蛋白质、胆固醇、卵磷脂、明胶等成分的中草药，如皂荚、七叶一枝花等，可用于化妆品中作为乳化剂；薄荷油、桉油、丁香油、蛇床子油、当归挥发油、川芎挥发油等中药提取物因具有促渗作用强、不良反应小、起效快等特点，在尝试用于化妆品中作为透皮吸收促进剂以实现化妆品中营养成分的有效作用和吸收。

总之，我国中草药资源丰富，中医药理论底蕴深厚而历史悠久，将中草药原料的功效成分应用于化妆品中，将给我国的化妆品产业带来新的生机和活力，会有力推动化妆品本土品牌的竞争力，在追求自然、安全理念的化妆品国际舞台上显现特色和地位，拥有更广阔的应用前景和市场。

（2）化妆品中使用的瓜果类添加剂

瓜果类中含有丰富的维生素、有机酸、蛋白质、矿物质等，而这些成分均是化妆品的营养组分或功效成分，因而瓜果类添加剂早已用作化妆品的原料。主要用于化妆品的瓜果类有黄瓜、胡萝卜、莴苣、番茄、苹果、香蕉、杏、樱桃、葡萄、柠檬、草莓、木莓等。

黄瓜较多用于化妆品，可添加进美容蜜、健肤霜、皮肤营养霜、清洁蜜以及面霜中。黄瓜中的氨基酸具有收敛作用，黏蛋白具有水合作用，矿物质具有保湿效果，而各种维生素、磷酸、硫黄、脂肪等对皮肤有伤口治愈的功效，可作为制品中的镇痛剂、减充血剂、清洁剂等。黄瓜还具有保湿作用，用于保湿化妆品中，在其中用量一般为5%～15%，含量多时可达50%以上。胡萝卜用于化妆品中，可作为皮肤营养蜜、美容蜜、面膜等的添加剂，其中含有的胡萝卜素、糖、果胶、微量元素、维生素等，可用来辅助减缓各种皮肤疾病的症状。莴苣含有水分、葡萄糖、蛋白质、矿物质、维生素、有机酸等，在化妆品中可代替黄瓜，用作保湿剂添加入面部按摩霜、美容乳液、护肤调理霜、镇痛蜜等化妆品中。番茄中含有橘子酸、糖、番茄红素、黄酮类化合物、维生素C、维生素A以及氨基酸等，可添加进化妆品中起到特定的功效；番茄汁还具有杀菌作用，可用于制品的辅助皮肤伤口的治疗；番茄色素在化妆品中还可作为染色剂。苹果中含有水分、糖、有机酸、单宁、酚、果胶、蛋白质、维生素等，亦有辅助治疗皮肤伤口的功能；苹果的肉质可作为润肤剂、面膜的基料，也可用于健肤霜、婴儿霜、发油、香波、植物蜜、护肤乳剂、卸妆油、面用蜜、面用奶液、面膜等化妆品中。香蕉含60%的糖分和维生素A、维生素B、维生素C、维生素E以及矿物质、蛋白质等，用于辅助治疗皮肤疾病，在化妆品中可用于润肤膏、干性皮肤用蜜、清洁剂、雪花膏等。杏中含有机酸、果胶、糖、维生素B、黄酮醇、胡萝卜素等，可用于辅助皮肤病的治疗，也作为干燥皮肤的面膜、健肤蜜等中的成分。葡萄中含糖、蛋白质、有机酸、维生素，可用于美容化妆品中，添加入抗皱霜、面膜、牙膏、皮肤营养剂中。樱桃中含糖、有机酸、单宁、果胶、蛋白质、维生素等，有滋润皮肤、使皮肤光滑的作用，又具收敛性，可用于皮肤营养霜、美容蜜、面膜中。柠檬的成分有糖、柠檬酸、果胶、蛋白质、维生素 C、维生素 B_1，柠檬果质中含有香精和胡萝卜素，有收敛和防腐的效果，用于防止皮肤毛细孔扩张和产生粉刺，还可以防止指甲断裂和防皱，以及具有保持牙齿洁白的作用，可用于油性皮肤蜜、面膜等化妆品中。橘子中含有大量的维生素 C、维生素 B_1、维生素 B_2、维生素 D、泛酸、糖、有机酸等，可体现消炎作用，用于皮肤伤口的清洗，还在化妆品中作载色体用于染发乳、清洁霜、清洁蜜、镇痛蜜等制品中。

2.2.8 其他天然提取物和生化物质添加剂

（1）海洋天然产物提取物

海洋植物因富含多糖、维生素和海洋矿物等成分，与传统植物提取物和人工合成原料相比更天然、更健康、更易吸收。海底淤泥作为神奇的天然生物土壤，富含大量矿物质和微量元素，具有促进血液循环及彻底清洁的功效，适用于干燥、敏感、受损皮肤。

① 藻类　藻类是海洋中最早出现的生物，海藻成分中存在多种维生素（如维生素 A、B_1、B_2、B_5、B_{12}、C、D、E、K）和 B_C（叶酸）等，富含蛋氨酸、胱氨酸、维生素和黏多糖等多种活性物质，还含有丰富的无机物（如碘、钙、磷、铁、钾、氮、镁、硫、铝、铜、锌和锰及微量的钡、硼、铬、锂等）。此外，海藻中还含有其他多种成分，如藻酸、琼脂、纤维素、甘露糖醇等。因此，海藻及其萃取物具有多种营养和多重功效，对皮肤具有良好的补水保湿、抗菌消炎、防止皮肤感染、抵御紫外线、美白抗衰老、抗敏等特殊功能，另外，海藻具有一种特别的双向调节功能，对干性皮肤有很好的补水功效，对油性肌肤则起到控油祛痘的功效。加入其他成分还可有效放大海藻的保湿效果，并获得抗衰老的功效。褐藻多酚是一种常见的褐藻次生代谢产物，褐藻多酚通过螯合铜离子而抑制酪氨酸酶活性，可作为化妆品美白剂；还能强烈抑制透明质酸酶活性，可以作为抗炎成分用于化妆品中。珊瑚藻存在潜在的抗氧化能力，能够通过保护 DNA 来防护 UVA 对人体表皮成纤维细胞诱导的氧化损伤，同时能够抑制导致光老化的关键成分金属蛋白酶的产生。螺旋藻具有多种医疗功效，营养丰富，经提纯、脱色、除腥的营养液可用于化妆品中，提高皮肤免疫力，保护皮肤的自我调节功能，防止水分流失，抗紫外线侵害，消除皮肤表面自由基，增加皮肤胶原蛋白合成，促进血液循环和皮肤再生，起到祛斑防皱抗衰老防辐射等功效。虾青素是一种天然海藻提取物，是自然界中最强的抗氧化维生素，其抗氧化活性是维生素 E 的 550 倍，能阻止皮肤光老化，清除自由基，减少皱纹及雀斑产生，可广泛用于各类化妆品中。

② 矿物质　矿物质是人体不可缺少的物质，对皮肤有光滑和抗衰老作用。矿物质具有吸湿性，当被吸收到皮肤细胞内时，将增加细胞间保水能力和皮肤组织的水分，这对于保持皮肤水分、延缓皮肤衰老有着重要的作用。如海泡石是一种硅酸氢镁，将其加入到化妆品中可作为增稠剂和触变剂，使乳膏状化妆品具有适当的黏

度及良好的保湿性能，且无需进行预胶凝化处理，可作为天然化妆品原料使用。海泥富含矿物质，可作为安全高效的生物活性物质用于化妆品中，如我国云南丽江的绿泥就含有多种海洋生物成分和矿物质，呈弱酸性，具有洁肤和护肤双重功效，还能提高皮肤水分含量，在化妆品中的安全性和稳定性较好。

（2）其他天然植物提取物

① 果酸及其衍生物　果酸是α-羟基羧酸，简记为AHAs，包括柠檬酸、苹果酸、丙酮酸、乳酸、甘醇酸、酒石酸、葡萄糖酸等，因存在于多种水果的提取物中，故统称为果酸。

长期的试验确认，AHA作为抗衰老添加剂有如下应用特点：能有效穿入皮肤毛孔，通过渗透至皮肤角质层，对成纤细胞具有促进作用，能加快表皮死细胞脱落，减少皮肤角质化，刺激皮肤蛋白质的弹性肮的再生，使表皮细胞更新。果酸有使皮肤表面光滑、细嫩、柔软的效果，并有减退皮肤色素沉着、色斑、老年斑、粉刺等的功效，对皮肤具有美白、保湿、防皱、抗衰老的作用。作为酸性添加剂，为保证对皮肤的安全、无副作用，其使用浓度和使用频次等均有要求和限定。

② 熊果苷　其化学名为氢醌-β-D-吡喃葡糖苷或4-羟苯基-β-D-吡喃葡糖苷，是从植物中分离得到的天然活性物质，也可化学合成得到。它在体外的非细胞系中可以阻止黑色素生成的关键酶——酪氨酸酶的活性，可显著减少皮肤的色素沉着、减退色斑，是一种优良的祛斑增白剂，其使用浓度一般为3%。熊果苷配用维生素C衍生物能保持肌肤生气；配用生物透明质酸能保护肌肤滋润，不干燥，防止皱纹；配用甘草酸能抑制日晒后的灼热。熊果苷对黑色素的生成的抑制作用已经由试验予以证实，对紫外线引起的色素沉着，其有效抑制率可达90%。

（3）生化物质添加剂

生化物质添加剂是指能参与生物代谢或有生殖作用的物质类型。这些物质对人体生命活动起着非常重要的生理作用，可添加于食物中通过进食吸收，也可以添加到化妆品中通过皮肤渗入吸收，提供保湿、润肤、消炎、抑菌、再生等功效，以及消除过剩的氧自由基，起到抗衰老的作用。主要的生化物质添加剂包括各种维生素、胶原蛋白或生物多肽、酶、细胞生长因子等。

① 维生素　维生素具有促进人体生长、维持机体正常新陈代谢和其他生理机能的作用。在化妆品中添加适当的维生素，可达到维系皮肤健康的目的。维生素的种类很多，如维生素A、B_1、B_2、B_5、B_6、C、D、E等。维生素包括水溶性和油溶性两种类型，可用于皮肤的维生素，大部分是油溶性的。

维生素A用于化妆品中，可防止表皮细胞不正常角化，霜中用量为$1000\sim5000IU/g$；维生素D对治疗皮肤创伤有效；维生素E是不饱和脂肪酸的衍生物，有加强皮肤吸收其他油脂的功能。缺少维生素E会使皮肤枯干、粗糙，头发失去光泽，易于脱落，指甲变脆易折断。含有维生素E的营养化妆品能促进皮肤的新陈代谢，其用量为5mg/g。维生素C也称抗坏血酸，是具有代表性的黑色素生成抑制剂，在生物体内担负着氧化和还原的作用，其作用过程有两个：一是在酪氨酸酶催化反应时，可还原黑色素的中间体多巴醌而抑制黑色素的生成；另一作用是使深色的氧化型黑色素还原成淡色的还原型黑色素。抗坏血酸能美白皮肤，治疗、改善黑皮症、肝斑等。但是维生素C易变色，对热极不稳定，而维生素C的衍生物则相对稳定，可将它制成高级脂肪酸和磷酸的酯类体，如抗坏血酸磷酸酯镁盐，经皮肤吸收后，在皮肤内由于水解而使抗坏血酸游离。维生素C衍生物与维生素C协同使用，可取得良好的减少色素、美白、抗皱的效果。

② 胶原蛋白及多肽类　胶原蛋白、弹力蛋白均是皮肤结缔组织内存在的蛋白质，对保持和维护皮肤的水分、弹性和韧性有明显的作用。随着年龄的增长，皮肤真皮层内胶原纤维和弹性纤维的蛋白质的多肽链发生大面积交联，使胶原蛋白和弹力蛋白的数量下降，溶解度降低，结缔组织的新陈代谢变缓，表皮和真皮的结合松懈，蛋白纤维变得松弛、折断而使皮肤起皱老化。这一状况可通过在化妆品中添加胶原蛋白、弹力蛋白得以改善。

大分子活性成分很难透过表皮被吸收，为增加有效成分被皮肤、毛发的吸收性而发挥其作用可将胶原蛋白和弹力蛋白水解后形成分子量较小的水溶性产物加入到化妆品中。分子量降低后的水解蛋白为肽类化合物，可溶解于水。一般而言，多肽具有生物活性较好、免疫原性较低、不易在体内蓄积、体现特定功能等优点。在皮肤自然老化的防御和护理过程中，生物活性多肽起着独特而重要的生理作用，如皮肤组织细胞的增殖、细胞趋化与迁移、修复与再生、血管形成与重建、色素形成与清除以及蛋白合成与分泌、代谢与调控等。

动植物提取物及其衍生物，如胶原蛋白氨基酸、水解（溶）胶原蛋白、水解乳蛋白、水解麦蛋白、水解大豆蛋白等，具有增加和改善皮肤内结缔组织的结构和生理功能的作用，用以改变皮肤的外观，达到防止皮肤老化的作用。如从植物中制备的多肽类物质，大豆肽、当归肽、银杏肽等具有不同程度的抗氧化作用；大豆多肽对自由基的清除作用较未降解的大豆蛋白更强，能有效抑制脂质过氧化反应并螯合过量金属离子；当归多肽可以通过增强体内抗氧化系统的功能来发挥抗衰老作用。从化学成分角度，最早应用到皮肤美容抗衰老化妆品中的多肽化合物为肌肽和谷胱甘肽，其在皮肤美白、防晒、保湿、抗皱等护肤品中使用获得了较好效果。L-肌肽是 N-β-丙氨酰-L-组氨酸，由 β-丙氨酸和组氨酸组合而成，具有调节皮肤的酸碱度、清除过多的氧自由基及其代谢产物、络合重金属离子等作用，将L-肌肽添加到美容化妆品中，可以有效减缓肌肤的衰老、起到美白作用；L-肌肽能调控人体纤维原细胞的生长，修复已经老化的人体细胞，是一种天然的抗衰老、抗氧化剂；其对氧自由基和金属离子引起的脂质氧化具有明显的抑制作用；其分子结构中含有的活泼咪唑环对金属铜、铁离子等的螯合作用尤为显著。谷胱甘肽是5-L-谷氨酰-L-半胱氨酰甘氨酸，由谷氨酸、半胱氨酸和甘氨酸经肽键缩合而成，含有活泼巯基的多肽，是高效的广谱小分子抗氧化剂。谷胱甘肽能高效清除皮肤组织代谢中所产生的过多自由基及过氧化物，并能防御细胞内线粒体的脂质过氧化等，起到保护皮肤组织及细胞抵抗衰老的作用。谷胱甘肽可以有效抑制多巴色素生成，还可预防脂褐素——老年斑的形成与加重，防止皮肤老化、减少色素沉着和改善皮肤抗氧化能力，有养颜、美容、护肤之功效，还能防止过敏；添加到化妆品中，能适合各种皮肤，尤其对敏感型肌肤有很好的保养效果。

此外，利用生化技术重组蛋白质或小的 DNA 片段，以代替天然提取得到的蛋白质衍生物，将这些生化活性物质应用于化妆品中，能够很容易渗透到表皮的深层和真皮层，与体内完全相同的蛋白分子结合，重组细胞结构、功能，以达到抗衰老的目的。

③ 酶　酶是由许多氨基酸组成的蛋白质，在人体组织内起催化作用，在细胞的生理新陈代谢过程中具有重要的作用。酶具有生物催化活性，对皮肤有抗炎、伤口愈合、杀菌、溶菌、促进血液循环和清除活性氧的作用。

酶的种类很多，其中超氧化物歧化酶（SOD）具有清除机体内过多的超氧自由基，调节体内的氧化代谢功能而具有抗衰老作用，已在化妆品中得到广泛的应用。

④ 细胞生长因子　细胞因子在人体内含量极少，但生物活性极高，具有很多重要的生物学效应和生理功能，其与皮肤细胞的生长、分裂、分化、增殖和迁移有关，可以有效地与皮肤细胞发生作用，发挥突出的美容护肤功效。目前比较常见的是表皮生长因子、酸性成纤维细胞生长因子、碱性成纤维细胞生长因子、角质细胞生长因子、血管内皮生长因子等细胞因子，这类细胞因子主要都是短肽类物质，利用重组 DNA 技术，将编码生长因子的基因片段导入到分泌型宿主中表达，结合发酵技术使生长因子大量表达，提取发酵产物并对其进行纯化，可作为化妆品中的添加成分使用。

表皮生长因子（EGF）是一种活性多肽物质，可在细胞和分子水平上调节生命的基本活动，是一种有效的多功能细胞生长因子（也称细胞促进因子），具有广泛的生物学效应。研究表明，EGF 是由 53 个氨基酸残基组成的肽链，其分子量是生物活性蛋白中分子量较小的一种，因此易被皮肤吸收。EGF 具体的生理活性表现在：促进表皮组织上皮细胞、角质细胞、成纤细胞等多种细胞的生长、分裂，加快皮肤表皮细胞的新陈代谢；促进细胞对营养的吸收；加强细胞合成与分泌胶质物质，并可赋予衰老细胞新的活力。其对细胞 DNA、RNA、蛋白质及细胞外大分子的生物合成的促进，可起到防皱和除皱的作用，有效延缓肌肤衰老，促进各种损伤组织的修复和再生；可通过促进新生细胞的生成和替代原来细胞来降低皮肤中黑色素和有色细胞的含量，从而达到祛斑作用；通过减少紫外线对皮肤细胞的伤害起到防晒作用。此外，EGF 还具有促进皮肤和黏膜创伤面愈合、修复皮肤创伤的作用。含表皮生长因子的肤用化妆品能改善肌体细胞的内在生成能力，而且辅以外部保养，因此能防止和消除皮肤皱纹、褐斑、干裂、皮肤瘙痒，促进烧伤、烫伤患者肌肤愈合，正常人使用能使皮肤洁白、细嫩、富有弹性、控制老化。含 hEGF 的发用化妆品能刺激头皮血液循环，改善表皮供养源，防止头发干涩、枯黄与异常脱落。但 EGF 存在常温下稳定性差，对热、光极不稳定，易降解及易失活等缺点，同时

EGF 透皮吸收也是其产品化需要解决的问题。

碱性成纤维细胞生长因子（BFGF）是对各种体内组织的损伤有很显著的修复作用的活性细胞因子，可治疗烧烫伤、溃疡等，在医学上具有广泛的临床意义。BFGF 对皮肤生理有多种生物功能，改善微循环；促进成纤维细胞及表皮细胞代谢、增殖、生长和分化；促进弹性纤维细胞的发育及增强其功能；促进神经细胞生长和神经纤维再生等，已在化妆品和美容业中得到应用。

近年来，生物基因工程技术长足发展并影响到了生命科学的各个方面，同时给美容化妆品行业带来了全新的发展机遇，化妆品已经从传统的化学美容、植物美容向生物美容与基因美容发展。利用基因重组技术生产相对价廉的高活性生物制品作为化妆品功能性添加剂，将极大推动化妆品行业向生化、高功能性发展。

第3章 肤用化妆品

肤用化妆品的主要功能是清洁皮肤，调节与补充皮肤的油脂和水分，通过皮肤表面吸收适量的滋补剂和营养剂，维持皮肤正常的新陈代谢，延缓衰老。随着对皮肤新陈代谢与生理机能相关理论研究的深入和了解，人们对化妆品的有效性越来越重视，有效的维持皮肤新陈代谢和有效的皮肤防老化产品成为护肤类化妆品的发展方向。从肤用化妆品的使用顺序看，皮肤清洁是保养的重要基础，进而通过皮肤的收敛达到紧肤的效果，并使皮肤滋润；之后再进行护肤，通过施用滋润、营养的护肤品来保护皮肤和营养皮肤，达到维持皮肤正常的新陈代谢、增进皮肤健康和延缓衰老的效果。根据产品的具体作用，肤用化妆品可分为清洁皮肤用化妆品、保护皮肤用化妆品、营养皮肤用化妆品以及抗衰老作用的化妆品等。随着科技的进步，越来越多的肤用化妆品同时兼有两种或更多的作用。

3.1 清洁皮肤用化妆品

3.1.1 概述

皮肤是人体重要的器官之一，对人体的健康和健美起着重要的作用。人体在正常情况下，皮肤表面由皮脂腺分泌的皮脂所覆盖，形成天然的保护膜，使皮肤表面柔软、光滑。由于体内的分泌物与所处的环境的接触，皮肤表面形成异物，使皮肤受到污染和刺激。皮肤上存在的异物包括：皮肤表面的皮脂与空气中的尘埃混合而形成皮垢；皮脂中的某些成分在空气中发生氧化、酸败或接触微生物发生分解产生新的污染物；皮肤分泌的汗液在水分挥发后残留于皮肤表面的盐分、尿素和蛋白质分解物等成分；表皮角质层剥离脱落和死亡的细胞残骸（俗称死皮）发生酸败而滋生的微生物；残留的化妆品及灰尘、细菌等。这些异物可影响皮肤正常的新陈代谢，使皮肤正常的生理机能受到阻碍而产生各种皮肤疾病，也可加速皮肤的老化。清洁皮肤用化妆品就是一类能够去除污垢、洁净皮肤而不刺激皮肤，从而保持皮肤健康和良好的外观的化妆品。目前，清洁皮肤用化妆品已成为人类生活中不可缺少的生活必需品。

　　清洁皮肤用化妆品应具备的性能包括：外观悦目，无不良气味，结构细致，稳定性良好，使用方便；在使用时能软化皮肤，容易涂布均匀，无脱滞感；用后无紧绷、干燥或油腻感；能迅速和有效去除皮肤表面和毛孔的污垢。清洁皮肤用化妆品根据用途的不同，对清洁剂的去污力也有不同的要求。皮肤清洁用化妆品大多是轻垢型的产品，且将清洁作用与护理作用相结合，格外注重温和与安全性，清洁后对皮肤有一定的柔润作用。

　　目前，清洁皮肤用化妆品的品种繁多，各品种的特征各异。肥皂和香皂是具有较强去污力和洁肤作用的化妆品类型，但其碱性较强，对皮肤有较强的脱脂作用，使皮肤干燥无光泽，正逐渐被其他类型的清洁皮肤用化妆品所替代。根据清洁皮肤化妆品的化学组成和亲水-亲油特性，产品大体可分为两种类型：一种是以皂类或其他表面活性剂为主体的表面活性剂类型；另一种是以油性成分和保湿剂、乙醇和水等溶剂起主要作用的溶剂型。两种类型的洁肤机理如图 3-1 所示。

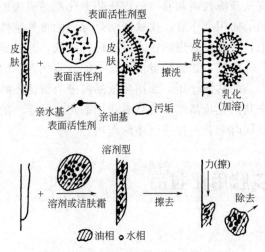

图 3-1　清洁皮肤化妆品的洁肤机理

　　清洁皮肤用化妆品的功能不同，可适用于不同来源的污垢、不同人群和不同的皮肤类型。皮肤表面的污垢分为油溶性、水溶性和不溶性污垢，前两类污垢可分别用亲油性或亲水性强的组分去除，而不溶性污垢通常可使用能够提供软化、剥离或其他深层清洁作用的组分去除。大多数消费者都是根据其习惯和使用条件选用不同的清洁皮肤化妆品。表面活性剂类型产品是以去除混杂着油溶性和水溶性污垢等一般污垢为对象，使用范围较广，由于脱脂力相对较强，较适用于油性皮肤。溶剂型产品适用于处理油性污物以及不溶性污垢，如美容化妆品的残留物和皮肤毛孔的油性分泌物残留等，在洗净过程中不发生脱脂作用，适用于干性皮肤。乳化型的洁面膏霜和奶液则介于两种类型之间，两种因素共同起作用，较为通用。

　　几类典型的面部清洁类化妆品的主要特性如表 3-1 所示。

表 3-1 几类典型的面部清洁类化妆品的主要特性

项目	香皂	清洁膏霜	清洁面膜	磨面膏	洁面乳液
剂型	表面活性剂型	乳化型	溶剂型	乳化型	乳化型
pH 值	中性	弱酸-中性	弱酸-中性	弱酸-中性	弱酸-中性
洗净力①	良好	良好	好	好	良好
脱脂力	中等	极弱	弱	弱	极弱
护理作用	无特别作用	有	有	有	有
特色	泡沫洁面	溶解洁面	黏附洁面	摩擦洁面	溶解洁面
洗后感	略有紧绷感	存留薄膜	有滑爽和紧绷感	有较强洁净感	存留薄膜

① 洗净力视对象不同有差异。

3.1.2 清洁膏霜

清洁膏霜是半固体状洁肤化妆品，其洁肤效果优于香皂和水，并兼有护肤作用。使用时将其涂抹在皮肤上，能随皮肤温度而触变、液化流动，将皮肤上的油性污垢、水性污垢以及化妆品残留油渍等溶解，略加按摩后，用软纸擦去或清洁水洗去，达到使皮肤清洁的作用。它不仅可以清除皮肤上的一般污垢，还可以清除毛孔中积聚的油脂、皮屑、浓妆或彩妆的残留物等。

（1）主要原料

目前的清洁膏霜多是乳化型的产品，其成分中包括油相、水相和乳化体系。油相作清洁剂或溶剂，如油、脂、蜡类；水相作溶剂，调节洗净作用及使用感，如水、保湿剂等；乳化体系包括 W/O 型和 O/W 型，以及无水液化型，乳化剂主要是合成表面活性剂与其他多组分的混合体系。

清洁霜多为 W/O 型体系，其中油相通常占 65%～75%，水相占 25%～35%，属高含油量的洁肤化妆品；清洁膏多为 O/W 型体系，其含油量通常为 40%～50%。

（2）典型产品及其特点

这类化妆品是利用表面活性剂等乳化剂的润湿、渗透、乳化作用去污，并通过油性原料和水性原料的渗透和溶解作用辅助去污，具有除污迅速、使用方便、刺激性小的特点，用后还可在皮肤表面形成薄膜，起到保护和滋润皮肤的作用。

无水清洁霜或卸妆油是一类全油性组分混合的产品，主要含有白矿油、凡士林、羊毛脂、植物油和一些酯类等，主要去除面部或颈部的防水性美容化妆品成分和油溶性污垢，还能深层清洁毛孔，有效用于卸妆和清洁；也可在无水清洁霜中添加中等至高含量的酯类和温和的油溶性表面活性剂。酯类，尤其是一些带支链的酯类，具有透气性好、溶解力强、熔点低、滑润性好、不油腻的特点，与油溶性表面活性剂共同使制品油腻性减少，产品遇水即乳化成泡沫，较易清洗，使用后皮肤滋润、肤感舒适。通过将产品制成凝胶型，可使其更易于分散和擦除。

W/O 型清洁霜主要采用蜂蜡和硼砂体系，利用蜂蜡的乳化作用和稠度调节的性能。通常蜂蜡中的蜡酸与硼酸反应生成的蜡酸皂作为主要的乳化剂，游离蜡酸和羟基棕榈酸蜡醇酯作为辅助乳化剂，构成完整的乳化体系。这一体系既可单独使用，也可与其他乳化剂配合使用。蜂蜡很少会使皮肤产生过敏，并能使皮肤柔软和富有弹性，此外，其中还含有天然抗菌剂、防霉剂和抗氧化剂。迄今为止，蜂蜡替代物只能代替其部分的功能，因而，虽然是最古老的化妆品原料之一，目前蜂蜡仍在很多化妆品中使用，甚至作为其中的关键组分，成为现代化妆品重要的原料之一。但蜂蜡有两方面的缺点：其一是具有特别的气味，需要添加适当的香精掩盖；其二是作为一种天然产物，蜂蜡的质量和组分随原料的来源和季节的不同而有所不同。近年来，随着分离和合成技术的发展，这一情况已有较大改善。

清洁膏多为含油量中等的 O/W 型洁肤制品，这类制品种类繁多，使用方便，可满足各种不同类型的消费者的需要。

(3) 产品配方及制备工艺

① 无水油型清洁霜或卸妆油（膏） 配方示例如下。

配方 1 （无水油剂）

组分	质量分数/%	组分	质量分数/%
石蜡	10.0	白油	58.0
凡士林	20.0	肉豆蔻酸异丙酯	6.0
鲸蜡醇	6.0	防腐剂、香精	适量

配方 2 （无水膏剂）

组分	质量分数/%	组分	质量分数/%
石蜡	15.0	白油	45.0
微晶蜡	8.0	二甲基硅氧烷	2.0
凡士林	30.0	防腐剂、香精	适量

配方 3 （卸妆油）

组分	质量分数/%	组分	质量分数/%
聚醚(pluronic L 121)	1.0	白油	64.0
棕榈酸异丙酯(IPP)	35.0	香精、着色剂、防腐剂、抗氧化剂	适量

配方 4 （卸妆油膏）

组分	质量分数/%	组分	质量分数/%
蓖麻油	57.0	聚氧乙烯月桂醇醚异硬脂酸酯	20.0
月桂醇	20.0	乙醇	3.0

配方 5 （无水洁肤油）

组分	质量分数/%	组分	质量分数/%
巴西棕榈蜡	15	香精、抗氧化剂、着色剂	适量
肉豆蔻酸异丙酯	85		

无水油型清洁霜或卸妆油（膏）的制法是先混合香料以外的蜡、凡士林等各种油性成分，加热溶解（约95℃），再搅拌冷却后加香（约45℃），混合均匀后即可包装。制备过程中，冷却时的搅拌方式对膏体性能的影响较大。

② W/O 型清洁霜 配方示例如下。

配方 1（蜂蜡-硼砂乳化体系，反应型）

组分	质量分数/%	组分	质量分数/%
蜂蜡	10.0	硼砂	0.7
白油	53.0	羊毛脂	2.0
凡士林	10.0	香精、防腐剂	0.3
石蜡	5.0	去离子水	19.0

配方 1 的产品是反应型乳化体系，通过蜂蜡中的二十六酸与硼砂中和后生成二十六酸皂。一般地，蜂蜡在配方中占 5%～6%，硼砂的添加量为蜂蜡量的 5%～6%，这主要取决于蜂蜡含量、酸值和是否存在其他酸性组分，但蜂蜡与硼砂的比值很少小于 10：1，通常为 16：1。若硼砂量不足，则制得的膏霜和乳液无光泽、粗糙，不稳定；而硼砂过量，则会有针状硼酸或硼砂析出。配方中加入足够量的白油，可使清洁霜对油脂污垢和化妆品残留物具有良好的渗透性和溶解性；凡士林和石蜡的加入则可使产品具有良好的触变性；羊毛脂的助乳化作用可使膏体稳定和提供滋润作用。

配方 2（蜂蜡-硼砂乳化体系）

组分	质量分数/%	组分	质量分数/%
蜂蜡	5.0	微晶蜡	7.0
白油	45.0	香精、防腐剂、抗氧化剂	适量
白蜡	10.0	去离子水	加至 100.0
硼砂	0.2		

配方 2 为反应型乳化，将油相组分置于油相锅内，加热至 90℃灭菌且熔化，将水相组分置于另一锅内加热至相同温度，然后降温至 80℃，将水相缓缓加入油相内，由均质乳化机搅拌达到均质乳化，继续搅拌冷却至 55℃时，加入防腐剂、香精。

配方 3（非反应式乳化体系）

组分	质量分数/%	组分	质量分数/%
蜂蜡	3.0	失水山梨醇倍半油酸酯	4.2
石蜡	10.0	Tween-80	0.8
凡士林	15.0	防腐剂、香精	适量
白油	41.0	去离子水	加至 100.0

配方 3 为非反应型乳化体系，直接使用表面活性剂作为乳化剂，有时添加少量的蜂蜡作为稠度调节剂，在膏霜乳化体形成过程中不发生化学反应。由于合成表面活性剂工业的发展，非反应型乳化已成为目前主要的乳化方式。

配方 4（混用式乳化）

组分	质量分数%	组分	质量分数/%
蜂蜡	6.0	硼砂	0.6
白油	50.0	丙二醇	3.0
鲸蜡醇	2.4	防腐剂、香精	适量
单硬脂酸甘油酯	1.0	去离子水	加至 100.0
Span-65	2.0		

配方 5（混用式乳化）

组分	质量分数/%	组分	质量分数/%
凡士林	31.0	山梨醇(70%溶液)	2.5
白油	20.0	硫酸镁	0.2
白蜡	7.0	香精、防腐剂、抗氧剂	适量
羊毛脂	3.0	去离子水	加至100.0
失水山梨醇倍半油酸酯	4.0		

混合式乳化中，由蜂蜡-硼砂生成皂基乳化剂，与非离子表面活性剂单硬脂酸甘油酯、Span-65 非反应式乳化剂一起，构成混用式乳化方式。配方中的丙二醇属多元醇类，它是一种保湿剂，具有使 W/O 型清洁霜保持湿润、防止干缩的作用。

W/O 型清洁霜的制法是：将凡士林与蜡等油性原料于反应器内混溶，并加热至60℃，同时分别将另两容器内的白油和水性原料（水、保湿剂等）加热至60℃，将其同时缓慢加入油性原料的反应器内熔化，由均质乳化机搅拌乳化，继续搅拌冷却，加香。这种方法可以有效防止乳状液乳化类型的逆转。

③ O/W 型清洁膏　配方示例如下。

配方 1（硬脂酸-三乙醇胺乳化体系）

组分	质量分数/%	组分	质量分数/%
硬脂酸	14.0	防腐剂	适量
皂化蜂蜡	6.0	香精	适量
白油	40.0	去离子水	38.2
三乙醇胺	1.8		

配方 1 的皂化方式是由蜂蜡酸、硬脂酸与三乙醇胺等发生反应成皂作为乳化剂。硬脂酸-三乙醇胺乳化体系也能与大多数其他类型的乳化剂（阴离子型和非离子型）配伍使用。

配方 2（蜂蜡-硼砂乳化体系）

组分	质量分数/%	组分	质量分数/%
蜂蜡	6.0	Tween-20	3.0
凡士林	18.0	甘油	6.0
白油	30.0	防腐剂、香精	适量
十六醇	2.0	去离子水	33.0
单硬脂酸甘油酯	2.0		

配方 3（蜂蜡-硼砂乳化体系）

组分	质量分数/%	组分	质量分数/%
蜂蜡	8.0	硼砂	0.4
白油	49.0	聚丙烯酸树脂	0.2
十六醇	1.0	去离子水	加至100.0
PEG-15 椰子油基胺	1.0		

配方 2、配方 3 是蜂蜡-硼砂体系，这一体系也可用作 O/W 型膏霜和乳液的乳化剂，蜂蜡的含量一般小于 10%，它常与其他乳化剂配合使用，有时为了降低油

腻感、增加其稳定性，可添加少量的天然或合成的水溶性聚合物来调节其黏稠度和触变性。

配方 4（混用式乳化方式）

组分	质量分数/%	组分	质量分数/%
蜂蜡	8.0	硼砂	0.4
石蜡	7.0	汉生胶	0.2
白油	49.0	防腐剂、香精	适量
十六醇	1.0	去离子水	加至 100.0
烷基磷酸酯	1.0		

配方 5（混用式乳化体系）

组分	质量分数/%	组分	质量分数/%
蜂蜡	10.0	硼砂	0.7
白油	20.0	Span-60	5.0
羊毛脂	3.0	Tween-60	2.0
氢化植物油	25.0	去离子水	34.3

配方 6（混用式乳化 O/W 清洁膏）

组分	质量分数/%	组分	质量分数/%
蜂蜡	8.0	硼砂	0.4
白油	49.0	Carbopol 941	0.2
石蜡	7.0	防腐剂、香精、色素	适量
十六醇	1.0	去离子水	加至 100.0
聚乙二醇(400)硬脂酸酯	1.0		

Carbopol 941 为丙烯酸聚合物，常见的还有 Carbopol 934、Carbopol 940 等，其可均匀分散于水中。

O/W 型清洁膏的制法是：先将油相、乳化剂、防腐剂、香料一起加热混合溶解并在 65～70℃保温，另将水相、保湿剂等混合加热至相同温度再将油相加入水相进行乳化，均质后冷即，也可将水相加入熔化的油相中，随着水分的增加而发生相的逆转，从而制得 O/W 型清洁膏。

3.1.3 泡沫清洁剂

泡沫清洁剂是以清洁皮肤为目的的面部专用清洁用品，兼有皂类的优良洗净力和泡沫性以及清洁霜保护皮肤的功能。其使用方法基本与香皂相同，将倾倒出的少量产品中略加水后，展开并涂敷于需清洁部位，轻轻按摩后用水冲洗掉，也可采用与清洁膏霜类似的干洗方式。

泡沫清洁剂一般为乳化型液体，产品流动性好，配方中的油性原料可有效降低表面活性剂对皮肤的刺激性，使产品总体上更为温和，无油腻感，使用后皮肤光滑、滋润、无紧绷，且清爽、舒适。这类制品包括洗面奶、洁面露、洁面凝胶等。

(1) 主要原料

泡沫清洁剂的主要成分和原料包括：油性原料、洗净剂（表面活性剂）、保湿剂及其他水溶性组分等。

油性原料的含量通常在 10%～35%，主要作为溶剂溶解皮肤中的油污及化妆品残迹等；也可作为润肤剂。油性原料包括高级脂肪醇，如十六醇、十八醇等，以及添加剂，如精制羊毛脂、羊毛脂衍生物、卵磷脂、脂肪酸酯类等。

洗净剂主要指表面活性剂以及高级脂肪酸与碱剂形成的皂基，主要是利用表面活性剂的润湿、渗透、乳化作用而利于除去皮肤上的污垢。因此，表面活性剂通常选用具有良好洗净作用的温和型的阴离子、两性离子和非离子表面活性剂，其在制品中的含量较低，且一般选用低刺激性品种。

泡沫清洁剂作为具有发泡性能的洁肤化妆品一直受到消费者的欢迎，也因此，发泡性能成为此类化妆品的重要感官指标。在此类产品的配方中经常加入体现良好的发泡性，尤其在硬水中具有良好的发泡性以及具有低刺激性的阴离子表面活性剂和温和的两性离子表面活性剂。

保湿剂主要是甘油、丙二醇、山梨糖醇等组分，水也是良好的保湿剂，兼有良好的去污作用；产品中加入透明质酸等保湿剂也可以发挥明显的保湿作用。

水溶性高分子组分主要起稳定、增稠作用。产品中亦常添加各种营养组分，如蜂蜜、甲壳素、水解蛋白、胶原蛋白、黄瓜汁、柠檬汁、果酸及维生素 C 的衍生物等天然动植物提取物和生物活性组分等，使其在按摩洁面的同时，具有深层洁肤和养肤的作用。

(2) 典型产品及其特点

三乙醇胺和硬脂酸反应形成三乙醇胺皂是很流行的 O/W 型乳化剂，在通用型的洗面、洁面乳液制品中普遍使用，也与大多数其他类型的乳化剂配伍使用。

凝胶型洁肤剂俗称为啫喱型洁肤剂，主要指含有胶黏质或类胶黏质，呈透明或半透明的半固体胶冻状产品。凝胶是胶体的一种存在形式，性质介于固体与液体之间，凝胶不仅失去了流动性，而且还具有固体的一些性质，如弹性、强度等。凝胶化妆品在国内常称为"啫喱"或"啫喱水"，产品包括无水凝胶、水或水-醇凝胶、透明凝胶等。透明凝胶状产品呈胶冻状，着色之后，色彩鲜艳，具有诱人的外观，且有滑爽、无油腻感，使用方便，受到消费者的欢迎。配方合适的单相凝胶体系有较高的稳定性，且与其他剂型产品比较，凝胶易被皮肤吸收。目前，凝胶化妆品已从清洁、护肤类凝胶扩展到其他类型，如发用定型凝胶、凝胶香波、凝胶唇膏以及牙膏等。

此外，含有天然或合成的聚合物基质的洁肤剂（水或水-醇凝胶及透明乳液），以及含聚氧乙烯脂肪醇、羊毛醇、脂肪酸甘油酯、烷基醇酰胺、烷基多元醇磷酸酯等及其复配物等表面活性剂的洁肤剂需求日益增长。这类产品一般含有低熔点的酯类、带支链脂肪醇和精制天然油脂及其混合物，较适用于油性皮肤人群，还可以添加少量防治粉刺的活性物或消毒杀菌剂，体现一定的疗效，起到防治粉刺的作用。

(3) 产品配方及制备工艺

泡沫清洁剂的配方例如下。

配方 1（硬脂酸与三乙醇胺乳化体系，普通洗面奶）

组分	质量分数/%	组分	质量分数/%
硬脂酸	7.0	甘油	4.0
硬脂酸单甘油酯	8.0	三乙醇胺	0.9
十六-十八醇	2.0	防腐剂	适量
辛酸/癸酸三甘油酯	5.0	香精	适量
蓖麻油	1.0	去离子水	68.1
葵花油	4.0		

配方 1 是由硬脂酸与三乙醇胺进行中和反应所生成的胺盐作为乳化剂，表面活性剂硬脂酸单甘油酯在其中也起乳化剂作用，二者协同进行乳化；配方中的辛酸/癸酸甘油酯是一种性质优良的润肤剂，柔润性好，与皮肤有良好的亲和性。

配方 2（硬脂酸-三乙醇胺乳化体系，O/W 型清洁乳液）

组分	质量分数/%	组分	质量分数/%
白油	25.0	三乙醇胺	2.5
硬脂酸	5.0	香精、防腐剂	适量
蜂蜡	2.0	去离子水	加至 100.0
聚丙烯酸树脂	0.1		

为增加乳液的稳定性，添加少量的天然或合成的水溶性聚合物以调节制品的黏稠度和触变性。

配方 3（硬脂酸-三乙醇胺乳化体系）

组分	质量分数/%	组分	质量分数/%
硬脂酸	2.0	甘油	4.0
白油	15.0	三乙醇胺	0.4
乙酰化羊毛醇乙酸酯	2.0	香精、防腐剂、抗氧剂	适量
硬脂酸单甘油酯	2.5	去离子水	72.1
PEG-16 羊毛脂	2.0		

配方 4（硬脂酸-三乙醇胺乳化体系）

组分	质量分数/%	组分	质量分数/%
硬脂酸	1.0	甘油	2.5
白油	10.0	三乙醇胺	0.5
十六-十八醇（混合醇）	1.5	Carbopol 941	0.1
羊毛脂	5.0	香精、防腐剂、抗氧剂	适量
PEG-75 羊毛脂	2.0	去离子水	76.4
十六醇醚-20	1.0		

配方 5（其他乳化体系，非反应型）

组分	质量分数/%	组分	质量分数/%
白油	15.0	凡士林	3.0
脂肪酸单和双甘油酯	3.0	Tween-80	1.0
山梨醇（70%）	27.0	防腐剂、香精	适量
地蜡	0.2	去离子水	50.6
蜂蜡	0.2		

配方 6（非反应型乳化体系）

组分	质量分数/%	组分	质量分数/%
白油	20.0	丙二醇	4.0
辛酸/癸酸甘油酯	8.0	防腐剂、香精	适量
单硬脂酸甘油酯	3.0	去离子水	62.0
聚乙二醇椰油甘油酯	3.0		

非离子表面活性剂单硬脂酸甘油酯和聚乙二醇椰油甘油酯作乳化剂，配方中的辛酸/癸酸甘油酯是一种性质优良的润肤剂，柔润性好，与皮肤有良好的亲和性。其生产工艺与前面清洁霜的制法类同。

配方 7（非离子乳化体系）

组分	质量分数/%	组分	质量分数/%
凡士林	7.5	PEG-20 甲基葡萄糖苷	2.5
十六醇	7.0	肉豆蔻酸异丙酯	7.5
PEG-75 羊毛脂	2.0	丙二醇	2.5
硬脂酸单甘油酯	7.0	香精、防腐剂、抗氧剂	适量
Tween-60	1.0	去离子水	63.0

配方 8（皂基反应乳化体系）

组分	质量分数/%	组分	质量分数/%
硬脂酸	10.0	甘油单硬脂酸酯	2.0
氢氧化钾	4.0	N-酰基-N-甲基牛磺酸盐	2.0
棕榈酸	10.0	EDTA-Na$_2$	适量
羊毛脂	2.0	香精、防腐剂	适量
椰子油	2.0	去离子水	加至 100.0
甘油	10.0		

在油相罐中加入硬脂酸、棕榈酸、羊毛脂、椰子油、甘油及防腐剂加热搅拌至 70℃，经过滤抽至乳化罐中并保持其温度在 70℃，将预先在水相罐中溶解了氢氧化钾的去离子水，经过滤抽至乳化罐，并保持 70℃进行中和反应。加入其他原料，搅拌混合，抽真空、脱泡，冷却，根据所要求的硬度，选择冷却条件。

配方 9（皂基反应乳化体系）

组分	质量分数/%	组分	质量分数/%
硬脂酸	10.0	羊毛脂	1.0
棕榈酸	10.0	氢氧化钾	6.0
月桂酸	4.0	甘油	5.0
肉豆蔻酸	12.0	香精、防腐剂、抗氧剂	适量
脂肪酸异丙酯	1.5	去离子水	50.5

配方 10（反应乳化体系）

组分	质量分数/%	组分	质量分数/%
白油	6.0	Sepigel 501	2.8
聚山梨醇油酸酯	0.3	防腐剂	适量
聚山梨醇酯	1.7	香精	适量
肉豆蔻酸肉豆蔻酯	2.0	乳酸	适量
异壬基异壬醇酯	4.0	去离子水	83.2

利用乳化剂 Sepigel 501 进行乳化，其制法是先将白油等油、酯加热至 70℃，使其混溶，另将水加热至 75℃，将油相组分加入水中，至 60℃ 时加入 Sepigel 501 进行乳化。当冷却至 30℃ 加入防腐剂和香精，最后用乳酸调节 pH 值至 7 左右即得。

配方 11（混用式乳化体系，O/W 型）

组分	质量分数/%	组分	质量分数/%
蜂蜡	4.0	硼砂	0.4
液体石蜡	8.0	皂粉	0.1
凡士林	0.8	防腐剂、香精	适量
聚氧乙烯(20)单油酸酯	0.5	去离子水	加至 100.0
甘油单油酸酯	3.5		

配方 12（泡沫洗面奶）

组分	质量分数/%	组分	质量分数/%
月桂醇醚琥珀酸酯磺酸二钠 盐和乙酸月桂酯磺酸钠盐	45.0	柠檬酸	适量
		防腐剂	适量
椰油酰胺丙基甜菜碱	4.0	香精	适量
椰油二乙醇胺	3.0	去离子水	48.0
氯化钠	适量		

配方 12 中的月桂醇醚琥珀酸酯磺酸二钠盐和乙酸月桂酯磺酸钠盐是一类复配产品，不需乳化，具有良好的发泡性，性能温和，制备时只需将其与椰油酰胺丙基甜菜碱、椰油二乙醇胺及水混合，经搅拌至均匀乳液，用柠檬酸调节 pH 值为 6.0～6.5，加入香精和防腐剂即可，黏度用氯化钠调节。

配方 13（无水凝胶）

组分	质量分数/%	组分	质量分数/%
羟丙基纤维素	1.5	5-辛酰水杨酸	3.0
丙二醇	45.0	乙醇	加至 100.0

配方 14（洁面凝胶）

组分	质量分数/%	组分	质量分数/%
白油	25.0	三乙醇胺	0.5
单硬脂酸聚乙二醇(600)酯	10.0	防腐剂	适量
三异丙醇胺	1.0	香精	适量
Carbopol 934	0.5	去离子水	63.0

配方 14 中的制备方法是：先将 Carbopol 934 树脂均匀分散于水中（可加入色素同时分散），加入三乙醇胺进行中和，再加热到 70℃，同时将单硬脂酸聚乙二醇（600）酯及单异丙醇胺混合加热至 70℃ 使其混熔，然后加至树脂溶液中，进行剧烈搅拌，待混合均匀后，冷却至 50℃，加入香精，冷至室温即可。

配方 15（水-醇凝胶类）

组分	质量分数/%	组分	质量分数/%
羟乙基纤维素	0.5	三聚甘油单月桂酸酯	1.3
1,3-丁二醇	2.0	去离子水	34.2
聚氧乙烯氢化蓖麻油	2.0	乙醇	60.0

配方 16（水-醇凝胶类）

组分	质量分数/%	组分	质量分数/%
Carbopol 940	1.0	二异丙醇胺(pH 调至 6.5～7.0)	适量
甘油	3.0	乙醇	50.0
尿囊素	0.2	香精	适量
薄荷醇	0.08	去离子水	45.22
2,4-二氯苯甲醇	0.5		

水-醇凝胶类洁肤剂的配制与水-醇型护肤凝胶的配制方法相似。

配方 17（洁面乳膏）

组分	质量分数/%	组分	质量分数/%
硬脂酸	10.0	羊毛脂(EO_{75})	1.0
棕榈酸	10.0	氢氧化钾	6.0
月桂酸	4.0	甘油	5.0
肉豆蔻酸	12.0	香精、防腐剂	0.5
脂肪酸异丙酯	1.5	去离子水	50.0

配方 17 的泡沫洁面乳膏的制备方法是：将油相组分（高级脂肪酸、高级脂肪醇、润肤油性组分、防腐剂等）加热熔化，混合均匀；将水相组分（去离子水、碱剂、保湿剂及乳化剂等）加热，混合均匀，在 70℃ 左右将油相组分加入到水相组分中，搅拌均匀，降温至 50℃ 附近加入香精，冷却至室温出料即可。

配方 18（含烷基磷酸酯盐）

组分	质量分数/%	组分	质量分数/%
N,N,N',N'-四(2-羟丙基)乙二胺	2.0	Carbopol 941	0.2
单月桂基磷酸酯盐	27.0	甘油	8.0
月桂酸	4.0	山梨醇	2.0
椰油酰氨基丙基二甲胺氧化物	4.0	去离子水	加至 100.0

配方 19（含烷基磷酸酯盐）

组分	质量分数/%	组分	质量分数/%
2-己基癸基磷酸酯三乙醇胺盐	10.0	丙二醇	10.0
十二烷基磷酸酯盐	10.0	去离子水	加至 100.0
聚氧乙烯十四醇醚	3.0		

配方 20 （含烷基磷酸酯盐，清新温和型）

组分	质量分数/%
椰油基酰胺丙基聚乙二醇二甲基氯化铵磷酸酯	2.0
十二烷基磷酸酯钾盐	10.0
聚氧乙烯十四醇醚	3.0
丙二醇	10.0
去离子水	加至 100.0

单烷基磷酸酯钾盐的性质温和，刺激性低，尤其适合清洁护理产品的配方中，具有丰富的泡沫和舒适的类似皂基的清洁感。

配方 21 （含谷氨酸酯及其盐类的洁面乳）

组分	质量分数/%	组分	质量分数/%
月桂醇醚硫酸酯钠盐	12.0	氯化钠	8.0
椰油基谷氨酸钠	3.0	去离子水	加至 100.0

谷氨酸酯及其盐类性质温和，具有良好的洗涤力和发泡稳泡力，常用于洁面产品和香波中。在配方中可提供对皮肤、毛发等的亲和性以及修复和保护作用。

清洁乳液的制备较一般的 O/W 型膏霜更为困难，不易保持良好的乳液稳定性，在储存过程中易分层。制备时需选择水相和油相密度较为接近的原料组分；适宜的乳化剂也是制品稳定性的关键，常选用两种或两种以上的复合乳化剂，并采取高效乳化设备，获得均匀且细小的乳化颗粒，增加连续相的黏度，以达到稳定乳化的效果。

3.1.4　磨面膏和去死皮膏

磨面膏和去死皮膏均是集洁肤、护肤和美容于一体的化妆品类型。二者的不同之处在于，磨面膏完全是机械性的磨面洁肤作用，而去死皮膏的作用中还包含化学作用和生物作用；此外，它们是针对不同肤质人群而设计的。

磨面膏又称为磨砂膏，通常是在清洁皮肤用品的基础配方中添加了极微细的砂质粉粒（称为磨洗剂，或磨砂剂）形成的 O/W 型乳液（无泡型）或浆状物（有泡型），产品中不加磨砂剂的称为无砂型磨面膏。通过磨砂剂粉粒与皮肤表面温和的摩擦作用，去除皮肤污垢及清除角质层老化和死亡的细胞，以及有效除去皮肤毛孔中的污垢，使用后有明显清洁感。摩擦作用还可增强毛细血管的微循环，促进皮肤的新陈代谢，舒展皮肤的细小皱纹，增进皮肤对营养成分的吸收，故也可将有效成分添加到磨面膏中，磨面同时促进营养成分的吸收；摩擦作用亦可使皮肤中过多的皮脂从毛孔中排挤出来，使毛孔疏通，起到预防粉刺的作用。

一般来说，磨面膏较适宜于油性皮肤或皮肤粗糙者，对于中性和干性皮肤，其使用次数及使用时间则相应减少，且洁面后需及时补充润肤膏霜或乳液。对于皮肤敏感者，需慎用磨砂膏，而当皮肤受到损伤或有炎症时，则须禁用以避免皮肤感染。

去死皮膏是清除皮肤表面死亡的角质层细胞积存残骸的化妆品类型，陈腐角质化细胞的堆积会使皮肤暗淡无光，并形成细小皱纹，还可引起角质层增厚等多种皮肤疾病。去死皮膏可快速去除皮肤表面的角化细胞，改善皮肤的呼吸，有利于汗腺、皮脂腺的分泌，增强皮肤的光泽和弹性；可预防角质层增厚，使新生细胞更快到达表层，加速皮肤新陈代谢，有利于养分吸收，令皮肤柔软光滑；还可清除过剩的油脂，预防粉刺滋生。

去死皮膏适用于中性皮肤和不敏感的皮肤类型。用膏体轻轻摩擦皮肤，约经5～10min后，用手或软纸（棉）将脱离皮肤的死皮、污垢和与膏体混合形成的残余物除去，再用清水冲洗皮肤，及时涂抹化妆水、护肤膏霜或乳液。

(1) 主要原料

磨面膏的原料是由膏霜的基质原料和磨砂剂组成。在磨面膏的基础成分中，除一般膏霜的配方组成，如水相（水、保湿剂等）、油相（高级脂肪酸、醇和油、脂、蜡等）及乳化剂等外，最主要的是添加磨砂剂。磨砂剂的具体要求包括：适当的粒度（一般在100～1000μm之间，最佳粒度在250～500μm之间）、特定的形状（一般为球形）和硬度，且要求具有安全性、稳定性和有效性。其有效性常用两种方法检测和反映：其一是检测其物理性清洁功能，通过取定量膏体负载摩擦后，测量彩色美容化妆品的存留量；其二是测定皮肤角质细胞的剥离情况，用具有黏度的载玻片或透明胶带，剥离用磨砂膏前后皮肤脱落的角质细胞，再将细胞进行染色，在显微镜下计算并比较其有效性。

磨砂剂可分为天然型和合成型磨砂剂两类。常用的天然型磨砂剂有植物果核的精细颗粒（如杏核粉、橄榄仁壳粉、桃核粉等）、天然矿物粉末（如二氧化钛粉、滑石粉等）；常用的合成型磨砂剂有聚乙烯、聚苯乙烯、聚酰胺树脂、尼龙、石英等的精细颗粒。

去死皮膏的原料除有一般膏霜所需要的润肤剂、乳化剂、保湿剂、增稠剂等之外，需添加具有去死皮作用的制剂，除包括和磨砂膏相同的合成高聚物〔如聚乙烯醇（PVA）、尼龙粉等〕、植物果核微粒及天然矿物粉剂（高岭土、硅藻土、滑石粉等）外，还含有具有软化皮肤角质蛋白作用、促进角质层更新作用的化学组分和生物活性组分，如果酸、水杨酸、去角质剂等。这些制剂的共同作用，可携带死亡的角化细胞脱离皮肤表面。

(2) 典型产品及其特点

磨砂类和去死皮类产品的形态可以是膏霜、乳液、凝胶、粉剂（与水混合后使用）等，产品可制成乳化体系或透明体系。

由于磨砂膏和去死皮膏类洁肤产品是通过轻微的摩擦作用将皮肤表面疏松的角质层鳞片除去，并磨光皮肤，即用机械摩擦的作用，使角质层剥离。过度的摩擦在清洁皮肤的同时会造成对皮肤的刺激作用，严重的会造成皮肤损伤。因此，摩擦的程度和使用的频次等均与皮肤类型和适用人群相关。各类添加的粉质摩擦剂和去除角质作用的添加剂均需进行严格的毒理学评价和临床试验。

(3) 产品配方及制备工艺

① 磨面膏　配方示例如下。

配方 1（磨砂剂为橄榄核粉和杏仁壳粉）

组分	质量分数/%	组分	质量分数/%
十六-十八醇硫酸酯钠盐	15.0	羊毛油	0.5
硬脂酸单甘油酯	6.0	硅酸镁铝	1.0
十六-十八醇	1.0	乳酸	适量
PEG-20 硬脂酸酯		橄榄核粉和杏仁壳粉	10.0～15.0
玉米油	2.0	香精、防腐剂	适量
椰油酰氨基丙基甜菜碱	5.0	去离子水	加至 100.0
羊毛醇-3	2.0		

配方 1 属磨砂乳液，其中加入的表面活性剂可增强清洁效果，用乳酸调节 pH 值在 6.5～7.0 之间。

配方 2（磨砂剂为高分子聚合物）

组分	质量分数/%	组分	质量分数/%
白油	9.0	Span-60	1.5
硅油	4.0	三乙醇胺	1.0
乙酰化羊毛脂	2.5	甘油	4.0
十六醇	2.5	微孔磨砂剂	3.0
硬脂酸	5.0	香精、防腐剂	适量
单硬脂酸甘油酯	1.0	去离子水	66.5

配方 2 中的微孔磨砂剂为弹性微球状（60～80 目）的多孔高分子聚合物，可将维生素、氨基酸等营养物质或药剂吸附其中，洁面时通过与皮肤的摩擦接触，在将皮肤污物及代谢物吸附去除的同时，释放出其孔穴中的内容物使皮肤吸收。

配方 3（磨砂膏）

组分	质量分数/%	组分	质量分数/%
2-乙基己基十六醇酯	2.0	Tween-60	1.5
十六醇	2.0	甘油	5.0
乙酰化羊毛脂	3.0	天然果核粉(120 目)	3.0
白油	7.0	香精、防腐剂、抗氧剂	适量
聚乙二醇(400)硬脂酸钠	3.0	去离子水	73.5

配方 4（磨砂膏）

组分	质量分数/%	组分	质量分数/%
硬脂酸	2.0	Carbopol 940	0.2
白油	7.0	丙二醇	8.0
十六醇	2.0	尼龙粉	6.0
硅油	2.0	三乙醇胺	0.2
Span-85	1.2	香精、防腐剂、抗氧剂	适量
Tween-80	2.8	去离子水	加至 100.0

磨面膏的制备并不是将磨砂剂直接加入膏霜中即可,而是根据产品的要求和特性进行设计和试验。在磨面膏的制备中重要的是磨砂剂的选择,通常选择相对密度较小(0.92～0.96)、形状规则、粒径均匀的球珠形磨砂剂,其颗粒应呈圆形或椭圆形,不可以有棱角;产品使用时,磨砂颗粒应呈滚动式,有舒适感,且对皮肤刺激小。产品试制时需考察其在制品中的稳定性,通过相关检测(如耐热、耐寒试验)以及离心试验(转速4000r/min,离心30min,观察磨面膏有无分层现象及磨砂剂有无析出现象)等,并需观察产品中微粒的粒度分布状况,以确定较佳的磨砂剂。

配方 5 (磨砂乳液)

组分	质量分数/%	组分	质量分数/%
聚乙烯微球	5.0	单油酸甘油酯	1.0
白油	20.0	对羟基苯甲酸丙酯	0.05
辛基癸醇	10.0	对羟基苯甲酸甲酯	0.1
硬脂酸单甘油酯	4.0	香精	适量
十六-十八醇聚氧乙烯(12)醚	1.5	去离子水	加至 100.0
十六-十八醇聚氧乙烯(20)醚	1.5		

配方 6 (磨砂乳液)

组分	质量分数/%	组分	质量分数/%
蜂蜡	3.0	聚氧乙烯失水山梨醇单油酸酯	0.8
白蜡	5.0	多孔性纤维素微粒	5.0
凡士林	15.0	香精	适量
白油	41.0	去离子水	26.0
失水山梨醇倍半油酸酯	4.2		

配方 7 (磨砂凝胶)

组分	质量分数/%	组分	质量分数/%
N-硬脂酰-l-谷氨酸单钠盐	10.0	杏核壳粉	1.0
防腐剂	0.2	去离子水	加至 100.0

配方 8 (透明磨砂洁面凝胶)

组分	质量分数/%	组分	质量分数/%
Carbopol 941	1.2	二甲基硅油	1.6
椰油酰基丙基甜菜碱	8.0	三乙醇胺	适量
十二烷基磷酸钾	8.0	香精	适量
月桂基硫酸铵	10.5	双咪唑烷基脲	0.08
海藻酸钠	0.5	去离子水	加至 100.0
甘油	6.0		

② 去死皮膏   配方示例如下。

配方 1

组分	质量分数/%	组分	质量分数/%
鲸蜡醇	1.0	Tween-60	1.5
硬脂酸	1.0	丙二醇	4.0
白油	3.0	羊毛脂醚	0.5
霍霍巴蜡	0.3	聚乙烯醇(15%)	10.0
肉豆蔻酸异丙酯	2.5	海藻胶	3.0
单硬脂酸甘油酯	2.5	香精、防腐剂	适量
硬脂酸乙二醇酯	1.5	去离子水	68.7
Span-60	0.5		

配方 1 中的海藻胶为天然提取物，具有快速生物分解的作用，可有效去除角质层老化死皮。

配方 2

组分	质量分数%	组分	质量分数/%
单硬脂酸甘油酯	6.0	聚乙二醇(5)月桂基柠檬酸磺基	5.0
鲸蜡醇	2.0	琥珀酸二钠	
棕榈醇油酸酯	4.0	去离子水	71.0
羊毛酸异丙酯	4.0	核桃壳细粉	5.0
甘油	3.0	香精、防腐剂	适量

配方 2 中的核桃壳细粉粒可携带死皮脱落。棕榈醇油酸酯及羊毛酸异丙酯均作为润肤剂，多用于无白油体系的配方中，有极佳的手感。聚乙二醇（5）月桂基柠檬酸磺基琥珀酸二钠是极温和、无刺激、有良好洁净力的阴离子表面活性剂。

配方 3

组分	质量分数/%	组分	质量分数/%
十六烷基糖苷	5.0	Sepigel 305	0.3
霍霍巴油	10.0	尿囊素	1.0
薄荷脑	0.05	香精、防腐剂	适量
聚甲基丙烯酸甲酯(颗粒)	5.0	去离子水	加至 100.0

配方 3 中的尿囊素具有软化皮肤角质蛋白的作用，有利于去掉皮肤死皮。薄荷脑有清凉止痒作用。

配方 4

组分	质量分数%	组分	质量分数/%
十六烷基芳基硫酸钠	15.0	硅酸镁铝	1.0
硬脂酸甘油酯与聚乙二醇(100)硬脂酸酯	6.0	水解杏仁蛋白质	0.5
非离子型白乳化蜡	1.0	乳酸(调整 pH 值到 6.5～7.0)	适量
油酰甜菜碱	5.0	摩擦剂(杏仁壳与橄榄壳精细颗粒)	10～15
聚乙二醇(20)杏仁油	2.0	香精、防腐剂	适量
杏仁油	1.0	去离子水	加至 100
羊毛脂油	0.5		

3.1.5 清洁面膜

面膜是清洁、护理、营养面部皮肤的化妆品，其基本功能是先在面部皮肤上形成不透气的薄膜，将皮肤与外界隔绝，使皮肤温度升高，毛孔大量出汗，皮肤的分泌活动旺盛，在剥离或洗去面膜时，把皮肤的分泌物、皮屑、污物等挤出，使毛孔清洁；同时将面膜中的其他成分，如维生素、水解蛋白以及其他营养物质或功能添加剂等有效渗入皮肤，起到增进皮肤机能的作用。

面膜的具体作用和效果包括：清洁效果，尤其是剥离型面膜，在清洗时，可去除老化角质和表皮的污垢，提供洁净的感受；保湿效果，在涂敷中，面部水分由于面膜的密封性而得以保留，使皮肤角质柔软，增加的水分量能长时间继续保持；保温效果，由于被覆膜的收缩，赋予皮肤适度紧张感，使皮肤温度上升；营养效果，面膜中的有效成分，在涂敷、覆膜时转移至表皮角质层中，从而得到独特的感觉和效果，而添加的特色成分，通过转移吸收使皮肤得以滋养。

面膜制品的具体要求包括：敷用后应和皮肤密合；有足够的吸收性以达到清洁的效果；敷用和转移便利；干燥时间和固化时间不宜过久；对正常皮肤无刺激性。面膜产品包括清洁面膜、美白面膜、去皱面膜、祛斑面膜、营养面膜、抗敏面膜、修复面膜等。

(1) 主要原料及产品特点

面膜类产品可实现皮肤的深层清洁，疏通毛孔，使皮肤洁净、清透；且在清洁皮肤的同时，提供美白、抗皱、保湿等多种功能。面膜类产品可分为剥离类（薄膜）、粉末类、黏土类、泡沫类、膏霜类、浆泥类、成型类等。面膜类产品的种类及其特征如表 3-2。

表 3-2　面膜产品的主要类型及其特征

类型	主成分	特征
剥离类	水溶性高分子、保湿剂、醇类	外观透明或半透明凝胶,可剥离皮膜,具有保湿、清洁、促进血行的作用
黏土类	粉体(陶土、滑石粉等)、油分、保湿剂、富脂剂、营养剂	粉体吸附皮肤的过剩油脂,经冲洗除去,脱脂力高,对粉刺有效
粉末类	粉末、皮膜剂、分散剂、油分	使用时用等量水使其均匀溶解,可达紧肤、洁净效果
膏霜类	油分、保湿剂	兼具按摩效果、高的血行效果,亦有保湿效果
泡沫类	油分、保湿剂、发泡剂	气雾(气溶)型,由于细小泡沫达保温、保湿效果
成型类	片剂、保湿剂	使用不织布或胶原等薄片,用时先浸含保湿剂水溶液,贴于脸部、保湿性优良
浆泥类	果菜汁、粉末	为自制型特色面膜,可达独特的功效和使用感

剥离类面膜一般是膏状或透明状物质，使用时涂抹于面部，水分蒸发 10～20min 后，形成薄膜。通过揭去薄膜，皮肤上的污垢因黏附在薄膜上而被去除。剥离型面膜采用的主要原料是水溶性高分子成膜剂，其具有增稠和提高乳化及分散性的作用，对含有无机粉末的基质具有稳定作用，还具有一定的保湿作用。水溶性高

分子物质包括聚乙烯醇、聚乙烯吡咯烷酮、丙烯酸聚合物、聚氧乙烯、羧甲基纤维素等，明胶及胶质原料也可作为面膜中的成膜剂。剥离型面膜的原料体系中还包括保湿剂（甘油、丙二醇、透明质酸等）、吸附剂（氧化锌、钛白粉、高岭土等）、溶剂（乙醇、1,2-丙二醇、1,3-丁二醇和去离子水等）、增稠剂以及活性物质或功能添加剂（水解蛋白、植物提取物、中草药提取液、维生素、生物制剂等）等。使用此类产品，用量过多易造成水分挥发困难以及成膜过厚和不均匀，用量太少则容易使膜开裂从而影响效果。

粉末类面膜和黏土类面膜是细腻、均匀、无杂质的粉末状物质。所用粉类原料是具有吸附作用和润滑作用的粉末，包括胶性黏土、高岭土、滑石粉、氧化锌和无水硅酸盐等以及可形成软膜的天然或合成胶凝剂，如淀粉、硅胶粉等；另可添加多种功效的粉末状添加剂，如天然动植物提取物及中草药粉等，使其具有养肤和美容作用。使用时与水调合成糊状，涂敷于面部，水分蒸发 10～20min 后，糊状物逐渐干燥形成膜状物（胶性软膜或干粉状膜），通过剥离移除或用水洗净去除。此类产品具有较好的吸收性，能除去皮脂和汗液，适用于正常皮肤和油性皮肤的人群。使用时为了避免干燥，产品中通常配入油剂。

膏霜状面膜大都含有较多的黏土成分，如高岭土、硅藻土等，以及润肤的油性成分，还常添加各种护肤营养物质，如海藻胶、甲壳素、火山灰、深海泥、中草药粉等。膏霜类面膜在面部涂覆时一般比剥离型面膜的使用量略多，以确保面膜的营养成分被皮肤充分吸收。其不足之处是清洗方式略烦琐，一般不能成膜剥离，需用化妆棉或纸巾擦洗去除；可通过在配方中添加适当的凝胶剂，于清除面膜前喷洒或涂敷固化液，则经数分钟的固化成膜后可剥离去除。

泡沫类面膜是将配方中各原料装入喷雾容器内，使用时通过压力喷嘴将组分喷射于皮肤上形成细小泡沫，数分钟后可水洗或擦除。其优点是产品使用方便，皮肤接触泡沫时的肤感舒适，可提高皮肤的湿度，促进皮肤的血液循环，使皮肤洁净、细腻和光滑。

成型类面膜也称为片状面膜，其基体通常为无纺布类纤维织物，剪裁成人体面部形状，其面膜液的主要成分是保湿剂、润肤剂、活性物质［如果酸、维生素、表皮生长因子（EGF）］等。将织物放入包装物中，再灌入面膜液后密封，浸透了面膜液的无纺布形成湿布型成型面膜。使用时，剪开密封包装物，使织物与面部紧密贴牢，这时其作用就同前述面膜一致，经15～20min 后，膜液逐渐被吸收，干燥后取下。由于成型类面膜产品是干膜状，易于包装，便于携带和长时间保存，使用简单方便，使用时皮肤感觉清爽舒适，受到消费者的喜爱。此外，还有以可溶性的天然纤维素衍生物等为基体的成型类面膜产品，其中添加多种天然植物萃取物和生物活性物质、维生素等，与可溶性基体复合制成干膜状成型面膜。这种面膜使用时直接敷于润湿的面部，面膜即均匀紧贴于面部，约经 20min，面膜溶解液逐渐被吸收和干燥，只需用清水稍加清洗即可洗净面部。因基体具有良好的水溶性，可使其中的多种成分在溶解状态下最大限度地被皮肤快速吸收，充分发挥功效，故此类产品可体现出极佳的护肤、养肤效果。

面膜类制品还有蜡状面膜、塑胶类面膜、泥浆类面膜和石膏面膜等。蜡状面膜外观呈蜡状，使用前需加热至 42～45℃，成为液状后用毛刷敷于脸上，经冷却固化从而发挥作用，相较其他类产品，其使用程序略复杂。塑胶类面膜在使用时将两种面膜液混合，涂敷在皮肤上 5～10min 后，固化成塑胶，相较剥离类面膜，其固化时间短，使用方便；缺点是两种物质一经混合，需马上使用，否则固化后无法使用。泥浆型面膜可用水果泥、蔬菜泥、蛋清等泥浆状物做面膜，直接敷面，组分灵活多样且新鲜无毒，且不必添加防腐剂、香精等，甚至不需添加粉体或基料，满足化妆品安全可靠性的需求。石膏面膜是一种固化剥离型面膜，使用前在熟石灰粉末中添加其他营养物质及植物成分或中草药成分，使用时与水调和成糊状，敷于面部后，由于熟石膏与水发生水合作用，产生热量，并逐渐固化，经过一段时间后，将固化了的面膜经剥离而除去。这种面膜在使用过程中产生的热量具有促进皮肤微循环和新陈代谢等的作用，对皮肤具有美容功效。

（2）产品配方及制备工艺

① 剥离类面膜　配方示例如下。

配方 1（剥离类面膜）

组分	质量分数/%	组分	质量分数/%
聚乙烯醇（PVA）	15.0	尼泊金甲酯	0.1
乙醇	10.0	香精	适量
丙二醇	5.0	去离子水	加至 100.0

剥离类面膜使用简便，品种较多。配方 1 是其基本配方，具体制法是：PVA首先在乙醇中充分润湿，再溶解于热水，然后将丙二醇等组分也溶解于热水中，搅拌成均匀透明的黏性溶液，再另将香精、防腐剂等溶于余下的乙醇中，待透明黏液温度降至 50℃时加入香精溶液，维持降温至 35℃包装。

配方 2（凝胶型剥离类面膜）

组分	质量分数/%	组分	质量分数/%
PVA	10.0	乙醇	20.0
丙二醇	5.0	三异丙醇胺	0.5
去离子水	59.1	香精色素防腐剂	适量
Carbopol 941	0.4	水解蛋白	5.0

配方 3（凝胶型剥离类面膜）

组分	质量分数/%	组分	质量分数/%
PVA	20.0	尼泊金乙酯	适量
羧甲基纤维素	5.0	香精	适量
甘油	4.0	去离子水	61.0
乙醇	10.0		

配方 4 （软膏状剥离类面膜）

组分	质量分数/%	组分	质量分数/%
PVA	16.0	1,3-丁二醇	4.0
聚乙烯吡咯烷酮	4.0	GP-110（防腐剂）	0.2
E-Inspire 343（高分子类乳化剂）	1.0	香精	适量
钛白粉	2.0	去离子水	加至 100.0
锌白粉	2.0		

配方 5 （增白剥离类面膜）

组分	质量分数/%	组分	质量分数/%
PVA	15.0	抗坏血酸微囊	2.0
羧甲基纤维素	5.0	防腐剂、香精	适量
甘油	2.0	去离子水	加至 100.0
乙醇	10.0		

配方 6 （营养剥离类面膜）

组分	质量分数/%	组分	质量分数/%
PVA	13.0	聚氧乙烯甘油单异硬脂酸酯	0.3
透明质酸钠	0.01	对羟基苯甲酸甲酯	0.2
聚乙二醇	2.0	香精	0.01
甘油	4.0	生育酚	0.01
1,3-丁二醇	8.0	黄原胶	0.3
柠檬酸	0.05	去离子水	加至 100.0
柠檬酸钠	0.15		

配方 7 （乳液状剥离类面膜）

组分	质量分数/%	组分	质量分数/%
聚乙烯吡咯烷酮	1.5	十二烷基硫酸酯钠盐	0.2
聚醋酸乙烯酯	20.0	Tween-20	0.8
橄榄油	2.0	去离子水	69.0
羊毛脂	1.5	香精、防腐剂	适量
山梨醇	5.0		

② 粉末状面膜　配方示例如下。

配方 1 （粉末类面膜）

组分	质量分数/%	组分	质量分数/%
陶土	6.0	失水山梨醇单硬脂酸酯	2.0
滑石粉	6.0	聚氧乙烯(20)失水山梨醇单油酸酯	2.0
二氧化钛	2.0	香精、防腐剂	适量
液体石蜡	10.0	去离子水	72.0

配方 2 （粉末类面膜）

组分	质量分数/%	组分	质量分数/%
高岭土	55.0	硅酸镁铝	5.0
滑石粉	20.0	乙醇	适量
氧化锌	10.0	香精、防腐剂	适量
淀粉	10.0		

粉末类面膜的制备、包装、运输和使用都很方便。其制备方法是：将粉类原料研细、混合后，将脂类物质等缓慢喷洒于其中，充分搅拌成均匀粉末后过筛。其制备和灌装时需有效防潮。

配方 3（海藻粉末类面膜）

组分	质量分数/%	组分	质量分数/%
高岭土	40.0	中药粉	10.0
滑石粉	20.0	凝胶剂	5.0
淀粉	5.0	香精、防腐剂	适量
褐藻酸钠	20.0		

配方 4（海藻粉末类面膜）

组分	质量分数/%	组分	质量分数/%
海藻酸钠	10.0	结晶纤维素	20.0
氧化锌	15.0	甘油	5.0
高岭土	50.0	香精、防腐剂	适量

海藻类成分的加入，可促进表皮细胞的生长，加速皮肤的新陈代谢，预防衰老。

配方 5（抗粉刺粉末类面膜）

组分	质量分数/%	组分	质量分数/%
高岭土	50.0	中药粉（黄连等）	2.0
滑石粉	20.0	固体山梨醇	8.0
氧化锌	20.0	香精、防腐剂	适量

配方 6（养肤粉末类面膜）

组分	质量分数/%	组分	质量分数/%
高岭土	65.0	乳糖	25.0
磷脂	2.0	水解蛋白粉	6.0
小麦胚芽油	2.0	香精、防腐剂	适量

配方 7（其他粉末类面膜）

组分	质量分数/%	组分	质量分数/%
胶体黏土	42.0	薄荷醇	0.1
高岭土	37.0	樟脑	0.2
氢氧化铝	10.0	尿囊素	0.3
甲基纤维素	1.0	白油	0.4
淀粉	9.0	香精、防腐剂	适量

③ 膏状面膜 配方示例如下。

配方 1（膏状面膜）

组分	质量分数/%	组分	质量分数/%
白油	8.0	甲壳素	5.0
乳化硅油	5.0	增稠剂	5.0
橄榄油	2.0	三乙醇胺	适量
山梨醇	5.0	香精、防腐剂	适量
高岭土	35.0	去离子水	30.0
氧化锌	5.0		

膏状面膜的配方中除不加成膜剂外，其他和剥离类面膜的构成基本相同。配方1中的三乙醇胺是用来调节体系的 pH 值在 6.5～7.0 之间。膏状面膜的制法是：通常先将粉质原料和甘油、山梨醇以及部分去离子水混合均匀，然后加入油脂、增稠剂和营养物，最后加入防腐剂、香精、pH 值调节剂等。产品为黏稠糊状，因此，制备时需尽量选用出料时能自动提升锅盖并能倾斜倒出的真空乳化设备。

配方 2（膏状面膜）

组分	质量分数/%	组分	质量分数/%
钛白粉	5.0	橄榄油	6.0
高岭土	10.0	淀粉	5.0
滑石粉	5.0	甲壳素	4.0
甘油	10.0	香精、防腐剂	适量
棕榈酸异丙酯	8.0	去离子水	加至 100.0

配方 3（膏状面膜）

组分	质量分数/%	组分	质量分数/%
白油	8.0	甲壳素	5.0
乳化硅油	5.0	Aculyn 22（增稠剂）	5.0
橄榄油	2.0	三乙醇胺（pH 值调至 6.5～7.0）	适量
山梨醇	5.0	香精、防腐剂	适量
高岭土	35.0	去离子水	30.0
氧化锌	5.0		

④ 泡沫类面膜以及成型类（片状）面膜　配方示例如下。

配方 1（泡沫类面膜）

组分	质量分数/%	组分	质量分数/%
硬脂酸	5.0	甘油	5.0
十六醇-十八醇混合醇	1.0	三乙醇胺	1.0
山嵛酸	4.0	香精、防腐剂	适量
失水山梨醇单硬脂酸酯	1.0	去离子水	81.0
聚氧乙烯(40)失水山梨醇单硬脂酸酯	1.0	（以上为原液，取 97.0，加发泡剂）	
霍霍巴蜡	1.0	液化石油气（发泡剂）	3.0

泡沫类面膜的制备中，由于发泡剂的量会使原液的发泡性发生变化，因此，填充量按包装容量而设定。其具体制法是：将油性组分混合均匀，再将水相组分混合均匀，于 70℃下将二者混合乳化，得到原液。填充于容器内，再加入发泡剂，填充于同一容器内，包装。

配方 2（成型类片状面膜）

组分	质量分数/%	组分	质量分数/%
甘油	10.0	防腐剂	适量
丙二醇	3.0	去离子水	76.9
透明质酸	0.1	化妆水（片状面膜的浸渍剂）	10.0

片状面膜的制法是：化妆水和其他组分混匀，静置后过滤，形成片状面膜。与片材压制成型，灌装备用，浸渍涂布，包装。为防止涂布时液料滴流，配制时须注意化妆水的黏度以及对片材的密合性。

3.1.6　沐浴剂

沐浴剂是人们在沐浴时使用的用于全身皮肤清洁的化妆品。其基本目的和功效包括：①清洁皮肤。通过软化皮肤角质层，溶解并除去皮肤表面的皮屑，洗落皮肤表面的皮脂和污垢，以祛除身体的不良气味。②保湿和护肤。通过加入有润肤作用和其他活性作用的物质，促进血液循环和末梢循环，提高新陈代谢，加速体内废弃物的排泄。③预防和治疗皮肤疾患。通过加入疗效性的物质，沐浴时可起到抑菌、软化角质层等作用，对角化异常症、干癣等及其他慢性皮肤病产生疗效。④放松神经、缓解疲劳。通过芳香剂以及色素等的加入，使沐浴者心情舒畅、精神舒缓。

(1) 主要原料与产品特点

伴随人们生活水平的提高和需求的多样化，沐浴品的品种在不断地发展，呈现出多种剂型和多重功能的特点。沐浴品包括适用于淋浴和盆浴的产品。前者主要包括沐浴液和沐浴凝胶，后者则主要包括泡沫浴剂、浴油和浴盐等。

沐浴液，也称为沐浴露，以各种表面活性剂为主要活性物并加入滋润剂、保湿剂和清凉止痒效果的添加剂而制成的洁肤、护肤的黏稠状液体。其主要成分是表面活性剂，具有良好的发泡性，与皮肤有较好的相容性，性质温和；可润湿皮肤，且对污垢和油污有乳化效果。常用的阴离子表面活性剂有单十二烷基（醚）磷酸酯盐以及性质更为温和的烷基醇醚磺基琥珀酸单酯二钠以及聚乙二醇（5）柠檬酸十二醇酯磺基琥珀酸二钠、N-月桂基肌氨酸盐等；常见的两性离子表面活性剂品种有烷基酰胺丙基甜菜碱、磺基甜菜碱、咪唑啉、椰油两性乙酸钠氧化胺等；非离子表面活性剂倾向使用性质温和、具有保湿作用和低刺激性的葡萄糖苷衍生物以及烷基醇酰胺等。为避免过度的脱脂作用，配方中添加有润肤剂，常用的润肤剂有植物油脂、羊毛醇醚、聚烷基硅氧烷类及脂肪酸酯类，可提供良好的润肤效果。沐浴液中添加甘油、丙二醇、烷基糖苷等保湿剂以起到对皮肤的滋润作用。沐浴液还通常添加调理剂（如阳离子聚合物）和活性物质（如动植物提取物和中草药成分等），以赋予皮肤平滑的表面和提供营养的功效。此外，沐浴液中还包括香精和色素，以增加使用时的舒适感。

沐浴凝胶是外观透明的凝胶状沐浴用品，其主要原料及其作用与沐浴液基本相同。

泡沫浴剂在水中可产生丰富而持久的泡沫，并具有舒适的香味，是休闲放松时使用的沐浴用品。泡沫浴剂性质温和，对皮肤和眼睛的黏膜无刺激性，以液状制品为主，适用于各种水质。其主要原料与沐浴液基本相同，只是表面活性剂的选择以起泡性强、泡沫力好的品种为主，尤以复配型表面活性剂为主。

浴油是油状沐浴品，可溶解或分散于水中，其作用是在浴后的皮肤表面形成类似皮脂膜的油膜，防止水分蒸发和干燥，使皮肤柔软、光滑。浴油的主要成分是液体的动植物油、碳水化合物、高级醇及具有分散和乳化作用的表面活性剂。为避免油腻感，浴油中加入的油性原料不宜过多。油分在水中的状态可以是油滴分散于水中、溶解于水中，或油膜漂浮于水面，以及油膜在水中分散等。其中以分散型浴油为主，这类制品需加入分散油分的分散剂，如聚氧乙烯油醇醚。

浴盐是一类粉末或颗粒状，适用于盆浴的沐浴制品。其配方中加入无机盐类物质，通过其在水中的溶解，提供保温和杀菌作用，沐浴后具有清洁皮肤和软化角质层的作用，并可促进血液循环，产生消除和缓解疲劳的效果。其使用的无机盐中，一类是可提供保温、促进血液循环等作用的物质，如氯化钠、氯化钾、硫酸钠、硫酸镁等；另一类是可提供清洁作用的物质，如碳酸氢钠、碳酸钠、倍半碳酸钠等；此外，磷酸盐也可加入配方中，起到软化硬水，降低水的表面张力和增强清洁的作用，但其碱性较高，对敏感性皮肤会有刺激作用。

（2）产品配方及制备工艺

沐浴剂的配方示例如下。

配方 1（沐浴液）

组分	质量分数/%	组分	质量分数/%
脂肪醇聚氧乙烯醚硫酸盐(70%)	18.0	水溶性羊毛脂	2.0
脂肪醇聚氧乙烯醚磺基琥珀酸	8.0	甘油	4.0
单酯二钠盐(30%)		柠檬酸	适量
椰油酰胺丙基甜菜碱	10.0	香精、色素、防腐剂	适量
月桂醇二乙酰胺	4.0	去离子水	54.0

沐浴液的配制与香波的配制技术基本相同，使用的生产设备亦基本相同。首先将各种表面活性剂混合，在搅拌下加热至 $65\sim70\,^{\circ}\!C$，另将去离子水加热至约 $70\,^{\circ}\!C$，与表面活性剂混合均匀后，加入润肤剂、保湿剂、增稠剂等，然后用柠檬酸或乳酸调节体系的 pH 值，降温至约 $50\,^{\circ}\!C$ 时加入香精，温度降至常温即得。

配方 2（泡沫沐浴液）

组分	质量分数/%	组分	质量分数/%
十二烷基醚硫酸铵	26.0	柠檬酸	适量
椰油基羟基乙磺酸胺	12.0	氯化铵	适量
椰油酰胺二乙醇胺	3.0	香精、防腐剂	适量
椰油酰胺一乙醇胺	1.0	去离子水	58.0
EDTA-Na$_2$	适量		

泡沫浴剂（液）的制备方法与沐浴液的基本相同。

配方 3（沐浴凝胶）

组分	质量分数/%	组分	质量分数/%
月桂基醚硫酸钠(28%)	40.0	聚季铵盐-41	5.0
月桂基醚磺基琥珀酸二钠	2.5	EDTA-Na$_2$	适量
椰油酸二乙醇酰胺	6.0	香精、色素、防腐剂	适量
月桂基聚氧乙烯(7)醚	4.0	去离子水	42.5

沐浴凝胶的制备方法与凝胶型洗面奶类似。

配方 4（透明凝胶型浴液）

组分	质量分数/%	组分	质量分数/%
AES(70%)	25.0	聚季铵盐-10	0.3
椰油酰胺丙基甜菜碱	8.0	香精、色素、防腐剂	适量
水溶性羊毛脂	2.0	柠檬酸(pH 值调至 6～7)	适量
甘油	4.0	去离子水	余量
杏仁油	0.5		

将 AES、椰油酰胺丙基甜菜碱、聚季铵盐-10 依次溶于 70～75℃热水中。其中AES 的浓度高达 70%，很黏稠，溶解较慢，溶解时将 AES 慢慢加入水中，使其全部溶解。然后加入甘油、杏仁油和水溶性羊毛脂，待完全溶解后，冷却至 45℃，加入香精、防腐剂、色素，最后加入柠檬酸调节酸碱度。

配方 5（珠光浴液）

组分	质量分数/%	组分	质量分数/%
月桂醇聚氧乙烯醚硫酸酯钠盐	15.0	氯化钠	1.0
月桂醇硫酸酯三乙醇胺盐	25.0	柠檬酸(pH 值调至 6～7)	0.2
椰油酰胺丙基甜菜碱	7.0	香精	1.0
羊毛脂	1.5	防腐剂、色素	适量
珠光浆	3.5	去离子水	加至 100.0

配方 5 为珠光浴液的典型配方。其配制一般采用热混法。先将表面活性剂组分椰油酰胺丙基甜菜碱、月桂醇聚氧乙烯醚硫酸酯钠盐和月桂醇硫酸酯三乙醇胺盐等溶于水中，在不断搅拌下加热至 70℃，加入珠光剂和羊毛脂等蜡类固体原料，使其熔化，继续慢慢搅拌，溶液逐渐呈半透明状，将其冷却，需控制冷却速度，不宜冷却过快。冷却至 40℃，加入香精、防腐剂和色素，最后用柠檬酸调节 pH 值，冷却至室温，即得。

配方 6（漂浮浴油）

组分	质量分数/%	组分	质量分数/%
白矿油	71.0	月桂醇醚-3-苯甲酸酯	1.0
肉豆蔻酸异丙酯	24.0	香精	4.0

配方 7（乳化浴油）

组分	质量分数/%	组分	质量分数/%
白矿油	24.0	羊毛脂	1.0
丙二醇硬脂酸酯(自乳化)	6.5	三乙醇胺	1.5
异硬脂酸	3.0	去离子水	加至 100.0

浴油的制备方法较为简单，将所有组分在保温条件下混合均匀即可。

配方 8（粉状浴盐）

组分	质量分数%	组分	质量分数/%
硫酸钠	48.0	香精	适量
氯化钠	10.0	色素	适量
碳酸氢钠	42.0		

浴盐的制备中，一般使用通用型粉末混合机将固体混合，将含有着色剂的溶液通过喷雾法或浸渍法使固体粉着色。配方 8 为粉状浴盐的基本配方，配制时将无机盐放入混合搅拌器中充分搅拌，待混合均匀后加入香精、色素，混合均匀即得。

配方 9 （泡沫浴盐）

组分	质量分数 %	组分	质量分数/%
硫酸钠	10.0	六偏磷酸钠	10.0
碳酸氢钠	30.0	月桂醇硫酸钠	5.0
碳酸钠	15.0	矿物凝胶	5.0
酒石酸	25.0	香精、色素	适量

配方 9 为发泡式浴盐，当浴盐溶解于热水时产生二氧化碳气泡而成发泡式浴剂。配制时将无机盐和酒石酸、月桂醇硫酸钠充分混合搅拌均匀，加入矿物凝胶及溶于丙二醇的香精和色素，过筛形成颗粒，干燥即制得颗粒状浴盐，配方中加入矿物凝胶以利于颗粒的形成。

3.2 保护皮肤用化妆品

3.2.1 概述

正常健康的皮肤角质层中，含有 $10\%\sim20\%$ 的水分，主要来源于汗腺分泌的汗液，以保持表皮角质层的塑性、柔软和平滑，维持皮肤的湿润和弹性。因此，健康的皮肤是润湿、柔软、富有弹性和光泽的，具有天然的保护功能。皮肤生理学对皮肤保湿的研究认为，皮肤表面的皮脂、汗液与水乳化后在皮肤表面形成一层乳化皮脂薄膜，可以阻止水分的蒸发，保持皮肤角质层的水分；此外，皮肤角质层中存在水溶性的天然保湿因子（NMF），其对角质层中的水分保持起着重要作用。角质层中的脂质、蛋白质构成保湿因子的细胞膜，可阻止天然保湿因子的流失，并对水分的挥发起着适当的控制作用，从而使角质层保持一定的水分。随着年龄的增长，以及外界环境（如寒冷或干燥等）的影响，可使皮肤的保湿机能受到干扰，当角质层中的水分含量降到 10% 以下，皮肤就会变得干燥、失去弹性并出现皱纹，从而加速皮肤的衰老。皮肤水分的流失有两种因素：一种是由于温度降低和空气运动（如冬季、空调环境等）使角质层正常的水合状态发生改变；另一种是随着年龄的自然老化或长期暴露于紫外线下的损伤引起的角质层正常的水合状态发生改变。前一种类型可通过及时补充润肤产品得以有效恢复，而后一种较难恢复到原有状态，但可以通过含有药物或活性物的护肤产品得以延缓或减轻。因此，通过护肤化妆品补充水分、保湿剂和脂质，就可以有效保持皮肤中的水分含量，使皮肤保湿机能处于正常运行状况，从而恢复和保持皮肤的润湿性，延缓皮肤的老化。保护皮肤的化妆品即是指能充分提供皮肤水分和脂质，恢复和维持皮肤健美的外观和良好的润湿状态的化妆品，尤其指能抵御环境（风沙、寒冷、潮湿、干燥等）对皮肤侵袭的一类化妆品。

护肤化妆品一般是在皮肤清洁之后使用。在洗净的皮肤上涂抹护肤化妆品，使其均匀展布在皮肤上，并适当地在皮肤上轻轻地揉擦，以使护肤品在皮肤表面形成一层类似皮脂膜的薄膜，该膜可持续地对皮肤进行渗透，以补充皮肤水分和脂质等，并可防止皮肤角质层水分挥发。这种护肤作用延续至下一次清洁皮肤或其自然消失而结束。保护皮肤用化妆品的具体作用包括：①补充皮肤水分和油分。此类基础化妆品有 W/O 型和 O/W 型之分，均含油脂和水分，提供滋养和润湿功能，涂敷使用后效果明显，从而防止皮肤衰老。②软化皮肤，阻延水分的损耗，保持湿度。皮肤的柔软度与水分含量成正比，使用护肤化妆品后能在皮肤表面形成薄膜，起到一定的保湿效果，可使皮肤尽可能长久地保持柔软和弹性状态。③输送活性成分，补充皮肤营养。护肤化妆品的配方中可通过添加特效成分，实现添加成分的表皮吸收，发挥功效。④抵御环境的侵袭，保护皮肤。形成的薄膜可有效阻隔户外空气和冷暖温差、湿度等对皮肤的刺激。

在此类化妆品的配方中，通常含有的组分如下。

① 柔软剂体系　选用的原料包括油脂类（使用量 2%～30%）、脂肪酸酯类（使用量 1%～10%）、脂肪醇类（使用量 1%～5%）、吸收基质类（羊毛脂及其衍生物）（使用量 2%～20%）、脂肪酸类（使用量 2%～20%）以及蜡类（使用量 1%～15%）等。主要的功能是阻隔水分，输送油分和水分，达到改良触感的效果。

② 吸湿剂体系　多选用多元醇类（使用量 2%～10%）。主要是有助于护肤产品的整体触感和湿润作用，降低冰点，阻止水分蒸发。这类原料通常掺合在乳化水溶液中，与柔软剂体系结合，形成皮肤护理体系，有助于软化皮肤。

③ 乳化剂体系　包括皂类（使用量 2%～20%）、非皂类阴离子表面活性剂（使用量 0.5%～3%）、阳离子表面活性剂（使用量 0.1%～5%）、非离子表面活性剂（使用量 2%～10%）、辅助乳化剂和稳定剂（羊毛醇、脂肪醇、多元醇酯等）等。乳化剂不仅提供原料自身的物化性能，还可以起到调节和协同作用，使其他添加成分发挥最佳效能，因此，护肤化妆品的柔软和吸湿效能很大程度上取决于良好的乳化体系的选择。

④ 增稠剂体系　可选用矿物增稠剂（使用量 0.1%～3%）、各种改性纤维素（使用量 0.1%～1%）、金属氧化物及皂类（使用量 2%～20%）等。这一体系为悬浮系乳状化妆品的重要组分，有助于膏霜体的"赋形"，改善黏度和稳定性。

⑤ 活性成分　通常指影响到配方主要性质及美容效果的原料类型。

此外，护肤化妆品中还通常添加香精和防腐剂，以赋香和遮盖原料气息，以及控制细菌繁殖。

护肤化妆品由于使用者的年龄、性别、皮肤类型及使用时间、消费习惯等的不同而有着多种品种和剂型，膏霜、乳液、精华液（素）是常用的基础化妆品，包括雪花膏、冷霜、蜜类、日/晚霜、按摩霜及精华素等。在清洁的皮肤上涂敷各类化妆品前使用的化妆水，可有效收敛皮肤毛孔和滋润皮肤，具有良好的润肤、养肤或其他功效，也属于基础化妆品的类型。

3.2.2 化妆水

化妆水是黏度低、流动性好、多为透明状的液体化妆品。化妆水大多在洁面后使用，其基本目的是给洗净后的皮肤补充水分，使角质层柔软，保持其正常功能，其次具有抑菌、收敛、中和、营养等作用，产生调整皮肤生理功能和柔软皮肤的效果。产品不油腻、不黏稠，使用后皮肤有滑爽、舒适的感觉，尤其因不含和少含表面活性剂成分，对皮肤的刺激小，使用安全。通过在化妆水中添加滋润剂和各种营养成分，产品除具有良好的润肤和养肤作用，还具有美白、调节油脂分泌、活肤等功效，进而防止皮肤老化，恢复皮肤活力，产品的使用范围扩展为日常护理品类型。

（1）主要原料

化妆水的主要成分是保湿剂、收敛剂、水和乙醇等，也可添加少量具有增溶作用的表面活性剂，以降低乙醇的用量，或制备无醇化妆水。表 3-3 列出的是化妆水的主要原料及其作用。

（2）典型产品及其特点

化妆水种类繁多，其使用目的和功能各不相同。

按其外观形态，可分为透明型、乳化型和多层型。透明型的体系中香料和油溶性美容剂呈胶束溶解，这一形式较为流行。乳化型含油量略多，润肤效果好，又称为乳白润肤水，其产品中所含粒子微细，呈灰～青白色半透明的外观，粒径一般要求<150nm。多层型是粉底与化妆水结合的产物，具有化妆水的性质，又有粉底的特征，因此，多层型产品除具有保湿、收敛功效外，还具有遮盖、吸收皮脂、易分散的特点，尤其在夏季使用具有清爽、不油腻的效果，且体现化妆打底的作用，可抗水、防紫外线，提高美容效果。

按其使用目的和功能，化妆水可分为收敛型、洁肤型、保湿型、柔软和营养型等化妆水。

收敛型化妆水又称为收缩水、紧肤水，为透明或半透明液体，呈微酸性，接近皮肤的 pH 值，适合油性皮肤和毛孔粗大的人群使用。配方中通常含有某些作用温和的收敛剂，常用的收敛剂有无机、有机酸金属盐（阳离子型收敛剂）、低相对分子质量的有机酸（阴离子型收敛剂）和低碳醇（乙醇，甘油等）。阴离子型如苯酚磺酸锌、硼酸、氯化铝、硫酸铝等，阳离子型如单宁酸、柠檬酸、硼酸、乳酸等，用来抑制皮肤分泌过多的油分和调节肌肤的紧张，收缩皮肤的毛孔，使皮肤有细腻感。配方中还含有保湿剂、水和乙醇（含量 10％～15％）等，也常添加具有收敛、

表 3-3　化妆水的主要原料及其作用

组成	功能	原料	添加量/%
保湿剂	吸湿、保湿、改善使用感	乳酸钠、吡咯烷酮羧酸钠、1,3-丁二醇透明质酸钠、可溶性胶原蛋白、甘油、丙二醇、PEG 等多元醇、氨基酸类、酸性黏多糖	≤10.0
表面活性剂	增溶、乳化、洗净	聚醚、聚氧乙烯硬化蓖麻油、聚氧乙烯失水山梨糖醇单烷基化合物等水溶性非离子表面活性剂	≤2.0
柔软滋润剂	润滑、柔软改善使用感，防止水分蒸发	角鲨烷、羊毛脂、高级脂肪醇、胆甾醇、霍霍巴油、水溶性硅油	适量
角质软化剂	软化角质层	无机碱(KOH、NaOH)及有机碱类	微量
胶质	成膜保湿，改善使用感及产品外观，增黏	纤维素衍生物、海藻酸钠、黄蓍胶等	≤1.5
去离子水	稀释剂	去离子水	≥60
收敛杀菌剂	稀释、收敛、杀菌、溶解、清凉、紧肤	乙醇、异丙醇、阳离子表面活性剂、对酚磺酸锌、硼酸	≤20
其他	赋香、抑菌防腐、改善外观、调节 pH 值	香料、防腐剂、色素、螯合剂	微量—适量
特殊添加剂	营养、细胞赋活	泛醇、海藻提取物、维生素、DNA、丝肽	适量
	抗炎症、赋活	ε-氨基己酸、甘草亭酸、甘草酸及衍生物、α-红没药醇	
	美白、酪氨酸酶抑制剂	桑白皮、果酸及衍生物、V_c 磷酸酯	
	紫外吸收或屏蔽剂	超细钛白粉、羟甲氧苯酮等	
粉体	调节油脂分泌、修饰	二氧化钛、氧化锌	≤5.0

紧肤和灭菌作用的各种天然植物提取物。收敛剂除具有舒爽的使用感外，还有防止化妆底粉散落的作用。从化学角度讲，产品的收敛作用是由酸以及具有凝固蛋白质作用的物质体现，可使毛孔附近的蛋白质凝固达到控油和收缩毛孔的效果，从而使皮肤紧致，富有弹性。从物理角度讲，冷水和乙醇的蒸发热导致皮肤的暂时性温度降低，具有清凉感和收缩感；薄荷醇等清凉型香料也具有清凉、杀菌的效果。

洁肤型化妆水一般用水、酒精和清洁剂配制而成，呈微碱性；除具有使皮肤轻松、舒适的作用外，对简单化妆品的卸妆等还具有一定的清洁作用。与普通化妆水相比，其酒精含量略高（20%左右），通过添加碳酸钾、硼砂等呈现微碱性，并倾向使用亲水-亲油性的醇类和温和的非离子型、两性离子型表面活性剂，多元醇和酯类以及增溶剂等，有时添加水溶性聚合物以增稠或制成凝胶型制剂，对皮肤作用温和的表面活性剂可提高制品的洗净力。

柔软和营养型化妆水，也称为柔肤水，是以保持皮肤柔软、润湿、营养为目的，能够给角质层足够的水分和少量润肤油分，并有较好的保湿性的产品，一般呈微碱性，较适用于干性皮肤。其配方中的主要成分是滋润剂，如角鲨烷、霍霍巴蜡、羊毛脂等，还添加适量的保湿剂，如甘油、丙二醇、丁二醇、山梨醇等，以及天然保湿因子中的组分，如吡咯烷酮羧酸盐、氨基酸和多糖类等水溶性保湿成分；制品中可通过添加含果酸、水杨酸等成分，以及用化妆棉等辅助擦拭以去除角质，软化皮肤；也可少量加入表面活性剂作为增溶剂以及少量天然胶质、水溶性高分子化合物作为增稠剂，有时还添加少量温和杀菌剂，以达到抑菌作用。

保湿型化妆水，也称为平衡水，主要成分是保湿剂（如甘油、聚乙二醇、透明质酸、乳酸钠等），并加入对皮肤酸碱性起到调节和中和作用的缓冲剂（如乳酸盐类等）。其主要作用是调节皮肤的水分及平衡皮肤的 pH 值。

其他类的化妆水，如爽肤水，其可通过添加具有补水、收敛、控油、抗敏舒展等成分体现出多重功能。

（3）产品配方及制备工艺

① 收敛型化妆水　配方示例如下。

配方 1（收敛水）

组分	质量分数/%	组分	质量分数/%
甘油	3.0	乙醇	15.0
山梨糖醇（70%）	2.0	香精	0.2
对酚磺酸锌	0.2	防腐剂	适量
柠檬酸	0.1	去离子水	78.5
聚氧乙烯油醇醚（20EO）	1.0		

配方 2（无醇收敛水）

组分	质量分数/%	组分	质量分数/%
丙二醇	2.0	薄荷醇	0.05
甘油	2.0	芦荟粉（100:1）	0.1
金缕梅提取物	2.0	防腐剂	适量
椰油酸甘油酯	1.0	香精	适量
丝氨酸	1.0	去离子水	91.1
聚氧乙烯油醇醚	0.75		

配方 3（收敛水）

组分	质量分数/%	组分	质量分数/%
甘油	5.0	乙醇	11.0
聚氧乙烯（20）失水山梨醇单月桂酸酯	2.5	去离子水	75.5
		香精	适量
明矾	1.5	苯甲酸	1.0
硼酸	3.0		

配方 4（收敛水）

组分	质量分数/%	组分	质量分数/%
PEG-60 氢化蓖麻油	1.5	乙醇	20.0
春黄菊提取物	0.2	香精、色素	适量
混合醇	0.1	去离子水	76.2
1,3-丁二醇	2.0		

② 洁肤型化妆水　配方示例如下。

配方 1（洁肤水）

组分	质量分数/%	组分	质量分数/%
丙二醇	6.0	Tween-80	2.0
甘油	2.0	乙醇	15.0
二聚丙二醇	2.0	香精、色素、防腐剂	适量
聚氧乙烯聚丙二醇	1.0	去离子水	72.0

配方 2（中性洁肤水）

组分	质量分数/%	组分	质量分数/%
丙二醇	6.0	聚氧乙烯聚氧丙烯嵌段共聚物	1.5
1,3-丁二醇	6.0	乙醇	15.0
聚乙二醇(400)	6.0	去离子水	64.5
聚氧乙烯(20)失水山梨醇单月桂酸酯	1.0	香精、色素、防腐剂	适量

将保湿剂丙二醇、1,3-丁二醇和聚乙二醇 400 溶于水中，另将清洁剂聚氧乙烯聚氧丙烯嵌段共聚物和增溶剂聚氧乙烯（20）失水山梨醇单月桂酸酯、香精、防腐剂溶于乙醇中，将醇相溶液加入水相溶液中，混合增溶，待完全溶解混合后，加入适量色素，过滤后即得。

配方 3（洁肤水）

组分	质量分数/%	组分	质量分数/%
丙二醇	8.0	羟乙基纤维素	0.1
聚乙二醇(1500)	5.0	乙醇	20.0
聚氧乙烯油醇醚(15EO)	1.0	香精、色素、防腐剂	适量
氢氧化钾	0.05	去离子水	加至100

配方 4

组分	质量分数/%	组分	质量分数/%
甘油	2.0	聚氧乙烯(20)失水山梨醇单油酸酯	2.0
丙二醇	6.0	乙醇	15.0
一缩二丙二醇	2.0	香精、色素、防腐剂	适量
聚氧乙烯聚丙二醇	1.0	去离子水	加至100

③ 保湿、平衡型化妆水　配方示例如下。

配方 1（保湿平衡水）

组分	质量分数/%	组分	质量分数/%
丙二醇	5.0	聚乙烯吡咯烷酮	2.0
聚乙二醇(600)	5.0	乳酸(调节 pH 值)	适量
水溶性硅油	4.0	香精、色素、防腐剂	适量
乳酸钠(60%)	5.0	去离子水	79.0

配方 2（保湿水）

组分	质量分数/%	组分	质量分数/%
1,3-丁二醇	2.0	柠檬酸钠	0.2
氢化蓖麻油	0.5	尿囊素	0.1
乙醇	10.0	香精、防腐剂	适量
透明质酸	0.1	去离子水	加至100

配方 3

组分	质量分数/%	组分	质量分数/%
聚山梨酸酯	5.0	NaOH	0.5
香精	0.2	辛酰基甘氨酸	1.0
去离子水	93.3		

辛酰基甘氨酸是通过酰化作用而得到的一种脂类氨基酸，是甘氨酸生物媒介物。甘氨酸是蛋白质中最常见的氨基酸，存在于天然保湿因子中，皮肤的胶原蛋白和弹性蛋白中也含有大量甘氨酸，因此该组分对皮肤具有良好的保护作用。由于它的酸性结构而成为皮肤的良好酸化剂，可用来调节皮肤的 pH 值。另外，它还具有抑制细菌和真菌生长的作用，有很广泛抑菌活性，故在一定的用量下，化妆品配方可不使用其他防腐剂。

④ 其他多种功效化妆水　配方示例如下。

配方 1

组分	质量分数/%	组分	质量分数/%
甘草萃取物	0.3	甘油	6.0
液态羊毛脂	12.0	柠檬香精	适量
乙醇(95%)	5.0	去离子水	加至100
薏米提取物	0.4		

配方 2

组分	质量分数/%	组分	质量分数/%
紫草根提取液	0.5	乙醇(95%)	10.0
甘油	2.0	玫瑰香精	0.3
白油	3.0	去离子水	加至100
乙二胺四乙酸钠	0.1		

化妆水一般采用间歇制备法。具体是：将水溶性的物质（如保湿剂、收敛剂及增稠剂等）溶于水中，将滋润剂（油、脂等）以及香精、防腐剂等油溶性成分和增溶剂等溶于乙醇中（若配方中无乙醇，则可将非水成分适当加热溶解，加水混合增溶等），在不断搅拌下，将醇溶成分加入到水相混合体系中，在室温下混合、增溶，使其完全溶解，然后加入色素调色，调节体系 pH 值，为了防止温度变化引起溶解度较低的组分沉淀析出，过滤前尽量经－5～－10℃冷冻，平衡一段时间后（若组分溶解度较大，则不必冷却操作），再过滤后即可得到清澈透明、耐温度变化的化妆水。化妆水配方中，水的含量通常在50%以上，有时可达90%，常温下的

制备过程需避免微生物的污染和选用适宜的防腐剂，对水质的要求亦至关重要。一般使用的离子交换水，已除去活性氯，较易被细菌污染，制备中须配备水的灭菌工序。灭菌的常用有效方法中，超精密过滤法和紫外线照射法通常合用于产品的制备，多数不采用加热法。

3.2.3 护肤膏霜

护肤膏霜是一类固态或半固态乳化状制品。此类化妆品的主要作用是恢复和维持皮肤健康的外观和良好的润湿条件，因此，膏霜类护肤品的配方中采用组成与皮脂膜相同的油分较为理想。因个体差异，人体皮肤分泌出的皮脂组成和含量有所差异，通常含有游离脂肪酸、脂肪酸单甘油酯和三甘油酯、蜡类、其他烃类、角鲨烯等成分。根据人体皮脂的组成，护肤膏霜的配方主要是由油脂、蜡和水、乳化剂等组成。典型的护肤膏霜不含或少含特殊功能的添加剂，其可作为进一步改进产品性能的基础。

护肤膏霜的制备主要包括如下步骤。

① 油相的调制　将液态油分加于油相溶解锅内，搅拌下将固态和半固态油分加入其中，加热至 70~75℃。避免过度加热和长时间加热使原料变质劣化。一般先加入抗氧化成分，易氧化的油分、防腐剂和乳化剂在乳化之前加于油相，溶解均匀后，即可进行乳化。

② 水相的调制　将亲水性成分，如甘油、丙二醇、山梨醇等保湿剂加入去离子水中（如需皂化、乳化，可增加碱类等），加热至约 70℃。配方中含有的水溶性聚合物类胶黏质需单独分散或溶解，其在配方中的质量分数为 0.1%~2%，室温下经充分搅拌，或均质化处理，保证其均匀分散或溶解，防止结团。乳化前需加热至约 70℃，要避免长时间加热使体系黏度发生变化。

③ 乳化　油相和水相的添加方法（将油相加入水相或相反）、添加的速度、搅拌条件、乳化温度和时间、乳化器的种类、均质的速度和时间等均会影响乳化体系粒子的形状及其分布状态，进一步对膏霜的质量产生较大影响。

乳化温度一般比最高熔点的油分的熔化温度高 5~10℃ 较为适宜，通常约为 70~75℃。如进行乳化时存在未熔化的固体油分，或水相温度过低使混合后发生高熔点油分结晶析出的现象，则需重新加热至约 70℃，再次进行乳化。

均质的速度和时间因不同的乳化体系而异。含有水溶性聚合物的体系，均质的速度和时间需严格控制，以免剪切过度造成聚合物结构的破坏，发生不可逆变化，从而改变体系的流变性质。

一般在低于 50℃ 下添加香精和活性物；如遇对温度较敏感的活性物，则需在更低的温度下添加以确保其活性。

④ 冷却　乳化后，乳化体系需冷却至接近室温。冷却方式一般是将冷却介质通入反应釜的夹套内边搅拌，边冷却。冷却条件（冷却速度、冷却时的剪切力、终点温度等）对乳化体系的粒子大小及其分布均有影响。产品的卸料温度取决于乳化

体系的软化温度，一般是借助于自身重力从乳化锅内流出为宜。

⑤ 充装　产品的质量进行评定合格后进行充装，一般经贮存 1 天或数天后用灌装机充装。

（1）雪花膏类

雪花膏类化妆品属于弱油性膏霜，较少油腻感，具有舒适而清爽的使用感，其代表性的产品有雪花膏、粉底霜等。

雪花膏是以硬脂酸为主要油分的膏霜，由于在皮肤上似雪花状溶入皮肤而消失，故得名。雪花膏在皮肤表面可形成薄膜，使皮肤与外界干燥空气隔离，能抑制表皮水分的蒸发，保护皮肤不致干燥、开裂或粗糙。

① 主要原料　雪花膏的原料选择对制品影响较大。常用的原料如下。

a. 硬脂酸　天然来源的硬脂酸是脂肪酸的混合物，其中含有硬脂酸 45%～49%，棕榈酸 48%～55%，油酸 0.5%。一压硬脂酸、二压硬脂酸含有的油酸较多，碘值高，会影响制品的色泽，还会引起储存过程中的酸败。一般选用三压硬脂酸作为雪花膏的油性成分。

b. 碱类　氢氧化钠、碳酸钠及硼砂等为原料的制品稠度高、光泽性差，氢氧化钾、碳酸钾为原料的制品呈软性乳膏，稠度和光泽适中。一般采用氢氧化钾与氢氧化钠质量比为 10：1 的复合碱，可制得结构和骨架较好，且有适度光泽的制品。

c. 多元醇　甘油、山梨醇、丙二醇、1,3-丁二醇等多元醇在制品中除对皮肤有保湿作用外，还能消除制品起"面条"现象。其中 1,3-丁二醇在各种空气湿度下，均能保持皮肤相当的湿度。在雪花膏中分别加入同样量的丙二醇、85% 的山梨醇及甘油，制品的稠度依次增大。

d. 水　制备雪花膏用的水须是经过紫外灯灭菌、培养检验微生物为阴性的去离子水。

e. 光泽调节原料　脂肪酸的结晶析出使雪花膏常具有珍珠光泽。采用低黏度丙二醇时，极易生成珠光；而配用高碳醇和单硬脂酸甘油酯时，则能抑制这种光泽的生成。

② 制备工艺　雪花膏的生产历史较长，制备工艺具有通用性，主要包括以下几项。

a. 原料加热　将油相原料投入设有蒸汽夹套的不锈钢加热锅内，边混合边加热至 90～95℃，维持 30min 灭菌，加热温度不宜超过 110℃ 以避免油脂变色。在另一不锈钢夹套锅内加入去离子水和防腐剂等，边搅拌边加热至 90～95℃，维持 20～30min 灭菌，再将碱液（浓度为 8%～12%）加入水中搅拌均匀。

b. 混合乳化　加热锅内油脂至规定温度后，开启加热锅底部放料阀，油脂经过滤器流入乳化搅拌锅，启动水相加热锅，搅拌并开启放料阀，使水经过油脂过滤器流入乳化锅内。乳化锅有夹套蒸汽加热和温水循环回流系统，500L 乳化锅搅拌器转速约 50r/min 较为适宜。密闭的乳化锅使用无菌压缩空气，用于压出雪花膏。

c. 搅拌冷却　乳化过程中，因加水冲击会产生气泡，待乳液冷却至 70～80℃

时，气泡基本消失则进行温水循环冷却。初期夹套水温为 60℃，停止搅拌的温度为 55～57℃，需控制循环冷却水在 1～1.5h 内由 60℃ 降到 40℃，整体冷却时间约为 2h。冷却过程中，回流水与原料的温差过大下的骤然冷却，会使雪花膏变粗；温差过小，则会延长冷却时间。

d. 静置冷却　乳化锅停止搅拌后，用无菌压缩空气，将锅内成品压出，经取样检验合格后须静止冷却到 30～40℃ 方可装瓶。如装瓶温度过高，冷却后体积会收缩；而过低，则膏体会变稀薄。一般以隔一天包装为宜。

e. 包装　雪花膏是 O/W 型乳化体系，含水量通常在 70% 附近，水分易挥发而发生干缩现象，因此良好的包装密封是延长保质期的主要因素之一。包装设备和容器的卫生也至关重要。

③ 产品配方

a. 雪花膏的基础配方　示例如下。

配方（基础配方）

组分	质量分数/%	组分	质量分数/%
化合硬脂酸	3.0～7.5	不皂化物（如脂肪醇）	0～2.5
游离硬脂酸	10.0～20.0	香精、防腐剂	适量
多元醇（如甘油）	5.0～20.0	去离子水	60.0～80.0
碱（按氢氧化钾计）	0.5～1.0		

在设计配方时，硬脂酸的用量一般为 15%～25%；其中 15%～30% 的硬脂酸中和成皂，剩余为游离硬脂酸（拟定配方中硬脂酸的用量是 20%，需被碱中和的硬脂酸是 20%，则在此配方中有 4% 的硬脂酸皂，有 16% 的游离硬脂酸）。碱的种类较多，在选用不同碱时，用量会有差别，性能亦有差别。

原料中的三压硬脂酸中含有近一半的棕榈酸，酸值计算时需考虑其各自占比。以氢氧化钾为例，其用量可表示为：KOH 用量 ＝（硬脂酸用量×被中和的百分率×酸值/1000）/KOH 纯度。

b. 雪花膏　配方示例如下。

配方 1（反应乳化型）

组分	质量分数/%	组分	质量分数/%
硬脂酸	18.0	防腐剂	1.0
甘油	2.4	香精	适量
三乙醇胺	1.0	去离子水	75.6
羊毛脂	2.0		

配方 2（非离子乳化型）

组分	质量分数/%	组分	质量分数/%
硬脂酸	16.0	香精	0.5
山梨糖醇酐-硬脂酸酯	2.0	防腐剂、抗氧剂	适量
聚氧乙烯山梨糖醇酐-硬脂酸酯	1.5	去离子水	70.0
丙二醇	10.0		

配方 3（反应乳化、非离子乳化并用型）

组分	质量分数/%	组分	质量分数/%
硬脂酸	10.0	氢氧化钾	0.2
十八醇	4.0	香精	1.0
硬脂酸丁醇酯	8.0	防腐剂、抗氧剂	适量
甘油单硬脂酸酯	2.0	去离子水	64.8
丙二醇	10.0		

配方 4（反应乳化、非离子乳化并用型）

组分	质量分数/%	组分	质量分数/%
聚乙二醇二壬酸酯	6.0	聚乙二醇（异硬脂酸酯）	3.0
甘油单异硬脂酸酯	1.2	三乙醇胺	0.6
硬脂酸	20.0	去离子水	66.1
十六醇	1.0	尼泊金甲酯	0.07
尼泊金丙酯	0.03	香精	适量
甘油	2.0		

c. 含功能性添加剂的雪花膏　配方示例如下。

配方 1

组分	质量分数/%	组分	质量分数/%
聚乙二醇二硬脂酸	2.0	尼泊金丙酯	0.1
三压硬脂酸	13.0	甘油	20.0
矿物油	2.0	尼泊金甲酯	0.1
卵磷脂	2.0	季铵盐-15	0.2
Tween-60	1.2	去离子水	55.6
Span-60	3.8	香精	适量

配方 2

组分	质量分数/%	组分	质量分数/%
蜂蜡	1.2	肉豆蔻酸异丙酯	2.5
防腐剂	0.5	薏苡仁提取物（固体）	0.5
硬脂酸	6.0	聚氧乙烯山梨糖醇	3.0
抗氧剂	0.2	香精	0.3
鲸蜡醇	3.0	角鲨烷单硬脂酸酯	6.0
丙二醇	3.0	去离子水	73.8

配方 3

组分	质量分数/%	组分	质量分数/%
大枣提取 A 液或 B 液	5.0	蜂蜡	8.0
紫橙	0.5	硼砂	10.0
油醇聚氧乙烯醚	2.0	液体石蜡	7.5
棕榈酸异丙酯	12.0	香精、防腐剂	适量
羊毛醇	2.0	糙米油	25.0
地蜡	20.0	去离子水	加至 100

配方 4

组分	质量分数/%	组分	质量分数/%
甘油单硬脂酸酯	7.0	Span-60	2.0
十六醇-十八醇混合醇	8.0	蜂蜜	3.0
羊毛脂	2.0	甘油	10.0
18#白油	6.0	去离子水	61.0
Tween-80	1.0	香精、防腐剂	适量

d. 粉霜 粉霜或粉底霜是兼有雪花膏和香粉的使用效果的基础化妆品，可形成皮肤光滑的基底，不仅有护肤作用，同时有较好的遮盖力，还有助于粉剂等黏着于皮肤上。其产品中或以雪花膏为基体添加遮盖作用的成分，形成适用于中性和油性皮肤的类型；或以润肤霜为基体添加遮盖作用的成分，其中含有较多油脂和其他护肤成分，形成适用于中性和干性皮肤的类型。

粉霜的配方示例如下。

配方（粉底霜）

组分	质量分数/%	组分	质量分数/%
硬脂酸	12.0	二氧化钛	1.0
十六醇	2.0	氧化铁（赤色）	0.1
甘油单硬脂酸酯	2.0	氧化铁（黄色）	0.4
丙二醇	10.0	防腐剂、抗氧剂	适量
氢氧化钾	0.3	去离子水	71.7
香料	0.5		

粉霜多是在雪花膏或润肤霜体系中加入二氧化钛或氧化铁等颜料配制而成。其制备过程可参照雪花膏的操作步骤。将粉料加入多元醇中搅拌混合，用小型搅拌设备调和成糊状，经 200 目筛子过筛或胶体磨磨研均匀备用；当雪花膏或润肤霜在 70～80℃时，加入搅拌下的乳液中，并搅拌均匀。由于粉料是以第三相存在于乳剂中，加入粉料后乳剂有增稠现象，因此粉霜的制备过程需适当延长搅拌时间和降低停止搅拌的温度。以雪花膏为基体制成的粉霜，停止搅拌的温度在 50～53℃，可得到稠度较为适宜和光泽较好的制品。

（2）香脂类

香脂又名为冷霜，是一种很古老的化妆品类型。早在公元 150 年左右希腊人 Galen 以橄榄油、蜂蜡、水为主要成分配制成膏状产品。这种膏霜和当时保养皮肤仅用油的做法相比，不仅能赋予皮肤以油分，还以水分滋润皮肤。由于当时乳化膏体不够稳定，常有水分析出，当水分挥发或因所含水分被冷却成冷雾，会赋予冷却感，故称之为冷霜。香脂类制品的外观光泽，触感滑爽，不易收缩，稠度适中，是油性膏霜的代表品种之一，因其含油量较高，又具有浓郁的香气，故在我国常称其为香脂。香脂是保护皮肤的化妆品类型，可在皮肤表面形成油性薄膜，防止皮肤干燥、皱裂，使皮肤滋润、柔软、润滑。从乳剂类型来看，其可分为 W/O 型和 O/W 型冷霜；从构成来看，通常其油分含量大于 50%，虽然可依靠低 HLB 的复合乳化剂使其含水量高达 70%，有效降低制品成本，且提供擦抹舒适感和少油腻感，但大多数制品仍属于 W/O 型油性膏霜。在香脂中掺和营养药剂、油脂等，可用于按摩膏的配制或用于化妆前的皮肤调整。

① 主要原料　香脂的主要原料为蜂蜡、白油、凡士林及石蜡等，乳化剂可为蜂蜡与硼砂中和的钠皂，也可由皂与非离子表面活性剂混合使用或全部为非离子表面活性剂；还有水、防腐剂及香精等，也常使用一些轻油性原料，如羊毛油、脂肪酸酯类、霍霍巴油等。香脂一般不含水溶性保湿成分。W/O 型香脂的水分含量，一般可以为 10%～40%，因此油脂、蜡的含量的变化幅度较大。

② 制备工艺　香脂制品有瓶装和盒装之分。瓶装制品要求在 38℃ 时不会有油水分离现象，乳剂的稠度较低，滋润性较好；盒装制品的稠度和熔点都较高，要求质地柔软，受冷不变硬，不渗水，40℃ 不渗油。凡是盒装香脂都是属于 W/O 型乳剂，装入铁盒或铝盒不会生锈或干缩。

香脂的制备过程与雪花膏相似，其制备过程中的冷却水温维持在低于 20℃，停止搅拌的温度约为 25～28℃，静置过夜后再经过三辊机研磨，经过研磨剪切后的香脂，会混入小空气泡，需经过真空搅拌脱气，使香脂表面有较好的光泽。均质刮板搅拌机可适用于香脂的制备，其对香脂的热交换有利；待冷却至 26～30℃ 时，同时开启均质搅拌机，使内相剪切成更小颗粒，稠度略有增加，其稠度可按需要加以控制；均质搅拌在真空条件下操作，可以省去一般工艺的三辊机研磨和真空脱气过程，缩短制备周期。香脂的制备中，设备通常采用不锈钢材质以避免铁或铜离子的存在导致油性成分中的不饱和脂肪酸发生酸败，使制品变色、变味。

③ 产品配方

a. 香脂的基础配方　示例如下。

配方（基础配方）

组分	质量分数/%	组分	质量分数/%
蜂蜡	10.0	去离子水	33.0
硼砂	1.0	其他（香精、防腐剂等）	余量
液体石蜡	50.0		

蜂蜡-硼砂制成的 W/O 型乳剂是香脂的典型品种。蜂蜡中游离脂肪酸的主要成分为蜡酸，又名二十六酸（$C_{25}H_{51}COOH$），在其中的含量约为 13%。蜡酸与硼砂和水生成的氢氧化钠起皂化反应生成二十六酸钠，在制备香脂过程中起乳化作用，使油相与水相乳化，形成膏体。反应方程式为：

$$Na_2B_4O_7 + 7H_2O \longrightarrow 2NaOH + 4H_3BO_3$$

$$2C_{25}H_{51}COOH + Na_2B_4O_7 + 5H_2O \longrightarrow 2C_{25}H_{51}COONa + 4H_3BO_3$$

若蜂蜡的酸值为 24，其与硼砂质量比为 10∶(0.5～0.6)，可基本满足制品质量要求。硼砂用量不足，则制品乳化稳定性差，且外观粗糙、无光泽；硼砂过量，则会导致乳化体不稳定，有硼酸或硼砂结晶析出。

b. 香脂配方　示例如下。

配方 1（羊毛酸异丙酯乳化香脂）

组分	质量分数/%	组分	质量分数/%
乙氧基化羊毛脂	3.0	地蜡	5.0
羊毛酸异丙酯	2.0	硼砂	0.6
蜂蜡	10.0	香精、防腐剂	适量
矿物油	44.0	去离子水	33.4
硬脂酸单甘油酯	2.0		

配方 2（脂肪酸酯乳化香精）

组分	质量分数/%	组分	质量分数/%
蜂蜡	10.0	液体石蜡	33.0
地蜡	10.0	精制液体羊毛脂	5.0
凡士林	12.0	丙二醇	1.0
甘油单油酸酯	1.5	去离子水	25.0
失水山梨醇油酸酯	2.5	香精、防腐剂、抗氧剂	适量

配方 3（O/W 型按摩香脂）

组分	质量分数/%	组分	质量分数/%
固体石蜡	5.0	皂粉	0.1
蜂蜡	10.0	硼砂	0.2
凡士林	15.0	香精	1.0
液体石蜡	41.0	防腐剂、抗氧剂	适量
甘油硬脂酸酯	2.0	去离子水	23.7
聚氧乙烯山梨糖醇酐月桂酸酯	2.0		

配方 4（光亮冷霜）

组分	质量分数/%	组分	质量分数/%
$C_{12} \sim C_{15}$ 醇苯甲酸酯	10.0	尼泊金甲酯	0.1
抗氧化剂	0.1	十六醇	6.3
白油	10.0	甘油	8.0
Cerasynt 945［甘油硬脂酸酯和	7.0	乙内酰脲	0.15
月桂醇聚氧乙烯（23）醚]		去离子水	55.7
白油、羊毛脂和甘油油酸酯	2.0	香精	0.15
Tween-60	0.5		

c. 含功能性添加剂的香脂配方　示例如下。

配方 1

组分	质量分数/%	组分	质量分数/%
染料木黄酮	1.0	角鲨烷	4.0
蜂蜡	10.0	十六醇聚氧乙烯醚	3.0
纯地蜡	7.0	丙二醇	2.0
白凡士林	4.0	乳化剂	2.3
羊毛脂	4.0	去离子水	14.0
肉豆蔻酸异丙酯	4.0	香精	0.7
液体石蜡	44.0		

配方 2

组分	质量分数/%	组分	质量分数/%
鲸蜡	3.0	橄榄油	6.0
羊毛脂	4.0	棕榈酸异丙酯	4.0
水解蛋白	0.3	硼砂	0.6
白油	32.0	香精	0.3
橙叶油	0.2	防腐剂,抗氧剂	适量
蜂蜡	8.0	去离子水	加至100

(3) 润肤霜类

润肤霜所含的油性成分介于雪花膏和香脂之间，是介于弱油性和油性之间的膏霜。其油性成分含量一般为 10%～70%，产品有 O/W 型和 W/O 型之分，可在油相与水相各自范围内配制成各种油相-水相比例的适合于各种皮肤类型的制品，以 O/W 型膏体占主导地位，主要为非皂化的膏状体系。润肤霜产品多种多样，绝大多数护肤类膏霜都属于此类产品。对于 W/O 型膏体，含油脂、蜡类成分较多，对皮肤有较好的滋润作用，宜于干性皮肤使用；对于 O/W 型膏体，清爽而不油腻，不刺激皮肤，宜于油性皮肤使用。

① 主要原料 润肤霜的使用目的在于使润肤物质补充皮肤天然存在的游离脂肪酸、胆固醇、油脂等的不足，保持皮肤水分平衡，恢复皮肤的柔软和光滑。皮肤中的天然保湿因子有防止表皮角质层水分过量损失的功效，因此，理想的润肤产品应是与皮肤中的皮脂和天然保湿因子（NMF）组分相似的物质。

润肤物质可分为油溶性和水溶性两类，分别称为润肤剂和调湿剂，如羊毛脂衍生物、吡咯烷酮羧酸钠、高碳醇、多元醇等。配方设计时，根据人类表皮角质层的组成，选用有效的润肤剂和调湿剂；还要考虑制品的乳化类型及皮肤的 pH 值等因素。

润肤霜类化妆品有润肤霜、日/夜霜、婴儿霜等。随着生活水平的提高，润肤产品的开发亦逐渐细分，使用部位也由单一的面部护肤产品，拓展出护手霜、护腿霜及体用产品等。也可在润肤霜配方基础上添加蜂王浆、维生素、胎盘提取液、水解珍珠等营养物质，以及其他生物活性物质、药剂等，组成营养霜、功能性和疗效性制品等，其制备时的乳化温度一般低于 40℃。

a. 润肤剂 润肤剂是一类使皮肤柔软、柔韧的温和性的亲油性物质，除具有润滑皮肤的作用外，还能减缓角质层水分蒸发，使水分子从基底组织弥散到角质层，诱导角质层进一步水化，保存皮肤的自身水分，免除皮肤干燥和刺激。

润肤剂可选用羊毛脂及其衍生物、高碳脂肪醇、多元醇、角鲨烷、植物油、乳酸等。羊毛脂含有 8 种高级脂肪酸及约 36 种高级脂肪酸酯，其成分与皮脂组分相近，与皮肤有很好的亲和性，还有强的吸水性，尤其经过改性的羊毛脂衍生物有效克服羊毛脂的黏度较高、使用时的不适感等缺点，成为润肤霜较为理想的原料类型；磷脂作为含磷酸的天然复合脂质，广泛存在于皮肤和其他生物膜中，在生物体中起着代谢和结构形成的作用，且为具有两亲分子结构的表面活性物质，对皮肤具有良好的滋润作用和良好的保湿和渗透作用，其表面活性还提供了乳化、分散等功能，可作为润肤剂使用；此外，油性的酯类化合物亦是常选用的润肤剂类型。

b. 调湿剂　调湿剂是一种可以使水分传送到表皮角质层并产生结合作用的物质，其在较低湿度范围内即具有结合水的能力，可以通过控制产品与周围空气之间水分的交换使皮肤维持在正常的水分平衡状态，起到减轻皮肤干燥作用。

多元醇类化合物，如甘油、丙二醇、山梨醇等是较为理想的调湿剂。其中甘油在高湿条件下能从空气中吸收水分，但在相对低的湿度条件，则不是从空气中而是从皮肤深层吸收水分，会引起皮肤干燥感，高浓度的甘油还对干裂的皮肤有刺激作用。透明质酸、吡咯烷酮羧酸及其钠盐等都是天然保湿因子中的成分，有很好的调湿剂；乳酸及其钠盐的调湿作用仅次于吡咯烷酮羧酸钠，而且乳酸是皮肤的酸性覆盖物，能使干燥皮肤润湿和减少皮屑，在高品质润肤霜中较多使用。

c. 乳化剂　润肤霜多为 O/W 型乳剂，其乳化剂以亲水型为主，即 HLB 值大于 7，辅以少量亲油性乳化剂，组成"乳化剂对"用于润肤霜的制备。但乳化剂的 HLB 值愈高，对皮肤的脱脂作用愈强，过多采用 HLB 值高的乳化剂，可能会引起皮肤干燥或刺激，需减少乳化剂的用量。

另外，润肤霜的 pH 值应控制在 4.0～6.5，与皮肤的 pH 值相近。

② 制备工艺　O/W 型润肤霜的制备技术适用于润肤霜、清洁霜、晚霜等制品，其制备工艺、设备类型和环境条件等与雪花膏的制备基本类似。图 3-2 为 O/W 型润肤霜的工艺流程。

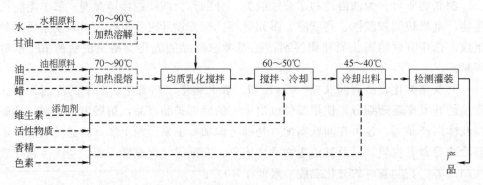

图 3-2　O/W 型润肤霜的工艺流程

润肤霜中原料类型较多，制备时的加料方式、乳化设备和搅拌设备的类型及其作用方式等均会对体系的稳定性和产品质量等产生影响。经常使用的加料方法包括：a. 初生皂法，即把脂肪酸溶于油脂中，碱溶于水中，然后两相搅拌乳化，得到稳定的乳液；b. 水溶性乳化剂溶于水中，油溶性乳化剂溶于油中，然后两相混合乳化，此法所得内相油脂的颗粒较小，水量少时为 W/O 型乳液，水量多时为 O/W 型乳剂；c. 水溶和油溶性乳化剂都溶于油中，然后将水加入油中乳化，此法得到内相油脂颗粒也比较小；d. 交替加入法，即在乳化锅内先加入乳化剂，然后边搅拌边逐渐交替加入油和水。O/W 型润肤霜的乳化方法和制备方法大致有四种：a. 均质刮板搅拌机制备法，由均质搅拌机和刮板搅拌机组成，适用于小量和中批量生产，用于 O/W 型润肤霜、清洁霜、粉霜、晚霜和蜜类产品的制备；b. 管型刮板搅拌机半连续法，适用于大批量生产；c. 锅组连续制备法，乳剂用管道输送，有效避免原料的污染，且操作简单，生产效率高；d. 低能乳化法，只在乳化过程的必要环节对内相与部分外相间的乳化供给能量，可有效节约能源，并节省了时间，提高生产效率，是乳液、膏霜类化妆品制备时广为采用的乳化方法之一。

③ 产品配方

a. 通用型润肤霜　配方示例如下。

配方 1

组分	质量分数/%	组分	质量分数/%
硬脂酸	10.0	羊毛脂衍生物	2.0
蜂蜡	3.0	丙二醇	10.0
十六醇	8.0	三乙醇胺	1.0
角鲨烷	10.0	香精	0.5
单硬脂酸甘油酯	3.0	防腐剂	适量
聚氧乙烯单月桂酸酯	3.0	去离子水	49.5

通用型润肤霜略带油性，较黏稠，涂抹分散时略有阻力，耐水洗，适用于脸部、手部和身体敷用。

配方 2

组分	质量分数/%	组分	质量分数/%
白油	10.0	甘油	3.0
鲸蜡醇	2.0	防腐剂	适量
肉豆蔻酸肉豆蔻酯	4.0	去离子水	79.0
PEG-200 甘油牛油酸酯(70%)	2.0		

配方 2 中的乳化剂 PEG-200 甘油牛油酸酯是性质温和的非离子表面活性剂，有良好的乳化、增稠作用，可以改善产品与皮肤的相容性和手感。该产品为白色柔滑的膏霜，对皮肤作用温和并具有良好的渗透性。

配方 3

组分	质量分数/%	组分	质量分数/%
微晶蜡	6.0	失水山梨醇单硬脂酸酯	3.0
鲸蜡醇	2.0	甘油	3.0
白油	8.5	硫酸镁	0.5
羊毛脂	1.0	香精、防腐剂	适量
硬脂酸镁和矿物油	15.0	去离子水	61.0

配方 3 中的硬脂酸镁和硫酸镁可与外相形成凝胶结构，所以对 W/O 型膏体起着稳定的作用。

配方 4

组分	质量分数/%	组分	质量分数/%
十六醇	1.0	Span-60	3.8
羊毛油	2.5	Tween-60	1.0
羊毛醇	2.0	甘油	4.0
白油	10.0	透明质酸	0.03
橄榄油	20.0	香精、防腐剂	适量
辛酸甘油酯/癸酸甘油酯	4.5	去离子水	51.17

配方 4 中采用了 Span 和 Tween 乳化剂对，添加了保湿效果好的透明质酸，体现良好的保湿作用。

配方 5

组分	质量分数/%	组分	质量分数/%
鲸蜡醇	1.0	丙二醇	5.0
橄榄油	5.0	防腐剂	适量
肉豆蔻酸异丙酯	8.0	去离子水	75.0
双十八烷基二甲基氯化铵	6.0		

配方 5 中的乳化剂是阳离子表面活性剂双十八烷基二甲基氯化铵，对皮肤作用温和，且具有良好的护理作用。

配方 6

组分	质量分数/%	组分	质量分数/%
白油	6.0	Tween-80	1.0
棕榈酸异丙酯	2.0	E-Inspire 343	1.0
十八醇	3.0	香精、防腐剂	适量
单硬脂酸甘油酯	2.0	去离子水	84.0
Span-80	1.0		

配方 6 中的乳化剂 E-Inspire 343 是可以起到位阻稳定作用的乳化剂，可减少其他乳化剂的用量，降低膏霜的刺激性，使乳化更易在室温下进行，且使产品的触感和稳定性更好。

配方 7

组分	质量分数/%	组分	质量分数/%
Montanov 202	5.0	防腐剂	适量
异壬酸异壬酯	20.0	香精	适量
Sepigel 305	0.5	去离子水	加至 100

配方 7 中 Montanov 202 为植物来源的糖脂型乳化剂，其新颖性在于不含环氧乙烷，即传统非离子型乳化剂的乙氧基化特色基团在该物质中由天然葡萄糖所替代，从而获得一种由亲水性糖脂和亲油性脂肪链构成的表面活性剂，经其乳化配制的膏霜光泽度好，有清爽感，膏体柔软、轻盈，质地饱满。

配方 8

组分	质量分数/%	组分	质量分数/%
棕榈酸异丙酯	2.0	$C_{16}\sim C_{18}$醇聚氧乙烯醚	0.5
十六醇	0.5	聚甲基丙烯酸甘油酯和丙二醇	15.0
$C_8\sim C_{10}$甘油三酸酯	2.5	甲基葡萄糖苷聚氧乙烯醚(20)	2.0
白油	6.5	香精、防腐剂	适量
羟基化牛奶甘油酯	0.7	去离子水	加至100
甲基葡萄糖苷二油酸酯	2.0		

配方 8 中添加了对皮肤铺展性好的羟基化牛奶甘油酯，其铺展系数高，润肤性强，滋润感和触感（滑润、光滑、易于涂擦）均佳。

配方 9

组分	质量分数/%	组分	质量分数/%
白油	6.0	Aculyn 22(丙烯酸共聚物)	1.0
棕榈酸异丙酯	6.0	Aculyn 33(丙烯酸共聚物)	1.0
肉豆蔻酸异丙酯	3.0	三乙醇胺	0.4
Prolipid 131	3.0	香精、防腐剂	适量
丙二醇	5.0	去离子水	加至100

配方 9 中的乳化剂 Prolipid 131 是由硬脂酸、二十二醇、硬脂酸甘油酯、马来化豆油、卵磷脂、$C_{12}\sim C_{16}$醇和棕榈酸组成的多功能乳化体系，具有独特的双层状凝胶网络结构，可使乳液更稳定。

b. 晚霜　配方示例如下。

配方 1

组分	质量分数/%	组分	质量分数/%
矿物油	23.5	鲸蜡醇	10.4
橄榄油	3.8	三乙醇胺	9.0
羊毛脂	10.4	香精	适量
硬脂酸	3.3	防腐剂	0.8
鲸蜡	5.4	去离子水	33.4

配方 1 为反应式乳化体系制备的晚霜。晚霜是在晚间休眠期间，皮肤细胞分裂加快的情况下，提供皮肤脂质、水分和营养的一类化妆品。其作用温和，对皮肤无刺激，有良好的滋润、保湿作用，以 W/O 型为主。晚霜中的香精用量一般较少，可少量加入幽雅宜人的香精。

配方 2

组分	质量分数/%	组分	质量分数/%
微晶蜡	6.0	硬脂酸镁	1.0
混合醇	10.0	D-泛醇	0.5
白油	5.0	维生素 E 烟酸酯	1.0
肉豆蔻酸异丙酯	10.0	香精、防腐剂	适量
氢化蓖麻油	6.0	去离子水	59.5
硬脂酸铝	1.0		

配方 2 为非反应式乳化体系制备的 W/O 型晚霜,由具有良好乳化能力的氢化蓖麻油作主乳化剂,以及硬脂酸铝、硬脂酸镁作助乳化剂,使其具有良好的稳定性。配方中添加了维生素 E 衍生物及 D-泛醇,对皮肤有良好的滋润、美白作用,延续皮肤衰老。

配方 3

组分	质量分数/%	组分	质量分数/%
白油	5.0	甲基葡萄糖苷聚环氧乙烷(20)醚	3.0
棕榈酸异丙酯	5.0	七水合硫酸镁	0.6
聚乙二醇(45)/乙二醇共聚物	1.0	防腐剂	适量
甲基葡萄糖苷二油酸酯	3.0	香精	适量
硬脂酸铝	0.5	去离子水	81.4
硬脂酸镁	0.5		

配方 3 是低含油量(仅为 15%)的 W/O 型膏霜,配方中甲基葡萄糖苷二油酸酯作为主乳化剂,硬脂酸铝、硬脂酸镁作辅助乳化剂,甲基葡萄糖苷聚环氧乙烷(20)醚为润湿剂。由于葡萄糖苷衍生物所具有的优良特性,使产品呈现光滑性,适合干性皮肤者使用。

配方 4(清爽型晚霜)

组分	质量分数/%	组分	质量分数/%
去离子水	74.4	羊毛脂	0.75
对羟基苯甲酸甲酯	0.2	PVP/二十碳烯共聚物(Ganex V-220)	3.5
EDTA-Na$_2$	0.15	PEG-40 硬脂酸酯	0.8
山梨醇	4.0	对羟基苯甲酸丙酯	0.2
BHA	0.2	硬脂酸	2.5
Carbopol 934	0.35	Tween-80	1.0
三乙醇胺	1.2	维生素 A 棕榈酸酯	0.15
白油	10.0	芦荟原汁(40%)	0.6

配方 5

组分	质量分数/%	组分	质量分数/%
硬脂醇	2.0	羟乙基纤维素	0.3
鲸蜡醇	1.0	甘油	1.5
肉豆蔻酸肉豆蔻酯	1.0	丙二醇	1.0
二壬酸丙二醇酯	15.0	香精、防腐剂	适量
硬脂酸甘油酯	2.8	去离子水	71.7
月桂酰氨基丙基二羟丙基二甲基氯化铵	3.7		

配方 5 是以阳离子表面活性剂月桂酰氨基丙基二羟丙基二甲基氯化铵作乳化剂的 O/W 型膏霜,配方中的羟乙基纤维素作增稠剂,使膏霜更为稳定,配方中的优

质油、酯类原料及阳离子表面活性剂对皮肤具有良好的调理作用。

配方 6

组分	质量分数/%	组分	质量分数/%
PG-3 蜂蜡	7.3	异硬脂酸	0.8
地蜡	4.3	维生素 E	0.1
轻质白油	19.5	维生素 A 棕榈酸酯	0.1
肉豆蔻酸异丙酯	2.3	去离子水	58.15
硬脂酸单甘酯	2.1	咪唑烷基脲	1.0
PEG-100 硬脂酸酯	1.5	硼砂	1.0
乳化蜡 NF	1.2	Carbopol 940	0.15
十六-十八醇聚氧乙烯(20)醚	1.0	透明质酸	0.1

配方 7

组分	质量分数/%	组分	质量分数/%
混合醇	3.0	二甲基硅氧烷	1.0
硬脂醇	2.0	去离子水	70.0
硬脂酸单甘酯	2.0	羟丙基瓜尔豆胶	0.3
二聚亚麻酸二异丙酯	5.0	甘油	7.0
棕榈酸辛酯	5.0	硅酸镁铝	0.9
凡士林	3.0	防腐剂、香精	适量

配方 8

组分	质量分数/%	组分	质量分数/%
白油	8.0	1,3-丁二醇	4.0
辛酸甘油酯/癸酸甘油酯	3.0	硫酸镁	0.5
羊毛脂	2.0	环状硅油	3.0
角鲨烷	0.6	硅油共聚物	2.5
肉豆蔻酸异丙酯	8.0	硅油乳化剂	3.0
凡士林	6.0	防腐剂	适量
硬脂酸甘油酯	6.0	香精	适量
氢化蓖麻油	4.0	去离子水	49.4

配方 8 中使用了多种优质的滋润剂，如角鲨烷、辛酸/癸酸/甘油酯、羊毛脂及硅油等，使产品具有极优的滋润效果。

c. 日霜 配方示例如下。

配方 1

组分	质量分数/%	组分	质量分数/%
鲸蜡醇	1.0	二苯甲酮-4	0.1
白油	4.0	甘油	4.0
棕榈酸异丙酯	6.0	透明质酸	0.03
羊毛脂异丙酯	4.0	香精、防腐剂	适量
单硬脂酸甘油酯	1.4	去离子水	加至 100.0
十六烷基磷酸钾	2.0		

日霜也称隔离霜，主要为含油量较少 O/W 型润肤霜。配方中常加入少量的防晒剂。配方 1 中的二苯甲酮-4 具有一定的紫外线吸收能力。

配方 2

组分	质量分数/%	组分	质量分数/%
鲸蜡醇	2.0	甘油	10.0
肉豆蔻酸异丙酯	8.0	芦荟浓缩汁(100∶1)	1.0
硬脂酸甘油酯	8.0	香精、防腐剂	适量
脂肪醇聚氧乙烯(25)醚	2.0	去离子水	加至 100
二苯甲酮-4	0.1		

配方 3

组分	质量分数/%	组分	质量分数/%
Arlatone 983	4.0	丙二醇	2.0
十六醇	2.0	甘油	1.5
硬脂酸	20	香精、防腐剂	适量
白油	2.0	去离子水	加至 100
黄芩苷水溶液	0.2		

配方 3 中添加的 Arlatone 983 为自乳化型硬脂酸甘油酯类非离子型乳化剂，其 HLB 值为 8.7，适用于 O/W 型膏霜的制备。一般采用直接乳化法，将已预热的油相加入到热的水相中。对含有石蜡的配方，油相需要加热到 70℃ 或 70℃ 以上，以便熔化所有可能导致乳化体不稳定的晶体。

配方 4

组分	质量分数/%	组分	质量分数/%
十六醇	2.0	单硬脂酸甘油酯	8.0
肉豆蔻酸异丙酯	8.0	α-红没药醇(植物提取物,抗炎、抑菌)	0.5
乳木果油(天然植物油)	5.0	1,3-丁二醇	3.0
甲基苯基硅油	1.0	香精、防腐剂	适量
Cremophor A25(鲸蜡硬脂醇聚醚-25,乳化剂)	2.0	去离子水	加至 100

配方 5

组分	质量分数/%	组分	质量分数/%
硬脂酸甘油酯(自乳化型)	15.0	液体石蜡	5.0
Miglyol 812 中性油(辛酸甘油三酯/癸酸甘油三酯)	15.0	甘油基聚乙二醇蓖麻酸酯	2.0
		去离子水	63.0

配方 6

组分	质量分数/%
豆蔻醇	3.0
Amerscreen P 紫外线吸收剂	1.5
Glucate SS 脂肪酸酯(甲基葡萄糖苷倍半硬脂酸酯,乳化剂)	4.0
硬脂酰胺硬脂基单乙醇胺盐	2.0

组分	质量分数/%
Soluan 5 羊毛脂衍生物	3.0
Glucamate SSE-20 乙氧基化物(甲基葡萄糖苷聚乙二醇(20)醚倍半硬脂酸酯,乳化剂)	4.0
去离子水	82.5

配方 7

组分	质量分数/%	组分	质量分数/%
椰子油	7.0	Glucate SS 脂肪酸酯	1.0
Amerchol CAB(混合甾醇)	2.0	Glucamate SSE-20 乙氧基化物	1.0
硬脂酸	5.0	去离子水	67.5
硬脂酸甘油酯	8.5	Glucam E-10 葡萄糖衍生物	2.0
二椄酰三油酸酯	5.0	三乙醇胺	1.0

配方 8

组分	质量分数/%	组分	质量分数/%
芦荟粉(1∶100)	1.0	Acetulan 羊毛脂醇蜡酸酯	1.5
硬脂酸	4.0	豆蔻酸异丙酯	1.5
Dehyday Wax Sx Base compound(防紫外线剂)	1.0	Amerlate P 异丙酯(羊毛脂酸异丙酯)	1.5
豆蔻醇	1.0	Carbopol 940 树脂(3%水溶液)	1.5
乙酰化羊毛脂	2.0	三乙醇胺	1.0
Amerchol L 101(液体石蜡和羊毛脂醇,乳化剂/稳定剂)	2.0	去离子水	加至 100

配方 9

组分	质量分数/%	组分	质量分数/%
4-甲基-4-乙氧基苯甲酰甲烷	1.0	Dow Corning 200 Fluid (道康宁 200 硅油)	1.0
Ohla 羊毛脂衍生物	0.5	Carbopol 934 树脂	0.3
Solulan PB-20 羊毛脂衍生物	5.0	Glucam E-20 葡萄糖衍生物	5.0
棕榈酸异丙酯	5.0	三乙醇胺	1.0
硬脂酸	6.5	去离子水	68.7
Arlacel 165 乳化剂	6.0		

d. 婴儿霜 配方示例如下。

配方 1 (O/W 型婴儿护肤霜)

组分	质量分数/%	组分	质量分数/%
甲基葡萄糖苷倍半硬脂酸酯	1.8	甲基糖苷 EO_{20}	2.0
乙酰化羊毛脂	2.0	焦谷氨酸钠	3.0
十六-十八醇(混合醇)	2.0	三乙醇胺	0.1
白油	10.0	香精、防腐剂	适量
硬脂酸	2.0	去离子水	75.1
聚氧乙烯(20)甲基糖苷酯	2.0		

配方 2（W/O 型婴儿护肤霜）

组分	质量分数/%	组分	质量分数/%
白矿油	35.00	硬脂酸蔗糖酯、双硬脂酸蔗糖	3.00
十六-十八醇（混合醇）	0.50	酯（Croclesta F110）	
凡士林	4.20	甘油	1.00
羊毛醇	1.25	香精、防腐剂	适量
去离子水	55.05		

配方 3（W/O 型婴儿护肤霜）

组分	质量分数/%	组分	质量分数/%
凡士林	20.00	甘油	3.14
失水山梨醇异硬脂酸酯	2.10	去离子水	60.87
微晶蜡	3.34	香精、防腐剂	适量
白矿油	10.55		

配方 4（O/W 型婴儿护肤霜）

组分	质量分数/%	组分	质量分数/%
白矿油	15.0	PEG-40 失水山梨醇羊毛酸酯	1.0
硬脂酸	15.0	山梨醇	10.0
蜂蜡	2.0	去离子水	51.0
羊毛脂	1.0	香精、防腐剂	适量
PEG-20 失水山梨醇羊毛酸酯	5.0		

婴儿护肤霜富于柔软性，具有光泽、稠度居中的特点，配方中选用安全性高、低刺激性或无刺激性、无致敏的优质、精制原料；尽量减少化学合成物质（表面活性剂、防腐剂、香精等）的用量，使用温和的半合成或天然的表面活性剂等，形成非离子型乳化体系；制品要求膏体细腻、pH 值呈弱酸性或中性。

e. 按摩霜　配方示例如下。

配方 1（O/W 型按摩膏）

组分	质量分数/%	组分	质量分数/%
氢化聚异丁烯（角鲨烷）	40.0	单硬脂酸甘油酯	2.0
石蜡	5.0	甘油	5.0
凡士林	15.0	硼酸钠	0.5
蜂蜡	10.0	香精、防腐剂	适量
辛基十二醇	10.0	去离子水	加至 100.0
Tween-20	2.0		

配方 2（O/W 型按摩膏）

组分	质量分数/%	组分	质量分数/%
蜂蜡	12.0	Tween-60	1.0
白油	15.0	氨基酸	0.1
肉豆蔻酸异丙酯	25.0	丙二醇	0.2
十六醇	4.0	硼砂	5.0
羊毛脂	5.0	香精、防腐剂	适量
硬脂酸单甘油酯	2.0	去离子水	30.0

配方 3

组分	质量分数/%	组分	质量分数/%
白油、凡士林、羊毛醇、羊毛脂 (Cremba)	3.0	羟基硬脂酸辛酯	4.0
		十六醇、十八醇(混合醇)	2.0
角鲨烷	8.0	甘油	3.0
硬脂酸单甘酯	2.0	Carbopol 934	0.24
十六-十八醇聚氧乙烯(10)醚	1.0	三乙醇胺(调节 pH 值至 6.5~7.0)	适量
DEA-十六醇磷酸酯	0.5	去离子水	加至 100
硬脂酸	2.5		

配方 4

组分	质量分数/%	组分	质量分数/%
硬脂酰硬脂酸异辛酯	20.0	丙二醇	7.0
己二酸二异丙酯	8.0	对羟基苯甲酸甲酯	0.25
苹果酸二辛酯	2.0	对羟基苯甲酸丙酯	0.25
硬脂酸单甘酯	6.0	咪唑烷基脲	0.3
PEG-20 硬脂酸酯	3.0	环状二甲基硅氧烷	2.0
Carbopol 954	0.5	香精	0.1
三乙醇胺	0.6	去离子水	加至 100
马来化豆油	3.0		

按摩膏属油性成分略高的膏霜，其配方比同属高油分的香脂、清洁霜的组成复杂，可添加各种对皮肤具有营养的成分，如维生素、天然动植物提取液、精油、中草药提取液及生物活性物质等。按摩膏使用时不仅可以减少对皮肤的摩擦，而且能通过按摩给皮肤补充水分、脂质和多种营养成分，起到护肤、养肤的作用。按摩膏的配制大都以非反应乳化，即非离子表面活性剂作为乳化剂，其产品既包括传统的 W/O 型，也有清爽的 O/W 型，目前 O/W 型更为多见。

3.2.4 护肤乳液

乳液类或奶液类的乳化制品多为含油量低的 O/W 型，又称润肤奶液或润肤蜜。其黏度较低，流动性好，可在重力作用下倾倒，具有质地细腻、延展性好、易涂膜、不油腻的特点，使用后有舒适、滑爽的感觉，尤其适合夏季使用。

(1) 主要原料

护肤乳液的组分与护肤膏霜类似，由滋润剂、保湿剂、乳化剂及添加剂等组成。因乳液为流体状，故其中的固体油相组分的含量低于膏霜。护肤乳液的乳化方式与膏霜相近，但乳液的水相含量高，难以维持稳定性，存放时间过久易产生分层。在乳液的配方设计及制备时，为使分散相与分散介质的密度尽量接近，以得到稳定的乳液体系，在配方中常添加增稠剂，如水溶性胶质原料或水溶性高分子化合物。

(2) 制备工艺

乳液类产品具有很好的流动性，黏稠度小，往往不易保持其良好的稳定性，在储存过程中易分层。配制时原料中水相和油相的密度宜尽量接近；选择乳化剂时，以复合型乳化剂为宜；另外，产品配制时，多采用优质高效的乳化设备，以使分散液滴较小，提高乳液的稳定性。产品制备时，通常在体系的油相中加入乳化剂，热溶后加于水相中，以强力乳化器进行乳化，边搅拌边采用热交换器冷却乳液。

(3) 产品配方

配方1（含水溶性聚合物的护肤乳液）

组分	质量分数/%	组分	质量分数/%
硬脂酸单甘酯	4.0	山梨(糖)醇(70%水溶液)	2.0
白矿油	3.0	丙二醇	3.0
辛酸三甘油酯/癸酸三甘油酯	4.0	三乙醇胺	0.6
氢化植物油	1.5	对羟苯甲酸甲酯	0.2
硬脂酸	2.0	香精、防腐剂	适量
月桂醇醚-23	0.8	去离子水	63.9
聚丙烯酸树脂(2%分散液)	15.0		

配方2

组分	质量分数/%	组分	质量分数/%
硬脂酸	0.2	二甲基硅氧烷	0.5
鲸蜡醇	0.5	甘油	2.0
白油	0.5	聚丙烯酸树脂(1%溶液)	13.0
无水羊毛脂	0.5	丙二醇	2.0
氢化羊毛脂	0.7	辛基淀粉琥珀酸铝	2.0
苯甲酸 $C_{12} \sim C_{15}$ 醇酯	3.0	三乙醇胺(2%溶液)	6.5
单硬脂酸甘油酯(自乳化型)	1.0	去离子水	67.6

配方3

组分	质量分数/%	组分	质量分数/%
白油	5.0	聚甲基丙烯酸甲酯	2.0
异壬基异壬醇酯	5.0	香精、防腐剂	适量
Sepigel 501	3.0	乳酸(调 pH 值至6.5)	适量
聚山梨糖油酸酯	1.0	去离子水	83.0
聚山梨酸酯	1.0		

配方4

组分	质量分数/%	组分	质量分数/%
鲸蜡醇	2.0	挥发性环状硅油	0.5
白油	8.0	甘油	3.0
硬脂酸甘油酯	3.0	透明质酸	0.03
聚乙氧月桂基醚柠檬酸琥珀酸二钠	2.5	香精、防腐剂	适量
PEG-200 还原甘油棕榈酸酯和 PEG-7 甘油椰子酸酯	0.5	去离子水	加至100

配方 5

组分	质量分数/%	组分	质量分数/%
十六醇聚氧丙烯醚醋酸酯	10.0	NaOH(18%)	0.15
三异硬脂酸甘油酯	4.0	EDTA-Na$_2$	0.05
异硬脂酸异硬脂酯	4.0	香精、防腐剂	适量
环状二甲基硅氧烷	10.0	去离子水	加至 100
Pemulen TR-2(高分子聚合物,增稠剂)	0.15		

配方 6 (干性皮肤适用)

组分	质量分数/%	组分	质量分数/%
白油	5.5	Artas G2330[聚氧乙烯(30)	1.25
棕榈酸异丙酯	7.0	失水山梨醇醚]	
异构十六烷	8.0	丙二醇	1.25
Arlacel-582(乙氧烯化甘油失	4.0	水合硫酸镁	0.7
水山梨醇饱和脂肪酸酯)		香精、防腐剂	适量
Arlatone-T[聚乙二醇(40)过	1.0	去离子水	加至 100
异硬脂酸失水山梨醇酯]			

配方 7 (护理乳液)

组分	质量分数/%	组分	质量分数/%
环甲基硅氧烷-二甲基硅氧烷	1.0	十六烷基三甲基氯化铵	2.0
二甲基硅氧烷	4.0	KCG	0.08
Montanov 82(非离子型	7.0	香精	适量
糖苷类乳化剂)		去离子水	加至 100

配方 8 (润肤蜜)

组分	质量分数/%	组分	质量分数/%
十六-十八醇(混合醇)	2.0	复合甘油	5.0
脂肪酸单甘酯	3.0	香精	0.2
白油	8.5	防腐剂	适量
脂肪醇聚氧乙烯醚	0.6	去离子水	80.1
十二烷基硫酸钠	0.6		

润肤蜜介于化妆水与膏霜之间,含油量一般小于 30%。易与皮肤亲和,使用感良好。

3.2.5 护肤凝胶

护肤凝胶分为水(溶)性凝胶和油(溶)性凝胶两类。水性凝胶含有较多的水分,具有保湿及清爽的效果,适用于油性皮肤和夏季使用;油性凝胶含有较多的油分,对皮肤具有滋润、保湿作用,适用于干性皮肤和冬季使用。

护肤凝胶化妆品包括无水凝胶体系、水或水-醇凝胶体系、透明乳液体系等类型。无水凝胶主要由白矿油或其他油类和非水胶凝剂所组成,非水胶凝剂包括金属硬脂酸皂(Al、Ca、Li、Mg、Zn)、三聚羟基硬脂酸铝、聚氧乙烯羊毛脂、硅胶、发烟硅胶、膨润土和聚酰胺树脂等；无水凝胶产品充装在广口瓶或软管内，这类产品的优点是有很好的光泽，缺点是较为黏稠和油腻，产品主要有无水型油膏、按摩膏和香膏等。水或水-醇凝胶产品主要是使用水溶性聚合物作为胶凝剂，可用作各类产品的基质，由于具有诱人的外观、较广范围的可调性，加之原料来源广泛、加工工艺简单，成为较流行的一类凝胶型化妆品。透明乳液主要是油、水和复合乳化剂组成的微乳液体系，呈透明状，与一般乳液比较，透明乳液是利用加溶作用使油相形成很小的油滴分散于水相，一般认为其比通常的乳液更易被皮肤吸收，因此颇受欢迎。

凝胶的内部结构可以看作是胶体质点或高聚物分子相互联结，搭构起的类似骨架的空间网状结构。当外界温度改变（或加入非溶剂）时，溶胶或高分子溶液的大分子的溶解度减小，分子彼此靠近，而大分子链较长，分子彼此接近时，一个大分子与另一个大分子间同时在多处结合，形成空间网络结构。在这个网状结构的孔隙中填充分散介质（水、油等液体或气体），且介质在体系内不能自由行动，形成凝胶体系。因此，高分子溶液的胶凝通常是通过改变温度或加入非溶剂实现的。高分子物质的大分子形状的不对称是产生凝胶的内在原因，因此，护肤凝胶组分中的胶凝剂主要为水溶性高分子化合物，如聚甲基丙烯酸甘油酯类、丙烯酸聚合物（如Carbopol 940、Carbopol 941 等）及其他丙烯酸衍生物（如 Sepigel 305）和卡拉胶（又称角叉胶）等。凝胶的产生还需要高分子溶液有足够的浓度，而高分子溶液中的电解质的存在会引起或抑制胶凝作用。

（1）主要原料

水或水-醇型护肤凝胶的配方组成及其功能见表3-4，各组分之间存在着相互配伍的问题。

表 3-4　水或水-醇型护肤凝胶的主要组分及其作用

组　成	主要功能	代表性原料	添加量/%
去离子水	溶解作用,提供角质层水分	去离子水	60～90
醇类	消凉、杀菌,溶解其他成分	乙醇、异丙醇	0～30
保湿剂	皮肤角质层的保湿,改善使用感,溶解作用	甘油、丙二醇、1,3-丁二醇、聚乙二醇、山梨醇、糖类、氨基酸、吡咯烷酮羧酸钠	3～10
润肤剂	润湿,保湿,改善使用感	乙氧基化酯类和精制天然油类	适量
碱类	调节 pH 值,软化角质层	三乙醇胺、2-氨基-2-甲基-1-丙醇、氢氧化钠	适量
加溶剂	使香精和酯类加溶	HLB 值高的表面活性剂,如 PEC 40 蓖麻油、壬基酚醚(10)、油醇醚(20)	0.5～2.5
胶凝剂	形成凝胶保湿,使产品稳定	水溶性聚合物,如聚丙烯酸树脂(Carbopol 系列)、羟乙基纤维素	0.3～2
防腐剂	抑制微生物生长	对羟基苯甲酸甲酯和丙酯、咪唑烷基脲、苯氧基乙醇	适量
螯合剂	防止褪色,增加稳定性	EDTA-Na$_2$	微量

组 成	主 要 功 能	代表性原料	添加量/%
紫外线吸收剂	防止光致变色或褪色	2-羟基-4-甲氧基二苯酮	微量
着色剂	赋予产品颜色	各种化妆品允许使用水溶性色素	微量
香精	赋香	各种香精	适量
各种功能添加剂	赋予产品特定功能	各种水溶性营养成分、活性物、提取物	适量

透明乳液配方的主要组分及其作用见表 3-5。

表 3-5　透明乳液配方的主要组分及其作用

组成	主 要 功 能	代表性原料	添加量/%
去离子水	溶解介质,补充角质层水分	去离子水	5～70
油性原料	滋润、保湿、改善使用感	白矿油、精制天然油、棕榈酸异丙酯、肉豆蔻酸异丙酯、辛酸三甘油酯/癸酸三甘油酯、油酸癸酯、亚油酸异丙酯、异十六醇、己二酸二异丙酯、马来化豆油、异硬脂基新戊酸酯等	5～25
乳化剂	乳化、生成微乳液	油醇醚(2～20)、月桂醇醚(4～2.3)、椰油醇醚(2～20)、十六醇醚(2～20)、硬脂醇醚(2～30)、脂肪醇聚氧乙烯醚、磷酸单酯或双酯、聚氧乙烯醚羊毛脂衍生物	10～25
偶合剂	使乳液透明,稳定乳液	羊毛醇、聚甘油酯类、2-乙基-1,3-己二醇、聚乙二醇(600 或 1500)、丙二醇、1,3-丁二醇	2.5～6
防腐剂	抑菌,使产品对微生物稳定	对羟基苯甲酸甲酯和对羟基苯甲酸丙酯,咪唑烷基脲	适量
香精	赋香	各种化妆品香精	适量
营养剂	皮肤赋活	维生素 E、氨基酸衍生物等	适量

（2）制备工艺

水或水-醇型护肤凝胶的配制与一般乳液不同,其通常的工艺过程如图 3-3 所示。

配制良好的凝胶制品的关键是使胶凝剂在液体介质中充分地分散和溶胀,形成胶凝液。混合树脂的较佳方法是先在不溶介质内预先混合,然后将分散体加入到水相中继续分散和溶胀。也可添加 0.05% 的阴离子或非离子润湿剂（如磺基琥珀酸二辛酯钠盐）实现很快分散。升高温度可加快树脂的溶胀,故有些树脂需要温热（50～60℃）使其充分溶胀,但一般不宜长时间加热。

透明乳液型护肤凝胶的配制时,由于是多组分体系,配方技术较为复杂,油相与水相混合时温度一般为 70～80℃,混合时的加料速度需尽量慢,搅拌既应保证充分混合又要防止空气的混入,必要时需采用真空脱气。

（3）产品配方

护肤凝胶的配方示例如下。

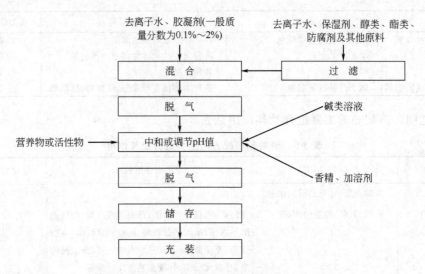

图 3-3　水或水-醇型护肤凝胶的制备工艺流程

配方 1（护肤凝胶）

组分	质量分数/%	组分	质量分数/%
Carbopol 树脂	0.6	EDTA-Na$_2$	0.05
甘油	5.0	二苯甲酮-4	0.05
三乙醇胺（99%）	0.5	香精、色素、防腐剂	适量
PVP（K30）	0.1	去离子水	93.7

配方 1 中的胶凝剂是 Carbopol、PVP，将 Carbopol 树脂均匀分散于甘油和大部分水的混合溶液中，另将小部分水与其他原料混合均匀。将后者加入到前者中，Carbopol 的水分散液与三乙醇胺中和时即生成透明凝胶。金属离子和紫外线对凝胶的稳定性有破坏作用，在配方中加入螯合剂（EDTA-Na$_2$）和紫外线吸收剂（二苯甲酮-4）。

配方 2［护肤（按摩）凝胶］

组分	质量分数/%	组分	质量分数/%
Carbopol 树脂	0.9	三乙醇胺（99%）	2.0
异丙醇	10.0	EDTA-Na$_2$	0.1
樟脑（结晶）	0.2	色素、防腐剂	适量
Tween-20	1.0	去离子水	85.8

配方 2 中的异丙醇作为溶剂溶解活性物质（樟脑），Tween-20 具有增溶性，在其中起着使凝胶更为透明的作用。其他组分的作用和产品的配制过程与配方 1 相同。

配方 3

组分	质量分数/%	组分	质量分数/%
Carbopol 940	0.60	常春藤提取液	10.0
角豆胶	0.02	咪唑烷基脲	0.2
苯甲酸甲酯	0.02	三乙醇胺	0.6
海藻提取物	10.0	去离子水	加至 100

配方 4

组分	质量分数/%	组分	质量分数/%
辛酰基羟化小麦蛋白	0.5	香精、色素、防腐剂	适量
异壬基异壬醇酯	10.0	去离子水	86.5
Sepigel 305	3.0		

配方 4 中的 Sepigel 305 是胶凝剂、增稠剂及乳化剂，在室温下分散于水中可制得凝胶，且在此凝胶中加入 20％～30％油相，不改变凝胶的稳定性；配方中的异壬基异壬醇酯是优质的皮肤滋润剂，能产生柔和而不油腻的感觉。产品配制时先将小麦生物蛋白溶解于酯中，加温到 30℃时，加入 Sepigel 305，在搅拌下加入水，然后加入防腐剂、香精和色素即得。

3.3 营养皮肤用化妆品

3.3.1 概述

营养皮肤用化妆品是一类含有营养活性成分的化妆品，即在化妆品的基质中添加各种营养活性物质而制得的对皮肤具有某些功效的化妆品，常见的有营养膏霜和营养乳液。其中营养霜的基质成分与晚霜相近，但其更强调添加的营养物的作用，以期达到对皮肤有良好滋润和保养的功效。而以功能添加剂为主体的精华液（素），作为以提供营养和功能作用为目的的皮肤用化妆品类型，也可列入营养用化妆品范畴。

3.3.2 营养膏霜和乳液

营养皮肤化妆品中所添加的营养活性物质主要有两大类：天然动、植物提取物和生化活性物质。伴随各种营养活性物质对皮肤的亲和性、营养成分吸收途径与机理研究，以及产品对皮肤的功效评估等问题的深入研究和揭示，多种类型的营养化妆品得以研制和开发。

（1）主要成分

用于膏霜类和乳液类皮肤化妆品的营养添加剂主要有：水解蛋白、人参浸取液、蜂王浆等；以及水果汁、珍珠粉水解液、蛋黄油、胎盘组织液、磷脂、角鲨烷等。水解蛋白是一种肽类化合物，相对分子质量低于 10000，用量为 3％～10％。

人参浸取液中含有抑制黑色素的天然还原性物质和多种营养素，能增加细胞活力，延迟衰老，一般用量为 5%。蜂王浆中含有多种维生素、微量酶及激素的复合物，用量在 0.4%～0.6%。用于营养性化妆品的维生素主要是油溶性维生素 A、D 和 E。维生素 A 在其中的用量为 1000～5000 IU/g；维生素 E 的用量为 5mg/g；一些动植物油，如海龟油、貂油、红花油等也因含有维生素 E 以及具有增加皮肤润滑性的作用，在化妆品中作为营养物使用，用量为 5%以上。水果汁中含有丰富的维生素 C 及天然营养物质，其用量至少在 5%以上。珍珠粉水解液是将珍珠磨碎加工成粉末后用盐酸水解的体系，含有蛋白质、微量稀有金属元素，一般用量在 3%～5%。

(2) 制备工艺

营养膏霜和营养乳液的配制过程与护肤膏霜及乳液的配制类似。组分中的水溶性添加剂配入水相体系，油溶性添加剂配入油相体系。配方中耐温性和稳定性差的添加剂组分，需考虑其适宜的添加方式，以及配制过程和乳化过程中体系的温度点设置，以避免功效组分的分解、失效或影响制品的整体稳定性。

(3) 产品配方

营养皮肤用化妆品的配方示例如下。

配方（含维生素 E 的营养乳液）

组分	质量分数/%	组分	质量分数/%
异十六醇硬脂酸酯	7.50	对羟基苯甲酸丁酯	0.05
维生素 E	5.00	丙二醇	6.00
椰子油基辛酸酯/椰子油基癸酸酯	2.00	聚丙烯酸树脂(Carbopol 940，2%溶液)	15.00
十六-十八醇，十六-十八醇聚氧乙烯(20)醚	1.10	对羟基苯甲酸甲酯	0.25
硬脂酸	1.00	咪唑烷基脲	0.25
月桂醇聚氧烯(23)醚	0.50	EDTA-Na$_2$	0.05
二甲基硅氧烷	0.40	三乙醇胺(99%)	0.6
硬脂酸单甘酯	0.25	去离子水	59.95
对羟基苯甲酸丙酯	0.10		

3.3.3 精华液

精华液，也称为精华素，是指由功能添加剂（有效组分）组成的高功效化妆品类型，即精华物质的浓缩液。精华液一般在化妆水后、护肤品前使用。其有效组分多来自天然动、植物或矿物质的活性成分，具有料体均匀细腻、分子小、渗透力强，易于被皮肤吸收的特点。能给皮肤提供水分和营养，且含有抑制皮肤老化的高浓缩成分，在补充皮肤充足的水分达到强力保湿、供给多重营养的同时，还可有抑制老化、美白祛斑以及防晒、激活细胞机制等效果。

(1) 主要成分

精华液中所添加的组分种类繁多，功效多样。可添加微量元素、胶原蛋白等营养成分，提供修复肌肤细胞、淡化色斑、减少皱纹、调节肌肤酸碱度、补充保湿因子成分和提供蛋白质、维生素和活细胞素等功效。从鲨鱼中提炼的角鲨烯，能够刺激细胞再生，有显著的除皱效果；从海洋淤泥、海底矿石、海水或温泉等矿物质中提取的精华成分，可令肌肤健美、平衡；柠檬、水蜜桃、苹果等果酸精华素具有较强的毛孔收缩功效；人参精华可提供祛斑功效等。

（2）典型产品及其特点

按精华液中主体成分类型，可分为植物精华液、动物精华液、矿物质精华液、维生素精华液、果酸精华液等。在包装方面，滴管瓶装精华液较为多见。精华液使用时通过手指按摩实现成分在皮肤上的快速吸收，因成分的浓度较高，精华液在使用时只需数滴即可补充肌肤所需营养，使用方便，效果明显。精华液的使用通常在化妆水之后，化妆水能够在皮肤上形成皮脂膜，有效吸收水分，去除老化角质，并辅助肌肤对精华液成分的吸收，令精华液的养分更充分、直接地进入皮肤深层。

在使用方面，不同肤质可选用不同类型精华素。干性肌肤多选择保湿成分较多、锁水性较好的精华液；油性肌肤多选用能够控制油脂分泌、收缩毛孔的精华液；而局部有皱纹的肌肤较为适合含有胶原成分或去皱功能的精华液。

（3）产品配方及制备工艺

精华液的配方示例如下。

配方1（含植物提取物的精华液）

组分	质量分数/%	组分	质量分数/%
玫瑰花露	45	维生素E	1
石榴提取物	17	薰衣草精油	6滴
发酵红参提取物	10	蔷薇木精油	4滴
积雪草提取物	10	玫瑰精油	3滴
磷脂质PMB	0.5	PMA（增稠剂）	1
透明质酸	10	橄榄油（增溶剂）	2
大麻籽油	1	柚籽提取物	1
貂油	1		

配制时，将油相组分（大麻籽油、貂油、维生素E及各类精油）和增稠剂、增溶剂混合均匀，然后将水相组分缓慢加入油相中，搅拌至均匀，其中柚籽提取物为后添加组分。玫瑰精油有良好的渗透性和融合性，可激发皮肤细胞的各项新陈代谢反应，激活细胞再生能力，可抑制氧自由基活性和控制酪氨酸酶氧化，有淡斑抗衰老作用，并有助于皮肤对其他组分的吸收。

配方2（祛斑美白精华液）

组分	质量分数/%	组分	质量分数/%
维生素C	2～4	当归	9～11
丙三醇	4～6	川芎	7～9
乙醇	43～45	熊果苷	4～6
凯松（防腐剂）	0.09～0.20	甘草	9～11
维生素E	4～6	黄芩	9～11
抗氧化剂	0.09～0.20		

将水相（维生素 C、丙三醇、乙醇、凯松）和油相（维生素 E、抗氧化剂）分别加热至 50～70℃，将水相缓慢倒入油相中，再将黄芩、当归、甘草、川芎、熊果苷的萃取液加入，搅拌均匀后灌装入瓶。

3.4　抗衰老化妆品

3.4.1　概述

皮肤老化是随着年龄增长逐步发生的细胞以及结构损伤的积累，皮肤老化的过程分为内在和外在两个方面。内在老化（本征老化）可看作是由于遗传因素引起皮肤组织学和生理学方面的变化；光致老化是由于日照时紫外线引起的皮肤老化。两个方面的因素往往同时发生作用，引起皮肤老化。从组织学的角度看，内在老化包括表皮萎缩、真皮与表皮界面的扁平化和真皮萎缩，表现为皮肤出现细纹和皮肤松弛；外在老化包括不适度的日晒等造成皮肤角化症、雀斑、皱纹和弹性组织变性。

皮肤衰老的内源性机制非常复杂，较有代表性的衰老学说主要包括自由基学说、遗传基因学说、线粒体 DNA 损伤学说等。自由基学说认为，体内氧化代谢会产生氧自由基，正常机体内处于动态平衡的自由基的产生与消除过程如被破坏，则会导致过量自由基的产生，而过量的自由基对染色体、线粒体、细胞膜和结缔组织等生物组织的毒害性攻击会引起机体的衰老。遗传基因学说认为，衰老是由某种遗传程序确定并按时表达出来的生命现象；与遗传相关的各种控制机制会随着年龄增长而减弱，导致衰老。线粒体 DNA 损伤学说认为，线粒体 DNA 的损伤是细胞衰老和死亡的分子基础；当发生线粒体 DNA 损伤时，产生的能量减少，会影响细胞的能量供给，进而导致细胞、组织、器官功能的衰退，因此，延缓线粒体的破坏过程可能会延长细胞寿命，进而延长机体的寿命。还有其他学说，包括酶类活性变化学说、免疫学说、激素学说、端粒学说、必需微量元素的缺失等，都从不同角度和水平对衰老机理作了种种推测。

皮肤衰老的外源性因素主要指环境或者其他形式的暴露对皮肤造成影响，从而引起的一些变化，包括紫外线照射、香烟烟雾以及其他不良生活习惯等。外源性因素的存在可加速皮肤自然老化的进程，比如出现更深、更粗的皱纹、蜕皮、皮肤干燥、老年斑等。

现代生物工程技术和现代皮肤生物学的研究，揭示了皮肤老化的生化过程。皮肤的弹性、光滑等外观是由构成皮肤不同组分的细胞的增长、分裂及生物功能所决定，而这一过程受皮肤内各种细胞因子的综合调节而维持在一个动态平衡状态，即各种细胞生长因子对皮肤的各种生理表现具有非常重要的作用。如采取措施以减少皮肤自由基的过度生成，或对已生成的自由基进行有效清除，可有效减缓皮肤的衰老；此外，对细胞的生长、代谢起决定作用的是蛋白质、特殊的酶和起调节作用的细胞（生长）因子。因此，设计和制备生化活性物质，参与细胞的组成和代谢，替代受损或衰老的细胞，使细胞处于最佳健康状态，从而达到抑制或延缓皮肤的衰老的目的。

3.4.2 主要原料

抗衰老化妆品按其功能或作用不同大致可以分为三类，分别为保湿型化妆品、抗氧化型化妆品以及生物活性化妆品。不同种类化妆品中的活性原料不同。按作用机制，一般将活性原料分为保湿类、清除自由基类、吸收紫外线类以及细胞修复类四种类型。

（1）保湿类

随着皮肤角质层保水能力的弱化，皮肤的水分含量降低，会引起蛋白酶活性降低，从而引发蜕皮等现象，因此保湿是抗衰老中重要的环节。化妆品中提升皮肤水分的物质有保湿剂和润肤剂。保湿剂将水分吸引到角质层中从而使皮肤水分含量增加，用于抗衰老化妆品中的保湿剂主要有吡咯烷酮羧酸盐、山梨醇、甘油、聚乙二醇、胆固醇油酸、透明质酸、乳酸和一些微生物的发酵代谢物等，其中应用最广的是透明质酸。润肤剂是可在皮肤表面形成屏障从而阻止皮肤水分的蒸发，应用在化妆品中的润肤剂主要有辛基十二烷醇、油酸酯、肉豆蔻酸异丙酯等。

（2）清除自由基类

日晒、压力、环境污染、不健康饮食等因素均能加速机体的氧化过程，促进自由基的生成，产生面色黯淡、缺水等氧化现象。化妆品中抗氧化剂可以分为物理抗氧化剂和活性抗氧化剂，前者主要用于稳定产品基质，而后者主要发挥功效作用。目前用于化妆品中的活性抗氧化剂主要有维生素 E、维生素 C、超氧化物歧化酶、辅酶 Q10、硫酸锌、绿茶、多酚类物质以及类胡萝卜素等。

维生素 E 产生于人类的皮脂腺，是皮肤内发现的含量最为丰富的抗氧化剂。添加维生素 E 的防晒霜，其防晒效果会得以提升，且当维生素 E 与维生素 C 结合使用时，会形成良好的光保护剂。此外，维生素 E 还具有延缓衰老、抑制日晒红斑、减少皱纹、润肤消炎等功效，是防止光老化的良好活性物质。维生素 C 是水溶性抗氧化剂，在皮肤的光老化防护以及胶原蛋白的合成中起着重要作用。外用维生素 C 还可以通过抑制酪氨酸酶的活性减少皮肤色素沉着。人体内的维生素 C 含量随着年龄的增长逐渐减少，且人体不能自行合成，需通过体外摄取。维生素 C 的性质不稳定，常形成其改性物或衍生物等用于化妆品中，如抗坏血酸、抗坏血酸磷酸酯（镁或钠盐）、抗坏血酸棕榈酸酯以及抗坏血酸葡萄糖苷。超氧化物歧化酶（SOD），是一类广泛存在于生物体内的金属酶，能有效消除人体内生成的过多致衰因子，具有调节体内氧化代谢和延缓衰老、抗皱消炎等生物功效，同时还能治疗脂质过氧化引起的皮炎和减轻色素沉着等。SOD 的相对分子质量大、不易被皮肤吸收、性质不够稳定，且 SOD 具有生物活性，易在加工、储存和使用过程中失活。常采用酶生物技术对 SOD 分子进行化学修饰后使用。辅酶 Q10 又称泛醌，是一种功能强大的内源性抗氧化剂，存在于包括皮肤在内的身体各个部位，其是组成细胞线粒体呼吸链的成分之一，在细胞能量产生中起着非常重要的作用。

(3) 细胞修复类

真皮层胶原蛋白减少，皮肤弹性就会下降，从而产生皱纹。因此促进胶原蛋白的生长也能缓解皮肤的衰老。这类原料主要包括：维生素 A、维甲酸、果酸、细胞生长因子、胶原蛋白、β-羟基酸、β-葡聚糖等。

维生素 A 是脂溶性分子，外用维生素 A 可以通过皮肤吸收，有助于减少细纹和皱纹、保持皮肤柔软和丰满、改进皮肤作为水的阻隔层的功能。研究还发现维生素 A 可以增强皮肤弹性、改善肤色和皮肤纹理，对自然老化的皮肤有良好的修复能力。维甲酸有促进胶原蛋白合成的能力，从而使皮肤具有韧性和弹性，但其对皮肤有一定刺激性，故使用量受限。α-羟基酸又称为果酸，存在于柑橘类水果（柠檬酸）、苹果（苹果酸）、葡萄（酒石酸）等多种常见水果中，其中使用较为广泛的是乙醇酸和乳酸。果酸主要是通过渗透至皮肤角质层、促进老化角质层中细胞间的键合力减弱、加速细胞更新速度和促进死亡细胞脱离等途径来达到改善皮肤状态的目的，其作用受 pH 以及浓度的影响。胶原蛋白在皮肤内的结构会随着年龄的增长出现结构的变化，其成纤维细胞的合成能力下降，使皮肤出现干燥、失去柔软性、弹性降低等现象。化妆品中添加水解胶原蛋白，能被皮肤吸收并填充在皮肤基质间，使皮肤丰满和舒展皱纹。同时胶原蛋白还能提高皮肤密度、增加皮肤弹性、刺激皮肤微循环和促进皮肤新陈代谢，使皮肤光滑、亮泽、减少皱纹。

(4) 吸收紫外线类

紫外线照射可以通过影响细胞的生长、增殖和分裂来改变皮肤的内稳态。其对皮肤的影响包括直接损害 DNA、使细胞凋亡或者生长停滞。这种衰老与自然老化结合起来，导致皮肤屏障退化、皱纹生成、色素沉着，可能还会引起恶变以及其他变化。采用紫外线散射剂或紫外线吸收剂，即可减轻因日晒引起的皮肤损伤。

3.4.3 产品配方

抗衰老化妆品配方例如下。

配方 1 (抗衰老霜)

组分	质量分数/%	组分	质量分数/%
十六烷基糖苷	6.0	聚二甲基硅烷醇/聚二甲基硅烷酮	5.0
棕榈酰羟化小麦蛋白	2.5	山梨醇(70%)	5.0
异壬基异壬醇酯	25.0	香精、防腐剂	适量
白油	5.0	去离子水	加至100.0

配方 1 中采用小麦蛋白生物媒介物（棕榈酰羟化小麦蛋白）作抗衰老活性成分，其在 0.1% 的低浓度下对皮肤结构具有"刺激"和"促进生长的作用"，且对真皮胶原纤维有"重建作用"，即有使纤维伸长的趋势，这种作用在 pH 值为 6.6 时更为明显。

配方 2（果酸除皱祛斑霜）

组分	质量分数/%	组分	质量分数/%
乙醇酸	2.1	甘油	10.0
维生素 A 棕榈酸酯	1.0	对羟基苯甲酸甲酯	0.2
维生素 E 乙酸酯	0.5	氯代烯丙基氯化六亚甲基四胺	0.1
十六烷酯蜡	8.4	月桂基硫酸钠	2.5
十六烷醇	4.0	去离子水	加至 100.0
十八烷醇	10.0		

配方 2 中乙醇酸可从蔗糖中提取，配制时加入的是以 70% 含量调制成的水溶液，在其中作为抗衰老添加剂，具有胶原的生物合成作用；维生素 A 棕榈酸酯和维生素 E 乙酸酯是具有皮肤保护作用和促进治疗作用的组分。

配方 3（抗皱液）

组分	质量分数/%	组分	质量分数/%
硫酸钠	0.5	甘油	2.0
乙酸	10.0	香精、防腐剂	适量
L-乳酸	0.3	去离子水	加至 100.0
草酸钠	0.1		

配方 4（含 DNA 抗皱霜）

组分	质量分数/%	组分	质量分数/%
角鲨烷	10.0	胶体水合硅酸盐	0.5
辛基十二醇肉豆蔻酸酯	10.0	甘油	10.0
聚氧乙烯氢化蓖麻油	2.0	透明质酸钠	0.5
鲸蜡	5.0	DNA 钠盐	0.3
蜂蜡	5.0	去离子水	加至 100.0
二甲基硅氧烷	0.5		

配方 5（抗皱凝胶）

组分	质量分数/%	组分	质量分数/%
TiO_2 胶体（10% 固体）	2.00	乙醇	12.00
胎盘提取物	0.50	对羟基苯甲酸甲酯	0.10
甘油	8.00	去离子水	加至 100.0
透明质酸	0.01		

配方 6（抗衰老霜）

组分	质量分数/%	组分	质量分数/%
十六烷基糖苷	5.00	$DL-\alpha-V_E$	0.05
霍霍巴油	5.00	香精、防腐剂	适量
沙棘油	5.00	去离子水	加至 100.0
甜杏仁油	10.00		

配方 7（含 SOD 除皱抗衰老霜）

组分	质量分数/%	组分	质量分数/%
二十烷基-二十二烷基醇和二十烷基葡糖苷	3.0	Sepigel 305	0.5
PEG-100 硬脂酸酯/硬脂酸甘油酯	2.0	La-SOD	10mg/100g
		Thiostim(6%EDD溶液)（温和的含硫化合物,活性抗氧剂）	6.0
异十二烷烃	15.0	香精、防腐剂	适量
异壬酸异壬酯	5.0	去离子水	加至 100.0

第4章　毛发用化妆品

毛发具有保护皮肤、保持体温等功能。毛发用化妆品是一类用于清洁、护理、营养、美化毛发为主要目的的日化产品，也包括剃须用品。在毛发用化妆品中比较重要的一类是头发用化妆品，其产品品种繁多，有着广阔的消费市场。

4.1　洗发化妆品

4.1.1　概述

洗发化妆品包括清洗和调理头发的化妆品，是以表面活性剂为主制成的制品，其英文名称为 Shampoo，音译为香波，现为洗发用品的同义词。

以皂类为基料的洗发用品，遇硬水会生成絮状沉淀，粘于头发，不易梳理，常因脱脂力较强使头发失去自然光泽，严重时使头发干枯；肥皂水解后的溶液呈碱性，也会使头发膨胀而失去原有强度。随着表面活性剂工业的发展，利用合成洗涤剂替代皂类制成的香波，可克服上述缺点。香波从功能上看，已不单纯以去除污垢为目的，亦注重头发作为生物体的一种器官的表征。现代香波品种和产量增长迅速，已成为重要的化妆品类型之一。

发用化妆品的组成及功效见表 4-1。

香波在使用时能从头发及头皮中移出表面的油污和皮屑，对头发、头皮和人体健康无不良的影响。对产品的具体要求主要有：具有适当的洗净力和脱脂作用，因产品的去污力和脱脂作用是成正比变化，而太高的去污力对香波制备没有必要，脱脂作用过强还会对头发和头皮不利；能形成丰富而持久的泡沫，呈奶油状；具有良好的梳理性，包括湿发梳理性和干后头发的梳理性，这是区别于其他洗涤用品的显著特点；洗后的头发应具有光泽、滋润和柔顺性；对头皮、头发、眼睛要有高度的安全性；在常温下即能体现较佳的洗发效果，且耐硬水、易洗涤；有良好的稳定性，制品应保证 2～3 年内不变质。

表 4-1　发用化妆品的组成及功效

组成	作用	成 分	用量/%	用途
洗涤剂	清洗	以表面活性剂为主体,如皂、AES、K12、MES、K12铵盐、仲烷基磺酸盐等	<40	洗发类为主,剃须类等
	增泡、增稠助洗、增溶	6501、氧化胺、两性表面活性剂、DOF、120、合成聚合物等	<7	洗发类
	配伍、温和	咪唑啉、MES、氧化胺、甜菜碱等	≤10	洗发、剃须类
辅助剂	黏度调节	电解质如 NaCl、NH₄Cl、树脂等		洗发、整发类
	遮光	十六醇、十四酸十四酯、乙二醇硬脂酸酯(单、双)	≤2	洗发类
	pH 值调节螯合	柠檬酸、乳酸、硼酸、EDTA 盐、碱剂等	≤1	洗发、剃须类等
	防腐、杀菌	尼泊金酯类、苯甲酸钠、烷基脲等	<1	洗发、护发、整发、剃须类
	赋香、赋色	香料、香精、色素	≤0.5	洗发、护发、整发、剃须类
调理剂	柔软、抗静电	阳离子表面活性剂,氧化铵、羊毛脂、阳离子聚合物	<7	洗发、护发、剃须类
	润发、光亮	硅油、硅氧烷、脂肪醇、脂肪酸酯等	1~5	洗发、护发、整发类
	营养、保湿	泛醇、水解蛋白、角鲨烷、维生素、多元醇、黏多糖	<5	洗发、护发、整发、剃须类
	定型	树脂、合成聚合物、PVP/VA、PVP、丙烯酸树脂	<7	整发类
疗效剂	去屑	硫黄、OCT、ZPT、盐酸奎宁、PVP-1、NS 等	<3	洗发、护发类
	特效	中草药、首乌、人参、当归等提取液、维生素激素、芦荟皂苷、染料	<5	洗发、护发、整发、剃须类
	修复	防晒剂、富脂剂、水解蛋白质、骨胶原类、血清提取物等	<3	洗发、护发、剃须、整发类
溶剂	溶解、稀释基体	乙醇、多元醇、去离子水	至 100	洗发、护发、整发、剃须类

近年来,由于人们洗发次数的增多,愈加要求香波的脱脂力低、性能温和,因此,有柔发性能的调理香波和对眼睛无刺痛的婴儿香波等日趋盛行。

香波的形态可分为液状、乳膏状、块状、气溶胶型和粉末状。

4.1.2　液体香波

液体香波主要包括透明液体香波和珠光液体香波,具有性能好、使用方便、制备简单等特点,已成为香波制品中的主体。其品牌及产量发展极为迅速,在化妆品中的消费量较高,产品占市场上洗发用品的大多数。

(1) 主要原料

液体香波中主要含有三种类型的基本原料:表面活性剂、辅助表面活性剂及添加剂。

① 表面活性剂　表面活性剂可为香波提供良好的去污力和丰富而持久的泡沫,使香波具有良好的清洗作用。用于香波的表面活性剂有阴离子、非离子、两性离子型表面活性剂,一些阳离子型表面活性剂也可作为香波的原料类型,但组分中起去污和发泡作用的物质仍以阴离子型表面活性剂为主,利用其渗透、乳化和分散作用将污垢从头发、头皮中除去。

a. 脂肪醇硫酸酯盐 (AS) AS 的通式为 $ROSO_3M$,M 多为钠盐和胺盐。

AS有良好的水溶性，其水溶液呈中性且抗硬水，但其在水中的溶解度不够高，对皮肤、眼睛有轻微的刺激。AS中以月桂醇（C_{12}）的钠盐（简记作K_{12}）发泡力较强，去污性能良好；其乙醇胺盐（缩写为LST）的稠度较高，一般在40%时测得其稠度随乙醇数的增加而降低。30%的月桂醇硫酸胺在$-5℃$时仍能保持透明，其浊点较低，不会产生混浊现象，较适宜制备透明香波；而其他月桂醇硫酸酯盐溶解度较差，浊点较高，较适宜制备膏状香波。烷基硫酸三乙醇胺盐相较烷基硫酸酯盐的性质温和，对皮肤的刺激性小，但其缺点是在与游离胺共存下，经日光照射或受热会变黄，因此须综合考虑抗氧剂、香波的颜色、容器等方面的因素。烷基链的长短对产品的性能影响较大，10个碳以下的烷基醇的含量增加会对皮肤的刺激性增强，臭味加剧；而10个碳以上时的产品的溶解度和发泡性会下降，故一般烷基链的碳数在10～15个为宜。

b. 脂肪醇聚氧乙烯醚硫酸酯盐（AES）　AES的通式为$RO(CH_2CH_2O)_nSO_3M$，$n=2～4$，其可溶性以$n=4$时较佳。

与AS相比，AES可制得更接近无色的基剂。由于在分子链中引入环氧乙烷，明显提高了其水溶性，其钠盐亦具有较好的溶解性和耐硬水性，对皮肤的刺激性更低。另一方面，环氧乙烷的引入会降低起泡力和洗净性。随环氧乙烷数的增加，水溶性增加，稠度也增加，但浊点降低。其中，环氧乙烷加成数在$2～4mol$的AES的起泡性和洗净力最为适宜。通过变化烷基链和聚氧乙烯链的长度，可以适度地调整AES的起泡性、刺激性和亲水性。最常用的AES是月桂醇聚氧乙烯醚（3EO）或（2EO）硫酸钠，以及脂肪醇聚氧乙烯醚硫酸三乙醇胺。AES虽起泡迅速，但泡沫不够稳定，需要添加稳泡剂进行复配，如与烷基醇酰胺并用能进一步提高性能。此外，在使用AES的香波中，一般使用无机盐进行增稠。

AS和AES的洗涤力优良，对硬水稳定，其起泡力符合香波对泡沫的要求，是目前香波配方中常用的成分。在香波中，AES逐渐在替代AS，或通常多将起泡性好而价廉的AS与亲水性更好、刺激性更低的AES组合使用。

② 辅助表面活性剂　辅助表面活性剂是指用量较少，能增强主表面活性剂的去污力和泡沫稳定性，改善香波的洗涤性和调理性的表面活性剂类型，其中包括阴离子、非离子、两性离子型表面活性剂。

a. N-酰基谷氨酸钠（AGA）　AGA是氨基酸类表面活性剂中产量最大的一类，具有良好的洗涤去污力和耐硬水性，对毛发有亲和性，对皮肤刺激性小，作用温和，能与各种阴离子、非离子和两性离子型表面活性剂配伍。

b. 甜菜碱类　甜菜碱类表面活性剂可与阴离子表面活性剂配伍，起到提高安全性和增加黏度的辅助目的。用于香波制品的甜菜碱类表面活性剂主要有十二烷基二甲基甜菜碱和咪唑啉型甜菜碱。

十二烷基二甲基甜菜碱（简称BS-12）在任何pH值下都能溶于水，其水溶液的去污力、起泡性和渗透性好，抗硬水性能和生物降解性优良；BS-12还具有刺激性小、性能温和的特点，与阴离子、阳离子和非离子型表面活性剂的配伍性良好，具有调理、抗静电、柔软和杀菌等功能。

咪唑啉型甜菜碱是一类性能温和的两性离子表面活性剂，具有良好的洗涤力和起泡力，生物降解性好，且具有抗静电、柔软、分散等性能。咪唑啉化合物无毒，对眼睛和皮肤的刺激性很小，还有轻微的杀菌和抑霉作用；其润湿力和去污力较好，能与许多电解质配伍，特别对各种洗涤剂和杀菌剂有极好的相容性。随着各种经过改性的新型两性咪唑啉型表面活性剂的不断出现，可为化妆品提供性能温和的多种优质原料。

c. 烷基醇酰胺　烷基醇酰胺是由脂肪酸与烷基酰胺（单乙醇胺、二乙醇胺、三乙醇胺等）经缩合而产生的脂肪醇酰胺。其代表品种是由 1mol 月桂酸（或椰子油脂肪酸）与 2mol 二乙醇胺经缩合反应而得到的脂肪醇酰胺，因最早是由美国 Ninol 公司开发，故称为尼纳尔（Ninol），国内开发的同类产品称为 6501。尼纳尔具有良好的洗涤性能，特别是能产生稳定的泡沫，广泛用作稳泡剂；还有使水溶液变稠的特性，可用作增稠剂。常用于脂肪醇硫酸酯盐、醇醚硫酸酯盐等体系的增泡剂和泡沫稳定剂，并能提高香波的黏稠度，增强去污力，还具有轻微的调理作用。脂肪醇酰胺对电解质、盐、酸较为敏感，当 pH 值在 8.0 以下时，溶液会变得混浊且呈凝胶状。尼纳尔可用于以肥皂为基料的香波，对钙、镁皂有良好的分散作用；因有较强的脱脂性，烷基醇酰胺在香波中的用量一般控制在 1%～5%。

d. 氧化胺类　氧化胺类是极性的非离子型表面活性剂，一般由叔胺直接氧化制得，用作泡沫稳定剂和调理剂，还可用作抗静电剂。氧化胺类的性质温和，对皮肤作用柔和，易生物降解；无毒，有杀菌作用；可与其他类型表面活性剂配伍。氧化胺类本身不会产生丰富的泡沫，但与其他洗涤剂结合，其泡沫稳定性和溶解度均好于烷基醇酰胺，实现有效的增稠。这种物质具有良好的调理作用，在 pH 值低于8.5 时，可体现良好的抗静电和柔软作用。与月桂醇硫酸酯盐共用时，当 pH 值低于 8.5 时会产生沉淀。

e. Tween-20　Tween-20 是优良的非离子型乳化剂和增溶剂，对皮肤、眼睛的刺激性非常小，还可减少其他洗涤剂的刺激性，可用于温和的透明香波和儿童香波中。

f. 环氧乙烷缩合物　环氧乙烷缩合物的产品品种很多，其中包括脂肪醇聚氧乙烯醚（AEO）、烷基酚聚氧乙烯醚（APE）等。其去污力强、耐硬水、对皮肤刺激性小，但泡沫力较差，不能单独使用，一般作为透明制剂、低刺激香波助剂及香料的增溶剂。

g. 醇醚磺基琥珀酸单酯二钠盐　醇醚磺基琥珀酸单酯二钠盐的全称是脂肪醇聚氧乙烯醚磺基琥珀酸单酯二钠盐，简写为 MES 或 AESM 及 AESS。MES 具有良好的洗涤和发泡能力、无毒、生物降解性好、安全性高，尤其是对人体皮肤和眼睛的刺激作用极低，温和性优于 AS、AES 等阴离子型表面活性剂。MES 与其他阴离子表面活性剂复配时，可显著降低后者的刺激性，特别是与 AES 复配的效果极好。另外，MES 还可以与一些阳离子型表面活性剂复配，这是 AS、AES 所不能的。MES的不足之处是它的黏度特性较差，其配制出的化妆品的黏度较难调节。

与此相类似的还有椰子油单乙醇酰胺磺基琥珀酸单酯二钠盐，其刺激性比MES更低，有良好的复配性、起泡性和稳定性。有优良的钙皂分散力和去污力，还具有一定的调理性和增稠性，特别适合婴儿洗浴剂的配制。

其他应用于香波中的阴离子型表面活性剂品种还有烷基磷酸酯盐类，其性质温和、毒性低，刺激性小，具有抗静电作用，乳化性能优良。虽然其洗涤力和润湿性有限，但在香波中可作为温和的洗涤助剂及调理剂。

③ 添加剂　添加剂是为赋予香波某些理化特性和特殊效果而使用的各种物质类型，如稳泡剂、增稠剂、稀释剂、螯合剂、澄清剂、抗头屑剂等。

a. 增泡、稳泡剂　增泡、稳泡剂是指有助于起泡和改善泡沫稳定性的物质，这两种作用一般兼而有之。用在液体香波中的稳泡剂主要是烷基醇酰胺和氧化胺类。烷基醇酰胺是非常有效的稳泡剂，还有加速发泡的作用；氧化胺除可作为稳泡剂，还具有良好的调理性能。

b. 增稠剂　增稠剂是用来提高香波黏稠度的物质。常用的增稠剂有无机盐类、水溶性高分子物质、氧化胺、烷基醇酰胺、亲水性胶质原料等。香波中的增稠剂的作用大多不是单一的，往往还具有其他功能。

无机盐中常用氯化钠或氯化铵作增稠剂，其在 AES 体系中的使用效果尤佳。一般情况下，随无机盐添加量的增大，体系黏度增大；但其加入量过多时，会发生盐析现象从而降低体系黏度，同时降低制品在低温下的稳定性。无机盐的加入量一般在 1％～4％。

水溶性高分子物质中主要使用的是聚乙二醇脂肪酸酯类非离子表面活性剂。与AEO 及 APE 相比，其渗透力和去污力都较差，在化妆品中常作为乳化剂、增稠剂、珠光剂等。香波中作增稠剂的此类物质主要是聚乙二醇（400）单硬脂酸酯、聚乙二醇（400～600）二硬脂酸酯等，其增稠效果好，但对温度的依赖性大，在添加时需综合考虑产品类型所适用的地区及其气候条件等，还需控制其添加量。此外，此类物质在使用中易于吸附于毛发，干燥后产生鳞片。

亲水胶体中的琼脂等天然树胶和纤维素衍生物（如 CMC）、丙烯酸树脂类（如Carbopol 934、940、941 等）等均可作为香波中的增稠剂，其在配方中的相容性是筛选时的考虑因素。

烷基醇酰胺是香波较好的增稠剂，可控制香波的黏度。

c. 增溶剂　增溶剂也称为澄清剂，是能提高基料表面活性剂等溶解度的物质，常用乙醇、丙二醇、甘油等醇类；聚氧乙烯脱水山梨糖醇单月桂酸酯、聚乙二醇脂肪酸酯等非离子表面活性剂类；以及苯磺酸钠、二甲苯磺酸钠、尿素等。脂肪醇柠檬酸酯（如 SSK-Ⅱ）亦是性能优良的增溶剂。

d. 珠光剂　透明香波中加入蜡状不溶物分散于其中，则可形成带有珠光与闪亮效果的香波。常用的珠光剂有硬脂酸镁、硅酸镁铝、乙二醇硬脂酸酯（一般其单酯形成波纹状珠光，其双酯则形成乳白状珠光）、聚乙二醇硬脂酸酯等，十六醇、十八醇也用于配制珠光香波。

e. 赋脂剂　赋脂剂是能使头发光滑、流畅的一类香波添加剂，多为油脂、醇、酯类原料。常用的有橄榄油、高级醇、高级脂肪酸酯、羊毛脂及其衍生物和硅油等。其中硅油（也称为聚硅氧烷）可用多种亲油基或亲水基进行改性而得到具有良好配伍性和在有机相或水相中具有表面活性的各种衍生物，并通过官能团种类和数量的选择和控制，使其衍生物具有化妆品所需要的各种优良性能，因此聚硅氧烷及其衍生物几乎可应用到所有类型的化妆品中，改善产品的功能特性和感觉特性。

f. 螯合剂　螯合剂是用以提高透明液体香波的澄清度，或防止以液体肥皂为基质的香波产生金属皂而影响透明度，并防止或减少用硬水洗发时的钙/镁皂不溶性物沉积于毛发上，而使用的添加剂。其还具有稳定泡沫的作用。常用的螯合剂有乙二胺四乙酸衍生物、三聚磷酸盐、六偏磷酸盐、二羟乙基甘氨酸、柠檬酸、酒石酸、葡萄糖酸等，通过与微量的重金属离子形成水溶性的复盐而发挥螯合作用。

g. 止痒、去头屑剂　此添加剂是指在使用过程中及使用后有清凉感、舒爽感以及止痒去屑效果的添加剂。用作止痒剂的物质主要有薄荷醇、辣椒酊、斑蝥酊、壬酸香草酰胺、水杨酸甲酯、吡啶硫酸锌、樟脑、麝香草酚等。但这类物质在配用时可能会引起变色和香气类型的改变。使用较广泛的止痒去头屑剂为吡啶硫酸锌，多用于乳白色香波中。

(2) 配方设计与制备工艺

香波种类较多，配方结构各种各样。大多数液态香波的组成见表 4-2。表中所列的成分中表面活性剂、稳泡剂、调理剂、防腐剂和香精是基本成分，其他成分则根据消费者的需要、配方设计的要求和成本的经济性等作不同的选择。

表 4-2　液态香波的配方组成

组　成	主　要　功　能	含量范围(质量)/%
主要表面活性剂	清洁作用、起泡作用	10～20
辅助表面活性剂	降低刺激性，稳泡作用，调理作用，黏度调节	3～1
增稠剂和分散稳定剂	调理黏度，改善外观和体质	0.2～5
稳泡和增泡剂	稳泡和增泡作用、调节泡沫结构和外观	1～5
调理剂	调理作用(柔软、抗静电、定型、光泽)	0.5～3
珠光剂或乳白剂	赋予珠光和乳白外观	2～5
防腐剂	抑制微生物生长	适量
螯合剂	络合钙、镁和其他金属离子，抗硬水作用，防止变色，对防腐剂有增效作用	0.1～0.5
稳定剂 抗氧剂	防止不饱和组分氧化、产生酸败	0.1～0.2
紫外线吸收剂	防止紫外线引起产品变化和氧化	适量
着色剂	赋予产品颜色，改变外观	适量
酸度调节剂或缓冲剂	调节 pH 值	适量
香精	赋香	0.1～0.5
稀释剂	稀释作用，作为基体，一般为去离子水	适量
各种功能添加剂(去头屑剂、杀菌剂、动植物提取营养物、各种特定药物)	赋予香波各种特定的功能	适量

① 配方设计　香波制品虽是主要体现清洁功能的产品，但其温和的洗涤力和良好的发泡性以及黏度、pH 值、稳定性和调理性能等方面的要求，使其配方设计中与一般洗涤用品（如清洁霜、肥皂、合成洗涤剂等）的配方有所不用。需根据产品要求确定其物理、化学性质（如外观、黏度、pH 值、刺激性等），据此选择和确定适合的原料种类。此外，需确定产品的成本界限，并以此确定具体的原料，还需考虑原料的来源及其供应情况等因素。

a. 洗涤力　香波的配方设计首先要考虑头发的类型。一般油性头发用的制品含有较高比例的表面活性剂，干性头发制品的表面活性剂含量则相对少些，或可通过增减调理剂加以调节。通常洗发香波的活性物含量为 15%～20%，婴儿香波中的含量有所减少，并选用性能温和、低刺激的表面活性剂。制品过高的去污力不但浪费原料，对皮肤和毛发的脱脂作用也会较强，易造成毛发干枯等。另外，由于表面活性剂通常具有协同作用，一般配方中多是两种或两种以上的表面活性剂并用。研究表明，少量的脂肪醇对脂肪醇硫酸酯盐的特性有改进的效果；而少量的游离脂肪酸可以改进肥皂的性能。

b. 发泡性　发泡性是香波重要的特性之一，在香波中须维持一定类型和一定量的泡沫。虽然泡沫和洗涤能力无关，但在清洁和漂洗过程中具有重要作用。香波配方中可通过选择发泡能力强的阴离子表面活性剂体现良好的发泡性；通常非离子表面活性剂由于泡沫较少，虽具有优良的洗涤去污力，但仍使用受限。配方中还可通过加入增泡、稳泡剂增强体系发泡能力，通过在泡沫表面形成牢固的吸附膜等方式起到稳泡作用。

c. 黏度　香波的黏度主要取决于配方中活性物含量，以及助洗剂和无机盐的用量。配方中的活性物含量高，体系黏度相应提高。某些表面活性剂，如烷基醇酰胺、氧化胺等具有增稠作用，也可提高体系的黏度，但其使用效果依赖于配方中的使用量及其与其他原料的配伍性。此外，少量无机盐的加入，也可增加体系的黏度，但其加入量一般控制在 3% 以内，否则易发生盐析而使体系黏度下降，同时也破坏制品在低温时的稳定性。体系黏度的降低，可通过加入适量的有机溶剂，如乙二醇或丙二醇得以实现。

d. 滋润性和保湿性　除清洁作用外，香波还需体现出对头发良好的修饰作用，可使头发产生柔软的感觉。这一功能的发挥是通过润发剂来实现。肥皂型香波的这一功能是由未皂化的植物油发挥润发作用，现在主要用羊毛脂及其衍生物以及一些植物油脂类等原料来实现该作用，如使用肉豆蔻酸的一乙醇胺或二乙醇胺。但羊毛脂及其衍生物会影响制品的泡沫性和清洗作用。此外，矿物油较少用于配方中，主要是会残留在头发上而不易去除。

e. 抗硬水性能　在香波的配方设计时须避免香波与硬水混合时产生钙、镁等不溶性皂沉淀；以及避免以硬水冲洗头发上的香波时产生附着的钙、镁皂膜。在配方中需加入一定量的乙二胺四乙酸盐等螯合剂，利用其与钙、镁或铁的盐类生成水溶性的络合物而体现抗硬水能力。

f. 体系 pH 值　一般香波制品的 pH 值为 6～9。pH 值过低，会使某些阴离子表面活性剂发生水解，影响产品的使用安全性；而 pH 值过高，对头发的膨胀作用明显，影响头发的光泽和强度，以致发生干枯或断裂，甚至出现脱发。一般用柠檬酸或磷酸调节香波的 pH 值，并在配方中加至一定量作为缓冲剂，保证体系具有稳定的 pH 值。其用量一般为 0.1%～0.5%。

g. 颜色、气味及防腐性　香波中使用色素和香精改善其颜色和气味。所用的香精、色素都要经过高温、低温以及不同 pH 条件下的稳定性试验，尤其强调添加成分对紫外光的稳定性。香精和色素的加入量很少，常为 0.005% 左右。为避免香波中微生物的影响，制品中要加入适量的防腐剂。常用的防腐剂有：尼泊金甲酯或与尼泊金丙酯的联合使用，其总的用量可为 0.1%～0.2%，不超过 0.5%，婴儿香波中则更少。

② 制备工艺　香波的制备过程以混合为主，设备一般仅需带有加热和冷却夹套的搅拌反应锅。由于香波的主要原料大多是极易产生泡沫的表面活性剂，因此，制备过程中，加料的液面须浸过搅拌浆叶片，以避免过多的空气被带入而产生大量的气泡。

香波的配制主要有两种方法：一种是冷混法，适用于配方中原料具有良好水溶性的制品；另一种是热混法。除部分透明液体香波产品采用冷混法外，其他产品的配制大都采用热混法。

a. 透明液体香波的制备　透明液体香波的外观为清澈透明的液体，具有一定的黏度，常带有各种悦目的浅淡色泽，受到消费者欢迎。冷混法和热混法都可用于透明液体香波的配制。一般以烷醇胺类（月桂基硫酸三乙醇胺）为主要原料和用椰子二乙醇胺为助洗剂的体系，水溶性、互溶性均好，可用冷混法。其具体的步骤是：先将烷醇胺类洗涤剂溶解于水，再加入其他助洗剂，待形成均匀溶液后，加入其他成分，如香精、色素、防腐剂、螯合剂等，最后用柠檬酸或其他酸类调节 pH 值，黏度用无机盐调节。若遇到加香精后不能完全溶解的情况，可先将其与少量助洗剂混合，再投入溶液，或者通过使用香精增溶剂解决。

当配方中含有蜡状固体或难溶物质时，则须采用热混法生产透明液体香波。热混法是将主要表面活性剂溶解于冷水或热水中，在搅拌下加热到 70～90℃，然后加入要溶解的固体原料和脂性原料，继续搅拌，直至产品外观符合需求为止。当温度下降到 40℃ 以下时，加入色素、香精和防腐剂等。pH 值的调节和黏度的调节通常在环境温度下进行。生产过程的温度尽量不超过 60～70℃，以免配方中某些成分高温下遭到破坏。高浓度表面活性剂溶解时，需缓慢加入水中，以免形成黏度较大的固状物，使后续溶解困难。

b. 珠光液体香波的制备　珠光液体香波一般比透明液体香波的黏度高，呈乳浊状，带有珠光色泽。香波呈珠光源于其中生成了许多微晶体，具有散射光的能力，同时香波中的乳液微粒又具有不透明的外观，可显现珠光效果。珠光液体香波的配方中除含有普通液体香波所需的原料外，还需加入固体油（脂）类等水不溶性物质作为遮光剂（如高级醇、酯类、羊毛脂等），使其均匀悬浮于香波制品中，经反射而得到珍珠光泽。

珠光液体香波的制备主要采用热混法。其步骤是：先将表面活性剂溶解于水中，在不断搅拌下加热至70℃附近，加入珠光剂及羊毛脂等蜡类固体原料，使其熔化，继续缓慢搅拌，溶液逐渐呈半透明状，控制一定的冷却速度使其冷至40℃附近，加入香精、色素、防腐剂等，然后用柠檬酸或其他酸类调节pH值，pH值和黏度的调节应在尽可能低的温度下进行，最终冷至室温即得。若用单硬脂酸乙二醇酯作珠光剂，其加热温度不宜超过70℃。珠光香波的珠光外观不仅与珠光剂的用量有关，且与搅拌速度和冷却时间有关。快速冷却和搅拌，会使体系外观暗淡而无光泽；控制一定的冷却速度，可使珠光剂结晶增大，从而获得闪烁晶莹的光泽。

(3) 产品配方

液体香波的配方示例如下。

配方 1 （普通液体香波）

组分	质量分数/%	组分	质量分数/%
十二烷基聚氧乙烯(3)硫酸酯	32.0	香精、色素	适量
三乙醇胺盐(40%)		防腐剂、螯合剂	适量
十二烷基聚氧乙烯(3)硫酸钠	6.0	柠檬酸(调节 pH 值至6.5)	适量
月桂酸二乙醇酰胺	4.0	去离子水	57.0
聚乙二醇(400)	1.0		

透明液体香波具有使用方便、泡沫丰富、易于毛发清洗的特点。所用原料（如配方中的烷基硫酸钠、烷基醇酰胺、醇醚硫酸酯盐等）的浊点较低，成品在低温下仍能保持澄清透明的状态。

配方 2 （液体香波）

组分	质量分数/%	组分	质量分数/%
月桂基聚氧乙烯醚硫酸钠	15.0	磷酸(调节 pH≤7)	适量
去离子水	72.25	Tween-80	10.0
月桂酰二乙醇胺	2.7	乙二胺四乙酸二钠盐	0.05
香精、色料、防腐剂	适量	氯化钠(调节黏度)	适量

配方 3 （低刺激液体香波）

组分	质量分数/%	组分	质量分数/%
月桂基聚氧乙烯醚硫酸钠(70%)	14.0	尼泊金甲酯	0.2
醇醚磺基琥珀酸单酯二钠(28%)	10.0	柠檬酸	0.3
十二烷基二甲基甜菜碱(30%)	4.5	香精、色素	适量
月桂酸二乙醇酰胺	2.0	去离子水	68.3
氯化钠	0.7		

配方 3 中使用了 AES 和 MES 的复配体系，并加入两性离子表面活性剂，使其比单独使用 AES 或十二烷基硫酸三乙醇胺（LST）的刺激性低。

配方 4（透明液体香波）

组分	质量分数/%	组分	质量分数/%
月桂基硫酸三乙醇胺（30%）	45.0	EDTA-Na$_2$	0.2
月桂酸二乙醇酰胺	5.0	氯化钠	0.3
甘油	5.0	香精、色素、防腐剂	适量
羟丙基甲基纤维素	1.0	去离子水	43.5

配方 4 中添加了羟丙基甲基纤维素，在其中起增稠作用。其加入后可减少配方中月桂基硫酸三乙醇胺的用量；同时，由于水溶性纤维素醚的加入，可以较少使用或免去加入无机盐，使香波黏度比用盐增稠时更高，且纤维素醚为非离子性，不影响表面活性剂的浊点，故具有良好的透明性和低温稳定性。

配方 5（珠光调理液体香波）

组分	质量分数/%	组分	质量分数/%
AES-NH$_4$（70%）	15.0	乳化硅油	2.0
椰油酰胺丙基甜菜碱（30%）	10.0	柠檬酸	0.3
尼纳尔	2.0	香精、防腐剂	适量
乙二醇单硬脂酸酯	2.5	去离子水	67.9
阳离子瓜尔胶	0.3		

配方 5 中除加入了珠光剂，还加入阳离子聚季铵盐（阳离子瓜尔胶），其在香波中起到调理作用，也对香波提供良好的增稠作用。

配方 6（液状透明香波）

组分	质量分数/%	组分	质量分数/%
十二醇硫酸钠（30%）	20.0	EDTA-Na$_2$	0.1
月桂基聚氧乙烯醚硫酸钠（70%）	10.0	氯化钠	1.0
月桂酸二乙醇酰胺	4.0	香精、防腐剂	适量
柠檬酸	0.1	去离子水	加至 100

由于高浓度的 AES 较黏稠，溶解较慢。配制时将 AES 缓慢加入 70℃热水中，将 K$_{12}$ 在搅拌状态下溶于热水，待全部溶解后，加入月桂酸二乙醇酰胺。待完全溶解后，冷却至 45℃加入 EDTA、防腐剂、香精等，然后加入柠檬酸调整 pH 值至所需范围，用氯化钠调整香波的黏度。

配方 7（液状珠光香波）

组分	质量分数/%	组分	质量分数/%
AES	13.0	柠檬酸	0.3
BS-12	5.0	氯化钠	0.5
尼纳尔	2.0	香精、防腐剂	适量
水溶性羊毛脂	1.0	去离子水	加至 100
乙二醇单硬脂酸酯	1.0		

将 AES、BS-12、尼纳尔溶于水，不断搅拌下加热至 70℃，加入羊毛脂、乙二醇单硬脂酸酯，使其熔化，缓慢搅拌至溶液呈半透明状。通冷却水，控制冷却速度，使出现较好珠光。

配方 8（液状透明香波）

组分	质量分数/%	组分	质量分数/%
月桂醇硫酸三乙醇胺（LST）	5.0	甘油	3.0
月桂醇聚氧乙烯醚硫酸钠（AES）	5.0	柠檬酸	适量
醇醚磺基琥珀酸单酯二钠（MES）	15.0	氯化钠	1.0
脂肪醇酰胺	5.0	香精、防腐剂	适量
十六醇	1.0	去离子水	加至100

4.1.3 膏状香波

膏状香波，也称洗发膏，是质地柔软的膏霜类清洁头发用品，多为软管包装或盒装制品，属国内较早开发的洗发用品类型。通常，洗发膏的活性物含量较液体香波高，因而去污力较强，较适用于油性头发及污垢较多的消费人群。通过在制品中添加中草药提取液（如首乌）和疗效剂等的制品，使膏状香波的品种有所增加，加之其使用和运输均很方便，在市场上仍有一定的占有率。

(1) 主要原料

洗发膏属于皂基香波。早期的洗发膏主要由脂肪酸盐皂体组成，表面活性剂品种大量出现后，洗发膏多以皂体与其他表面活性剂复配或由各种表面活性剂复配（无皂基）而制得。

皂体的主要原料为各种脂肪酸，如硬脂酸、月桂酸、椰油脂肪酸等；碱为氢氧化钠、氢氧化钾及三乙醇胺等。表面活性剂主要使用阴离子型品种，一般用脂肪醇硫酸酯盐（AS），如十二醇硫酸钠（K_{12}）、十二醇硫酸三乙醇胺（LST）、脂肪醇聚氧乙烯醚硫酸盐（AES），以及非离子型表面活性剂，如烷基醇酰胺、单硬脂酸甘油酯等。其中以十二醇硫酸钠（K_{12}）为最主要的使用原料，成为洗发膏所不可缺少的原料类型。AS和AES在配方中起洗涤和乳化的双重作用，配方中还常含有其他一些高级脂肪醇、脂肪酸或甘油酯等物质，起增加骨架的作用；并加入羊毛脂等脂肪物和保湿成分，使头发在清洗后光亮、柔软；配方中加入的一些辅助乳化剂可使乳化膏体稳定。

(2) 制备工艺

洗发膏的配制主要采用热混法。其中反应型乳化体的主要制备过程是：将脂肪酸加热至90℃，加入与其反应的碱类，进行皂化后，在搅拌下加入十二醇硫酸钠等原料，降温至45℃时加入香精，冷却至常温即得。非反应型乳化体的制备过程是：先将水溶性表面活性剂与水混合加热，在50～60℃时保温，加入EDTA、防腐剂等，在搅拌下加入酯类原料，使成胶状软膏体，并加入已熔化的羊毛脂等油性原料，降温至45℃，加入香精，冷却至室温即得。

(3) 产品配方

洗发膏的配方示例如下。

配方 1

组分	质量分数/%	组分	质量分数/%
硬脂酸	3.0	三聚磷酸钠	8.0
羊毛脂	1.0	碳酸氢钠	12.0
KOH(8%)	5.0	香精、色素、防腐剂	适量
十二醇硫酸钠(K$_{12}$)	20.0	去离子水	48.0
烷基醇酰胺(6501)	3.0		

配方 1 属反应型皂基香波,其中将硬脂酸熔化后加至已加热到 90℃ 的 KOH、K$_{12}$ 的水溶液中,搅拌皂化,再加入 6501、三聚磷酸钠,继续搅拌,然后加入碳酸氢钠、防腐剂等成膏,降温至 45℃,加入香料,搅拌均匀出料。

配方 2

组分	质量分数/%	组分	质量分数/%
十二烷基聚氧乙烯(3)硫酸钠	10.0	羊毛脂衍生物	1.0
十二醇硫酸钠	5.0	蛋白质衍生物	3.0
乙二醇单硬脂酸酯	3.0	香精、色素、防腐剂	适量
月桂酸二乙醇酰胺	2.0	去离子水	加至100

配方 2 属于非反应型皂基香波。体系中加入羊毛脂衍生物和蛋白质衍生物使其具有调理作用。

配方 3(洗发膏)

组分	质量分数/%	组分	质量分数/%
十二醇硫酸钠(K$_{12}$)	20.0	三聚磷酸钠	5.0
硬脂酸	5.0	甘油	3.0
羊毛脂	1.0	香精、色素、防腐剂	适量
NaOH(100%)	1.0	去离子水	加至100

将十二醇硫酸钠、NaOH 加入水中,加热到 90℃,搅拌使其溶解均匀,再加入溶化好的硬脂酸、羊毛脂的混合物,搅拌均匀。按不同配方的要求依次加入三聚磷酸钠、甘油、防腐剂、色素等搅拌均匀,冷却至 45℃ 时加入香精,搅匀即可。

配方 4(洗发膏)

组分	质量分数/%	组分	质量分数/%
十二醇硫酸钠(K$_{12}$)	20.0	NaOH(100%)	1.0
月桂酸二乙醇酰胺	1.0	香精、色素、防腐剂	适量
硬脂酸	5.0	去离子水	加至100
单硬脂酸甘油酯	2.0		

配方 5(洗发膏)

组分	质量分数/%	组分	质量分数/%
K$_{12}$(70%)	20.0	氢氧化钾(8%溶液)	5.0
月桂酸二乙醇酰胺	5.0	碳酸氢钠	12.0
硬脂酸	3.0	香精、色素、防腐剂	适量
羊毛脂	2.0	去离子水	53.0

配方 6（洗发膏）

组分	质量分数/%	组分	质量分数/%
K₁₂(70%)	20.0	氢氧化钾	5.0
氧化胺	1.0	香精、色素、防腐剂	适量
硬脂酸	5.0	去离子水	加至 100
单硬脂酸甘油酯	2.0		

配方 7（洗发膏）

组分	质量分数/%	组分	质量分数/%
K₁₂(70%)	18.0	乙二醇硬脂酸酯	4.0
月桂酸二乙醇酰胺	5.0	乙氧基化羊毛脂	1.0
硬脂酸二乙醇酰胺	5.0	EDTA-Na₂	0.1
AS-200(椰油羟乙基磺酸钠/		香精、色素、防腐剂	适量
混合脂肪酸)	6.0	去离子水	加至 100

4.1.4 凝胶型香波

凝胶型香波呈透明胶冻状，常称其为洗发啫喱（膏），具有外观透明清澈、颜色多样的特点。

（1）主要原料

凝胶型香波与透明液体香波的基本组分较为接近，主要是通过额外添加水溶性聚合物以有效改变体系的流变性质，以及加入两性表面活性剂，如甜菜碱、N-酰基谷氨酸盐等利于透明凝胶形成的组分。为获得清澈透明、稳定性良好的产品，凝胶类制品的组分配伍是主要的问题。

① 水溶性树脂和天然胶原　这类原料的类型与皮肤用凝胶型化妆品的原料较为一致。合成胶质类的水溶性树脂主要使用的是丙烯酸树脂类，在配方中的用量一般为 0.2%～1.0%。其具有增稠效率高、贮存寿命长、温度稳定性好的特点，还具有抗菌性，与其他溶剂、表面活性剂相容。在化妆品中常用的是 Carbopol 940、Carbopol 934 等，其增稠、成膜是通过分散于水形成水溶液后，再与氢氧化钠、三乙醇胺等碱液中和，形成高黏度的透明凝胶体。

天然胶质原料类型与肤用凝胶化妆品中的类型较为相近，主要包括羧甲基纤维素钠、海藻酸钠、瓜尔胶及其衍生物等。

② 中和剂　丙烯酸类树脂在碱的中和作用下形成凝胶。常用的有强碱（如氢氧化钠）和弱的有机碱（如三乙醇胺）。凝胶配方中的中和剂用量需控制在使凝胶的 pH 值在 7.0 附近。

③ 光稳定剂　光稳定剂即是紫外光吸收剂或称防晒剂。丙烯酸树脂类（如 Carbopol 树脂）形成的凝胶在中性、酸性条件下对紫外光较为敏感，长时间的紫外光照射下会使凝胶的黏度下降，严重时会破坏凝胶体系，因此，常在含此类树脂的凝胶体配方中加入一定的光稳定剂。常用的光稳定剂是水溶性的二苯甲酮-4、聚氧乙烯（25）对氨基苯甲酸酯等。

凝胶型香波的其他原料，如表面活性剂、螯合剂、香精、色素及防腐剂等均与液体香波基本相同。

（2）制备工艺

凝胶型香波的制备过程与液体香波的主要区别是透明凝胶的形成。凝胶型香波制备的具体步骤为：先将表面活性剂组分溶解于水中形成均匀透明液体，再在搅拌下缓慢加入天然胶原类原料，体系稠度显著增加后，用柠檬酸调节 pH 值，可加入盐进一步增稠，形成凝胶。

如果配方中选择丙烯酸类树脂形成凝胶，则其制备步骤略有不同，这主要是由于丙烯酸树脂原料（主要指 Carbopol 树脂）溶解过程中极易结团成块，尤其遇高温度的热水会立即结成固体黏块，不易分散。配制时要求强烈搅拌，于室温下将 Carbopol 树脂缓慢分散于水中，且分散液的浓度不宜过高，一般控制加水量为总水量的 30% 左右或以下，从而形成均匀的水溶液，再将中和剂及其他原料一并混合，加至分散液中进行中和而形成凝胶。

中和后的凝胶产品一般不宜进行高速剪切，以免引起凝胶的黏度下降。此外，这类制品在制备过程中还须注意水中钙和镁离子引起的混浊和体系的浊点变化。

（3）产品配方

凝胶型香波的配方示例如下。

配方 1

组分	质量分数/%	组分	质量分数/%
椰油酰胺两性乙酸钠	15.0	羟丙基甲基纤维素	1.0
月桂基硫酸酯三乙醇胺盐(40%)	25.0	色素、香精、防腐剂	适量
椰油基二乙醇酰胺	10.0	去离子水	加至100

配方 2

组分	质量分数/%	组分	质量分数/%
脂肪醇聚氧乙烯醚硫酸酯盐(30%)	10.0	二苯甲酮-4	0.1
Carbopol 940	0.5	EDTA-Na$_2$	0.1
十二烷基二甲基甜菜碱	15.0	香精、色素、防腐剂	适量
三乙醇胺	0.4	去离子水	73.9

配方 3

组分	质量分数/%	组分	质量分数/%
Carbopol 980	0.6	聚氧乙烯(25)对氨基苯甲酸酯	0.1
LST(30%)	20.0	EDTA-Na$_2$	0.1
咪唑啉甜菜碱	10.0	香精、色素、防腐剂	适量
丙二醇	4.0	去离子水	加至100
氢氧化钠(15%溶液)	适量		

配方中含有 Carbopol 时，凝胶制备的关键步骤之一是将 Carbopol 均匀分散于水（约 30%）中，形成均匀的水溶液。因该树脂极易结块成团，尤其在温度过高的热水中，会立即结成"疙瘩"。配制时，在强烈搅拌下将 Carbopol 缓慢分散于水

（室温）后，再将中和剂及其他原料一并混合，加至分散液中进行中和而形成凝胶。为保证分散良好，分散液的浓度不宜过高。中和形成凝胶后，不宜再进行高速搅拌以避免凝胶黏度下降。

配方 4

组分	质量分数/%	组分	质量分数/%
LST(30％)	35.0	氯化钠	适量
椰油酰胺丙基甜菜碱	6.0	香精、色素、防腐剂	适量
羟乙基纤维素	2.0	去离子水	56.7
柠檬酸	0.3		

配方 5

组分	质量分数/%	组分	质量分数/%
月桂基硫酸三乙醇胺(50％)	20.0	羟丙基瓜尔胶	2.0
月桂基二乙醇酰胺	3.0	柠檬酸	0.2
山梨醇月桂酸酯和失水山梨醇的混合物	1.5	香精、色素、防腐剂	适量
山梨醇硬脂酸酯和山梨醇酐的混合物	0.1	去离子水	73.2

配方 6

组分	质量分数/%	组分	质量分数/%
蒸馏水	45.00	单羧基化椰子酰咪唑啉	8.0
羟丙基纤维素	1.0	月桂基二乙醇酰胺	5.0
月桂基硫酸三乙醇酰胺(46％活性)	40.0	聚氧乙烯(75)羊毛脂	1.0

配方 7

组分	质量分数/%	组分	质量分数/%
油醇酰胺-单异丙醇胺磺基琥珀酸二钠盐	20.0	月桂醇酰胺二乙醇胺	3.0
月桂醇聚氧乙烯醚硫酸钠	15.0	防腐剂	0.1
聚乙二醇(150)二硬脂酸酯	2.0	去离子水	59.9

4.1.5 调理香波

香波制品具有去污力的同时，会体现脱脂性，用香波洗发后会使头发干燥、易缠结，并会造成头发的机械损伤；此外，头发经染或烫等化学处理后也会受到损伤，易脆裂甚至脱落。为此，自 20 世纪 70 年代，出现了能减少对头发损伤的调理香波。调理香波除体现清洁头发的功能外，主要特点是强调头发梳理性的改善、洗后头发的手感和外观，防止毛发的静电产生，且易梳理和有光泽及有柔软感。

早期的调理香波是以阴离子表面活性剂和矿物油为主配制而成的两相香波。洗发时，矿物油易沉积在头发上，使头发易梳理和具有光泽，减少对头发的损伤；但矿物油沉积易导致头发沾污；第二代的调理香波出现在 20 世纪 80 年代初，是以聚季铵盐为调理剂配制而成的二合一香波。这种调理剂大都是高分子量的阳离子表面活性剂，由于能克服一般阳离子型表面活性剂（如季铵盐氯化物）和阴离子表面活性剂的不相容性，使二者共存，因而降低了调理香波的配制难度。使用这种调理香波进行毛发洗涤或漂洗后，阳离子聚合物会得以分离并沉积于头发，从而大大改善头发的梳理性和减少对头发的损伤。从总体讲，二合一型香波的洗净作用不如以洗净功能为主的洗发香波，其护发调理功能也不如单纯的毛发护发制品强，但因具有快速、方便的特点，仍受到消费者的欢迎。其存在的不足是随聚合物积垢停留时间的延长，会使头发有不愉快的感觉。经研究发现，硅氧烷，尤其是含羟基官能团的硅氧烷，如硅氧烷乙二醇共聚物，添加于香波内可提供良好的调理性；同时，这些化合物在阴离子型表面活性剂体系内还能降低制品对眼睛的刺激性；在配方中采用直链硅氧烷与高分子硅氧烷树脂的混合物，可使头发润滑和富有光泽。因此，以聚硅氧烷和长链烷基化合物作为高效调理剂，普遍应用于调理香波之中，使调理作用有了明显的改进。毛发清洗时，硅氧烷可保持在微小颗粒的悬浮液中，漂洗时随泡沫的挤破得以沉淀。通过两种原料成分的交叉传递，有效解决了同一制品内的洗涤剂将污垢和体系组分除去，而调理剂存留自身成分的矛盾。

(1) 主要原料

调理香波的原料与液体香波或膏状香波大体相同，只需在其中添加经洗发后能够吸附在头发表面和深入头发纤维内的调理剂组分。调理香波的使用效果与调理剂的类型及其吸附能力密切相关。

头发调理剂主要包括阳离子表面活性剂、阳离子聚合物以及疏水型的油脂等。

① 季铵盐氯化物　此类调理剂主要是季铵盐阳离子表面活性剂，主要包括十八烷基三甲基氯化铵（1831）、十六烷基三甲基氯化铵（1631）、十二烷基三甲基氯化铵（1231）、十二烷基二甲基苄基氯化铵（1227）、十八烷基二甲基苄基氯化铵（1827）以及双十二烷基二甲基氯化铵（D1221）等。它们均具有良好的调理性能，可使头发柔软，还具有杀菌、乳化或抗静电作用；生物降解性优良，可溶于水，稳定性良好，与阳离子、非离子型表面活性剂的配伍良好。

② 聚季铵盐　聚季铵盐是一系列阳离子聚合物的统称。其具有阳离子表面活性剂的多种优良特性，对皮肤、毛发有很好的柔软和调理作用。聚季铵盐的最大特性是可与阴离子表面活性剂配伍，因而广泛应用于以阴离子为主体的各类化妆品中。

③ 阳离子瓜尔胶　瓜尔胶是一种天然胶，将其季铵化后可得到主要成分是瓜尔胶羟丙基三甲基氯化铵的阳离子表面活性剂。其可与阴离子、两性离子和非离子型表面活性剂配伍，具有良好的调理性质。

④ 天然动植物衍生物　此类原料主要是指水解胶原蛋白的衍生物。水解蛋白具有良好的调理作用，将其季铵化后可以衍生多种胶原蛋白，如季铵盐-水解胶原

蛋白、季铵盐-水解丝质蛋白、季铵盐-水解角质蛋白、季铵盐-水解小麦蛋白、季铵盐-水解大豆蛋白等，以及丙基三甲基水解胶原蛋白铵等衍生物。

⑤ 聚硅氧烷和长链烷基化合物　聚硅氧烷类调理剂主要包括：高分子量聚二甲基硅氧烷醇乳液、聚氨基三甲基硅氧烷、氨基双丙基二甲基硅氧烷、对羟基二乙胺二甲基硅氧烷共聚多元醇、羟丙基三甲基氯化铵聚二甲基硅氧烷等。长链烷基化合物主要包括：二十二烷基二甲基苯甲基氯化铵、二十二烷基三甲基氯化铵/鲸蜡硬脂醇、硬脂酰胺丙基二甲基乳酸酯、羟十六烷基羟乙基二甲基氯化铵、十六烷基二甲基-2-羟乙基磷酸胺、聚乙二醇（n）椰油基氯化铵、聚丙二醇（n）二乙基氯化铵等。

（2）制备工艺

调理香波的制备方法与普通液体香波的制法基本相似。基于调理剂性状的不同，可采取不同的加入方式：易溶于水的组分，可在低温或混合条件下加入；不易溶解的组分，则需要预先溶解或提供加热等条件。

以聚季铵盐型阳离子表面活性剂为调理剂的香波，其制备的步骤是：先将聚季铵盐与水在搅拌下允分混溶（如不易溶解，可适当加热），另将配方中的其他表面活性剂在加热下混溶，待混合均匀后缓慢降温，搅拌下加入聚季铵盐溶液及其他原料，如珠光剂、防腐剂等，在 45℃ 时加入香精、色素，用柠檬酸调节体系的 pH 值。

（3）产品配方

调理香波的配方示例如下。

配方 1（普通调理香波）

组分	质量分数/%	组分	质量分数/%
N-椰子酰基-N-甲基牛磺酸钠	10.0	三甲基原多肽氯化铵	0.3
十二烷基甜菜碱	8.0	聚季铵化乙烯醇	0.2
月桂酸二乙醇酰胺	4.0	EDTA-Na$_2$	0.1
乙二醇硬脂酸酯	1.5	香精、色素、防腐剂	适量
丙二醇	2.0	去离子水	加至 100.0

配方 2（二合一珠光调理香波）

组分	质量分数/%	组分	质量分数/%
月桂醇聚氧乙烯醚硫酸钠（28%）	25.0	丙烯酸钠-二甲基二烯丙基氯化铵共聚物	1.0
椰油酰胺基丙基甜菜碱（30%）	10.0		
聚异丁烯酸甘油酯-丙二醇	3.0	香精、防腐剂、无机盐	适量
乙二醇二硬脂酸酯、椰油酸单乙醇酰胺	4.5	柠檬酸（调节 pH 值为 6.0）	适量
		去离子水	56.0
全水解小麦蛋白	0.5		

配方 2 中的水解小麦蛋白和丙烯酸类共聚物需预先用少量的水溶解（可适当加温）后，在搅拌下缓慢加到其他表面活性剂的水溶液体系中，混合均匀，降温后加香，调节 pH 值，用无机盐调节黏度。

配方 3

组分	质量分数/%	组分	质量分数/%
MES(30%)	28.0	水解蛋白	2.0
十一烯酸单乙醇酰胺磺化琥珀酸	4.0	D-泛醇	2.0
酯钠		d-生物素	0.05
Glucamate DOE-120(增稠剂)	1.5	香精、防腐剂	适量
羟磺基甜菜碱(CDS)	8.0	去离子水	加至100
十八烷基二甲基氧化铵	4.0		

配方中加入了营养组分以及生物制剂，在调理作用基础上还可起到有效防止脱发的作用。

4.1.6　婴儿香波

婴儿香波是专为儿童设计的低刺激、作用温和的香波产品，适合儿童皮肤薄、毛发少、对外来刺激和细菌感染的易感性强的背景，主要强调产品的安全性和低刺激性以及作用的温和性。除所用原料类型满足要求外，其活性物含量宜相对较低，产品的外观设计也宜突出柔和、纯净、清澈的特点，以满足儿童消费的心理需求。

(1) 原料组成

婴儿香波的原料中，表面活性剂主要精选于成人香波原料中的低刺激性非离子表面活性剂和两性离子表面活性剂以及刺激小、泡沫丰富的部分阴离子表面活性剂，且原料的口服毒性越低越好，以免误服引起中毒。配方中少加或不加香精和色素，以减少刺激性；一般不用无机盐增稠，以减少对婴儿眼部的刺激。

选用的表面活性剂主要有磺基琥珀酸酯类、氨基酸类阴离子表面活性剂、甲基葡萄糖苷以及聚氧乙烯脂肪酸单（双）甘油酯等。

磺基琥珀酸单酯或二酯的金属盐（主要是钠盐）以及其乙氧基化产物，如醇醚磺基琥珀酸单酯二钠盐（MES），对皮肤和眼睛黏膜的刺激性很小或无刺激，且其生物降解性良好，非常适合用于温和的婴儿香波中；且可作为辅助表面活性剂，降低体系中其他主表面活性剂的刺激性，尤其对 AES 的影响明显：当磺基琥珀酸单酯钠盐替代 AES 的 1/3 使用量时，可使产品对眼睛的刺激性减少 2/3。其中以聚乙二醇（5）十二烷基柠檬酸磺基琥珀酸酯二钠盐的性能最为温和，且有极好的表面活化性能。

氨基酸类阴离子表面活性剂是一类以脂肪酸与氨基酸、多肽（水解蛋白）为原料制得的阴离子表面活性剂，为脂肪酰-肽缩合产物，属脂肪酸盐改性的阴离子表面活性剂品种。由于氨基酸、多肽都可从天然动植物（如谷物、骨胶等）中得到，因而这类表面活性剂性质温和，安全性高、无刺激性、生物降解性优良。此类表面活性剂中可用于婴儿香波中的主要是 N-酰基谷氨酸盐（AGA），如 N-月桂酰基谷氨酸双十二（烷）醇酯、N-月桂酰基谷氨酸双十八（烷）醇酯等。甲基葡萄糖苷衍生物是一类来源于天然植物（玉米等）的非离子表面活性剂。如甲基葡萄糖苷的乙氧基衍生物具有性质温和、刺激性低，与其他表面活性剂有配伍性良好的特点，并可降低其他表面活性剂的刺激性，很适合作为婴儿香波的原料。聚氧乙烯脂肪酸单（双）甘油酯是一类具有良好的增稠、增溶效果并可改善表面活性剂与皮肤和黏膜相容性的非离子表面活性剂，用于婴儿香波配方中，可以起到一般增稠剂达不到的增稠效果。

（2）产品配方

婴儿香波的配方示例如下。

配方

组分	质量分数/%	组分	质量分数/%
十二醇聚氧乙烯醚磺化琥珀酸盐(30%)	5.0	水解胶原蛋白	1.0
		香精、防腐剂	适量
椰油酰胺丙基甜菜碱	5.0	去离子水	82.0
咪唑啉型甜菜碱	7.0		

婴儿香波的制法与成人香波相同，在制备过程中，对卫生条件的要求和安全性的要求相对较高。

4.1.7 去头屑香波

在香波制品中还有一些具有特殊功效的香波，这些香波通过在基本配方中添加具有特殊功能的添加剂而形成。如添加各种营养成分的养发香波，以及去屑止痒香波、杀菌香波等。在目前的香波品种中，去（抗）头屑香波在香波市场上占有较大的份额。

头皮屑是新陈代谢的产物。正常情况下，头皮屑是不易被察觉的微小粉末，但当人体生理机能发生异常变化，脱落的皮屑形成大块，且厚度增加，影响头发的美观。头屑产生过多的原因有外因和内因。外因包括微生物（细菌）影响、光照影响、空气氧化产生的脂肪酸或过氧化物等刺激性物质的影响，以及周围环境刺激性物质的影响，这些因素都会促使表皮细胞角质化过程加速，造成头皮表层细胞的不完全角质化和卵圆糠疹癣菌的寄生，从而增多头屑。内部因素则是人体自身营养不良，皮脂分泌激素过多，或精神过度紧张。去屑的机理一般认为有三方面：抑制细胞角质化的速度，从而降低表皮新陈代谢的速度；阻止将要脱落的细胞积聚成肉眼可见的块状鳞片，使其分散成肉眼不易察觉的细小粉末；杀灭细菌。

（1）原料组成

长期以来，头皮屑被认为是头皮上的微生物所致，因此，早期的去头屑产品主要以杀菌为主，常以硫黄、水杨酸等作为添加剂，其只提供杀菌作用且作用时间短，去屑效果较差。后来使用二硫化锌、二硫化硒和吡啶硫酸锌等，并制成第一代去屑产品，但其溶解性差，只用于生产粉状或悬浮状产品，应用受限。为此，人们开发出二吡啶硫酸铜/硫酸镁盐（MDS）、活性甘宝素[化学名为 1-(氯苯氧基)-1-(1H-咪唑基)-3,3-二甲基-2-丁酮,简称 CLM]、十一碳烯酸单乙醇酰胺的单磺基琥珀酸钠盐和1-羟基-4-甲基-6-(2,4,4-三甲基戊基)-2(1H)-吡啶酮-2-氨基乙醇盐（1∶1）

（Octopirox）等去屑剂。其中 Octopirox 的去头屑效果优于同类其他产品，具有溶解性好的特点，可溶于表面活性剂体系，并能与各种阴离子、阳离子表面活性剂及其他化妆品原料复配，不发生沉淀或分层现象，且刺激性低，毛发使用后不会发生脱发或断发现象。

（2）产品配方

去头屑香波配方示例如下。

配方1（去头屑香波）

组分	质量分数/%	组分	质量分数/%
月桂醇聚氧乙烯醚硫酸酯胺盐（30%）	14.94	液态二甲基硅氧烷	0.50
月桂基硫酸酯胺盐（30%）	3.15	吡啶硫酸锌（7.7μm）	1.00
二乙醇双硬脂酸酯	3.00	十六醇	0.42
椰油基单乙醇酰胺	2.58	硬脂酸	0.18
聚乙二醇（PEG，M_r=546）	2.00	色素、香精、防腐剂	适量
二甲基硅氧烷胶	0.50	去离子水	加至100

配方1中以吡啶硫酸锌为去屑剂，制品为乳状香波。其制备过程为：先将水和去屑剂混合，在搅拌下加热到70℃，数分钟后加入氯化钠和其他水溶性添加剂，搅拌均匀后加入表面活性剂，加热搅拌，待体系均匀后，降温至40℃，加入香精。

配方2（去屑止痒香波）

组分	质量分数/%	组分	质量分数/%
十二烷基聚氧乙烯醚硫酸酯胺盐（70%）	40.0	甘宝素	0.5
		氯化钠	0.1
聚季铵盐-11	0.6	香精、色素、防腐剂	适量
椰油酰胺丙基甜菜碱	12.0	去离子水	46.8

配方2中以甘宝素作为去屑止痒剂。其制备过程是：将甘宝素和表面活性剂混合加热至70～75℃，成为透明液体，加入防腐剂、去离子水等，然后用氯化钠调节黏度。

配方3（去屑止痒香波）

组分	质量分数/%	组分	质量分数/%
月桂基硫酸铵（28%）	34.3	防腐剂	0.4
月桂酰胺丙基甜菜碱（32%）	7.5	NaOH（10%）	2.0
Carbopol 1382	0.5	吡啶硫酸锌（48%）	1.0
椰油基二乙醇酰胺	3.5	香精、色素	适量
瓜尔胶羟丙基三甲基氯化铵	0.5	去离子水	加至100
EDTA-Na₂	0.1		

配方4

组分	质量分数/%	组分	质量分数/%
月桂基硫酸三乙醇胺（30%）	20.0	丙二醇	0.5
椰油酰胺单乙醇胺	4.0	椰油基二甲基羟丙基水解蛋白胺	1.0
吡啶硫酸锌	1.0	柠檬酸（调 pH 值至4.7）	适量
单硬脂酸甘油酯	7.0	防腐剂、香精、色素	适量
氯化钠	0.5	去离子水	加至100

配方 5

组分	质量分数/%	组分	质量分数/%
AES(28%)	40.0	氯化钠	4.1
酰氨基聚乙二醇硫酸三乙醇胺	8.0	香精	0.3
Octopirox	0.2	防腐剂、色素	适量
柠檬酸(调 pH 值至 6~7)	适量	去离子水	加至 100

配方 6

组分	质量分数/%	组分	质量分数/%
AES(28%)	60.0	柠檬酸	适量
椰油酰胺丙基甜菜碱	3.0	防腐剂、色素	适量
Octopirox	0.4	氯化钠	适量
珠光浆	3.0	去离子水	加至 100
香精	0.3		

4.2 护发化妆品

4.2.1 概述

头发经过洗涤后，头发上的皮脂几乎消失殆尽，虽用的调理香波较为温和，但仍会造成头发的脱脂和某些调理剂的积聚，此外，随着头发的染色、烫发、定型剂等的使用，以及洗头频率的增加和日晒与环境的污染，也会使头发受到不同程度的损伤，如果在洗发、染发、烫发等处理后涂敷一些护发化妆品，则对头发有很明显的保护作用。护发制品的作用是使头发保持天然、健康和美丽的外观，使其光亮而不油腻，赋予头发光泽、柔软和生气。

护发化妆品的剂型多种多样，以乳液状为主。护发化妆品的主要组成及其功效如表 4-3 所示。

为达到良好的修饰效果，护发制品的内聚力和黏着力须平衡，此外，还应具有一定的润滑性，使头发平滑，梳理顺利。其具体要求包括：能改善头发的梳理性能，不发生头发的缠绕；具有抗静电作用，不发生头发飘拂；能赋予头发光泽；能保护头发表面，增加头发的体感。此外，还可根据不同使用需求，赋予产品特定的功能，如改善卷曲头发的保持能力（定型作用），修复受损伤的头发，以及润湿头发和抑制头屑或皮脂分泌（养发作用）等。

护发化妆品按其中油脂的含量可分为非油性、轻油性和重油性三种类型。非油性产品由乙醇、水和甘油等为溶剂制成，配入醇溶或水溶性树脂，制成喷雾发胶；若加入营养原料，则制成营养护发水。非油性产品具有不同的用途，如固定发型、养发、止痒等，主要品种有喷雾发胶、营养护发水、奎宁护发水、去屑止痒酊剂等。轻油型产品，主要指 O/W 型和 W/O 型发乳，大多数发乳含油和水各为 50%

表 4-3　护发化妆品的主要组成及其功效

组　成	主要功能	代表性原料
主要表面活性剂	乳化作用,抗静电作用,抑菌作用	季铵盐类阳离子表面活性剂
辅助表面活性剂	乳化作用	非离子表面活性剂
阳离子聚合物	调理作用,抗静电作用,流变性调节,头发定型	季铵化的羟乙基纤维素、水解蛋白、二甲基硅氧烷、壳多糖等
基质制剂	形成稠厚基质,过脂剂	脂肪醇、蜡类、硬脂酸酯类
油分	调理剂、过脂剂	各种植物油、乙氧基化植物油、三甘油酯、支链脂肪醇类、支链脂肪酸酯
增稠剂	调节黏度,改善流变性能	某些盐类、羟丙基纤维素、聚丙烯酸树脂
香精	赋香	酸性稳定的香精
防腐剂	抑制微生物生长	对羟基苯甲酸酯类
螯合剂	防止钙和镁离子沉淀,对防腐剂有增效作用	EDTA 盐类
抗氧化剂	防止油脂类化合物氧化酸败	BHT、BHA、生育酚
着色剂和珠光剂	赋色,改善外观	酸性稳定的水溶性或水分散性着色剂
酸度调节剂、稀释剂	控制和调节 pH 值,调节黏度和流变性	柠檬酸、乳酸、水、乙醇
其他活性成分	赋予各种功能,如去头屑、定型、润湿等	ZPT、PCA-Na、泛醇等

左右,敷于头发,使其柔软、滑爽,并具有一定的定型作用。重油型产品的主要原料是动植物或矿物油脂、蜡类,不含乙醇或水,主要品种有发油和发蜡。发油的主要原料是植物油和矿物油,一般多采用凝固点较低的纯净植物油或精制矿物油为主要成分,实际往往用二种或更多的油脂复合使用,以增加产品的润滑性和黏附性。植物油能被头发吸收,但滑润性不如矿物油,且易酸败。常用的植物油有:蓖麻油、橄榄油、花生油、杏仁油等。矿物油有良好的滑润性,不易酸败和变味,但不能被头发吸收。常用的矿物油、脂有白油、凡士林等。还可加入羊毛脂衍生物以及一些脂肪酸酯类等与植物油和矿物油完全相溶的原料,以改善油品性质、抗酸败和增加吸收性。此外,加入抗氧剂,如维生素 E 等以防止酸败,以及少量的油溶性香精和色素。发油不能使头发蛋白质柔软,因此,缺乏定型作用。发蜡主要以动植物或矿物油脂、蜡类为原料,在头发上有一定的光泽度,持久性良好,有一定的定型整理功能,尤其适用于男性硬发者使用。发油和发蜡中含油性成分较多,故容易黏附灰尘,产品相对较少。

4.2.2　发蜡

　　发蜡属重油型护发化妆品,由半固体的油、脂、蜡混合而成,含油量较高,以大口瓶或软管作包装容器,其主要是用油和蜡类成分滋润头发,使头发具有光泽并保持一定的发型。发蜡主要有两种类型:一种是由植物油和蜡制成;另一种是由矿脂制成。矿脂发蜡无油臭味,其光泽性、整发性及赋香性作用均比植物油制成的发蜡强,但植物油制成的发蜡较易于清洗去除。

(1) 主要原料

发蜡的原料主要是油脂和蜡，产品黏性较高，可以使头发梳理成型，头发光亮度也可保持数天；其缺点是黏稠、不易洗净去除。发蜡用的主要原料有蓖麻油、白凡士林、松香等动植物油脂及矿脂，还有香精、色素、抗氧剂等。制品在大多数情况是以凡士林为主要原料，在配方中加入适量的植物油和白油，以降低制品的黏度，增加滑爽的感觉。

(2) 制备工艺

由植物油和蜡制成的发蜡和由矿脂制成的发蜡的制备过程基本相同，但两类产品的制备过程和具体操作条件略有区别。配制发蜡的容器一般采用装有搅拌器的不锈钢夹套加热锅。

① 原料熔化　植物性发蜡的配制一般是把蓖麻油等植物油加热至 $40 \sim 50^{\circ}\mathrm{C}$，加热温度不宜过高以免原料被氧化；通常将蜡类原料加热至 $60 \sim 70^{\circ}\mathrm{C}$。对于以矿脂为主要原料的矿脂发蜡，熔化原料温度通常会较高，如凡士林一般需加热至 $80 \sim 100^{\circ}\mathrm{C}$，并抽真空，通入干燥氮气，吹去水分和矿物油气味后备用。

② 混合、加香　植物性发蜡的配制中是把已熔化备用的油脂混合，同时加入色素、香精、抗氧剂，开动搅拌器，使之搅拌均匀，并维持 $60 \sim 65^{\circ}\mathrm{C}$，过滤后浇瓶。而矿物发蜡的配制是把熔化备用的凡士林等加入混合锅，并加入其他配料，如石蜡、色素等，冷却至 $60 \sim 70^{\circ}\mathrm{C}$，加入香精，搅拌均匀，过滤后浇瓶。

③ 浇瓶冷却　植物性发蜡浇瓶后，要求快速冷却，使结晶较细，增加透明度，故宜放于 $-10^{\circ}\mathrm{C}$ 的专用工作台上。而矿物发蜡浇瓶后，冷却速度则要求慢些，以防发蜡与包装容器间产生孔隙，一般是把整盘浇瓶的发蜡放入 $30^{\circ}\mathrm{C}$ 的恒温室内，使之慢慢冷却。

(3) 产品配方

发蜡的配方示例如下。

配方 1（植物性发蜡）

组分	质量分数/%	组分	质量分数/%
蓖麻油	88.0	香料	2.0
精制木蜡	10.0	色素、抗氧剂	适量

配方 2（矿物性发蜡）

组分	质量分数/%	组分	质量分数/%
固体石蜡	6.0	液体石蜡	9.0
凡士林	52.0	香料	3.0
橄榄油	30.0	色素、抗氧剂	适量

配方 3

组分	质量分数/%	组分	质量分数/%
乙酰化羊毛脂	10.0	白油	30.0
羊毛脂酸异丙酯	5.0	白凡士林	50.0
聚乙二醇(400)单硬脂酸	5.0	香精	适量

配方 4

组分	质量分数/%	组分	质量分数/%
白油	3.0	聚氧乙烯十六醇醚	30.0
油醇	5.0	精制水	52.0
橄榄油	7.0	香精、色素、防腐剂、抗氧剂	适量
硅油	3.0		

配方 5

组分	质量分数/%	组分	质量分数/%
液体石蜡	21.0	2-乙基-1,3-己二醇	2.0
羊毛醇聚氧乙烯(20)醚	15.0	去离子水	45.0
油醇聚氧乙烯(2)醚	15.0	香精、色素、防腐剂(尼泊金酯类)	适量
聚乙二醇(6000)	2.0		

4.2.3 发乳

发乳为油-水乳化制品，配方中用约 30%～70% 的水分替代了油分，属于轻油型护发化妆品，携带和使用方便。

发乳有 O/W 型和 W/O 型两类，以前者为主。O/W 型发乳能使头发柔软，且具有可塑性，帮助梳理成型。当部分水分被头发吸收后油脂覆盖于头发，可减缓头发水分的挥发，避免头发枯燥和断裂。油脂残留于头发，可延长头发定型时间，保持自然光泽，且易于清洗。W/O 型发乳使用时，仅有少量的水被吸收，故其定型效果差于 O/W 型。

(1) 主要原料

O/W 型发乳采用的原料主要包括油相原料、水相原料、乳化剂和其他衍生物。油相原料有蜂蜡、凡士林、白油、橄榄油、蓖麻油、羊毛脂及其衍生物、角鲨烷、硅油、高级脂肪酸及其酯、高级醇等，以白油、白凡士林、鲸蜡、蜂蜡、十六～十八混合醇等为主；水相原料除了去离子水外，还包括保湿剂。配方中选用油脂的用量适当，并能保持头发光亮而不油腻，如配方中蜂蜡和十六醇用量多，会导致梳理时的"白头"不易消失。原料除要求质量稳定，还要求制成品具有耐热、耐寒性，色泽洁白，pH 值为 5.0～7.0。此外，配制发乳亦要求有相应的使用效果，如能保持头发水分、增加头发光泽的能力，使用时梳理 3～5 次"白头"即应消失等。

O/W 型发乳的乳化剂，可采用阴离子型乳化剂，如硬脂酸与三乙醇胺体系、硬脂酸与氢氧化钾体系；也可采用非离子型乳化剂，如单硬脂酸甘油酯、单硬脂酸乙二醇酯、Span 及 Tween 系列等；还可选用阴离子型、非离子型乳化剂混合使用。

添加剂主要包括赋形剂、防腐剂、螯合剂及香精等。

(2) 制备工艺

O/W 型发乳的制备工艺与润肤霜类化妆品相似。其配制过程中可采用锅组连续法。

锅组连续法生产发乳，至少要有500～2000L均质刮板乳化锅，两只为一组或数只为一组，依包装数确定。首先在乳化锅内分别加入已预热的油相和水相原料，开动均质搅拌机5～10min，启动刮壁搅拌机，并进行冷却，冷至40～42℃时加入香精等原料。生产完毕后，在规定温度（38℃）时取出10g发乳样品，经过10min离心（离心机转速为3000r/min），分析其乳化稳定性。如果10g试样在离心试管底部析出的水分小于0.3mL，可认为乳化稳定。在乳化锅内加无菌压缩空气，由管道将发乳输送到包装工段进行热装罐，经过管道的发乳已降温至30～33℃。待乳化锅内包装完毕，以生产完毕的另一乳化锅内物料等待包装，两个乳化锅交替生产，可以进行连续热装罐包装工艺。

锅组连续法生产和连续热装罐包装工艺的优点很多，乳剂用管道输送，不需要盛料桶和运输，减少了被杂菌污染的机会，操作简单，劳动生产率高。热装罐工艺使乳剂不会因间隔时间稍长或包装时再搅动的剪切作用，使乳剂稠度降低。

(3) 产品配方

发乳的配方示例如下。

配方1（O/W型发乳）

组分	质量分数/%	组分	质量分数/%
液体石蜡	15.0	丙二醇	4.0
硬脂酸	5.0	香精	0.4
无水羊毛脂	2.0	防腐剂	0.5
三乙醇胺	1.8	抗氧剂	0.2
薯树胶粉	0.7	去离子水	70.4

在发乳配方中加入各种药物成分可制成药物性发乳。除添加中草药外，还可适量的加入各种杀菌剂等。

配方2（O/W型发乳）

组分	质量分数/%	组分	质量分数/%
蜂蜡	4.0	Span-60	4.2
凡士林	10.0	硼砂	0.3
羊毛脂	4.0	丙二醇	3.0
白油	20.0	去离子水	50.7
Tween-60	3.8	香精、防腐剂	适量

配方3

组分	质量分数/%	组分	质量分数/%
羊毛醇聚氧乙烯(16)醚	3.0	凡士林	10.0
乙酰化羊毛脂	2.0	去离子水	49.2
甘油单硬脂酸酯	5.0	十二烷基硫酸钠	0.8
白油	30.0	香精、防腐剂	适量

配方 4

组分	质量分数/%	组分	质量分数/%
羊毛脂酸异丙酯	3.0	地蜡	2.0
蜂蜡	5.0	硼砂	0.6
白油	53.4	去离子水	34.0
肉豆蔻酸异丙酯	2.0	香精、防腐剂、抗氧化剂	适量

配方 5

组分	质量分数/%	组分	质量分数/%
液体石蜡	43.0	香精	适量
十六醇	2.0	乙二醇甲壳质	1.0～3.0
硬脂酸	6.0	防腐剂	0.2
三乙醇胺	1.5	去离子水	加至100

配方 6

组分	质量分数/%	组分	质量分数/%
鲸蜡醇	2.0	去离子水	31.3
蜂蜡	16.0	硼砂	1.0
液体石蜡	46.5	尼泊金甲酯	0.2
异黄酮类化合物	0.5	香精	0.5
鲸蜡	2.0		

配方 7

组分	质量分数/%	组分	质量分数/%
白凡士林	12.0	胆固醇、卵磷脂	适量
液体石蜡	41.0	防腐剂、香精	适量
漂白蜂蜡	2.5	甘油单硬脂酸酯	2.2
水溶性羊毛脂	3.6	聚氧乙烯失水山梨醇单油酸酯	3.6
失水山梨醇倍半油酸酯	1.6	精制水	33.0
硼砂	0.5		

4.2.4 护发素

护发素是阳离子表面活性剂（季铵盐类）为主要成分的护发化妆品，其中混有油分，并多加入增加功效用的营养剂和疗效剂。护发素包括洗发后使用的洗除型护发素及干发或湿发使用的涂抹型护发素；外观有不透明型和透明型。护发素中涂抹型包括发乳（多属于 O/W 型乳化膏体），为轻油性护发用品，能在头发表面成膜，具有柔润头发的作用，使用后头发富有弹性、光泽，易于梳理，成为洗发、烫发和染发后的必备用品之一。洗除型护发素是与洗发过程分开处理的护发用品，其中含有的阳离子表面活性剂成分，如与洗发用品中的阴离子表面活性剂复合并配制于一体，则通常会降低使用效果，且阳离子聚合物以及调理香波大多均存在易聚积的弊端。

护发素的配方示例如下。

配方1（普通型护发素）

组分	质量分数/%	组分	质量分数/%
十六烷基三甲基溴化铵	1.0	羊毛脂（EO$_{75}$）	1.0
十八醇	3.0	香精、柠檬黄色素	适量
硬脂酸单甘油酯	1.0	去离子水	加至100

配方1的制法是：在水中加入羊毛脂EO$_{75}$，加热溶解，保持70℃，将其他成分混合加热至70℃溶解，将水相缓慢加入油相，边搅拌边冷却至45℃，加香精和色素，搅拌均匀即可。

配方2（调理型护发素）

组分	质量分数/%	组分	质量分数/%
双硬脂基二甲基氯化铵（75%）	1.2	水解蛋白	1.0
白矿油	1.5	二甲氧基二甲乙内酰脲	0.1
十六醇聚氧乙烯醚	0.5	对羟基苯甲酸甲酯	0.15
十六醇-十八醇（混合醇）	5.0	柠檬酸（调节pH值为4.5）	适量
维生素E乙酸酯	0.4	香精、色素	适量
维生素A棕榈酸酯	0.1	去离子水	加至100
硬脂酸	1.0		

配方3（乳化型护发素）

组分	质量分数/%	组分	质量分数/%
硬脂基三甲基氯化铵	2.0	聚氧乙烯（20）失水山梨醇	1.0
甘油	5.0	单硬脂酸酯	1.0
聚乙烯醇	1.0	香精、色素、防腐剂	适量
十六醇	3.0	去离子水	加至100

配方4（透明护发素）

组分	质量分数/%	组分	质量分数/%
1227	3.0	乙醇	12.0
丙二醇	8.0	香精、色素、防腐剂	适量
Tween-20	1.0	去离子水	76.0

配方5（滋润性护发素）

组分	质量分数/%	组分	质量分数/%
角鲨烷	1.0	聚乙烯吡咯烷酮酸钠	0.1
聚氧乙烯（20）油醇醚	4.0	透明质酸	0.05
单硬脂酸甘油酯	2.0	尼泊金甲酯	0.1
单硬脂酸乙二醇酯	2.0	香精	适量
聚氧乙烯（20）失水山梨醇单油酸酯	2.0	去离子水	87.75
十六烷基三甲基氯化铵	1.0		

配方 6（透明凝胶型护发素）

组分	质量分数/%	组分	质量分数/%
聚氧乙烯改性聚氧硅烷	10.0	十六烷基三甲基氯化铵	2.0
甘油	10.0	香精、色素	适量
聚乙二醇	8.0	去离子水	62.0
双十八烷基二甲基氯化铵	8.0		

配方 7（保湿护发素）

组分	质量分数/%	组分	质量分数/%
硬脂基三甲基氯化铵	1.0	十六醇	3.0
十六醇-2-乙基己酸酯	1.0	丙二醇	10.0
羟高铁血红素（Hematin）	1.0	去离子水	加至100

配方 8（增强头发弹性护发素）

组分	质量分数/%	组分	质量分数/%
2-苯氧基乙醇	10.0	乳酸	5.0
乙醇	20.0	十六醇	0.2
柠檬酸钠	0.1	丙二醇	3.0
硬脂基三甲基氯化铵	1.0	羟乙基纤维素	0.8
2-萘磺酸钠	3.0	香精	适量
柠檬酸	0.5	去离子水	加至100

配方 9（营养护发素）

组分	质量分数/%	组分	质量分数/%
十六醇乳酸酯	2.0	脱色芦荟汁（1∶1）	50.0
亚油酸异丙酯	2.0	γ-葡糖酰胺丙基二甲基-2-羟	1.0
硬脂酸甘油酯	4.0	乙基氯化铵	
PEG-40 硬脂酸酯	1.0	貂油脂基酰胺丙基二甲基-2-羟	2.5
十六-十八醇/十六-十八醇醚	2.0	乙基氯化铵	
十六醇	1.0	乳酸	0.3
羟乙基纤维素	0.3	色素、香精	适量
去离子水	33.9		

配方 10（含植物提取物护发素）

组分	质量分数/%	组分	质量分数/%
硬脂酸甘油酯，PEG-100 硬脂酸酯	2.0	对羟基苯甲酸甲酯	0.2
十六-十八醇/十六-十八醇醚	2.5	对羟基苯甲酸丙酯	0.1
羟乙基纤维素	2.5	凯松-CG	0.2
双氢化牛油脂基二甲基氯化铵	2.0	香精	适量
全麦芽蛋白	0.2	去离子水	加至100
薰衣草提取物	2.5		

4.2.5 焗油膏

焗油的功能与普通型护发素基本相同，主要的区别是二者的处理过程和条件不同。焗油涂抹于头发后一般需将头发温热，处理约 20~30min，可使焗油膏中的营养成分充分渗透到头发内部以补充脂质等成分，修复损伤的头发。焗油的调理作用较强，尤其对烫过的头发或干性头发效果明显。

焗油配方的组成主要是由一些渗透性强、不油腻的植物油、蜡等组成，如貂油、霍霍巴蜡等。通常添加季铵盐和阳离子聚合物以及对头发有优良护理作用的硅油等作调理剂，还常加入一些皮肤助渗剂成分。焗油制品多制成 O/W 型膏霜，称为焗油膏。

焗油膏的配方示例如下。

配方 1（干发焗油膏）

组分	质量分数/%	组分	质量分数/%
霍霍巴蜡	3.0	环状二甲基硅氧烷	25.0
辛酸二廿油酯/癸酸三廿油酯	30.0	香精	0.5
丙二醇二廿酸酯	41.5		

焗油膏的配制与一般膏霜的制法类似。将水相组分混合加热至 90℃，将油相加热熔化，在 75℃时，将水相加入油相中，搅拌乳化。如需加入香精、色素、防腐剂等组分，则冷却至 45℃时加入，搅拌均匀冷却至室温即可。

配方 2（营养焗油膏）

组分	质量分数/%	组分	质量分数/%
丙二醇	2.0	霍霍巴蜡	2.0
聚乙二醇(75)羊毛脂	1.0	水解胶原蛋白	0.5
羟乙基纤维素	0.5	柠檬酸	适量
聚季铵盐-10	1.0	香精、色素、防腐剂	适量
油酸聚氧乙烯醚(2)单乙醇胺	1.0	去离子水	86.0
椰油三甲基氯化铵	6.0		

配方 3（免蒸焗油膏）

组分	质量分数/%	组分	质量分数/%
二甲基硅油	40.0	环甲基硅油/二甲基硅油	15.0
硬脂酸异十六醇	38.0	氨基硅油/二甲基硅油	5.0
苯基甲基硅油	2.0	香精、色素、防腐剂	适量

免蒸焗油膏中加入了助渗剂，对毛发的作用过程不需加热。其配制过程与发油相似。

4.2.6 养发液

养发液是对头皮及头发有养护作用的液状制品，可促进头皮的血液循环，营养发根，促进头发生长，防止脱发；去除头皮和头发上的污垢，以及提供去屑止痒、杀菌消毒等作用，保护头皮和头发免遭细菌的侵袭等。养发液包括用于营养头发的一般养发水和含有特殊活性成分的特殊功能养发水，后者属于疗效化妆品，也通常列于特殊化妆品类型。养发、育发化妆品还包括膏剂、乳液、凝胶类等。

头发脱落或损失几乎是每个成年人都会遇到的问题。脱发的原因和过程较为复杂，脱发数目的增加是功能基因表达障碍（即蛋白质合成障碍）最明显的迹象。从出现障碍开始，滞后约三个月会发生明显地脱发。脱发常见有早秃和斑秃，以及先天性秃发、产后秃发、病后秃发，以及 X 射线和某些药物引起的秃发等。其中，遗传性脱发是其中影响最大和最普遍的脱发现象，与雄性激素的含量有关，游离活性的雄性激素的增加会引起遗传性脱发，使用抗雄性激素成分可以治疗遗传性脱发；甲状腺机能的减退也会降低毛发的密度。一些营养因素对头发脱落也可起着明显的作用，可能包括过量的多种维生素的摄入和人体所必需的氨基酸、微量元素的缺乏，尤其人体内铁的贮存量的下降，会构成重要的功能障碍。通过饮食摄入的铁如低于铁的损失，头发赖以生长的毛囊会把细胞内的铁蛋白释放到血液中，再进入身体其他更需要铁质的部分（如骨髓中），以致发生早期的功能障碍。

(1) 主要原料

养发液通常是含酒精的液体，是将各种有效成分溶解于乙醇中制得的产品，其中包括两种主要成分：刺激剂和杀菌剂。酒精液用水稀释的以降低酒精的脱水作用。此外，还溶入一些脂肪性物质以阻止酒精的脱脂倾向，避免皮肤的干燥。

① 稀释剂　稀释剂主要是乙醇、异丙醇、水等。在通常的情况下，产品含水分 30%～40%，含油分极少，使用时感觉清爽；而含油分较多的养发水，其使用的是纯乙醇。60%～70%的乙醇的杀菌能力较强，并能给予头皮适当的刺激，还具有清凉和收敛的效果。

② 保湿剂　保湿剂主要有硅油、橄榄油、高级醇、羊毛脂、液体石蜡等。它们是养发水中的油脂成分，除保湿作用外，还有使毛发柔软，保护头发、缓和头皮炎症的作用。

③ 杀菌剂　常用的杀菌剂主要有金鸡纳碱及其盐类、水杨酸、日柏醇、感光素、苯酚衍生物等。养发水中采用的杀菌剂，大部分是苯酚衍生物，含卤素、脂肪族和芳香族烃基的苯酚衍生物具有高效的杀菌力和较低毒性，如对氯间甲酚、对氯间二甲酚、邻苯基酚、邻氯邻苯基酚、对戊基苯酚、氯麝香草酚、间苯二酚和 β-萘酚等，但这类化合物暴露于日光中一般会变色。水杨酸具有较强的杀菌能力，常用于去头屑和止痒的养发水中。日柏醇是一种有机醇类化合物，具有杀菌和抗炎症的作用，并对细胞有赋活效能。感光素是作为冻伤的治疗药被利用的，具有抗炎症和促进毛发生长的效能。间苯二酚的使用量为 5% 左右，其他大多数杀菌剂在制品中的浓度不超过 1%。

④ 刺激剂　刺激剂是能轻微刺激头皮和发根，增加头皮血液循环和促进头皮新陈代谢，从而促进毛发生长的物质类型。刺激剂主要有何首乌、侧柏叶、斑蝥酊、辣椒酊、生姜酊、水合氯醛、奎宁及其盐类、大蒜提取物等。

斑蝥酊是将豆斑蝥体干燥，用乙醇浸出的酊剂，能刺激毛根，促进毛发生长和强壮发根。辣椒酊有止痒、刺激毛根，促进毛发生长的功能。水合氯醛溶液有止痒、生发和保护头发的功效，此溶液的化学性质不稳定，见光易分解，不宜大量和长期贮存。

⑤ 营养剂　发根营养剂主要有蜂王浆、维生素、氨基酸、尿囊素、卵磷脂、水解蛋白、本多生酸、雌性激素等，具有增加发根的营养，使头发强壮、牢固，不容易脱落，脱落后也不会因营养不足而不得重生等作用。维生素 B_5、维生素 B_6、维生素 E、己烯雌酚等都具有扩张毛乳头的毛细血管，促进血液循环，促进毛发生长的作用，是制作养发水常用的营养成分。

⑥ 清凉剂　常用的清凉剂是薄荷醇。薄荷醇具有强烈的薄荷香气，能赋予清凉感，同时还有止痒效果。薄荷醇不仅常用作化妆品和牙膏的清凉剂，还用作口香糖、果糖、饮料和药物的清凉型香料等。

（2）产品配方

养发水的配方示例如下。

配方 1（生发养发水）

组分	质量分数/%	组分	质量分数/%
乙醇	50.0	香精	适量
斑蝥酊	5.0	去离子水	45.0

养发水的制备与化妆水以及香水的制法相似。在配方 1 中，将斑蝥酊加入乙醇和去离子水中混合均匀，加入香精即可。

配方 2（修复养发水）

组分	质量分数/%	组分	质量分数/%
α-糖基-L-抗坏血酸	1.5	月桂基甲基牛磺酸	25.0
α-糖基橙皮苷	1.0	香精、防腐剂	适量
烷基二氨基乙基甘氨酸盐酸盐	0.2	去离子水	加至 100
月桂基二甲基甜菜碱	20.0		

配方 3（去头皮屑养发水）

组分	质量分数/%	组分	质量分数/%
乙醇（95%）	55.0	λ-苹果酸钠	0.05
聚氧乙烯油醇醚	2.0	香精	适量
甘油	5.0	去离子水	加至 100

配方 3 为去头屑的养发水配方，其主要功能是抑制头发和头皮微生物的生长，使形成的头皮屑被溶角质蛋白剂或剥离剂除去，减少死皮及其在头皮上的黏着作用，易于清洗除去。

配方 4（养发水）

组分	质量分数/%	组分	质量分数/%
十五烷酸单甘油酯,99%单甘油酯	3.0	日柏酚	0.05
甘油三己酸酯	3.0	两性甲基丙烯酸酯共聚物	0.10
DL-生育酚乙酸酯	0.2	失水山梨醇单月桂酸酯	5.0
维生素 H	0.01	乙醇	加至 100

配方 5（育发剂）

组分	质量分数/%	组分	质量分数/%
D-岩藻糖（5-内酯）	10.0	丙醇-2	10.0
乙二醇	10.0	去离子水	加至 100

配方 6（育发液）

组分	质量分数/%	组分	质量分数/%
植物（首乌、当归等）提取液	2.0	V_{B_6}	1.0
水溶性硅油	8.0	乙醇	88.6
薄荷醇	0.4	香精	适量

配方 7（生发液）

组分	质量分数/%	组分	质量分数/%
乙醇	60.0	丙二醇	2.0
辣椒酊	0.5	香精	适量
葡萄籽油	0.5	增溶剂	适量
V_{B_6}	0.5	去离子水	36.0
V_E 衍生物	0.5		

配方 8（生发剂）

组分	质量分数/%	组分	质量分数/%
bFGF	0.002	乙醇	15.0
肝素	2.0	香精	适量
透明质酸	0.5	去离子水	适量
L-薄荷醇	0.2		

配方 9（育发霜）

组分	质量分数/%	组分	质量分数/%
硬脂酸	3.0	甘油	4.0
十六醇	1.0	汉生胶	0.1
橄榄油	2.0	去离子水	84.2
甘油单硬脂酸酯	1.0	植物（芦荟等）提取液	1.0
聚甘油异硬脂酸酯	2.0	V_{B_6}	0.5
甲基聚硅氧烷	1.0	香精、防腐剂	适量
V_E 醋酸酯	0.2		

配方 10（头发刺激剂）

组分	质量分数/%	组分	质量分数/%
橄榄油	5.0	乙醇	0.60
肉豆蔻异丙酯	2.0	吉他色林	0.10
异丙基甲基酚	0.05	甘油	5.10
壬基酚聚氧乙烯(10)醚	0.50	香精	0.10
对羟基苯甲酸甲酯	0.10	去离子水	加至 100

配方 11（生发按摩凝胶）

组分	质量分数/%	组分	质量分数/%
Aculyn 22（丙烯酸共聚物，增稠剂）	0.8	Tween-20	1.0
去离子水	83.4	丹参提取液	1.0
异丙醇	10.0	三乙醇胺	2.0
樟脑	0.2	EDTA-Na$_2$	适量
辣椒酊	1.0	色素、防腐剂	适量
D-泛醇	0.6		

配方 12（防脱发合剂）

组分	质量分数/%	组分	质量分数/%
乙醇	27.5	水解弹性蛋白	15.0
泛醇钙	5.0	啤酒花精	4.0
V$_{B_6}$	2.5	噻吩丙酰蛋氨酸	4.0
DSBC	27.0	防腐剂	适量
大蒜提取液	15.0		

配方 13（生发水）

组分	质量分数/%	组分	质量分数/%
泛醇醚	0.50	二苯基羟基胺盐酸盐	0.10
生育酚乙酸酯	0.01	腺苷-3′,5′-环化物磷酸酯	1.0
水杨酸	0.20	乙醇（50％水溶液）	加至100
L-薄荷醇	0.30		

配方 14（去屑止痒杀菌酊）

组分	质量分数/%	组分	质量分数/%
金鸡纳树皮酊	8.6	乙醇	85.0
皂树皮酊	2.1	蒸馏水	2.0
桉叶酊	2.0	玫瑰香精	适量
紫草根提取液	0.2		

4.3 整发化妆品

整发化妆品也称整发剂、固发剂，是固定头发形态的化妆品。整发剂除能提供整理发式、保持定型作用外，还可提供给予头发光泽和阻延湿度丧失等作用。同护发制品一样，为达到良好的修饰效果，整发制品的内聚力和黏着力必须平衡。整发化妆品的功能特性各不相同，其物理形态也不同。目前常用的品种有发用摩丝、喷雾发胶以及发用凝胶等。

4.3.1 喷雾发胶

喷雾发胶的作用是定型和修饰头发，属气溶胶化妆品类型。其配制原理是将化妆品原液和喷射剂一同注入耐压的密闭容器中，以喷射剂的压力将化妆品原液均一喷射出来。由于喷射剂气体的突然膨胀，使化妆品原液成雾滴状分散于空气中，而成为气溶胶状态。因携带方便、分布均匀、形式新颖等特点而受到欢迎。喷出的发胶在头发表面能立即形成韧性的透明薄膜，发胶膜耐水且可增强头发光泽，利用发间的黏合，起到保持和固定发型的作用，并可在洗发后除去。

对喷发胶的要求包括：喷雾较细小，喷射力较温和，在短时间内能分散于较大面积，干燥快，成膜有黏附力且有韧性和光泽，不积聚，易清洗去除。

(1) 主要原料

喷雾发胶主要由四部分组成：化妆品原液、喷射剂、耐压容器和喷射装置。

① 化妆品原液　原液是气溶胶制品的主要部分，也是其基质成分。其中含有成膜剂、少量的油脂和溶剂、中和剂、添加剂以及溶入的喷射剂等。

a. 成膜剂　成膜剂是固发剂的重要组分，良好的成膜剂既要能固定发型，又能使头发柔软，即成膜物质需具有一定的柔曲性。常用的有天然胶质（如虫胶、松香、天然树胶等）、合成水溶性高分子物（如聚乙烯醇、聚乙烯吡咯烷酮及其衍生物、丙烯酸树脂及其共聚物等），其中高分子树脂的柔软性稍差，往往需添加增塑剂（如油脂等），以增强聚合物膜的柔软性。

b. 溶剂　其作用是溶解成膜物，一般用水、醇（乙醇、异丙醇）、丙酮、戊烷等。

c. 中和剂　它是中和含羧基基团等的酸性聚合物的物质，以提高树脂在水中的溶解性。其中和度要适当，中和度越大，成分越易从头发上洗脱，但其相应的抗湿性就越差，与烃类喷射剂的相容性就越低。常使用的中和剂有氨甲基丙醇、三乙醇胺、三异丙醇胺、二甲基硬脂酸胺等。

d. 添加剂　添加剂主要指香精和增塑剂。常用的增塑剂有月桂基吡咯烷酮、$C_{12}\sim C_{15}$醇乳酸酯、己二酸二异丙酯、乳酸鲸蜡酯等。目前较为新型的增塑剂有二甲基硅氧烷等，与其他组分调配后，使头发具有光泽和弹性，不互相粘接，易漂洗，不残留固体物。

喷发胶的溶剂大都采用乙醇，乙醇含量较高会引起头发和皮肤的脱水和脱脂，而使头发干枯。此外，乙醇以及大多数的其他有机类溶剂均存在易燃性，使制品具有贮存的危险性。而不含乙醇的喷发胶则存在诸如快干性较差（即头发需要较长时间才干燥成膜）、膜的硬度较差以及水对容器具有腐蚀性等问题。制品中含少量乙醇或形成醇/水体系的制品普遍受到欢迎，但相应要求成膜物的水溶性能要好，尤其在水和乙醇中都具有很好的溶解性、形成的溶液黏度低且有良好的成膜性和膜片坚韧性。以此类聚合物配制成的不含乙醇或以乙醇/水为溶剂的制品成为喷雾发胶的主体类型。

② 喷射剂　喷射剂主要包括液化气体和压缩气体。液化气体除提供动力外，还能和原液的有效成分混合成为溶剂，也可作原液中的成分之一。喷射剂常使用加压时容易液化的气体，如低级烷烃、醚类、氯氟烃等。低级烷烃，如丙烷、正丁

烷、异丁烷等，是廉价的可燃性气体；醚类，如二甲醚，在水中的溶解性好，也常用于喷雾发胶的制备。压缩气体包括氨气、二氧化碳及氧化亚胺等。这类气体不易燃，在压缩状态下被压入容器后，不溶解于原液，与原液不发生反应，并且在原液上部气相中产生压力，起推动作用。

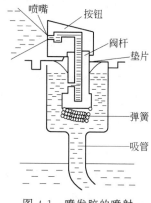

图 4-1　喷发胶的喷射装置结构

③ 耐压容器　气溶胶制品的容器必须是耐压容器，且要求防腐性好，所使用的材料有金属铝、镀锡铁皮（马口铁）、玻璃和合成树脂等。各类物质的耐压性、密闭性和防腐性能各不相同。

④ 喷射装置　气溶胶制品的喷射装置的结构与一般喷雾器的结构相似，是由盖、按钮、喷嘴、阀杆、垫圈、弹簧和吸管组成。喷射装置的结构如图 4-1 所示。

喷射装置的部件要承受原液和喷射剂气体的压力，材料除封盖和弹簧为金属外，其余皆为特殊塑料制品。喷射装置的质量对气溶胶制品的使用影响较大，一旦喷射装置失灵，则整个气溶胶制品不再能应用。

（2）制备工艺

喷雾发胶配制的一般步骤是：先将中和剂溶解于溶剂（如乙醇）中，在良好的搅拌下，缓慢加入成膜剂，令聚合物溶解于其中，继续搅拌至聚合物完全溶解。逐一加入其余组分，搅拌均匀，经过滤、装罐和加压即得。不含中和剂的配方制备时，首先将成膜剂、油脂、表面活性剂、香精等溶于乙醇或水中，然后把溶解液与喷射剂按一定的比例混合密闭于容器中，加压即可。

（3）产品配方

喷发胶的配方示例如下。

配方 1（无水喷雾发胶）

组分	质量分数/%	组分	质量分数/%
聚二甲基硅氧烷	2.5	乙烯吡咯烷酮/醋酸乙烯酯	2.0
二氧化硅	0.5	共聚物（PVP-VA）	
环状聚二甲基硅氧烷	1.5	乙醇	23.3
十八烷基苄基二甲季铵盐	0.1	异丁烷喷射剂	70.0
		香精	0.1

配方 2（无水喷雾发胶）

原液组分	质量分数/%	原液组分	质量分数/%
乙烯吡咯烷酮/醋酸乙烯共聚物	3.0	无水乙醇	95.8
（PVP-VA）		喷射剂组分：丙烷/丁烷为 40/60	
聚氧乙烯羊毛脂	0.2	喷发胶：原液（50.0%）＋喷射剂（50.0%）	
油醇聚氧乙烯（5）醚	1.0		

配方 3（含水喷雾发胶）

组分	质量分数/%	组分	质量分数/%
甲基丙烯酸酯共聚物	6.0	去离子水	59.85
氨甲基丙醇	0.85	二甲醚	33.0
二辛基磺基琥珀酸钠	0.3		

配方 4（手压式含水喷雾发胶）

组分	质量分数/%	组分	质量分数/%
甲基丙烯酸酯共聚物	7.0	二辛基磺基琥珀酸钠	0.3
氨甲基丙醇	1.0	去离子水	91.7

配方 4 将配方 3 中的喷射剂组分去除，制品为手压式（泵式）喷雾发胶。泵式喷雾器的设计和制造水平的提升可良好体现出制品的喷雾效果。手压式喷雾制品除用于喷雾发胶外，还可用于多种化妆品中，如喷雾香水、喷雾乳液等。

配方 5

组分	质量分数/%	组分	质量分数/%
丙烯酸酯/丙烯酰胺共聚物	5.0	香精	0.1
氨基甲基丙醇	0.4	无水乙醇	43.5
柠檬酸三乙酯	1.0	正丁烷	50.0

配方 6

组分	质量分数/%	组分	质量分数/%
Amphomer(辛基丙烯酸酰胺-丙烯酸类共聚物,定型剂)	4.25	二甲基硅油	0.15
		香精	适量
AMP-95(2-氨基-3-甲基-丙醇,5%水分)	0.74	乙醇	94.61
十二烷基二乙醇酰胺	0.25	喷发胶:原液(50%)+抛射剂[二甲醚(50%)]	

配方 7

组分	质量分数/%	组分	质量分数/%
Versatyl-42(丙烯酸酯/辛基丙烯酰胺共聚物,定型剂)	5.0	乙醇(95%)	54.13
KOH	0.87	A-46(烃抛射剂)	40.0

4.3.2 发用摩丝

摩丝是气溶胶泡沫状润发、定型制品。可在摩丝的配方中通过添加各种功能添加剂，使其性能不断完善，品种不断增多，如保湿摩丝、防晒摩丝和含活性物的摩丝等。产品使用范围从头发拓展为全身，如发用摩丝、洁面摩丝、剃须泡沫及体用摩丝等。

发用摩丝的特点是具有丰富细腻的乳白色泡沫，其使用量少但体积很大，因此，易在头发上涂抹均匀，使头发光滑、润湿、易于梳理，便于头发造型、定型。对摩丝产品的性能要求包括泡沫致密、丰满和柔软以及初始稳定，其他与喷雾发胶的基本相同。

(1) 主要原料

发用摩丝的配方由原液（为保护头发和毛发触感的各种添加剂组分）和喷射剂

（液化气体）组成。原液中含有水和表面活性剂基质（含醇或不含醇）、聚合物（包括调理剂和成膜剂）和溶入的喷射剂。

各种主要成分间的比例变化会导致产品性质的改变，如出现分层现象，泡沫外观和持久性出现变化等。一般在静置以后，喷射剂分层后浮于原液上面，使用前须摇动后使喷射剂均匀地分散于水、表面活性剂和聚合物组成的基质中，液化的喷射剂液滴短时间内较均匀地以较小的颗粒分散于整个基质中。当内容物从阀门压出时，气化的喷射剂膨胀，从而产生泡沫。表面活性剂混合体系的作用是使泡沫具有一定的稳定性，并调节适宜的表面张力使喷射剂较易在短暂时间内均匀分散于基质中，待摩丝涂于头发后，很容易均匀地覆盖在头发的表面。

① 成膜剂和调理剂　喷雾发胶的成膜剂原料原则上可以作为摩丝的成膜剂，主要是水溶性高聚物；但定型摩丝所用的聚合物与喷雾发胶所用的聚合物略有区别。喷雾发胶所用的聚合物着重于定型作用，相对分子质量不高，黏度较低，易形成较细的喷雾；定型摩丝所用的聚合物则要求有一定的黏度，并兼有调理作用，对泡沫有一定的稳定作用，赋予头发自然光泽和外观，减少静电引起的漂拂。

含有叔胺基的聚合物较适合用作摩丝的原料，其的水溶液在 pH 值为 4～5 时，氨基上的氮原子倾向于带正电荷，而摩丝制品的 pH 值通常在此范围内。含有叔胺基的聚合物在头发上可形成树脂状光滑的覆盖层。季铵化聚合物也较常用作摩丝的原料，其调理性和抗静电作用较好，但配方量不当易引起积聚，不易清洗去除。其他适合作为摩丝原料的还有聚季铵盐和聚乙烯甲酰胺。聚季铵盐属于阳离子调理性聚合物，可溶于水，与其他表面活性剂的配伍性好，可形成柔韧而不黏滞的透明、光亮薄膜，对头发有良好的固定作用和较少的积聚性，且易于清洗；聚乙烯甲酰胺可溶于水、甘油和乙醇/水（70∶30）溶液，具有较高的抗潮湿能力和较低的粘接性，成膜性和定型力都良好，因具有非离子特征，也具有与表面活性剂配伍性好的特点，还可与聚丙烯酸酯相容。

② 表面活性剂　其作用是降低表面张力，使之形成符合要求的泡沫，并具有分散作用。在配制摩丝时，表面活性剂的选择很重要，既要保证泡沫具有初始的稳定性，也要体现出柔软性，使梳理时易于分散，还要在涂抹于头发后，较易破灭分散，使液体均匀分散于头发表面。表面活性剂的分散作用是指使用前，使喷射剂呈小的液滴均匀分散于水相中，形成暂时的均匀体系，从而生成均匀、致密、美观的泡沫。

目前较常用的表面活性剂是高 HLB 值的非离子表面活性剂，其与树脂有良好的相容性。这类表面活性剂对香精有加溶作用。其用量须适当以免影响泡沫性能。摩丝中经常使用的有月桂醇聚氧乙烯（23）醚、十六-十八醇聚氧乙烯（25）醚、PEG-40 蓖麻油、聚氧乙烯壬基酚醚、乙氧基化的植物油等。

③ 溶剂　溶剂主要是水或水/醇混合体系。醇的加入可减少体系黏性和加快膜的干燥速度。

④ 喷射剂　摩丝中要求使用的喷射剂的挥发膨胀较快，通常为挥发性较高的物质。主要是液化石油气，有丙烷、丁烷等，最常用的是异丁烷，也可采用二甲醚

作为喷雾剂。

⑤ 添加剂 摩丝比喷雾发胶更强调对头发的护理作用，因此，摩丝中常添加各种有亮发、润发、调理作用的添加剂，以改良摩丝中树脂在头发上的感觉，使头发更柔软、光泽，还可护理头发。

常用的添加剂有硅油及其衍生物、羊毛脂衍生物、骨胶水解蛋白、甲基聚氧乙烯（聚氧丙烯葡萄糖醚）等，还可添加防晒剂、保湿剂等。各种添加剂的加入量虽然不多，但对摩丝的功能和稳定性都有一定的影响。此外，摩丝中还添加少量的香精，使摩丝具有芳香的气味。

(2) 制备工艺

摩丝的配制方法一般是先将成膜剂加入水中，充分溶解后逐一加入其他成分，搅拌均匀后装罐即得。其配制中主要考虑的是如何确保泡沫的结构和稳定性，以满足使用要求。

(3) 产品配方

摩丝的配方示例如下。

配方 1（定型-调理摩丝）

原液组分	质量分数/%	原液组分	质量分数/%
甘油	2.0	乙醇	适量
聚乙烯吡咯烷酮（PVP）	3.0	香精、防腐剂	适量
季铵化羊毛脂	0.5	去离子水	加至100.0（取90.0）
十八醇聚氧乙烯醚	0.5	喷射剂	10.0

配方 2（定型摩丝）

组分	质量分数/%	组分	质量分数/%
聚季铵盐-28	5.0	乙醇	5.0
乙烯吡咯烷酮/醋酸乙烯酯共聚物（PVP-VA）	4.0	香精	适量
		去离子水	75.5
表面活性剂	0.5	液化石油气	10.0

配方 3

组分	质量分数/%	组分	质量分数/%
乙烯吡咯烷酮-甲基丙烯酰胺丙基三甲基氯化铵（Gafquat HS-100）	5.0	油醇聚氧乙烯（20）醚	0.05
		香精、防腐剂	适量
乙烯基己内酰胺-PVP-二甲基氨基乙基甲基丙烯酸酯（Copolymer VC-713）	5.5	去离子水	77.0
		LPG（A-46）	12.0

配方 4

组分	质量分数/%	组分	质量分数/%
乙烯吡咯烷酮-甲基丙烯酰胺丙基三甲基氯化铵（Gafquat HS-100）	3.0	壬基酚聚氧乙烯（10）醚	0.5
		香精、防腐剂	适量
PVP-VA S-630	1.5	去离子水	83.0
PVP-硅氧烷胶囊（PVP-Si-10,ISP）	2.0	LPG（A-46）	10.0

配方 5

组分	质量分数/%	组分	质量分数/%
醋酸乙烯酯-巴豆酸-新癸酸乙烯酯	3.5	椰油酰胺 DEA	0.20
AMP(2-氨基-3-甲基-丙醇)	0.38	壬基酚聚氧乙烯(9)醚	0.30
水解动物蛋白	0.05	去离子水	85.27
二甲基硅氧烷	0.10	香精、防腐剂	适量
Tween-20	0.20	抛射剂(A-46)	10.0

配方 6

组分	质量分数/%	组分	质量分数/%
PVP-二甲氨基乙基甲基丙烯酸硫酸乙酯铵盐(Gafquat 755N)	5.0	香精、防腐剂	适量
PVP-VA S-630	4.0	去离子水	75.5
油醇聚氧乙烯(20)醚	0.5	LPG(A46)	15.0

配方 7

组分	质量分数/%	组分	质量分数/%
丙烯酸叔丁酯-丙烯酸乙酯-甲基丙烯酸(Luvimer 100P)	3.0	十六-十八醇聚氧乙烯(25)醚(Cremophor A25)	0.2
乙烯吡咯烷酮-季铵化乙烯基咪唑啉(Luviquat FC370)	2.5	AMP	0.69
羟乙基十六烷基二甲基磷酸铵(Luviquat Mono CP)	0.5	防腐剂	适量
		去离子水	83.11
香精/PEG-40 蓖麻油(1∶3)	适量	异丁烷/丙烷	10.00

配方 8

组分	质量分数/%	组分	质量分数/%
PVP-VA(Luviskol 64)	1.0	壬基醚聚氧乙烯(14)醚(Cremophor NP14)	0.05
乙烯吡咯烷酮-季铵化乙烯基咪唑啉(Luviquat FC550)	5.0	防腐剂	适量
香精/PEG-40 蓖麻油(1∶3)	0.1	去离子水	83.75
十六-十八醇聚氧乙烯(25)醚(Cremophor A25)	0.1	异丁烷/丙烷	10.0

4.3.3 发用凝胶

发用凝胶是非流动凝胶状整发化妆品，主要适用于干性毛发使用，用于修饰固定发型。通过涂抹后在头发上形成透明胶膜，赋予头发光泽和弹性，还可赋予各种色彩，呈现华丽的外观。发用凝胶的功效与喷发胶、发用摩丝相似，只是其黏着力较弱，较易用水冲洗去除。常用的发用凝胶主要是以聚合物为胶凝剂的水或水/醇凝胶，也称为发用啫喱膏。其醇含量较低，使用方便，适用于干发及湿发。

(1) 主要原料

发用凝胶的主要原料包括成膜剂、凝胶剂、中和剂、溶剂和添加剂等。

① 成膜剂　喷雾发胶及摩丝中的成膜剂都可作为发用凝胶的成膜剂，还可使用羟乙基纤维素及阳离子纤维素醚等。

② 凝胶剂　凝胶剂的主要功能是形成透明的凝胶基质，同时也具有一定的固发定型作用。作为凝胶产品的凝胶剂主要是采用丙烯酸聚合物类产品，也起增稠剂作用，如 Carbopol 系列；还包括丙烯酸酯与亚甲基丁二酸酯共聚物。由这些凝胶剂制成的产品清澈透明，具有弹性和良好的定型能力。

③ 中和剂　中和剂主要用于含酸性聚合物成膜剂的配方体系。中和剂有三乙醇胺、氢氧化钠及氨甲基丙醇等，其中三乙醇胺较为常用。

④ 溶剂　发用凝胶多以水为溶剂，其用量较大。

⑤ 添加剂　发用凝胶的添加剂常有增溶剂、紫外线吸收剂、螯合剂、香精、色素和防腐剂等。增溶剂通常为非离子表面活性剂类型，使水和聚合物混溶，成为透明体系；紫外线吸收剂的加入是防止紫外线对凝胶的破坏；螯合剂则是为了防止金属离子对凝胶的破坏。

（2）产品配方

发用凝胶的配方示例如下。

配方1（定型凝胶）

组分	质量分数/%	组分	质量分数/%
乙烯吡咯烷酮-醋酸乙烯酯共聚物	2.5	乙醇	15.0
（PVP-VA）		羟化蓖麻油	0.6
Carbopol 940	0.5	香精	适量
三乙醇胺	0.9	去离子水	80.5

发用凝胶的制备方法与凝胶型香波相近。

配方2（定型凝胶液）

组分	质量分数/%	组分	质量分数/%
乙醇（95%）	40.0	壬基酚聚氧乙烯（9）醚	0.25
PVP-二甲基氨基乙基甲基丙烯酯	2.0	香精	0.1
硫酸乙酯铵盐		去离子水	加至100.0
氢化牛油脂基二甲基苄基	0.2		
氯化铵（75%）			

配方2是定型凝胶液，这类制品也称为定型啫喱水，其组成与发用凝胶相近，但外观呈黏液状。在配方中主要使用水溶性的聚合物，含醇量较低，干燥时间较长，一般通过适当加热以加速干燥和定型。

配方3

组分	质量分数/%	组分	质量分数/%
Carbopol ETD-2001	0.6	去离子水	16.5
去离子水	76.0	油醇聚氧乙烯醚	0.5
Aculyn 22	5.0	防腐剂	0.3
三乙醇胺	1.0	EDTA-Na$_2$	0.1

配方 4

组分	质量分数/%	组分	质量分数/%
白油	15.0	香精	适量
油醇聚氧乙烯(8)醚	10.0	对羟基苯甲酸甲酯	0.2
DEA 油醇聚氧乙烯(3)醚磷酸酯	7.0	2-溴-3-硝基-1,3-丙二醇	0.05
丙二醇	6.0	去离子水	加至 100

配方 5

组分	质量分数/%	组分	质量分数/%
去离子水	85.95	聚季铵盐-4	1.5
Carbopol 940	1.0	防腐剂	0.05
去离子水	3.0	香精	适量
三乙醇胺	1.0		
乙烯基己内酰胺-聚乙烯吡咯烷酮-甲基丙烯酸二甲氨基乙酯共聚物	7.5		

配方 6

组分	质量分数/%	组分	质量分数/%
聚丙烯酸树脂	0.7	对羟基苯甲酸甲酯	0.1
PVP-二甲氨基乙基甲基丙烯酸酯硫酸乙酯铵盐(20%)	1.5	三乙醇胺	0.8
		香精	0.1
二苯甲酮-4	0.05	壬基醚聚氧乙烯(9)醚	0.5
EDTA-Na$_2$	0.1	去离子水	加至 100
苯甲基乙醇-甲基二溴戊二腈	0.03		

4.4 染发化妆品

　　染发化妆品主要是指改变头发颜色的发用化妆品，也称其为染发剂。染发的过程通过各种染料的作用实现。染发剂可将灰白色、黄色、红褐色头发等染成黑色，或将黑色头发染成棕色、红褐色等其他颜色，以及漂成白色等。

　　染发剂按使用的染料可分为植物性、矿物性和合成染发剂。根据染发原理又可分为漂白剂、暂时性染发剂、半永久性染发剂和永久性染发剂，其中染发剂的作用时间不同。染发剂可以制成各种剂型，如乳膏型、凝胶型、摩丝、粉剂、喷雾剂、染发香波等，以满足各类消费者的需求。对染发剂的性能要求主要体现在：制品的安全性，主要指不损伤头发和皮肤；较好的稳定性，主要指在头发上不发生明显的变色或褪色现象，不受其他发用化妆品的影响；较长的贮存稳定性；易于涂抹、使用方便等。

4.4.1　暂时性染发剂

暂时性染发剂的染发牢固度较差，不耐洗涤，通常只是将染发剂暂时黏附在头发表面作为临时性修饰，经一次洗涤就可全部除去。

暂时性染发剂一般使用水溶性酸性染料，它与阳离子表面活性剂络合生成细小的分散颗粒，这些颗粒不能透过表皮进入发干的皮质，最终导致染料络合物沉积在头发表面形成着色覆盖层。由于染料只与头发表面的最外层接触，只提供界面间的吸附和润湿作用，因此，导致被吸附的染料络合物与头发的相互作用不强，较易清洗除去。也因此，这种染发剂不改变头发的组织和结构，使用较为安全。

(1) 主要原料

暂时性染发剂一般是将染料配入（溶解或分散）基质中使用。可利用油脂的附着性进行染发，如膏状染发剂；利用水溶性聚合物凝胶的吸附性进行染发，如凝胶型染发剂；以及利用高分子树脂的粘接性进行染发，如喷雾染发剂、染发摩丝等。随剂型的不同，其配方组成各不相同。一般包括着色剂（天然染料或合成颜料）、溶剂（异丙醇、乙醇、水、苯甲醇、油脂、蜡等）、增稠剂（纤维素类、阿拉伯树胶、树脂等），以及保湿剂、乳化剂、螯合剂、香精、防腐剂等。各类剂型的基质组成与相同剂型的肤用和其他发用化妆品的基质组成基本一致。

暂时性染发化妆品的染料主要来源于天然色素，多以颜料为主，也有的用酸性染料。天然植物染发化妆品的原料有指甲花、散沫花、焦蓓酚、苏木精、春黄菊、红花等；合成颜料有炭黑、矿物性颜料、浓黄土、有机合成颜料等。其对皮肤、毛发的刺激性低；大分子组成的染料（颜料）不能穿过头发的角质层，作用时间较短。暂时性染发剂的品种有液状、凝胶状、乳状及固体条状等，其中尤以喷雾剂型多见，具有使用方便，着色较快的特点，且多可将头发染成各种鲜艳明快的色彩，如棕黄、桃红、亚麻色等，也可将局部白发染成黑色。

(2) 制备工艺

暂时性染发剂的制备是依据各种基质类型的不同而不同的，如染发喷剂的制法与喷雾发胶的制备相近；染发凝胶的制备与其他发用凝胶类似。

(3) 产品配方

暂时性染发剂的配方示例如下。

配方1（暂时性染发喷剂）

原液组分	质量分数/%	原液组分	质量分数/%
丙烯酸树脂烷醇胺液(50%)	6.0	香精	适量
二甲基硅氧烷	1.0	原液组分	70.0
乙醇	91.0	喷射剂(液化石油气)	30.0
颜料	2.0		

配方 2（暂时性染发凝胶）

组分	质量分数/%	组分	质量分数/%
聚丙烯酸酯树脂(Carbopol 940)	1.0	聚醚改性二甲基硅氧烷	0.1
乙醇(95%)	35.0	水解角蛋白乙酯	1.2
三乙醇胺(99%)	1.9	季铵化水解动物蛋白	0.5
PPG-12-PEG-50 羊毛脂	1.5	水解动物蛋白、透明质酸	0.5
月桂醇聚氧乙烯(23)醚	0.75	云母、二氧化铁、氧化铁	10.0
乙烯吡咯烷酮-醋酸乙烯酯共聚物	4.0	二氧化钛、云母	0.2
(PVP-VA)		去离子水	43.35

配方 3（染发条）

组分	质量分数/%	组分	质量分数/%
巴西蜡	8.0	棕榈酸异丙酯	4.0
蜂蜡	15.0	颜料	8.0
羊毛脂	10.0	香精、抗氧化剂	适量
蓖麻油	55.0		

配方 4

组分	质量分数/%	组分	质量分数/%
蓖麻油	66.0	褐煤蜡	10.0
蜂蜡	15.0	柠檬香料	2.2
貂油	2.0	聚氧乙烯油酸酯	1.2
炭黑	2.0	抗氧剂、防腐剂	适量

配方 5（染发润丝）

组分	质量分数/%	组分	质量分数/%
对氮蒽蓝(C. I. Acid Blue 20)	1.81	乳酸	2.50
辛基十二烷基吡啶溴化物	1.18	去离子水	加至100
乙氧基化环烷烃表面活性剂	4.30		

配方 6（染发膏）

组分	质量分数/%	组分	质量分数/%
单硬脂酸甘油酯	5.0	去离子水	12.5
硬脂酸	13.0	阿拉伯树胶	3.0
蜂蜡	22.0	去离子水	12.5
甘油	10.0	色素	15.0
三乙醇胺	7.0		

4.4.2 半永久性染发剂

半永久性染发剂的染色牢度介于暂时性染发剂和永久性染发剂之间，主要是指能耐6~12次香波洗涤的染发剂。半永久性染发剂不需经过氧化作用便可使头发染成各种不同的色泽，其染料相对分子质量较小，能透过头发的角质层并沉积在毛发的皮质上，使得它比暂时性染发剂耐清洗，能保持色泽1个月左右，但较小相对分子质量的染料透入层较浅，也可能再扩散出来导致此类制品也较容易被除去。

(1) 主要原料

半永久性染发剂有液状、乳液状、凝胶状和膏霜状。不同品种的原料组成有共性之处，主要包括染料（酸性、碱性、金属盐）、碱性剂（烷基醇胺等）、表面活性剂［十二烷基硫酸钠、聚氧乙烯（9）烷基苯酚醚］、增稠剂（羟乙基纤维素、聚丙烯酸酯共聚物）以及香精、水等。使用的酸性染料主要是偶氮类酸性染料，多数是直接染料并多复合使用，在酸性条件下染发较容易、效果好；配合的溶剂有苄醇、N-甲基吡咯烷酮等，用柠檬酸调整 pH 值。碱性剂主要是使体系处于碱性环境，使头发在膨胀状态下易于处理。使用的金属盐染料在单独处理过程中，只有少量颜色沉积，在光与空气的作用下，与头发角质层中含硫化合物缓缓反应生成不溶性的金属硫化物或氧化物，颜色逐渐沉积，这种染发剂又称为渐进染发剂。

(2) 制备工艺

半永久性染发剂的制备过程与肤用膏霜类化妆品的制备类似：把油相和水相分别加热至80℃，染料溶于水相中，在搅拌下缓慢加入到油相中，均质化后，冷却即得。

(3) 产品配方

半永久性染发剂配方示例如下。

配方 1（矿物金属盐染发膏）

组分	质量分数/%	组分	质量分数/%
单硬脂酸甘油酯	4.5	十四酸异丙酯	4.5
单硬脂酸乙二醇酯	3.5	十六烷基硫酸钠	1.5
聚氧乙烯失水山梨糖醇多硬脂酸酯	1.0	没食子酸	1.0
石蜡	3.0	硫酸亚铁	1.0
液体石蜡	25.0	香精	0.5
凡士林	5.0	还原剂	适量
纯地蜡	2.0	去离子水	47.5

配方 1 中以铁盐为染色剂，其中油脂成分较多，属 W/O 型产品。

配方 2（半永久性染发凝胶）

组分	质量分数/%	组分	质量分数/%
酸性染料	1.0	黄原胶	1.0
苄醇	6.0	柠檬酸	0.3
异丙醇	20.0	去离子水	71.7

配方 3（染发凝胶，黑色）

组分	质量分数/%	组分	质量分数/%
染料	1.0	Kelene 100（有机溶剂）	0.3
Lowenol HCS（天然表面活性剂）	10.8	氨水（26%，调 pH 值至 7.0±0.2）	适量
Carbopol 934	1.1	去离子水	86.8

4.4.3 永久性染发剂

永久性染发剂是指着色鲜明、色泽自然、固着性较强、不易褪色的发用化妆品。永久性染发剂通常是由一些低相对分子质量的显色剂和偶合组分组成，经过氧化还原反应生成染料中间体，再进一步通过偶合反应或缩合反应生成稳定的物质，因此这种染色剂又称为氧化染发剂。用这种染发剂染发，染料不仅遮盖头发表面，而且染料中间体能渗入头发内层，扩散至头发内皮质层，甚至进入髓质，在发质内部被氧化成不溶性的有色大分子，使头发着色。由于生成的染料不易扩散出来，故不易被清洗除去，即染色作用相对具有永久性，一般可保持 1~3 个月。永久性染发剂是染发制品中最多见的一类，也是染发化妆品中产量较大的一类。

永久性染发剂的剂型有乳液或膏体、凝胶、粉末和喷雾发胶等。由于染发剂中各组分的化学反应通常需 10~15min，一般在染发前将显色剂、偶合剂和氧化剂现用现配，并在深入发质内部后使反应发生。因此，永久性染发制品一般多为二剂型，以显色剂和偶和剂为主组成的染发 I 剂，以及以氧化剂为主构成的染发 II 剂，配制前分开包装。

其他类型的染发剂，包括有减少色素类的染发剂，主要指头发漂白剂。它是利用对头发的色调起决定作用的黑素颗粒被氧化分解来达到漂染效果。常用的漂白剂是过氧化氢。目前一般使用碱性过氧化氢使黑素颗粒氧化分解，根据其浓度的不同和漂白时间的不同等染成各种深浅不同的头发。

（1）主要原料

永久性染发剂的原料主要包括：染料中间体（氧化染料、金属型及植物型色素、活性染料）、碱性剂（氨水、乙醇胺）、缓冲剂（油酸）、增泡/增稠剂（月桂基二乙醇胺）、溶剂（醇、甘油、水等）、还原剂（硫化钠等）、氧化剂（过氧化氢、过硼酸钠等）以及其他原料，如香精、表面活性剂等。

① 染料中间体　永久性染发剂所使用的染色原料可分为天然植物、金属盐类染料和合成氧化型染料三类。这其中又以合成氧化型染料最为多见，以其为原料配制的染发制品染色效果好、色调变化宽、持续时间长。染发剂所使用的合成氧化型染料大多是对苯二胺及其衍生物，偶合剂（成色剂）多为对苯二酚、间苯二酚等，氧化剂（显色剂）多为过氧化氢。对苯二胺及其衍生物在氧化剂，如过氧化氢的作用下发生一系列缩合反应，形成大分子结构体，这种大分子结构体具有共轭双键而显现颜色，根据分子的大小，颜色可由黄变黑。若染成其他颜色，可加多元醇、对氨基苯酚等中间体。为达到理想的效果，配方中还需加入表面活性剂，以提高渗透、匀染、湿润性，还会加入其他添加剂，以减小对苯二胺对人体的危害。

② 基质原料　基质原料主要包括如下类型。

a. 溶剂和分散剂　其主要作为染料中间体的载体，并对水溶性物质起增溶作用。常用的有脂肪酸皂类以及低碳醇、多元醇等。

b. pH 值调节剂　在碱性条件下，头发可处于膨胀状态，有利于染料中间体的渗透，还可使染料更易氧化发色，因此，染发制品的 pH 值一般在 9～11。过强的碱性条件会刺激皮肤和毛发，引起损伤并会加速染料的自身氧化，故染发剂通常选用弱碱性物质，如氨水，作为 pH 值调节剂。

c. 表面活性剂　其主要起到分散、渗透、偶合、发泡、调理等作用。在染发剂中，常依据剂型而选择加入阴离子型、阳离子型或非离子型表面活性剂。

d. 增稠剂　其有助于形成一定黏度的膏体，并起到增稠、加溶和稳泡的作用。主要包括油醇、乙氧基化脂肪醇、烷基醇酰胺、乙氧基化脂肪胺和乙氧基化脂肪胺油酸盐等。

e. 调理剂　为减少碱性处理环境对头发的损伤和利于损伤头发的复原，常加入调理剂以加强对头发的保护作用。常用的有水溶性羊毛脂、水解角蛋白、烷基咪唑啉衍生物，还添加一些头发成膜剂，如聚乙烯吡咯烷酮及其衍生物、丙烯酸树脂等。

f. 抗氧剂和螯合剂　为避免染料中间体的提前氧化作用，常在制品中添加抗氧剂，常用抗坏血酸和异抗坏血酸及其盐等，此外，还常用巯基乙酸盐作为抗氧化剂。螯合剂的加入主要是为防止重金属离子的存在，对染料中间体的自身氧化反应起加速或催化作用，螯合剂主要使用乙二胺四乙酸的钠盐（EDTA-Na$_2$）。

③ 氧化剂　氧化剂是使染料中间体对苯二胺等发生氧化作用而形成大分子的染料。氧化剂的成分主要是过氧化物（过氧化氢、过硼酸钠）。氧化剂通常配成水溶液使用，也可配制成膏状基质。

（2）制备工艺

还原组分（Ⅰ剂）的配制中，先将染料中间体溶解于溶剂中，另将螯合剂及其他水溶性原料溶于水和氨水中形成水相，油溶性原料加热熔化形成油相。将水相和油相混合后，再将染料液加入，混合均匀。用少量氨水调节 pH 值。染料中间体的添加温度一般控制在 50～55℃左右，以防温度偏高而发生中间体的自动氧化。染发剂体系非常不稳定，生产和贮藏条件的变化都易促使产品发生变化，故在配制时尽量避免与空气接触。氧化剂的组分在温度偏高时，还极易分解失氧，制备时需控制氧化剂的添加温度，一般在室温下进行。

（3）产品配方

染发剂多为液状和膏霜状产品，其配方示例如下。

配方 1（二剂型黑色染发膏）

还原组分	质量分数/%	还原组分	质量分数/%
对苯二胺	3.0	螯合剂	适量
2,4-二氨基甲氧基苯	1.0	去离子水	40.8
间苯二酚	0.2	氧化组分	质量分数/%
油醇聚氧乙烯(10)醚	15.0	过氧化氢(30%)	20.0
油酸	20.0	稳定剂、增稠剂	适量
异丙醇	10.0	pH 值调节剂(pH 值调节	适量
氨水(28%)	10.0	至 3.0～4.0)	
抗氧剂	适量	去离子水	80.0

还原剂组分的配制中，先将染料中间体溶解于异丙醇中，将水溶性原料溶于水和氨水的体系中形成水相；油酸等油溶性原料加热熔化形成油相。将水相与油相混合后，将染料液加入，混合均匀。氨水调节 pH 值至 9~11，即得。

配方 2（二剂型染发液）

还原组分	质量分数/%	还原组分	质量分数/%
对苯二胺	4.0	香精	适量
对甲苯二胺	1.5	抗氧剂	适量
亚硫酸钠	2.0	去离子水	47.5
月桂醇聚氧乙烯醚硫酸铵	1.0	氧化组分	
Tween-80	5.0	过氧化氢（28%）	10.0
硅油	2.0	甘油	3.0
乙醇	35.0	尿素	1.0
氨水（28%）	2.0	香精	适量
EDTA-Na$_2$	适量	去离子水	86.0

配方 3（洗发-染发膏，一剂型）

组分	质量分数/%	组分	质量分数/%
对苯二胺	3.5	K$_{12}$-NH$_4$（30%）	18.0
对甲苯二胺	2.0	BS-12	5.0
水溶性羊毛脂	2.0	氧化胺	3.0
十六醇	1.0	EDTA-Na$_2$	适量
单硬脂酸甘油酯	1.0	香精	适量
AES（70%）	18.0	去离子水	46.5

配方 3 是香波型染发膏，它将洗发、染发结合起来。使用时润湿头发后将其涂抹于头发上，揉搓发泡并停留约 20min 后冲洗头发。染发剂遇空气而自然氧化，不需配制的氧化剂组分。这种染发膏因是一剂型，使用方便。它的制作与膏状香波制法类似，但在配制时宜抽真空，以免代入空气而产生泡沫，且因空气中的氧导致提前发生氧化作用而影响产品的染发效果。

配方 4（氧化型染发凝胶，染料基质）

组分	质量分数/%	组分	质量分数/%
椰油酰胺基丙基甜菜碱（30%）	12.0	氨水（25%）	7.20
C$_{12}$~C$_{14}$脂肪醇二乙二醇醚	12.0	亚硫酸钠	0.50
油酸	14.0	抗坏血酸	0.50
异丙醇	15.4	月桂醇硫酸酯钠盐	0.50
1,2-丙二醇	15.4	EDTA	0.50
2,5-二氨基甲苯硫酸盐	0.15	氯化铵	0.50
间苯二酚	0.50	水解蛋白（30%）	3.0
3-氨基苯酚	0.20	香精	适量
2-氯-1,4-二氨基苯	0.15	去离子水	加至 100
泛醇	0.30		

配方 5（氧化型染发剂，染料基质）

组分	质量分数/%	组分	质量分数/%
硬脂酰氧改性的二甲基硅氧烷	3.0	2-辛基十二醇	1.70
对苯二胺	1.0	抗坏血酸	0.50
间苯二酚	1.0	丙二醇	7.40
二十二烷基三甲基氯化铵	1.30	氨水（调节 pH 值至 9.0）	适量
辛基十二烷基三甲基氯化铵	0.20	去离子水	加至 100
十六醇-十八醇（混合醇）	4.00		

配方 6（氧化型染发剂，染料基质，红棕色）

组分	质量分数/%	组分	质量分数/%
2,5-二氨基硝基苯	0.30	聚氧乙烯壬基酚醚	1.0
4-羟基-5-乙氧基吲哚	0.30	乙二醇单丁醚	9.50
对苯二胺	0.40	焦亚硫酸钠	0.45
1-甲基-2-羟基-4-氨基苯	0.10	EDTA-Na$_2$	适量
月桂醇硫酸酯钠盐	4.20	去离子水	加至 100

配方 7（凝胶型染发剂）

组分	质量分数/%	组分	质量分数/%
6-十八碳（烯）酸	1.50	染料溶液	
丙二醇	2.15	间苯二酚	0.0825
月桂醇聚氧乙烯醚硫酸酯钠盐（25%）	4.0	对甲苯二胺	0.2607
椰油酰胺丙基甜菜碱	3.0	对氨基苯酚	0.0662
乙氧基化椰油脂基胺	2.0	4-氯间苯二酚	0.0545
N,N-双(2-棕榈-硬脂酰	5.4	1,3-双(2,4-二氨基酚氧)	0.0038
氧乙基)氨基乙醇		丙烷盐酸盐	
香精	适量	2,4-二氯-3-氨基苯酚	0.0470
染料溶液	7.0	氨水（25%）	0.40
氨水（调节 pH 值至 10）	适量	去离子水	加至 7.0
去离子水	加至 100		

配方 8（低刺激永久性染发剂）

Ⅰ剂组分	质量分数/%	Ⅱ剂组分	质量分数/%
对苯二胺	2.00	过氧化氢（35%）	15.0
间苯二酚	1.00	EDTA-Na$_2$	0.50
十六醇聚氧乙烯(15)醚	3.00	十六醇	2.00
十六醇-十八醇（混合醇）	8.00	月桂醇硫酸酯钠盐	0.50
白油	2.00	N-乙酰基对乙氧苯胺	0.10
谷胱甘肽	0.20	去离子水	加至 100
氨水（调节 pH 值至 9.5）	适量		
去离子水	加至 100		

配方 9 （首乌黑发剂）

组分	质量分数/%	组分	质量分数/%
醋酸铅	0.5	茉莉净油	1.0
何首乌提取液	2.0	乙醇	5.0
硫代硫酸钠	3.0	去离子水	81.5
丙三醇	7.0		

配方 10 （氨基酸黑色染发剂）

组分	质量分数/%	组分	质量分数/%
黑素朊	2.5	薰衣草油	1.0
氨基酸	1.5	豆蔻油	0.5
蓖麻油	15.0	蒸馏水	加至100
石蜡油	20.0		

4.5 烫发化妆品

4.5.1 概述

　　烫发化妆品是指能改变头发弯曲程度，并维持相对稳定的发用化妆品。头发的化学成分几乎都是由称为角朊的蛋白质构成，角朊的主要成分是胱氨酸。胱氨酸是氨基酸的一种，其分子中含有二硫键、离子键、氢键以及范德华力等多种作用力。水或酸/碱性物质以及机械揉搓等即可使头发中的氢键连接以及离子键作用消失殆尽，但破坏不掉结合力相对较强的二硫键。二硫键的存在既保持了头发的刚度和弹性，也限制了角朊的 α、β 类型间的转变。烫发改变头发的弯曲度，其实质就是将 α-角朊的直发自然状态改变为 β-角朊的卷发状态或相反。烫发的方法有水烫、火烫、电烫和冷烫等，其中尤以冷烫较为科学和安全。冷烫法的原理是由冷烫液（也称化学卷发液）中的成分将角朊中的二硫键还原，再用氧化剂使头发在卷曲状态下重新生成新的二硫键，而实现头发的长时间形变。

4.5.2 主要原料

　　依据冷烫液的作用机理，烫发化妆品大都使用的是二剂型体系。其中卷发剂（Ⅰ剂）提供切断二硫键的作用；另一剂为氧化剂或称中和剂（Ⅱ剂），将断开的二硫键重新连接。还原剂的处理介质与染发液类似，要求为碱性环境。

　　(1) 卷发剂 组分主要如下。

　　① 还原剂　还原剂是冷烫液的主要原料，主要使用巯基乙酸（又名乙硫醇酸或硫代乙醇酸）。因毒性和刺激性问题，配制时常使用毒性较巯基乙酸低的巯基乙酸的铵盐（或钠盐）。在介质的 pH 值为 9 时，限定巯基乙酸铵的浓度不得超过

8.0%。其他类还原剂主要有硫代羧酸酯类、硫代乙酰胺类等。

② 碱性物质　其作用与染发剂中的作用相同，主要是提供介质所需的 pH 值，利于头发的处理。制品中游离胺的含量和 pH 值对冷烫效果的影响较大，pH 值一般维持在 8.5～9.5 之间。用于冷烫液的碱性物质包括氨水、（单）三乙醇胺、碳酸氢铵、氢氧化钾（钠）、碳酸钾（钠）、硼砂等。经常使用的是氨水和三乙醇胺，尤其氨水具有挥发性，可在烫发过程中不断挥发，减少对头发的损伤，加之其本身作用温和且容易渗透，故烫发效果较好，但其稳定性较差。

③ 添加剂　为使烫发剂具有良好的使用效果和保护头发的作用，经常加入体系中的添加剂有：滋润剂，使头发柔韧、有光泽；软化剂，促进头发软化膨胀，利于处理液的渗透，加速卷发过程；乳化剂，主要加入乳液或膏霜类冷烫制品中；增稠剂，增加制品稠度，避免卷发液有效成分的流失；调理剂，改善头发的梳理性，增加光泽；冷烫液中还加入螯合剂以及香精、色素等。螯合剂的作用主要是避免铁离子对还原剂的影响。

(2) 中和剂

中和剂的主要成分是冷烫液中还原成分的氧化剂，对卷曲的头发起固定、定型作用，还可除去头发上残余的冷烫液。常用的中和剂是过氧化氢、溴酸钠和硼酸钠等。此外，中和剂中还加入 pH 值调节剂以及卷发剂中的部分添加剂。

4.5.3　制备工艺

还原液组分在配制时，先将少量的添加剂组分溶于水中调匀，再加入其他水溶性组分及螯合剂等溶解后，加入氨水及巯基乙酸铵等还原剂组分，充分混合后即得成品，装瓶密封。氧化剂组分的配制方法与其相似，如果为单剂型冷烫液，则无需配制氧化剂组分，主要通过空气中的氧气实现氧化作用。

4.5.4　产品配方

冷烫液的配方示例如下。

配方 1（普通冷烫液）

卷发剂组分	质量分数/%	卷发剂组分	质量分数/%
巯基乙酸铵水溶液（50%）	10.0	丙二醇	5.0
氨水（28%）	1.5	EDTA-Na$_2$	适量
液体石蜡	1.0	去离子水	80.5
油醇聚氧乙烯（30）醚	2.0		
中和剂组分	质量分数/%	中和剂组分	质量分数/%
溴酸钠	8.0	透明质酸钠	0.01
柠檬酸	0.05	去离子水	加至 100

配方 1 中的卷发剂组分的配制过程是：先将石蜡、油醇聚氧乙烯（30）醚溶于水中调匀，加入丙二醇及螯合剂溶解后，再加入氨水及巯基乙酸铵，充分混合后即

得成品，装瓶密封。

配方 2（单剂型冷烫液）

组分	质量分数/%	组分	质量分数/%
N-乙酰基-L-半胱氨酸	10.0	乳酸钠	适量
单乙醇胺	3.8	EDTA-Na$_2$	适量
十八烷基三甲基氯化铵	0.1	香精、色素	适量
汉生胶	0.3	去离子水	加至 100
丙二醇	5.0		

配方 2 中使用了半胱氨酸衍生物，作为一种天然氨基酸成分，其安全性高。通常将以半胱氨酸及其衍生物为还原剂的冷烫液制成单剂型产品，主要通过空气中的氧气实现氧化作用。

配方 3（单剂型冷烫剂）

组分	质量分数/%	组分	质量分数/%
十四醇	0.8	油醇	0.8
凡士林	1.0	氢化蓖麻油聚氧乙烯醚	1.0
十六烷基聚氧乙烯醚	0.5	香精	0.4
丙二醇	1.5	羧甲基纤维素	0.1
巯基乙酸	12.5	氨水	7.35
碳酸氢铵	4.0	精制水	加至 100

配方 4（透明烫发液）

组分	质量分数/%	组分	质量分数/%
巯基乙酸	6.5	EDTA-Na$_2$	0.1
氨水（相对密度 0.880）	10.8	香精	0.3
油醇聚氧乙烯(20)醚	0.6	去离子水	加至 100
月桂醇聚氧乙烯(75)醚	0.6		

配方 5（调理烫发液）

组分	质量分数/%	组分	质量分数/%
巯基乙酸铵	12.0	庚酸钠	0.1
二硫二乙酸(60%)	1.5	香精	0.25
氨水（相对密度 0.880）	1.8	去离子水	加至 100
月桂醇聚氧乙烯(12)醚	0.75	pH 值	9.2
硬脂酰胺丙基三甲基胺乳酸盐	0.5		

配方 6（烫发膏）

组分	质量分数/%	组分	质量分数/%
巯基乙酸铵	14.0	硅铝酸镁	1.2
氨水（相对密度 0.880）	2.2	庚酸钠	0.1
羊毛油	5.0	香精	0.25
硬脂酸单甘酯	1.0	去离子水	加至 100
PEG-100 硬脂酸酯	2.5	pH 值	9.1

配方 7（中和剂）

组分	质量分数/%	组分	质量分数/%
过氧化氢(35%)	5.0	壬基酚聚氧乙烯(9)醚	0.5
对乙酰氨基苯乙醚(非那西汀)	0.02	苯乙烯钠-丙烯酸-二乙烯苯共聚物、	0.2
锡酸钠	0.005	壬基酚聚氧乙烯(4)醚硫酸酯铵盐	
磷酸	加至 pH 值为 3.0	去离子水	加至 100

配方 8（单液型卷发剂）

组分	质量分数/%	组分	质量分数/%
柠檬酸	0.06	氨水	1.2
蔗糖	0.3	单乙醇胺	0.4
水貂油	0.2	甘油	0.2
硫代乙醇酸铵(50%)	5.8	橄榄油	0.8
碳酸氢钠	0.1	碘化钾	0.6
酒石酸	0.06	玫瑰香料	0.8
酒精	1.1	精制水	加至 100

本品为不用氧化剂处理的卷发剂，作用迅速，具有芳香宜人，卷发保持时间长的特点。

4.6 剃须化妆品

剃须化妆品主要是为软化、膨胀须发，清洁皮肤以减少剃须过程中的摩擦和疼痛，提高剃须速度，提供剃须后皮肤舒适感等而使用的化妆品。

剃须化妆品主要使用的是剃须膏，分为泡沫剃须膏和无泡剃须膏。随着剃须操作的改进和变化，也出现了适合电动剃须刀的剃须水等产品。

对剃须类制品的性能要求主要有：具有良好的润湿须发和润滑皮肤作用；能够软化须发并使剃须过程平缓进行；具有较宽温度范围内的稳定性；对皮肤无刺激性以及对金属制品无腐蚀性等。

4.6.1 泡沫剃须膏

泡沫剃须膏是 O/W 型乳化膏体，因作用效果明显、使用方便而受到欢迎，较为流行。泡沫剃须类产品也可制成气雾剂型。

(1) 主要原料

早期的泡沫剃须膏均采用皂基乳化的方式，选择脂肪酸皂作为乳化剂，其中，脂肪酸皂和未被中和的脂肪酸均可产生丰富细腻的泡沫，因此配方中脂肪酸的含量通常较大，占 35%～50%，常用的脂肪酸为硬脂酸以及椰子油或椰子油脂肪酸。

中和脂肪酸的碱常用氢氧化钾和氢氧化钠，或两者并用（二者比例通常为5:1），其用量以使得游离脂肪酸含量为3%～5%为宜。此外，配方中还添加保湿剂和润肤剂以及香精和色素。保湿剂主要选用甘油或丙二醇，其中甘油是重要原料之一，除提供保湿作用外，还对膏体的稠度和光泽有影响，在配方中的加入量通常占10%～15%，但在气雾剂泡沫制品中含量稍低；润肤剂主要选择羊毛脂、凡士林、单硬脂酸甘油酯等。

随表面活性剂工业的发展，较多的泡沫剃须膏采用的是非反应型乳化体系，多以非离子表面活性剂或其复合体系作为乳化剂，以及作用温和的表面活性剂作为起泡剂和清洁剂。配方中除添加保湿剂、润肤剂外，还通常加入调理剂、活性物质，如中草药提取物及动植物提取液等，起到促进愈合以及清凉、收敛等作用。

（2）制备工艺

泡沫剃须膏的制备过程与膏霜类化妆品基本相同：将油相成分加热熔化，水相成分混合并加热溶解，然后将水溶液缓慢倒入油相中并低速搅拌，保温下持续搅拌。冷却至室温后加入香精，搅拌均匀，经陈化后装罐即得。

（3）产品配方

泡沫剃须膏的配方示例如下。

配方1（泡沫剃须膏）

组分	质量分数/%	组分	质量分数/%
硬脂酸	33.0	三乙醇胺	0.7
椰子油脂肪酸	10.0	杀菌剂	0.2
丙二醇	20.0	薄荷脑	0.2
氢氧化钾	7.2	香精	0.8
氢氧化钠	0.8	去离子水	加至100

将油相成分加热熔化，水相成分混合并加热溶解，然后将水溶液缓慢倒入油相中并低速搅拌，保持温度继续搅拌，冷却至室温，加入将薄荷脑溶解于香精中，并加入其中，搅拌均匀，经陈化后装罐即可。

配方2（气雾剂型剃须泡沫）

原液组分	质量分数/%	原液组分	质量分数/%
硬脂酸	7.0	椰子基胺氧化物	3.0
精制椰子油脂肪酸	1.0	三乙醇胺	3.5
十六醇	0.5	防腐剂	适量
肉豆蔻酸丙酸酯	1.0	去离子水	76.0
失水山梨醇硬脂酸酯	0.5	原液组分	7.0
Tween-60	4.5	喷射剂	93.0
氢化淀粉水解产物	3.0		

气雾剂剃须泡沫的作用原理及喷射剂选择与其他气溶胶化妆品类型基本一致。在压力作用下的喷射剂及乳液组分经液化装入喷射容器内，当乳液喷射出时，被分散的喷射剂液滴蒸发，形成被水溶性表面活性剂包围的喷射剂气泡组成的泡沫。

4.6.2 无泡剃须膏

无泡剃须膏是 O/W 型乳液，膏体内含有较多的滋润性物质，可更有效地减少剃须操作对皮肤的刺激；绝大多数的无泡剃须膏在使用后无需洗去，较泡沫剃须膏使用方便，存留成分可对皮肤提供滋润作用。

(1) 主要原料

可用于无泡剃须膏的原料品种较多，其配方组成与雪花膏基本相同，相较雪花膏加入了较多量的滋润性物质、润滑剂和保湿剂。硬脂酸的用量在 10%～30% 之间，只有部分的脂肪酸用碱皂化，多余的游离脂肪酸增加膏体的滋润性，并使膏体产生光泽。与雪花膏类似，碱的性质对膏体的影响较大，氢氧化钾被普遍地用于膏体的乳化，所制成的膏体稠度适中，表面光彩好。通常选用羊毛脂与其他滋润性物质相配合作为配方中的滋润性物质。也可将膏霜类化妆品常用的增稠剂加入到无泡剃须膏中以稳定乳化体和保持膏体的水分，或用保湿剂代替。配方中加入表面活性剂以提供良好的润湿、渗透作用。

(2) 制备工艺

无泡剃须膏的制备方法与泡沫剃须膏基本一致。将油性成分与水溶性成分分别混合均匀后，将水相缓慢加入到油相中，搅拌均匀，待膏体变稠厚后冷却至室温，加香并搅拌均匀，陈化后包装即得。

(3) 产品配方

无泡剃须膏配方示例如下。

配方

组分	质量分数/%	组分	质量分数/%
硬脂酸甘油酯	10.0	硬脂酸	2.0
白矿油	3.0	氢氧化钾	0.1
羊毛脂	5.0	去离子水	76.9
甘油	3.0		

4.6.3 剃须水

剃须水是可用于剃须前或剃须后，具有滋润和消毒作用，并可提供清凉感以缓和剃须对皮肤的刺激，防止细菌感染并提供舒适的香味的化妆品类型。

剃须水的制备方法与化妆水基本相同。将醇溶性物质溶解于酒精中，水溶性物质溶解于水中，然后将二者混合均匀，继续搅拌直至成为透明的溶液，经陈化、过滤即得。

剃须水配方示例如下。

配方

组分	质量分数/%	组分	质量分数/%
酒精	24.0	薄荷脑	0.2
丙二醇	2.0	香精、色素	0.5
氨基苯甲酸乙酯	0.2	去离子水	71.1
聚氧乙烯单月桂酸失水山梨醇酯	2.0		

第5章　口腔卫生用品

口腔卫生用品是指能清除牙齿表面的食物碎屑，清洁口腔和牙齿，防龋消炎，祛除口臭，并且使口腔留有清爽舒适感觉的化妆品类型。产品主要包括牙膏、牙粉、牙片、漱口水和爽口液等。其中以清洁口腔和牙齿为主要目的的牙膏是最经常使用的口腔卫生用品类型。牙膏分为洁齿型（即普通型）和疗效型（即加药型）两类。普通型牙膏按配方结构可分为碳酸钙型、磷酸钙型、氢氧化铝型、二氧化硅型牙膏；按牙膏的形态又分为白色、加色、彩条、透明和非透明牙膏；按其功能分为防龋齿、脱敏牙膏、消炎止血牙膏、抗结石牙膏、除烟渍牙膏、保健养生牙膏等。

5.1 牙膏

5.1.1 主要原料

牙膏主要由摩擦剂、保湿剂、发泡剂、增稠剂、甜味剂、芳香剂、赋色剂以及具有特定功能的活性物等组成。

（1）基本组成

① 摩擦剂　摩擦剂是提供牙膏洁齿功能的主要组分，可去除牙渍，加强对牙菌斑的机械性移除，减轻牙结石等。作为组成牙膏的主要原料，其约占膏体总量的 $20\% \sim 50\%$。牙膏中摩擦剂的要求包括：有适当的硬度和摩擦值、颗粒细度均匀、外观洁白、无异味、口感舒适、安全无毒、溶解性小和化学性质稳定，不与牙膏中其他组分发生化学变化等。人体牙釉质的莫氏硬度约为 $5 \sim 6$，牙膏中摩擦剂的莫氏硬度应在 5 以下，一般认为摩擦剂的莫氏硬度不大于 4 时较为适宜。

牙膏常用的摩擦剂包括碳酸钙类、磷酸钙类、α-氢氧化铝、沉淀二氧化硅、硅铝酸盐类等。

碳酸钙分为轻质碳酸钙和重质碳酸钙。其中轻质碳酸钙颗粒细、比重轻，可用于牙膏中。但因钙质摩擦剂不够稳定，尤其可与氟离子生成不溶性的氟化钙，从而降低组分中药物的抗龋齿活性，故一般用于普通型牙膏的生产。

磷酸钙类摩擦剂包括磷酸氢钙、焦磷酸钙、无水磷酸钙等。牙膏中使用的磷酸氢钙有其无水物和二水合物，其中二水合物与其他组分有较好的混溶性；而无水物因硬度较高、摩擦力强，可将二水合物与 5%～10% 的无水物复合用于除烟渍等功能型牙膏的配方中。焦磷酸钙不与含氟化合物发生反应，可作为含氟牙膏配方中。

与碳酸钙相比，氢氧化铝具有溶解性小、性能稳定、不伤牙釉质，较好的洁齿能力和较好的缓蚀性能等优点，且可增加牙膏的光亮度以及可改善膏体的分水现象等，是高质量药物牙膏的配方组分。

沉淀二氧化硅和硅铝酸钠主要用于透明牙膏的生产。二氧化硅经缓慢脱水，则生成二氧化硅干凝胶或水凝胶（含水 15%～35%）。缓慢的干燥使体积明显缩小，阻止了重新水合，因此，二氧化硅干凝胶适宜作为牙膏的摩擦剂；若快速脱水则生成气溶胶，这种情况下的体积缩小并不明显，当水分子存在时，气凝胶二氧化硅快速水合，故气溶胶二氧化硅适宜做牙膏的增稠剂。

② 保湿剂　保湿剂的作用是防止膏体水分的蒸发，以及吸附空气中的水分，防止膏体干燥变硬，降低牙膏的冻点，使牙膏在寒冷地区亦能保持正常的膏体状态，以方便使用。

甘油是应用较早、也是较为通用的牙膏保湿剂。二元醇类的保湿剂有丙二醇、聚乙二醇等，其与甘油的各项性能较为接近，但口感不如甘油。多元糖醇类保湿剂以山梨醇为代表，还有甘露醇和木糖醇等，此类保湿剂的吸湿性较甘油差，但保湿性能良好，口感较佳。有机酸的盐类，如乳酸钠及吡咯烷酮羧酸钠等，也有很好的吸湿和抗冻性能，但有一定的离析作用和不适的口感，只在部分配方中应用。

③ 发泡剂　牙膏中使用的表面活性剂均有较好的发泡能力，其中使用最为广泛的是十二醇硫酸钠（K_{12}），其用量一般为 2%；其次为十二酰甲胺乙酸钠，此表面活性剂的水溶性远好于十二醇硫酸钠，其结晶析出温度也较低，配制的 10% 的水溶液在 0～5℃ 时仍能保持液体状态，故可在有黏结条件的膏体中用作稳定剂，以减轻凝聚结粒，保证牙膏膏体的细腻性。另外十二酰甲胺乙酸钠所产生的丰富泡沫极易漱清，该物质还具有一定的防龋能力。

用于牙膏的表面活性剂还有椰子酸单甘油酯磺酸钠、2-醋酸基十二烷基磺酸钠、鲸蜡基三甲基氯化铵等。

④ 增稠剂　增稠剂在牙膏中所占比例一般在 1%～2% 之间，可使牙膏具有一定的稠度，构成牙膏骨架，使牙膏具有触变性，膏体细腻而光亮。据此也将这类物质称为牙膏赋形剂。在牙膏组成中，增稠剂与牙膏的其他组分及药物添加剂应有良好的配伍性，以制得稠度适中、使用方便、不影响泡沫性能和香气散发的稳定膏体。牙膏中使用的增稠剂有羧甲基纤维素钠（CMC）、羟乙基纤维素、鹿角菜胶、海藻酸钠、二氧化硅凝胶等。

羧甲基纤维素钠是用得较多的增稠剂。用于生产牙膏的 CMC，其取代度要求为 0.7～1.2，水溶液的黏度为 0.5～3mPa·s，并选用食用级原料生产。CMC 的取代度越高越好，但取代基团的分布也十分重要，即分布得越均匀，CMC 的溶化度也越好。CMC 在水中并非溶解而是解聚（即聚合物的分子散开），由解聚度低的 CMC 制得的膏体不平滑、不光亮；解聚度提高则 CMC 的凝胶化性能相应变差，此时需要和其他胶凝剂，如鹿角菜胶、海藻酸钠、凝胶型二氧化硅及胶体硅酸镁铝复配使用。可溶性盐类或非极性溶剂对 CMC 的黏度和解聚有明显的影响，特别是配方中钠盐可使解聚度降低，导致牙膏在贮存过程中容易变硬，可先将 CMC 解聚后再加入这些盐类则可有效避免一影响。

鹿角菜胶也是一种有效的增稠剂，能形成热可逆性凝胶。鹿角菜胶又可分为 K-鹿角菜胶、I-鹿角菜胶和 A-鹿角菜胶三种形式。前两者能在水中形成弱凝胶而制得膏体稳定的制品，但 A-鹿角菜胶并不形成凝胶，不能用于牙膏生产。I-鹿角菜胶在牙膏中的熔化温度为 80～90℃，即使牙膏在 50～60℃贮存，凝胶并不熔化，故用 I-鹿角菜胶制成的牙膏贮存在较高温度下，并不会增加凝胶的强度而使牙膏变硬。

⑤ 甜味剂　甜味剂包括糖精、木糖醇、甘油、橘皮油等，其中以糖精为主。糖精是由甲苯等化工原料合成而得，其甜度是蔗糖的 300～500 倍，在口腔内不会变酸，是牙膏生产中使用的主要甜味剂。其用量一般在 0.01％～0.1％，不宜过量。在配方中糖精的用量是根据甘油用量及甜味香料的添加情况调整。

此外，牙膏的基本组分中还包括香精和防腐剂等。习惯上人们要求牙膏口味"清凉"，因此牙膏中常用的香精香型为：薄荷香型、果香香型、留兰香型、茴香香型等。一般的食用防腐剂，根据需要都能作为牙膏防腐剂，常用的牙膏防腐剂主要有苯甲酸钠、尼泊金酯类、没食子酸酯、抗坏血酸棕榈酸酯等。其中苯甲酸钠是最常用的食品防腐剂，也是牙膏的常用防腐剂，在牙膏中的用量一般为 0.2％～0.5％。

（2）特殊添加剂

牙膏特殊添加剂是指在牙膏膏基中添加一些具有特殊效应的物质，如药物等，使牙膏在洁齿与清洁口腔的基本功能上，对口腔与牙科常见疾病起到预防和辅助治疗作用。

① 氟化物防龋剂　一般认为，氟化物的防龋机理包括：氟化物与牙釉质作用在其表面形成氟磷酸钙，提高了牙釉质的硬度，从而提高了抗酸蚀能力；氟化物可抑制口腔细菌的繁殖，减少牙菌斑的形成。牙膏中常用的氟化物品种有氟化钠、单氟磷酸钠、氟化胺等。

② 脱敏镇痛药剂　脱敏剂可减少牙本质过敏。牙齿在受冷、热、酸、甜等刺激或刷牙、咬物等刺激时产生的酸痛感觉，大都是由于牙齿磨蚀、牙龈萎缩、牙根暴露等导致的牙本质暴露引起；也可由牙髓血液循环的改变，如有牙颌创伤的牙齿、牙根尖部长期充血等的影响而出现的敏感症状；龋齿发展到牙本质时，也常有这种敏感症状。

牙膏中常用的脱敏镇痛药剂有氯化锶（$SrCl_2 \cdot 6H_2O$），其能提高牙本质抗酸能力而起脱敏镇痛作用；羟基磷酸锶 [$Ca_3(PO_4)_2 \cdot Sr(OH)_2$]，其脱敏效果比氯化锶显著；尿素 [$CO(NH_2)_2$]，能抑制乳酸杆菌的滋生，能溶解牙面斑膜而起抗酸脱敏镇痛作用。

③ 消炎止血药剂　牙周组织的炎症（如牙龈炎和龈缘炎）是常见和多发的牙病。牙龈出血症与口臭是病症的初期表现，发病后严重者会发生肿胀、瘀脓、牙齿松动，导致牙齿脱落或被迫拔除。

已开发出的多种消炎止血药剂，如醋酸洗必泰（$C_{22}H_{30}Cl_2N_{10} \cdot 2C_2H_4O_2$）和由洗必泰与碘合成的新型消毒杀菌剂洗必泰碘、甲硝唑（$C_8H_{15}O_2N$）、季铵盐（$R_4N^+Cl^-$）阳离子表面活性剂、叶绿素 [（$C_{34}H_{31}O_6N_4 \cdot CuNa_3$）＋（$C_{34}H_{31}O_6N_4 \cdot CuNa_2$）]、冰片 [$C_{10}H_{18}O$]、百里香酚 [$C_{10}H_{20}O$]、超氧化物歧化酶 SOD 及中草药浸膏等。

④ 除渍剂　除渍剂仅用于除牙渍的牙膏之中。每个人的口腔中都有细菌，它易与唾液中的糖、蛋白质粉液、食物中的碳水化合物等凝聚在一起形成菌斑，菌斑形成后，不及时清除就逐步钙化，钙化后会形成结石，烟、茶、咖啡和食品色素易与口中的粉液形成色渍。牙膏中添加药物可溶解结石或消除色渍，达到预防和美容的目的。

由于牙结石的化学成分与牙釉质极为相似，因此，能溶解和消除牙结石的药物，往往也能侵害牙组织，理想的清除牙结石的药物是能溶解牙结石而不损害牙组织的物质。用作除渍剂的化学药品有许多，主要品种有柠檬酸锌、植酸钠及其衍生物、EDTA 络合剂（$C_{10}H_{14}O_8N_2Na_2$）和复合酶制剂等。其中效果较好的是植酸钠，它是一种天然无毒的淡黄色黏稠液体，呈强酸性，易溶于水，是植物种子的重要组成部分。许多谷物和油料种子中含有 1%～3% 的植酸。

⑤ 保健调理剂　许多天然动植物营养保健品可应用到牙膏中，主要有灵芝、人参、西洋参、维生素与氨基酸、动物水解蛋白以及表面生长因子 EGF 等。

(3) 其他助剂

牙膏中使用的助剂有缓冲剂、缓蚀剂等。pH 值是牙膏膏基的重要指标之一，它关系到牙膏的口腔卫生、膏基的稳定性及对包装材料的缓蚀性能，常用的缓冲剂主要有磷酸氢钙、磷酸氢二钠及焦磷酸钠。缓蚀剂的作用是减小膏基对包装材料的腐蚀作用，常用的缓蚀剂主要有硅酸钠、硝酸钾等。

(4) 净化水

水对各种矿物质都有很好的溶解性，自来水中含有多种离子，如 Ca^{2+}、Mg^{2+}、Fe^{2+}、Na^+、K^+、HCO_3^-、SO_4^{2-}、Cl^-、SiO_3^{2-} 等以及细菌和杂质。用于制备牙膏的水必须经过净化，除去有害离子。目前多采用离子交换法制成去离子水，达到净化的目的。

5.1.2　配方结构及制备工艺

(1) 牙膏的配方结构

牙膏主要由膏基、容器（软管）和包装物组成，使用时起主要作用的是膏基，故一般称牙膏是指其膏基。膏基是复杂的混合物，根据各组分在膏基中的作用，膏基由润湿赋形剂、胶黏剂、摩擦剂、洗涤/发泡剂、香精与甜味剂、特殊添加剂与其他助剂及净化水组成。

牙膏按其形态可分为固相和液相，液相中又分油相和水相，因此，研究牙膏的配方要涉及胶态分散体中有关的表面化学和胶体化学的基本理论。在设计配方时，还需综合考虑到牙膏的包装容器、生产成本和销售市场等因素。

配方研究中主要掌握的几种结构因素如下。

① 固相与液相的物理平衡　牙膏膏基中的固相主要是摩擦剂等粉质原料，一般约占 50% 的份额；其液相主要是甘油、山梨醇、净化水和 CMC 等原料，实际上是呈网状结构的胶稠溶胶液，约占 50% 左右；还有以油相存在的不溶于水的香料，约占 1%。当固相粉末分散在液相介质中，其物理性质与固-液相的界面状态及特性有关。首先是固体被液体润湿，牙膏膏基的粉末应完全被润湿，它通常用摩擦剂吸水量指数来衡量固-液两相的平衡。其次是胶黏剂分散于液体中，形成网状结构的溶胶黏稠液体；此外，可溶性盐类被均质地分散在胶液中，稳定在这个网状结构里，而显示出一定的黏度。这两个因素构成膏体的物理平衡常数，当达到平衡时即配方比例恰当，使膏基不稠厚、不稀薄、光滑柔软、久藏不变质。

② 甘油与水的比例平衡　甘油（或山梨醇、丙二醇）与水构成液相溶质，是牙膏配方中不可缺少的组分，称为润湿赋形剂。甘油、山梨醇或丙二醇的共同特性是：具有抗冻性、保湿性及共溶性。其与水的配比恰当时，膏体能发挥其耐寒、耐热与流频触变效应，反之，效果不佳甚至会产生副作用。甘油溶液浓度在 35% 左右时，膏体的触变性与流频性较好，冰点在 $-12.2℃$，共沸点在 102℃，使膏基在 $-10\sim50℃$ 保持稳定。甘油溶液浓度大于 66% 时，冰点反而上升，而且失去甘油在膏体中保湿与吸湿的表面吸附物理平衡，往往会造成膏体出现渗水现象（出现于软管出口与尾部接触空气处）。因此，甘油与水的比例恰当，可使润湿赋形剂充分发挥效应，是使配方结构达到物理平衡的关键。

③ 油相与水相的乳化平衡　牙膏所使用的香料大多数是不溶于水的油状物，是牙膏膏基中的油相组分。牙膏中的洗涤/发泡剂是表面活性剂，常用的是月桂醇硫酸钠，溶于水后即分成水相与油相（香精），在搅拌接触下形成乳化液，为 O/W 型，使水相成为乳化胶液。月桂醇硫酸钠作为优良的乳化剂，在分散相液滴周围形成坚固的薄膜，阻止液滴聚结，形成稳定的乳化态。可根据表面活性剂的亲水-亲油平衡值（HLB 值）来设计出有效的乳化条件。在牙膏中包覆在乳状液界面膜的结构是复杂的，除了香精外，还有粉料与胶料存在，整个膏体呈粉末分散在乳化液的悬浮体中，由于颗粒之间发生相互黏附作用呈絮凝状态，使组成物呈一种稳定的网状结构。

不同使用需要，产生多种牙膏类型，有普通型、高档型、药物型、营养保健型、儿童型牙膏等。从选择原料着手经过多次小样试制、大样复制，并进行理化指标测定对比，可得出鉴定性结论并能定型配方结构。

（2）牙膏的制备工艺

配方是产品的基础，而工艺是产品的根本，因此，在研究牙膏产品配方时需研究工艺条件，才能达到产品设计的质量、产量及技术指标的预期效果。牙膏的制备工艺包括间歇制膏和真空制膏。其中间歇制膏是冷法制膏工艺中普遍采用的工艺。它有两种制备方法：一种是预发胶水法；另一种是直接拌料法。间歇制膏工艺的主要特点是投资少，不足之处是卫生难以达标，故已逐渐被真空制膏工艺取代。

真空制膏也是一种间歇制膏，只是在真空（负压）下操作。其主要特点是工艺卫生达标、香料逸耗较少（负压下的工艺相较普通工艺，可减少香料逸损 10% 左右），而香料是牙膏膏料中较为贵重的原料之一，因此该工艺可降低制备成本。

真空制膏工艺目前在国内有两种方法：一种是分步法制膏，它保留了原有工艺中的发胶工序，然后把胶液与粉料、香料在真空制膏机中完成制膏。分步法的特点是产量高，真空制膏机利用率高。另一种是一步法制膏，它从投料到出料一步完成制膏，其特点是工艺简化、工艺卫生、制备面积小、便于管理等。

真空制膏的工艺流程如下：

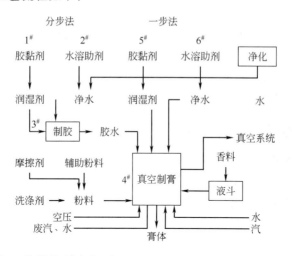

分步法制膏的工艺操作要点如下。

① 制胶　根据配方投料量，完成制胶，并取样化验，胶液静置数小时备用。

② 拌料　根据配方称取胶液用泵送入制膏机中，然后依次投入预先称量的摩擦剂及其他粉料与洗涤剂进行拌料，粉料由真空吸入，流量不宜过快，以避免粉料吸入真空系统内，还应注意膏料的溢泡，必要时要采取破真空加以控制，直至膏面平稳为止，开启胶体磨数分钟。

③ 加香、脱气　在达到真空度要求（-0.094MPa）后，投入预先称量的香精，脱气数分钟后制膏完毕。

④ 出料、检验　将膏料通过输送泵送至贮膏釜中备用，同时取样化验。

一步法制膏的工艺操作要点如下。

① 预混 预混部分分油相（根据配方投料量，将胶黏剂预混于润湿剂中）、水相（根据配方投料量，将水溶性助剂预溶于水，然后投入定量的山梨醇等）和固相（根据配方投料量，把摩擦剂及其他粉料计量后，预混于粉料罐中备用）等的制备。

② 制膏 启动真空泵，待真空到达－0.085MPa 时开始进料。先进水相液料，开启刮刀，再进油相胶料，开始搅拌，注意胶液进料速度不宜过快，以免结粒起泡。进料完毕待真空度到位后开启胶体磨数分钟。停磨数分钟再第二次开启均质数分钟后停磨，制胶完毕停机取样化验，胶水静置片刻。拌膏开始前先开启刮刀，再开启搅拌及真空泵，待真空到达－0.085MPa 时开始进粉料，进料完毕待真空度到位，釜内膏面平稳后开动胶体磨数分钟，停磨数分钟后再开胶体磨数分钟均质，停数分钟后二次均质，再投入预先称量的香精，用适量食用酒精洗涤香料料斗，进料完毕，待真空度到位后均质数分钟，再脱气数分钟后停机，则制膏完毕。将膏料通过输送泵送至贮膏釜中备用，同时取样化验。

③ 进、出料 进料时要先开制膏釜球阀，再开料阀，进料完毕先关料阀，再关球阀；出膏时，先开膏料输送泵，再开制膏釜球阀，出料完毕先关球阀，再关泵。

④ 工艺参数控制 真空度－0.094MPa 以上；膏料 pH 值 7.5～8.5（磷酸钙型），8.0～9.0（氢氧化铝型），8.5～9.5（碳酸钙型）；胶水黏度（30℃）2500～3500mPa·s；膏料相对密度＞1.48（磷酸钙型），＞1.52（氢氧化铝型），＞1.58（碳酸钙型）；膏料稠度 9～12mm；制膏温度 25～45℃。

5.1.3 产品配方及配方分析

(1) 普通型牙膏

普通型牙膏的配方示例如下。

配方 1（碳酸钙型牙膏）

组分	质量分数/%	组分	质量分数/%
碳酸钙	48.0～52.0	山梨醇(70%)	10.0～15.0
羧甲基纤维素钠(CMC)	1.0～1.6	香精	1.0～1.5
月桂醇硫酸钠	2.0～3.0	水玻璃或硝酸钾	0.05～0.30
糖精	0.25～0.35	磷酸氢钙	0.3～0.5
甘油	5.0～8.0	去离子水	加至100

碳酸钙型牙膏的配方特点是甘油用量较少，水量较多，并添加了水玻璃和磷酸氢钙等缓蚀剂。甘油的这种低用量虽然不能完全阻止管口干燥，以及影响牙膏的耐寒性，但在一定的时间内，仍能保证膏体的柔软或成型状况。一般说来，使润湿剂浓度达到牙膏液体部分的 35% 较为适宜。为保证膏体的稳定性，需适当提高羧甲基纤维素钠的用量，其用量应不低于 1%。香精、月桂醇硫酸钠的用量则会根据销

售对象、配方结构和生产工艺有所不同，香精与月桂醇硫酸钠的用量比以 1：2 为宜。

配方 2（磷酸钙型牙膏）

组分	质量分数/%	组分	质量分数/%
磷酸氢钙	45.0～50.0	焦磷酸钠	0.5～1.0
羧甲基纤维素钠	0.06～0.15	月桂醇硫酸钠	2.0～2.8
硅酸铝镁	0.4～0.8	糖精	0.2～0.3
甘油	10.0～12.0	香精	0.9～1.1
山梨醇(70%)	13.0～15.0	去离子水	加至 100

磷酸氢钙牙膏通常需要的甘油量较高，水量较少，并添加了焦磷酸钠稳定剂。配方中是以含结晶水的硫酸氢钙（$CaHPO_4 \cdot 2H_2O$）作为牙膏摩擦剂，如添加无水磷酸氢钙能增强洁齿率。$CaHPO_4 \cdot 2H_2O$ 在水溶液中易水解生成磷灰石和磷酸，使牙膏稠度显著增大，甚至最终导致牙膏完全硬化。其水解反应式可表示为

$$CaHPO_4 \cdot 2H_2O \longrightarrow CaHPO_4 + 2H_2O$$
$$5CaHPO_4 + H_2O \longrightarrow Ca_5(PO_4)_3OH + 2H_3PO_4$$

上述反应在有水存在时，加速进行，为减缓或防止这些化学变化，添加焦磷酸钠和增加甘油的用量十分必要，这是因为焦磷酸钠有抑制二水合磷酸氢钙的脱水作用，同时焦磷酸根与钙离子络合，从而抑制磷灰石的生成。焦磷酸钠作为稳定剂在牙膏中加入量以 8% 为宜，用量少则膏体偏软，用量多则膏体增稠。甘油用量的确定，还应考虑到其对膏体的润湿作用及稳定膏体香味的作用。按 40：60 或 50：50 的甘油：水比率较为适合磷酸氢钙牙膏。磷酸氢钙牙膏由于甘油用量大，吸水量较高，因此，其 CMC 用量少，一般在 0.7% 左右，不超过 1%。香精与月桂醇硫酸钠的用量与碳酸钙牙膏类似。

配方 3（氢氧化铝型牙膏）

组分	质量分数/%	组分	质量分数/%
氢氧化铝	47.0	糖精	0.3
羧甲基纤维素钠	1.2	香精	1.0
甘油	15.0	磷酸氢钙	0.5～1.0
山梨醇(70%)	5.0	其他添加剂	3.6
月桂醇硫酸钠	2.5	去离子水	加至 100

氢氧化铝型牙膏的配方特点是甘油用量较小，且适宜于制备全山梨醇牙膏，同时添加磷酸二氢钠或磷酸氢钙作稳定剂。氢氧化铝水悬浮液的 pH 值为 8.5～9.0，牙膏略偏碱性，会导致包装软管受碱性腐蚀，因此，加入适量的磷酸氢钙或磷酸二氢钠，以起中和、缓冲作用。氢氧化铝的吸水量不高，因此，羧甲基纤维素钠用量通常不能低于 1%。氢氧化铝具有特殊的涩味，因此在香精选型上要注意协调性，一般选香味浓重的薄荷香型或冬青留兰香香型，以掩盖部分不良口味。

配方 4（二氧化硅型牙膏）

组分	质量分数/%	组分	质量分数/%
山梨醇（70%）	65.0~75.0	香精	0.8~1.0
二氧化硅	18.0~23.0	糖精	0.10~0.15
羧甲基纤维素钠	0.4~0.7	其他添加剂	1.0~2.0
月桂醇硫酸钠	1.0~1.8	去离子水	加至 100

二氧化硅型牙膏也称为透明型牙膏。透明牙膏用的二氧化硅有两种规格：一种是摩擦剂，另一种是增稠剂，两种规格的二氧化硅总量在 $18\%\sim25\%$ 之间，摩擦剂与增稠剂的比例为 $1:1$ 或 $1:0.5$。要使膏体透明，须使构成膏体的液相和固相折射率一致。固相部分主要是无定形二氧化硅，它的折射率主要由制备时的工艺决定，一般在 $1.450\sim1.460$ 之间，一旦成为成品，就无法更改。液相部分的折射率按二氧化硅的折射率来调节，使之与固相部分一致。液相部分主要是甘油和山梨醇，甘油浓度从 $0\sim100\%$ 变化，其折射率为 $1.333\sim1.470$；山梨醇浓度从 $0\sim70\%$ 变化，其折射率为 $1.333\sim1.457$。它们的折射率变化范围可以包含在二氧化硅的折射率范围内，因此，透明牙膏中含有高比例的保湿剂，只能容纳少量的水。通过调节液相中甘油和山梨醇浓度，改变膏体液相的折射率，使之与固相一致。

（2）药物牙膏

药物牙膏的基本组成与普通牙膏无明显区别，其所加药物须与其他组分有良好的配伍性，以确保膏体的稳定和治疗效果。

① 防龋型牙膏　其主要包括含氟化物牙膏（添加氟化钠、单氟磷酸钠、氟化铵等）、含硅牙膏（加聚硅氧烷或其他有机硅组分）、含胺或胺盐牙膏（加尿素或其他胺盐类）、加酶牙膏（加葡聚糖酶或蛋白酶等），以及添加有中草药提取物的牙膏等。

含氟化物牙膏的防龋作用主要是通过水溶性的氟离子实现，因此，保持稳定和有效的氟离子浓度是制备含氟牙膏的关键。成人牙膏制品中的氟含量在 $0.05\%\sim0.15\%$；而实现稳定性的主要途径有：选用对氟化物相容度高的氢氧化铝、焦磷酸钙和（或）二氧化硅等为氟化物牙膏的摩擦剂；选用对钙离子亲和能力低的单氟磷酸钠为防龋剂，由其与碳酸钙或磷酸氢钙配伍以制备含氟牙膏；采用复合摩擦剂与单一氟化物或双氟化物制备含氟化物牙膏。

防龋齿牙膏的配方示例如下。

配方

组分	质量分数/%	组分	质量分数/%
单氟磷酸钠	0.76~0.80	月桂醇硫酸钠	2.0~2.5
磷酸氢钙	42.0~44.0	焦磷酸钠	0.5~0.8
氢氧化铝	3.0~5.0	糖精	0.2~0.3
甘油	24.0~27.0	香精	1.0~1.2
羧甲基纤维素钠	0.6~0.8	去离子水	加至 100

② 脱敏镇痛型牙膏　其主要有锶盐牙膏（加氯化锶）、含硝酸盐牙膏（加硝酸钾等）以及中草药牙膏（含丹皮酚、丁香油等）等。锶盐牙膏的脱敏作用主要是通过水溶性的锶离子实现。氯化锶具有高度的水溶性，其锶离子遇碳酸钙可生成不溶于水的碳酸锶白色絮状沉淀，从而影响水溶性锶离子的保存，而降低脱敏效果。

脱敏镇痛型牙膏的配方示例如下。

配方 1（锶盐脱敏牙膏）

组分	质量分数/%	组分	质量分数/%
氯化锶	0.3	十二烷醇硫酸钠	1.5
甲醛	0.2	香精	1.2
氢氧化铝	50.0	糖精	0.3
甘油	15.0	稳定剂、缓蚀剂	适量
羧甲基纤维素钠	1.5	去离子水	加至 100

配方中采用氢氧化铝作摩擦剂，使水溶性的锶离子得以保存，是比较理想的锶盐牙膏。为了避免由于加大引入锶离子的量而可能导致的膏体不稳定，并兼顾脱敏效果和考虑产品成本，可以在此类牙膏配方中添加适量的单皮酚等其他脱敏镇痛药物。

配方 2（中草药脱敏牙膏）

组分	质量分数/%	组分	质量分数/%
氯化锶	0.3	十二烷醇硫酸钠	1.3
丹皮酚	0.05	香精	1.2
碳酸钙	50.0	糖精	0.3
甘油	18.0	稳定剂、缓蚀剂	适量
羧甲基纤维素钠	2.5	去离子水	加至 100

③ 防牙结石型牙膏　其通过阻止牙齿菌斑的形成或避免其进一步钙化以有效阻止牙结石的形成。防结石型牙膏主要有锌盐牙膏（加柠檬酸锌）、含磷酸盐牙膏（加六偏磷酸钠和羟基亚乙基磷酸钠）、加酶牙膏（加蛋白酶和葡聚糖酶、淀粉酶）、含 EDTA 盐牙膏（加乙二胺四乙酸二钠或乙二胺四乙酸二镁）。

防牙结石型牙膏的配方示例如下。

配方

组分	质量分数/%	组分	质量分数/%
柠檬酸锌	0.3～1.5	十二烷醇硫酸钠	2.0～2.5
氟化钠	0.1～0.5	香精	1.0～1.3
氢氧化铝	40.0～50.0	其他添加剂	3.0～5.0
甘油	15.0～20.0	去离子水	加至 100
羧甲基纤维素钠	1.0～1.5		

柠檬酸锌的溶解度小，可在洁齿后滞留在牙齿的齿龈沟、菌斑、牙结石上以及牙刷触及不到的地方，然后在唾液中通过缓慢溶解，逐渐释放出锌离子，从而持久地发挥作用，阻止牙结石的产生。而氟化钠能增加牙组织硬度，且有良好的抗菌斑

的作用，因此，氟化钠和柠檬酸锌合用能发挥良好的溶解牙结石、抑制菌斑钙化，且不损害牙组织的协同作用。在此类牙膏中，不宜选用钙质摩擦剂，选用摩擦作用较强的氢氧化铝，易于菌斑和结石的消除。

④ 消炎止血型牙膏　其主要有中草药牙膏（如含有草珊瑚、两面针等）、阳离子牙膏（加洗必泰、季铵盐等）、硼酸牙膏（加硼酸钠等）、叶绿素牙膏（加叶绿素铜钠盐）和添加止血环酸、冰片、百里香酚等的牙膏。由于中草药具有性温和、刺激性小、安全无毒的特点以及抑菌、消炎和止痛作用的特点，因此，含有各种中草药的消炎止血等功能的中草药牙膏成为具有我国特色的防治牙病的药物牙膏类型。

使用单一中草药药剂时所需剂量一般较高，往往会造成膏体的稳定性变差，或由于刺激性气味和药味较重，而影响其使用时的感受，因此，一般采用两种或两种以上的药物形成复方牙膏，提高牙膏的疗效和使用效果。不少中草药牙膏添加的药物是用水或酒精的提取液和浸膏，色泽较深，不易被消费者所接受。因此，需在此类牙膏中加入适量的色素，但加入的色素宜以天然植物色素为宜。此外，含有多酚羟基、5-羟基或4-酮基结构的中草药，易与铝、镁、钙等重金属离子络合，生成的络合物会改变原药的性质和作用，而目前我国牙膏中所采用的中草药，其有效成分的分子结构，多是含有多酚羟基、羟基或酮基的苯环、大环和杂环类化合物，因此，配制时需避免产生此作用。

消炎止血型牙膏的配方示例如下。

配方 1

组分	质量分数/%	组分	质量分数/%
草珊瑚浸膏	0.05	羧甲基纤维素钠	1.4
止血环酸	0.05	十二烷醇硫酸钠	2.5
叶绿素铜钠盐	0.05	香精	1.2
碳酸钙	50.0	其他添加剂	1.0
甘油	15.0	去离子水	加至100

配方 2

组分	质量分数/%	组分	质量分数/%
冰片	0.05	羧甲基纤维素钠	1.5
丁香油	0.05	十二烷醇硫酸钠	1.5
百里香酚	0.016	香精	1.15
尿素	3.0	其他添加剂	3.5
氢氧化铝	50.0	去离子水	加至100
甘油	15.0		

（3）复方牙膏

牙膏的复方化技术主要是研究提高牙膏功能，克服单一配方存在的不足或副作用，使牙膏在洁齿与养生保健上发挥更好的作用。

复方牙膏的品种较多，主要包括：磷钙含氟牙膏，是采用磷酸氢钙作摩擦剂，氟磷酸钠和氟化钠复配作防龋剂，甘油和山梨醇复配作润湿剂，羧甲基纤维素和硅酸镁铝复配作胶黏剂的牙膏；复方脱敏牙膏，是采用 α-氢氧化铝作软磨料与二氧化硅复配作摩擦剂，氯化锶和羟基磷酸锶复配的牙膏；消炎止痛复方中草药牙膏，如细辛和草珊瑚复配后制成的消炎止血功效显著的牙膏品种；复方生物制剂养生保健牙膏，是采用从生物中提取的活性歧化酶"SOD"作特效抗炎止血剂的牙膏品种。

5.2 爽口液

就使用目的而言，爽口液与牙膏、牙粉在本质上一致，均是清除牙齿、口腔内污物的口腔卫生用品，其使用方便，但作用能力通常弱于牙膏。制品的液体状态，使漱口时不存在摩擦剂或牙刷对牙周的伤害，尤其对青少年和处在发育时期的儿童较为适宜。对爽口液的质量要求是具有舒适的香味、适宜的甜味和低泡沫量，在各种贮存条件下应完全透明、稳定。

5.2.1 主要原料

一般地，除能控制牙渍、牙斑和口臭的专用制剂外，几乎所有的爽口液都含有五种基本组分：醇、润湿剂、表面活性剂、香味剂和甜味剂。

爽口液中的醇含量的适用范围在 $7\%\sim25\%$ 之间，大多数产品含乙醇的量在 $10\%\sim20\%$，儿童配方中其含量稍低，约为 7%。醇用量较低时，需加增溶剂（如Tween-20、Tween-80）等以得到澄清的溶液。由于制品中的原料可引起泡沫，并带有肥皂气味，常通过加入香味剂和甜味剂以掩盖。爽口液对香味剂的要求是：口感舒适、香味甜美、清凉爽口。柠檬、薄荷、苹果及留兰香型香精是较好的香味剂。由于香精的成分多有苦味，加入甜味剂是校正此种异味的方法。常用的甜味剂有糖精、甘油、山梨醇等。

根据爽口液的效用，其包括的类型主要有：美化类爽口液，其主要含酒精、水、香精、色素等，也可含有少量的表面活性剂，以帮助芳香油的溶解，增加对口腔和牙齿的渗透和清洁作用，有效去除污渍等，美化牙齿，清新口腔。杀菌用爽口液，其主要目的是清除和杀灭口腔内的细菌，多用季铵盐类阳离子表面活性剂替代组分中的硼砂、安息香酸、苯酚、间苯二酚等。收敛用爽口液，其不但对口腔黏膜有收敛作用，而且便于使残留在口腔内的蛋白质类物质凝结、沉淀后清除。缓冲用爽口液，其主要作用是调整口腔液的 pH 值。除臭爽口液，其主要作用是杀灭细菌以掩盖臭味。治疗用爽口液，其主要作用是预防龋齿、防治感染和缓和口腔、牙齿和咽喉的病理状况。

5.2.2 制备工艺

爽口液的制备方法比较简单，一般是将水溶性物质先溶于水中，再将其他物质溶解于酒精中，混合配料后经陈化、过滤即可灌装。在操作时，其陈化时间的确定以不再有不溶物继续沉降为限；陈化温度一般控制在5℃以下。此外，在过滤陈化液时，不宜搅动陈化罐底部的沉淀物。其使用设备一般为不锈钢或搪瓷玻璃锅，锅内备有夹层，以便蒸汽加热或以冷水冷却。

5.2.3 产品配方

爽口液的配方示例如下。

配方1（脱臭爽口液）

组分	质量分数/%	组分	质量分数/%
乙醇	17.0	薄荷油	0.3
乙酸钠	2.0	香精	0.8
聚氧乙烯单月桂酸缩水山梨醇酯	2.0	色素	适量
月桂酰甲胺乙酸钠	1.0	去离子水	63.9
甘油	13.0		

配方2（杀菌爽口液）

组分	质量分数/%	组分	质量分数/%
乙醇	31.0	叶绿素铜钠盐	0.1
山梨醇	10.0	糖精	0.1
甘油	15.0	香精	0.5
安息香酸	1.0	色素	适量
硼酸	2.0	去离子水	40.2
薄荷油	0.1		

配方3（矿化爽口液）

组分	质量分数/%	组分	质量分数/%
尿素	1~60	酒精	10~20
氯化钙	1~20	糖精	0.05~0.2
磷酸二氢钠	0.5~2.0	香精	0.1~0.5
单氟磷酸钠	0.1~4.0	甘氨酸	适量
氟化钠	0.006~1.0	矿化水	加至100

配方3中加入了甘氨酸，具有掩盖加入的糖精、香精和药物引起的苦味，并能提供甜醇和凉爽的味觉。

配方4（美容爽口液）

组分	质量分数/%	组分	质量分数/%
植酸	9.4~18.0	吐温	0.1
协效剂	4.0~6.0	糖精	0.1
氢氧化钠	0.5	去离子水	加至100
香精	0.1		

美容类爽口液的特点是能除去习惯性吸烟滞留的黑褐色牙齿烟渍，起到美容作用。在其配方组成中，与一般爽口液不同的是加有植酸作为除烟渍物质。由于植酸是热敏性物质，因此配制时温度小于50℃，氢氧化钠需预先溶解成20%的水溶液。

第6章 美容化妆品

美容化妆品是指美化、修饰容貌，使面部各部位和谐、自然或富有立体感，从而显现出美感的化妆品类型。此类化妆品主要用于眼、唇、脸（颊）及指（趾）甲等部位，以达到美化、修饰容颜的目的。

美容化妆品与护肤化妆品的不同之处在于它以提供遮（掩）盖、隔离、美化和修饰为主要目的而使用于面部、口唇、指甲等部位。美容化妆品一般只需依附在皮肤、指（趾）甲等的表面，不进入皮肤毛孔等的深处，或指（趾）甲的内部，故需要卸妆。在卸妆后通常需要使用护肤化妆品，以达到长期保养皮肤等部位的目的。美容化妆品使用后可使面容姣好、肤色健美、部位美化，而在卸妆后又会恢复原本状态。

6.1 脸（颊）部美容化妆品

面部皮肤在清洁、基础护理（护肤水、乳液、精华等）后，通常使用美容化妆品，如粉底，用以遮盖面部雀斑、粉刺，或弥补疤痕等瑕疵，同时对皮肤进行隔离，然后使用具有色彩的其他类美容化妆品，以调整肤色，使皮肤色泽自然，显现滑嫩的感觉等。脸（颊）部美容化妆品主要包括打底用的美容化妆品（粉底类）、粉饼和扑粉类制品以及彩色美容化妆品（胭脂类）等。

脸部美容化妆品应是较容易涂抹在脸部，形成平滑的覆盖面和较自然的外观，并容易在脸部均匀分布，不会积聚在皱纹处和毛孔内。扑粉和粉底的色调应为较浅的肉色，或外观略带淡珠光色调，胭脂类彩色美容化妆品应具有各种半透明的鲜艳色彩。

脸部美容化妆品的主要原料包括着色颜料、白色颜料、珠光颜料和体质颜料（即填充剂）等粉体部分，以及作为粉体原料分散所使用的基剂成分和制品所需体现的其他功能组分。粉体在基剂中的分散，形成稳定体系是美容化妆品制备技术的关键。为制备性能稳定的美容化妆品，对使用的粉料亦有特性要求，具体包括如下几方面。

① 遮盖力　遮盖力是粉体在美容化妆品中体现的重要性能之一。性能良好的粉料涂敷于皮肤上，能遮盖皮肤的本色，隐蔽皮肤表面各种缺陷，且赋予皮肤粉料的颜色，这一功效的发挥主要依靠粉料中具有良好遮盖力的白色颜料，如氧化锌、二氧化钛和碳酸镁等体现，这些物质称为遮盖剂。

② 吸收性　吸收性是指对香料、油脂和水分等的吸收。香粉中一般是采用沉淀碳酸钙、碳酸镁、胶性陶土、淀粉和硅藻土等作为香料的吸收剂。

③ 黏附性　提高美容化妆品粉体在皮肤上附着性的一般方法是使用滑石粉和一些金属皂类，如硬脂酸锌、硬脂酸镁、硬脂酸铝等。这些物质的体积大而轻，色白无臭，有很好的黏附性。金属的硬脂酸盐、棕榈酸盐、肉豆蔻酸盐和十一烷酸盐等的混合物可用于粉体中，成为"粉基"。

④ 滑爽性　粉质有聚结成块的倾向，涂敷时有与滑爽相反的阻曳的感觉。使粉料具有滑爽易流动的性能，对使用时的均匀涂敷极为重要。粉料中滑爽性能主要依靠滑石粉体现，有些制品中滑石粉的用量几乎达到 50% 以上。为提高滑爽性，制品中也在使用粒径为 $5\sim15\mu m$ 范围的球状粉体，其中包括二氧化硅和氧化铝球状粉体、纤维素微球、尼龙、聚乙烯、聚苯乙烯、聚四氟乙烯和聚甲基丙烯酸甲酯等球状高分子粉体。

随着潮流的变化和民族习惯的不同，产品的透明程度、颜色的类型及深浅，以及其他外观特性均有所不同。此外，生活节奏的加快，以及对化妆品在提供美容修饰的同时展现自然、清透等裸妆效果的追求，使现有的脸（颊）部美容化妆品多为集合于粉底、香粉、胭脂等的作用于一体的制品类型。如 2008～2009 年盛行于亚洲的 BB 霜及气垫 BB 霜，到普遍受到追捧的 CC 霜及气垫 CC 霜的出现，均是这一消费需求的很好体现。

6.1.1　粉底类化妆品

粉底类化妆品的主要作用是用来修饰皮肤色调，使皮肤表面光滑，形成进一步化妆美容的基底，修正皮肤表面的质感，遮盖肝斑和雀斑等面部瑕疵。

近年来出现的 BB 霜和 CC 霜均属于粉底类化妆品，在其使用前皮肤处于基础护肤的背景，在其使用后需提供卸妆和清洁工作。但二者区别于普通的粉底类制品，也不能完全替代基础化妆品的作用，是介于彩妆和基础护肤品之间的一类化妆品。其将遮盖、隔离、护肤、营养以及保湿、美白、亮肤、防晒、抗衰老等功能进行集合而形成，省去了后续的诸多化妆程序，因而可替代现有多种制品类型，而成为脸颊部美容化妆品的重要类型。

BB 霜，是 Blemish Balm 的简称，通过制品的一次性化妆操作即可实现遮盖、隔离、遮瑕、防晒、美白多重作用，在修饰疤痕、调整皮肤纹理和毛孔方面的效果突出，且满足人们追求修饰后裸妆的自然效果。普通的 BB 霜多为液体，一般使用时的涂抹贴服度不够；将 BB 霜制成膏状并与气垫海绵融为一体而得的气垫 BB 霜，其涂抹时更为方便，且更易均匀和与皮肤贴服。BB 霜强调遮盖和遮瑕功效，其质地略干燥，使用后皮肤有厚重感，易产生毛孔堵塞，引发皮肤问题；且其颜色较为接近肤色，对皮肤亮度的调整较弱。CC 霜的英文名称为"Color Control Cream"，是色彩调控修容霜，主要功能为隔离、保湿、滋润、遮瑕、亮肤和调和肤色等。CC 霜在 BB 霜基础上，集合其所有优点，并添加了深度保湿、更多的滋润和美白组分等，以及添加色彩调控微粒等，兼有修饰和滋润的效果，可将皮肤修正、保湿、皮肤弹性和皱纹改善、软化角质、美白修护、调节皮脂、抵御紫外线、隔离等功效于一体，同时降低化妆带来的厚重感，显现质地轻盈、妆后更为自然、通透和温和的裸妆效果。但 CC 霜的遮盖力略弱于 BB 霜。制品中通常加入硅氧烷类组分，如聚二甲基硅氧烷、环戊硅氧烷等提供水润、顺滑等作用，减少油腻感；通过添加多效维生素 C、熊果苷等提供美白、保湿效果；添加莲花提取精华液、蜗牛提取液（富含胶原蛋白和弹性纤维，有紧致和滋润功效）等提供深度保湿功效；添加莲花、白玫瑰、茉莉花、百合、鸢尾、火绒草、小苍兰等草本植物提取精华，提供保湿、抗氧化、紧致等多重功效；添加纳米级蚕丝蛋白颗粒、珍珠养分、藏红花提取物、玫瑰精油等提供抗皱、营养、肤色改善以及渗透、芬芳等功效。

按基质体系的性质，粉底类化妆品可分为液状粉底、乳化型粉底和凝胶型粉底等。

（1）液状粉底

液状粉底分为水基型和油基型两种。水基型液状粉底也称为水粉，是将粉末原料悬浮于甘油、亲水性胶体溶液或低浓度酒精溶液中制成的流动性浆状物。静止时，粉体会沉降分层，使用时需摇动使粉料均匀悬浮于溶液中。因其含水分较多，遮盖力较弱，有透明感，故这种液状粉底一般为肤色较好的人敷用，有自然感；且适合夏季使用。油基型液状粉底是将粉末原料悬浮于轻质油脂（如脂肪酸酯、挥发性硅油等）而制成，可为流动性浆状物，静止时油层会析出，需轻摇匀后使用。这种粉底亲油成分含量高，易于涂抹，与皮肤亲和性好，不易溃妆，适合于干性皮肤的人，以及适合冬季使用。

液状粉底中粉类原料约占 15%～25%；甘油占 5%～8%，也可达 30%；亲水性胶质原料占 0.05%～0.1%，其作用是使较重的组分易于悬浮，少量表面活性剂的存在也有助于粉体的分散；粉类原料有滑石粉、钛白粉、氧化锌、高岭土、碳酸钙、氯氧化铋、碱式硝酸铋等；此外，还可加入润肤剂，如水溶性羊毛脂及防晒剂等；色素多使用颜料和色淀，不使用能溶于水和酒精的染料以避免色素转染水溶液。

液状粉底的配方示例如下。

配方 1（水基液状粉底）

组分	质量分数/%	组分	质量分数/%
滑石粉	10.0	黄原胶	0.1
高岭土	8.0	香精、色素	适量
碳酸钙	4.0	去离子水	72.9
甘油	5.0		

液状粉底配制时，首先将粉料与色素在球磨机中研磨均匀，再与甘油（或丙二醇）及黄原胶、香精等在研磨机中捏合成粉膏体，加水搅拌、分散成悬浮体，灌装包装。

配方 2（油基液状粉底）

组分	质量分数/%	组分	质量分数/%
滑石粉	8.0	棕榈酸异丙酯	18.0
高岭土	6.0	环状硅油	18.0
超细陶瓷粉	3.0	白油	41.0
钛白粉	6.0	色素、香精	适量

(2) 乳化型粉底

乳化型粉底是将粉料均匀分散、悬浮于乳化体（膏霜或乳液）中而得到的粉底制品，其乳化方式有 O/W 型和 W/O 型，在形态上包括硬膏状、软霜状和乳液状。乳化型粉底既可修饰肤色，又有护肤润肤的作用，且易卸妆。此外，其使用后肤感柔润、效果自然，是粉底化妆品的主要品种。

乳化型粉底的体系是由粉料、油脂、水三相经乳化剂乳化而成，故其稳定性较只有油相和水相制得的乳化膏霜差，要求的制备技术相应较高。若乳化不良会出现凝胶、分离、析油等现象。制品的稳定性与粉料含量、粉料的表面处理和颗粒度、乳化体系的性质等有关。粉料含量越高，其稳定性越差，一般粉底膏霜中粉料含量约占 10%～15%左右，且粉料的细度一般要求在 $10\mu m$ 以下。

乳化型粉底所用的基质粉体和颜料包括二氧化钛、滑石粉、高岭土、氧化铁类颜料。配方中较少使用氧化锌，其可与乳化体系中硬脂酸及其酯类反应生成疏水性硬脂酸锌，导致粉底的乳化体不稳定。一些电解质，如硫酸盐、氯化物、硝酸盐等也会影响粉底的稳定性。为使粉体均匀地分散和悬浮在乳化体系中，并使膏体具有较好的触变性，常在配方中添加少量的悬浮剂，如纤维素衍生物、角叉菜胶、聚丙烯酸类聚合物、硅酸镁钠和硅酸镁铝等，这些悬浮剂也起着增稠和分散的作用。

乳化型粉底的配方示例如下。

配方 1（O/W 型粉底霜）

组分	质量分数/%	组分	质量分数/%
钛白粉	8.5	羊毛脂	3.0
滑石粉	9.0	硬脂酸单甘酯	0.6
着色颜料	2.0	Tween-60	1.4
硬脂酸	3.3	丙二醇	8.0
十六醇	1.2	三乙醇胺	2.0
白矿油	1.5	香精、防腐剂	适量
肉豆蔻酸异丙酯	3.5	去离子水	56.0

配方 2（W/O 型粉底霜）

组分	质量分数/%	组分	质量分数/%
钛白粉	9.0	苯基甲基硅氧烷	4.0
高岭土	4.0	1,3-丁二醇	5.0
膨润土	5.0	香精、防腐剂	适量
色素	1.5	去离子水	54.5
白油	5.0		
环甲基硅氧烷基二甲基硅氧烷-聚醚共聚物	12.0		

配方 2 中以硅油为外相，具有稳定性好、不油腻、清爽的使用感以及妆容持久等特点。

配方 3（粉底乳液）

组分	质量分数/%	组分	质量分数/%
硬脂酸	2.0	无机着色剂	1.0
对羟基苯甲酸丙酯	0.1	对羟基苯甲酸甲酯	0.15
白矿油	10.0	三乙醇胺	1.0
硬脂酸单甘酯	2.0	丙二醇	3.0
羊毛脂	1.0	羧甲基纤维素钠	0.25
二氧化钛	7.0	去离子水	65.5
滑石粉	7.0		

配方 3 属较低黏度的乳化型粉底，具有易铺展、无油腻、清爽的使用效果。可在制品中添加具有润肤、防晒或控油等作用的原料，形成多功能型乳液粉底制品。

配方 4

组分	质量分数/%	组分	质量分数/%
角鲨烷	3.0	滑石粉	5.0
微晶蜡	1.0	钛白粉	5.0
霍霍巴油	2.0	红色氧化铁	0.3
甘油三异辛酸酯	2.0	黄色氧化铁	1.0
Span-80	0.7	黑色氧化铁	0.1
蛋黄卵磷脂	1.2	尼泊金甲酯	0.1
Tween-80	1.4	香精	0.2
尼泊金丁酯	0.1	去离子水	加至 100
1,3-丁二醇	10.0		

配方 5

组分	质量分数/%	组分	质量分数/%
硬脂酸	2.4	膨润土	0.2
十六醇、十八醇（混合醇）	0.2	丙二醇	4.0
液体羊毛脂	2.0	三乙醇胺	1.1
肉豆蔻异丙酯	8.8	对羟基苯甲酸甲酯	适量
对羟基苯甲酸丙酯	适量	二氧化钛	8.0
白油	3.0	滑石粉	4.0
去离子水	64.1	颜料、香精	适量
羟甲基纤维素钠	0.2		

配方 6

组分	质量分数/%	组分	质量分数/%
钛白粉	6.0	失水山梨醇三油酸酯	1.0
滑石粉	6.0	丙二醇	5.0
高岭土	3.0	聚乙二醇(4000)	5.0
硬脂酸	2.0	三乙醇胺	1.0
十六醇	0.3	硅酸镁铝	0.5
液体石蜡	20.0	去离子水	49.2
聚氧乙烯油酸酯	1.0	颜料、香精、防腐剂	适量

配方 7

组分	质量分数/%	组分	质量分数/%
固体石蜡	3.0	钛白粉	20.0
羊毛脂	10.0	红色氧化铁	0.27
液体石蜡	27.0	黄色氧化铁	0.38
甘油单硬脂酸酯	5.0	香精	适量
滑石粉	15.0	去离子水	加至 100
高岭土	15.0		

(3) 凝胶型粉底

凝胶型粉底具有透明状外观，易分散铺展在皮肤上，分为水溶性和油性凝胶粉底两类。水溶性凝胶粉底主要含有水溶性聚合物、水溶性染料、粉料和乳化剂等，其遮盖力低，但能起到调节肤色的作用，使用时有鲜嫩感；油性粉底的遮盖力和黏附性都较好。

凝胶型粉底的配方示例如下。

配方 1 (油性凝胶粉底)

组分	质量分数/%	组分	质量分数/%
白矿油	40.0	二氧化钛	10.0
二甲基聚硅氧烷	10.0	绢云母	15.0
双硬脂基磷酸酯铝	1.5	氧化铁	5.0
环糊精棕榈酸酯	1.0	云母	7.0
巴西棕榈蜡	2.3	滑石粉	8.0
2,6-二叔丁基对甲酚(BHT)	0.1	香精	0.1

配方 2 (水溶性凝胶粉底)

组分	质量分数/%	组分	质量分数/%
丙二醇	10.0	丙烯酸聚合物	0.8
对羟基苯甲酸甲酯	0.15	EDTA-Na$_2$	0.05
TiO$_2$ 覆盖云母	3.0	色素	0.27
Tween-20	0.5	香精	0.15
三乙醇胺	1.0	去离子水	加至 100

配方 3

组分	质量分数/%	组分	质量分数/%
凝胶	22.0	去离子水	12.85
糊精硬脂酸酯	6.0	二氧化钛	14.5
液体石蜡	26.0	云母	4.0
水溶性聚丙烯酸	0.125	颜料	1.0
氢氧化铁	0.025	卵磷脂	0.6
甘油	12.5	香精	0.4

6.1.2 香粉类化妆品

香粉类化妆品是美容化妆品中起到补妆和色调调节作用的产品类型，还可防止油腻的皮肤过于光滑和过黏。皮肤经涂覆后会显示出无光泽但透明的肤色、抑制汗和皮脂分泌、增强化妆品的连续性，产生柔软绒毛感，此外，一些香粉类制品中加入超微粒二氧化硅等作为紫外线防护剂，具有一定的防晒效果。

香粉类化妆品主要包括散粉和粉饼。散粉和粉饼的基本功能相同，配方的主要组成也相近。散粉是由粉体原料配制而成的不含油分的粉状制品；粉饼是将粉料进行压制而得的化妆品，其形状随容器而不同。粉饼包装精美、携带和使用都很方便。

散粉和粉饼剂型不同，其使用性能和制备工艺也有差别。

（1）主要原料

香粉成品的各种性质，如遮盖力、吸收性、黏附性、滑爽性、细度、体积、色泽和香味等主要依靠其原料的质量，因此，香粉原料的选择十分重要。

散粉的主要成分是体质粉体、着色颜料、白色颜料、防腐剂和香精，有时添加珠光颜料和金属皂，体现的主要功能包括遮盖、黏附、滑爽和吸收性能。滑石粉是香粉中用量较多的基本原料，其铺展均匀，滑润性好，具有一定的光泽。适用于香粉的滑石粉须洁白、无臭；有柔软、光滑的感觉。高岭土也是香粉的基本原料之一，有很好的吸收性、附着性，并能去除滑石粉的光泽，作为香粉用的高岭土应洁白细腻，不含水溶性的酸性或碱性物质。碳酸钙用于香粉中主要是提供吸收汗液和皮脂的作用，也能去除滑石粉的光泽，缺点是在水中呈碱性，遇酸会分解，且滑爽性差，因吸收汗液后会在面部形成条纹，故其用量不宜过多。碳酸镁是香粉中的主要吸收剂，尤其对香精吸收能力强，香粉成品制备时往往先用碳酸镁与香精混合均匀后，再和其他原料混合。碳酸镁能降低香粉的密度，即增加比容积，含5%～10%即成轻飘的香粉；因其吸收性强，用量过多会引起皮肤干燥，一般不宜超过15%。氧化锌和钛白粉在香粉中主要起遮盖作用，氧化锌还有收敛性和抗菌作用，用量一般在15%～20%；钛白粉虽然遮盖力约为氧化锌的3倍，但不易和其他粉料混合均匀，因此使用时适宜与氧化锌混合使用，用量应小于10%。金属皂主要是硬脂酸锌和硬脂酸镁，其主要作用是增进香粉的黏附性，要求其色泽洁白，质地细腻，具有蜡脂的感觉，能均匀涂敷在皮肤上形成薄膜，用量一般在5%～15%。香粉组成中还有香精、色素、淀粉、云母粉和珠光颜料等。一般香粉的 pH 值是8～9，粉质较为干燥，在香粉中加入脂肪物以形成加脂香粉克服此不足。

粉饼的组成与散粉几乎相同，为了易于形成块状，组成中含滑石粉、高岭土较多。除要求具有良好的遮盖性、吸收性、附着性和滑爽性等以及组成均匀外，还要求粉饼具有适度的机械强度，以保持原有形状，并且使用时较易附着在粉扑或海绵上以及能够均匀涂抹，不结团、无油腻感。通常粉饼中都添加较大量的胶态高岭土、氧化锌和金属硬脂酸盐，以改善其压制和加工性能。如果粉体本身的黏结性不足，可添加少量的水溶性黏合剂、油溶性黏合剂以及乳化体系的黏合剂等，在压制时可形成较牢固的粉饼。水溶性黏合剂可以是天然或合成的水溶性聚合物，一般常用阿拉伯树胶、黄蓍胶或低黏度的羧甲基纤维素，其在配方中的质量分数约为0.1%～3.0%，一般先配制成5%～10%的溶液，然后与粉体混合，并添加少量的保湿剂。油溶性黏合剂是直接利用油分达到粘接的目的，常用品种包括硬脂酸单甘酯、十六醇、十八醇、脂肪酸异丙酯、羊毛脂及其衍生物、地蜡、白蜡和微晶蜡等。

(2) 制备工艺

① 散粉的制备工艺　散粉的制备方法比较简单，主要是混合、研磨和筛分，可以磨细过筛后混合，也可以混合磨细后过筛。使粉体细化可采取磨碎的方法，如采用万能磨、球磨和气流磨；也可将粗颗粒分开，如采用筛子和空气分细机等。

香粉的制备工艺过程为：混合→磨细→过筛→加脂→灭菌→包装。

a. 混合　其目的是将各种原料用机械方式均匀地混合。混合香粉所用设备主要有：卧式混合机、球磨机、V 型混合机、高速混合机。其中高速混合机为高效混合设备，是圆筒形夹壁容器，在容器底部安装转轴，轴上装有搅拌桨叶，转轴与电动机可用皮带连接，或直接与电动机连接，在容器底部安装有出料孔，容器上端有平板盖，盖上有挡板插入容器内，并有测温孔用以测量容器内粉料在高速搅拌下的温度。当粉料按配比倒入容器后，密封盖好，在夹套内通入冷却水，整个香料搅拌混合时间约为 5min，搅拌转速达 1000～1500r/min。由于粉料在高速搅拌下，极短的时间内温度会急剧上升，粉料受温度影响易变质、变色，故在运行时须经常控制温度的变化。另外，投入粉料的量只能是混合机容积的 60% 左右，并控制一定的投料量和搅拌时间，以避免过热。

b. 磨细　其目的是将粉料再度粉碎，以使加入的颜料分布得更均匀，显出应有的光泽。不同的磨细程度，香粉的色泽也会略有不同。磨细设备主要有球磨机、气流磨、超微粉碎机。气流磨、超微粉碎机不论从生产效率，还是从生产周期，粉料磨细的程度都要比球磨机好得多，但是球磨机具有结构简单、操作可靠、产品质量稳定的特点。

c. 过筛　通过球磨机混合、磨细的粉料要通过卧式筛分机，将粗颗粒分开。若采用气流磨或超微粉碎机，再经过旋风分离器得到的粉料，则不需过筛。

d. 加脂　为克服一般香粉质轻导致的易脱落的缺点，配方中常加入一定量的油分。加入方法是：通过混合、磨细的粉料中加入含有硬脂酸、蜂蜡、羊毛脂、白油、乳化剂和水的乳化液，充分搅拌均匀，烘干后可使粉料颗粒表面均匀地涂布脂肪物，经过干燥的粉料含脂肪物 6%～15%，通过筛子过筛就成为香粉制品。

e. 灭菌　香粉类制品的杂菌数要求是＜100 个/g。粉料需经灭菌处理，如采用环氧乙烷气体灭菌法。

f. 包装　香粉包装盒除要求外表美观外，还要求包装容器不能有异味。

② 粉饼的制备工艺

香粉、粉饼的制备设备基本类似，制备过程均要经过混合、磨细和过筛，为了使粉饼压制成型，还须加入胶质、油分等。

粉饼制备的工艺过程为：胶质溶解→混合→粉碎→压制成饼。

a. 胶质溶解　将胶粉加入去离子水中搅拌均匀，加热至 90℃，加入甘油或丙二醇等保湿剂，在 90℃下灭菌 20min，用沸水补充蒸发的水分后备用。所用的石蜡、羊毛脂等油脂预先溶解、过滤后备用。

b. 混合　按配方称取滑石粉、二氧化钛等粉质原料，在球磨机中混合 2h，加石蜡、羊毛脂等混合 2h，再加香精继续混合 2h，最后加入胶水混合 15min。在球磨混合过程中，要经常取样检验颜料是否混合均匀，色泽是否与标准样相同。

c. 粉碎　在球磨机中混合好的粉料，筛去石球后，粉料加入超微粉碎机中磨细，然后在灭菌器内用环氧乙烷灭菌，将粉料装入清洁的容器内，盖好以防止水分挥发，检查粉料是否有未粉碎的颜料色点等。

d. 压制成型　压制粉饼的设备有油压泵带动的手动粉末成型机，每次压饼 2～4 块；以及自动压制设备，每分钟可压制粉饼 4～30 块。压制前，粉料要先过筛，再按规定的重量加入模具内压制，压制过程保持平稳，以防漏粉或压碎，根据配方，适当调节压力值。压制好的粉饼经检查合格即可包装。

(3) 产品配方

① 粉状粉底　配方示例如下。

配方 1 （干性皮肤用香粉）

组分	质量分数/%	组分	质量分数/%
硬脂酸锌	6.0	羊毛油	1.0
氧化锌	13.0	香精	0.8
黑色氧化铁	0.3	对羟基苯甲酸甲酯	0.1
红色氧化铁	4.0	滑石粉	71.8
黄色氧化铁	3.0		

配方 2（中性皮肤用香粉）

组分	质量分数/%	组分	质量分数/%
硬脂酸锌	5.0	红色氧化铁	4.0
氧化锌	7.0	黄色氧化铁	3.0
碳酸钙	4.0	香精	0.8
碳酸镁	1.0	对羟基苯甲酸甲酯	0.1
黑色氧化铁	0.30	滑石粉	74.8

配方 3（油性皮肤用香粉）

组分	质量分数/%	组分	质量分数/%
硬脂酸锌	2.0	红色氧化铁	4.0
氧化锌	5.0	黄色氧化铁	3.0
碳酸钙	5.0	香精	0.8
碳酸镁	5.0	对羟基苯甲酸甲酯	0.1
黑色氧化铁	0.3	滑石粉	74.8

配方 4（油性皮肤用香粉）

组分	质量分数/%	组分	质量分数/%
滑石粉	42.8	硬脂酸锌	5.0
高岭土	20.0	碳酸钙	5.0
钛白粉	15.0	色素	2.0
淀粉	10.0	香精	0.2

配方 5

组分	质量分数/%	组分	质量分数/%
滑石粉	74.0	山梨醇	4.0
高岭土	10.0	丙二醇	2.0
钛白粉	5.0	色素、香精	适量
液体石蜡	3.0		
失水山梨醇倍半油酸酯	2.0		

② 块状粉底　配方示例如下。

配方 1（粉饼）

组分	质量分数/%	组分	质量分数/%
滑石粉	72.0	山梨糖醇	4.0
高岭土	10.0	山梨糖醇酐倍半油酸酯	2.0
二氧化钛	5.0	丙二醇	2.0
液体石蜡	3.0	香料、颜料	适量

配方 2（粉饼）

组分	质量分数/%	组分	质量分数/%
滑石粉	50.0	白油	4.0
高岭土	10.0	羊毛脂	0.5
锌白粉	8.0	十六醇	1.5
硬脂酸锌	5.0	CMC	0.06
碳酸镁	5.0	海藻酸钠	0.03
碳酸钙	10.0	香精、防腐剂	适量
色素	适量	去离子水	加至 100

配方 3（干、湿两用粉饼）

A 组分（粉料部分）	质量分数/%	A 组分（粉料部分）	质量分数/%
滑石粉	76.5	高岭土	6.0
亲油性钛白粉	5.0	铝淀粉琥珀酸辛酯	10.5
超细钛白粉	2.0	香精、色素、防腐剂	适量
B 组分（油脂乳剂部分配方）		B 组分（油脂乳剂部分配方）	
硬脂酸	2.0	丙二醇	5.0
异三十烷	4.0	三乙醇胺	1.0
羊毛脂	5.0	去离子水	80.0
失水山梨醇倍半油酸酯	3.0		

配方 4（无油性粉饼）

组分	质量分数/%	组分	质量分数/%
滑石粉	43.0	黄原胶	0.5
高岭土	6.0	淀粉	12.0
锌白粉	10.0	丙二醇	0.5
钛白粉	5.0	去离子水	3.0
尼龙粉	4.0	氧化铁红	6.0
硬脂酸锌	5.0	香精、防腐剂	适量
碳酸镁	5.0		

配方 5（加脂性粉饼）

组分	质量分数/%	组分	质量分数/%
滑石粉	51.0	羧甲基纤维素（1%水溶液）	5.0
高岭土	10.0	淀粉	10.5
钛白粉	10.0	抗氧剂	适量
超细二氧化硅（白炭黑）	2.0	氧化铁红	8.0
肉豆蔻酸异丙酯	3.0	香精	适量
Span-85	0.5		

配方 6

组分	质量分数/%	组分	质量分数/%
钛白粉	25.0	固体石蜡	5.0
高岭土	15.0	巴西棕榈蜡	3.0
氧化锌	4.5	液体石蜡	34.0
红色氧化铁	1.4	肉豆蔻酸异丙酯	5.0
黄色氧化铁	4.0	失水山梨醇倍半油酸酯	3.0
黑色氧化铁	0.1	香精	适量

配方 7

组分	质量分数/%	组分	质量分数/%
疏水滑石粉	17.3	硅油	8.0
疏水绢云母	30.0	2-乙基乙酸甘油三酯	4.0
尼龙粉	10.0	固体石蜡	0.5
聚对氨基苯甲酸	10.0	巴西棕榈蜡	1.5
钛白粉	10.0	肉豆蔻酸异丙酯	4.0
氧化铁	2.0	角鲨烷	2.0
杀菌剂	0.2	香精	0.5

配方8

组分	质量分数/%	组分	质量分数/%
高岭土	42.97	硅酮	6.0
云母粉	15.0	丁二醇	3.0
钛白粉	10.0	聚氧乙烯失水山梨醇单油酸酯	0.5
氧化铁红	1.0	异辛酸三羟甲基丙酯	5.0
氧化铁黄	5.0	抗氧剂	0.03
氧化铁黑	0.3	香精	0.5
角鲨烷	10.0	防腐剂	0.7

6.1.3 胭脂类化妆品

胭脂是涂敷于面颊部，使其显现健康而红润色泽的化妆品类型。胭脂在许多方面与粉底几乎相同，只是遮盖力较粉底弱，色调较粉底多样而鲜明。胭脂形态有液体、半固体和固体等种类。液体胭脂可分为悬浮体和乳化体；半固体可分为无水的油膏型和含水的膏霜型；固体粉饼状胭脂是其中较为多见的剂型。

(1) 主要原料

胭脂的原料大致与香粉的原料相同，除颜料和香料外，其他原料包括滑石粉、高岭土、碳酸钙、氧化锌、二氧化钛、硬脂酸锌和硬脂酸镁、淀粉以及胶合剂、防腐剂等。

① 粉饼状胭脂 粉饼状胭脂主要是由颜料、粉料、胶合剂和香料等混合后压制而成的制品。其原料类型和质量要求与香粉类大体相同，其中胶合剂是对粉饼的压制影响较大的原料。

胶合剂的种类较多，一般可分为水溶性、抗水性、乳化状和粉状四种类型。水溶性胶合剂是天然或合成的胶质，如黄蓍胶、阿拉伯树胶以及纤维素衍生物、聚乙烯吡咯烷酮等。胶质用量为0.1%～0.3%，其中使用阿拉伯树胶有使粉饼变得坚硬的倾向。抗水性胶质是在熔化状态时与胭脂粉混合的物质类型（如矿物油、凡士林、脂肪酸酯类、羊毛脂及其衍生物等或其混合体系），其用量在0.2%～2.0%。抗水性胶质可以克服水溶性胶质压制的粉饼遇水产生水迹的问题；此外，由于少量的脂肪物不足以使胭脂粉压成粉饼，因此在压饼之前加入约10%的水分。乳化状胶合剂由抗水性胶合剂发展而来。由于少量的脂肪物很难均匀地混入胭脂粉中，将少量的脂肪物与水乳化可使体积增大，便于使压制过程中需要的油相和水相分布均匀，粉质中加入乳化体后，水分不易失去，使操作过程较为便利，油相分布均匀，避免了将油脂直接混入引起的结团和产生油光的弊病，常用单甘油酯或山梨醇酯作乳化状的胶合剂。除上述胶合剂外，还可采用粉状的金属皂作为胶合剂，采用这种胶合剂需要较大的压力才能制得良好的粉饼，这种胶合剂制得的粉饼状胭脂组织细致而光滑，对皮肤的黏着力好，但会对金属皂的碱性敏感的皮肤产生刺激。

② 液状胭脂 液状胭脂是流动的液体状制品，包括悬浮体和乳化体两种。

悬浮体液状胭脂是将颜料悬浮于水、酒精、甘油和其他液体中，使用前摇匀。其原料组成中添加各种悬浮剂，如羧甲基纤维素、聚乙烯吡咯烷酮和聚乙烯醇等，或在液相中加入适量的易悬浮物质以阻止颜料等的沉淀，如加入研磨后的硬脂酸锌，或较高温度时加入单硬脂酸的甘油酯或丙二醇酯。

乳化体液状胭脂是将颜料悬浮于流动的乳化体中。因为大多数乳化体呈碱性，在碱性介质中有些水溶性的色素，如洋红等有很强的染色力，而另一些色素在光照下会褪色，故只有少数几种有机色淀和色素适宜于乳化体，一般可采用无机颜料辅以色淀调节色彩。溶液稠度可以通过肥皂的含量及加入羧甲基纤维素、胶性黏土或其他增稠剂加以调节。故适宜的颜料是原料组成中的关键因素之一。

③ 乳状胭脂 其主要原料是油脂和颜料，又可细分为以油、脂、蜡和颜料组成的油膏型和以油、脂、蜡、颜料和水组成的霜膏型。

油膏型产品的原料是以棕榈酸异丙酯及类似酯类为主，基本为低黏度的油状液体，在滑石粉、碳酸钙、高岭土和颜料的存在下，用高黏度蜡类增加稠度和提供所需硬度。这种油膏型产品能在皮肤上形成舒适的薄膜。

霜膏型产品是以乳化体为主，可避免油膏类的油腻感。其组分主要有油相和水相以及乳化剂，并含有保湿剂以防干缩。

（2）制备工艺

① 粉饼状胭脂制备工艺 可分为研磨、配色、加胶合剂和压制等步骤。适宜的配方组成、恰当的胶合剂以及严格的操作可获得性能良好的胭脂。

研磨是将粉料与颜料混合后，用球磨机研磨成色泽均匀、颗粒细致的细粉。球磨机多选用陶瓷材质，以避免金属材质对原料中某些成分的影响。粉料和颜料研磨均匀后，可将胶合剂加入球磨机，但在带式拌合机内添加更为适宜。将着色的粉料加入拌合机中不断搅拌，同时将胶合剂以喷雾器喷入，可使胶合剂均匀地拌入粉料中。将已加工拌好的粉料制成颗粒，过筛后送进冲压机用模子压制，在金属盘上成型。

② 液状胭脂制备工艺 将油相组分加热熔化，将干粉（包括颜料）以适量的液体油脂调匀后加入上述油相中，将水溶性物质加热后，倒入油相，不断搅拌后冷却加香，即得。

③ 乳状胭脂制备工艺 制备过程主要包括原料加热、混合、搅拌、加香、灌装等工序。

根据配方成分和乳化方式的不同，可分为雪花膏型乳状胭脂和冷霜型乳状胭脂。雪花膏型乳状胭脂的配制是将油相组分加热至约70℃，然后将水溶物料溶解于水中并加热至约70℃。将水相缓慢倒入油相，不断搅拌，使之乳化均匀，继续搅拌冷至45℃时加入香精。取出适量的膏体与颜料混合研磨后，再加入余下的膏体，搅拌均匀，即得。冷霜型乳状胭脂的配制是将颜料和适量的液体油脂先混合成浆状物，将其余的油溶性物料混合熔化至 70℃，再将水溶性物料溶于水中加热至约 70℃。将水相缓慢加入油相中，不断搅拌，使之乳化均匀，放置一段时间后，加入预先调制好的颜料浆，当温度降至 45℃ 时加入香精，搅拌冷至室温后，经研磨机研磨后灌装即得。

(3) 产品配方

胭脂的配方示例如下。

配方 1（粉饼状胭脂）

组分	质量分数/%	组分	质量分数/%
滑石粉	56.0	白油	1.7
高岭土	10.5	凡士林	2.2
碳酸镁	6.0	羊毛脂	1.1
硬脂酸锌	8.0	香精、防腐剂	适量
颜料	14.5		

配方 2（雪花膏型乳状胭脂）

组分	质量分数/%	组分	质量分数/%
硬脂酸	20.6	山梨醇	2.0
蜂蜡	2.0	丙二醇	8.0
氢氧化钾	1.0	香精、防腐剂	适量
颜料	8.0	去离子水	58.4

配方 3（冷霜型乳状胭脂）

组分	质量分数/%	组分	质量分数/%
蜂蜡	16.0	硼砂	1.0
凡士林	20.0	甘油	5.0
白油	20.0	颜料	6.0
微晶蜡	4.0	香精、防腐剂	适量
地蜡	4.0	去离子水	24.0

配方 4（液状胭脂）

组分	质量分数/%	组分	质量分数/%
丙二醇	25	月桂醇硫酸酯钠盐	0.8
颜料	20.0	香精、防腐剂	0.2
羧甲基纤维素	1.0	去离子水	50.0
硅铝酸镁	3.0		

配方 5（膏状胭脂）

组分	质量分数/%	组分	质量分数/%
蜂蜡	13.4	凡士林(43~48℃)	9.0
滑石粉	20.0	硼砂	0.6
白油	18.0	去离子水	21.0
液体羊毛脂	9.0	颜料	10.0
PEG-75 羊毛脂	9.0	防腐剂、香精	适量

配方 6（胭脂乳）

组分	质量分数/%	组分	质量分数/%
硬脂酸	15.0	硼砂	0.5
聚乙二醇单硬脂酸酯	2.5	丙二醇	10.0
肉豆蔻酸异丙酯	2.0	去离子水	加至100
色素	2.0	防腐剂、香精	适量
Tween-60	1.5		

配方 7（胭脂凝胶）

组分	质量分数/%	组分	质量分数/%
Carbopol 934（10%溶液）	40.0	EDTA-Na$_2$	适量
甘油	16.0	香精、色素、防腐剂	适量
聚乙二醇 1600	4.0	去离子水	39.0
三乙醇胺	1.0		

配方 8（胭脂膏）

组分	质量分数/%	组分	质量分数/%
高岭土	24.0	凡士林	20.0
钛白粉	4.2	液体石蜡	23.0
红色氧化铁	0.5	肉豆蔻酸异丙酯	10.0
橙黄色 203 号	0.3	羊毛脂酸异丙酯	3.0
纯地蜡	15.0	香精、抗氧化剂	适量

6.2 眼部美容化妆品

眼部美容化妆品是修饰和美化眼部及其周围部分的美容化妆品类型，包括眼影、睫毛膏、眼线笔、眉笔等。

6.2.1 眉笔

眉笔是用来修饰、美化眉毛的化妆品，可加深眉毛或修饰、美化眉毛的外形，以改善容貌。

眉笔所采用的原料为油、脂、蜡和颜料，其色彩除黑色外，还有棕褐色、茶色、暗灰色等。颜料除使用炭黑外，也可选择不同色彩的氧化铁颜料。对制品的质量要求包括：软硬适度、描画容易；色泽自然、均匀；稳定性好、不易碎裂；对皮肤无刺激、安全性好。

眉笔的生产技术与铅笔相近，一般在铅笔厂生产，产品形式包括铅笔式和推管式。

（1）铅笔式眉笔

这种眉笔的形状和铅笔相同，将笔尖削尖，露出笔芯即可使用。其主要原料有石蜡、蜂蜡、地蜡、矿脂、巴西棕榈蜡、羊毛脂、颜料等。

铅笔式眉笔的制作方法是：将全部油脂和蜡类混合熔化后，加入颜料，搅拌数小时，倒入盘内冷凝，切成薄片，经研磨机研压两次，最后将均匀混合颜料的蜡块在压条机内压注。开始压出时笔芯较软，放置一段时间后逐渐变硬，笔芯制成后黏合在两块半圆形木条中间即得。

铅笔式眉笔的配方示例如下。

配方 1

组分	质量分数/%	组分	质量分数/%
石蜡	30.0	羊毛脂	8.0
蜂蜡	20.0	鲸蜡醇	6.0
巴西棕榈蜡	5.0	颜料(炭黑)	10.0
矿脂	21.0		

配方 2

组分	质量分数/%	组分	质量分数/%
巴西蜡	5.0	可可脂	10.0
蜂蜡	15.0	颜料(炭黑)	17.0
地蜡	4.0	滑石粉	10.0
小烛树蜡	6.0	钛白粉	5.0
白油	3.0	香精、防腐剂、抗氧剂	适量
羊毛脂	20.0		

配方 3

组分	质量分数/%	组分	质量分数/%
石蜡	33.0	白油	3.0
凡士林	10.0	可可脂	7.0
羊毛脂	10.0	颜料	12.0
蜂蜡	18.0	香精、防腐剂、抗氧剂	适量
地蜡	5.0		

配方 4

组分	质量分数/%	组分	质量分数/%
石蜡	25.0	加洛巴蜡	5.0
凡士林	12.0	硬脂酸三乙醇胺	20.0
液体石蜡	3.0	羊毛脂	7.0
蜂蜡	8.0	炭黑	20.0

(2) 推管式眉笔

这种眉笔的笔芯是裸露的，直径约为 3mm，装在可推动的容器中，将笔芯推出即可使用。其主要原料有石蜡、蜂蜡、虫蜡、液体石蜡、凡士林、白油、羊毛脂和颜料等。

推管式眉笔的制作方法与铅笔式眉笔不同。具体为：将颜料和适量的矿脂及液体石蜡等研磨成均匀的颜料浆，再将剩余的油脂、蜡加热熔化，并将颜料浆混入已熔化好的油脂和蜡类料液中，充分搅拌均匀，浇入模子中，制成笔芯即得。

推管式眉笔的配方示例如下。

配方 1

组分	质量分数/%	组分	质量分数/%
蜂蜡	18.0	液体石蜡	7.0
虫蜡	12.0	石蜡	30.0
凡士林	10.0	防腐剂	适量
羊毛脂	11.0	颜料	12.0

配方 2

组分	质量分数/%	组分	质量分数/%
二氧化钛	50.0	三乙醇胺	10.0
群青	5.0	棕榈酸	10.0
滑石粉	10.0	巴西棕榈蜡	5.0
羊毛脂衍生物	5.0	香精、抗氧剂	适量
PEG	5.0		

配方 3

组分	质量分数/%	组分	质量分数/%
硬化油	53.0	羊毛脂	12.0
可可脂	8.0	炭黑	6.0
蜂蜡	5.0	蓖麻油	9.0
珠光粉	7.0		

配方 4

组分	质量分数/%	组分	质量分数/%
巴西棕榈蜡	8.0	羊毛脂	5.0
凡士林	7.0	微晶石蜡	10.0
蜂蜡	12.0	液体石蜡	4.0
角鲨烯	7.0	精制地蜡	10.0
木蜡	8.0	炭黑	29.0

6.2.2 眼影

眼影是涂敷于眼皮及外眼角形成阴影而美化眼睛的化妆品。眼影的色调在彩色化妆品中较为丰富，有黑色、灰色、青色、褐色等暗色调，以及绿色、橙色及桃红色等鲜艳色调，还包括珠光色调。

眼影的品种较多，经常使用的主要包括眼影膏和眼影粉饼。

（1）眼影粉饼

眼影粉饼是眼影制品中较为常见的类型，其多数是将各类色调的粉末在浅盘中压制成型后，装于化妆盒内使用。眼影粉饼的携带和使用较为方便。其原料类型、配方组成及配制方法均与胭脂粉饼类似。

眼影粉饼的配方示例如下。

配方 1（桃红色珠光眼影粉饼）

组分	质量分数/%	组分	质量分数/%
滑石粉	17.3	二氧化钛覆盖云母	3.0
硬脂酸锌	7.0	云母、二氧化钛、氧化铁	19.0
二氧化钛、云母、胭脂红	40.1	白矿油	8.0
群青桃红	4.4	防腐剂	0.6
群青蓝	0.6		

配方 2（眼影粉）

组分	质量分数/%	组分	质量分数/%
滑石	58.0	颜料	8.0
硬脂酸锌	8.0	Flamenco Pear 100（商品名称）	25.0
碳酸镁	1.0		

配方 3

组分	质量分数/%	组分	质量分数/%
滑石粉	39.5	涂钛白云母	40.0
硬脂酸锌	7.0	防腐剂	0.5
高岭土	6.0	棕榈酸异丙酯	6.0
无机颜料	1.0		

配方 4

组分	质量分数/%	组分	质量分数/%
珠光颜料	30.0	丝云母	20.0
滑石粉	30.0	十四酸异丙酯	5.0
氧化铬颜料	2.0	液体石蜡	5.0
黄色氧化铁	1.5	羊毛脂	1.0
黑色氧化铁	0.5	香精、防腐剂	适量
聚甲基硅氧烷	5.0		

(2) 眼影膏

眼影膏是颜料粉均匀分散于油脂和蜡基的混合物形成的油性膏状眼影，或分散于乳化体系的乳化型制品。前者适合于干性皮肤，而后者适用于油性皮肤。眼影膏的使用不及眼影粉饼普遍，但其化妆的持久性优于眼影粉饼。

眼影膏的主要原料有白油、凡士林、白蜡、地蜡、巴西棕榈蜡、羊毛脂衍生物和颜料等，其制备工艺与膏霜类产品基本相同。

眼影膏的配方示例如下。

配方 1（油性眼影膏）

组分	质量分数/%	组分	质量分数/%
凡士林	62.0	蜂蜡	8.5
无水羊毛脂	5.0	液体石蜡	16.5
精制地蜡	8.0	颜料	适量

配方 2（乳化眼影膏）

组分	质量分数/%	组分	质量分数/%
硬脂酸	12.0	无水羊毛脂	4.5
蜂蜡	4.6	甘油	5.0
三乙醇胺	3.6	颜料	10.0
凡士林	20.0	去离子水	加至100.0

配方 3（眼影膏）

组分	质量分数/%	组分	质量分数/%
白油	10.0	羊毛脂	4.0
凡士林	45.0	棕榈酸异丙酯	6.0
小烛树蜡	3.0	无机颜料	8.0
地蜡(75℃)	10.0	二氧化钛	10.0
白蜡(60℃)	4.0	香精、防腐剂、抗氧剂	适量

配方 4（防水乳化眼影膏）

组分	质量分数/%	组分	质量分数/%
微晶蜡	3.0	甲基羟丙基纤维素	0.5
硬脂酸	3.0	丙烯酸-丁基丙烯酸酯-甲基异丁烯酸共聚物(30%乳液)	10.0
白油	8.5		
羊毛脂	1.0	珠光颜料	10.0
失水山梨醇单硬脂酸酯	1.5	着色剂	2.0
甘油	5.5	香精、防腐剂	适量
三乙醇胺	1.5	去离子水	加至100

配方 5（眼影膏）

组分	质量分数/%	组分	质量分数/%
Flamenco Pearl 100 颜料(商品名)	15.0	三乙醇胺	4.0
三压硬脂酸	16.0	丙二醇	5.0
凡士林	25.0	去离子水	45.0
脱水羊毛脂	5.0		

6.2.3 睫毛油和睫毛膏

睫毛油和睫毛膏是修饰、美化睫毛，增加其色泽或促进其生长的油状或膏状美容制品，颜色以黑色、棕色为主，一般采用炭黑或氧化铁等为颜料。使用时，用睫毛刷蘸取少量制品直接涂敷于睫毛上。

睫毛膏的主要原料有硬脂酸、蜂蜡、石蜡、巴西棕榈蜡、羊毛脂、单硬脂酸甘油酯、皂类、无机颜料以及水和防腐剂等；睫毛油的主要原料有胶黏剂、增溶剂、着色剂、乙醇和水等，其中的胶黏剂有水溶性与非水溶性之分，现多使用非水溶性胶黏剂。有时为了增加使用后睫毛增长的效果，睫毛油或睫毛膏中还添加少量天然或合成纤维，约占3%～4%。

睫毛油的制备中，一般是将颜料悬浮于油类（如蓖麻油）或胶质溶液中。睫毛膏的制备过程主要是将原料加热熔化并搅拌，形成均匀细致的乳化体后，加入颜料混合均匀，用胶体磨等研磨后压制。

睫毛油和睫毛膏的配方示例如下。

配方 1（睫毛油）

组分	质量分数/%	组分	质量分数/%
蓖麻油	86.0	尼泊金丙酯	0.2
单油酸失水山梨醇酯	3.8	炭黑	10.0

配方 2（固体块状睫毛膏）

组分	质量分数/%	组分	质量分数/%
硬脂酸三乙醇胺	33.0	小烛树蜡	2.0
石蜡(60℃)	30.0	无机颜料	15.0
蜂蜡	10.0	香精、防腐剂、抗氧剂	适量
羊毛脂	10.0		

配方 3（乳化睫毛膏）

组分	质量分数/%	组分	质量分数/%
油酸	4.75	无机颜料	8.5
单甘酯	1.25	三乙醇胺	2.5
蜂蜡	9.0	防腐剂、抗氧剂	适量
小烛树蜡	6.25	去离子水	加至 100
羟甲基纤维素钠	1.0		

配方 4（防水睫毛膏）

组分	质量分数/%	组分	质量分数/%
蜂蜡	27.0	硬脂酸铝	2.5
地蜡(75℃)	4.0	蚕丝粉	5.0
三压硬脂酸	2.0	防腐剂	适量
无机颜料	7.0	石油醚(100～120℃)	51.55
三乙醇胺	0.7		

6.2.4 眼线笔和眼线液

眼线笔和眼线液均是涂于睫毛根部的上下眼皮边缘的美容化妆品类型，可突出眼睛的轮廓和强化眼睛的层次，增加眼睛的魅力。眼线笔主要呈蜡状，其主要原料及制备方法均与眉笔类似，只是笔芯较眉笔稍细，质地较眉笔柔软，色彩更为均匀。眼线液主要有薄膜型和乳液型两种。薄膜型眼线液中需添加成膜剂，主要采用纤维素衍生物等天然高分子化合物以及水溶性的合成高分子化合物，还常以乙醇为溶剂，以加快膜的干燥速度。

眼线液的配方示例如下。

配方 1 （薄膜型眼线液）

组分	质量分数/%	组分	质量分数/%
聚乙烯醇	6.0	丙二醇	5.0
肉豆蔻酸异丙酯	1.0	炭黑	7.0
Tween-60	0.4	防腐剂	适量
羊毛脂	0.6	去离子水	80.0

配方 2 （乳液型眼线液）

组分	质量分数/%	组分	质量分数/%
硬脂酸	2.4	三乙醇胺	1.5
硬脂酸单甘酯	0.6	聚乙烯吡咯烷酮	2.0
肉豆蔻酸异丙酯	1.0	炭黑	7.0
羊毛脂	2.0	防腐剂	适量
Tween-60	0.5	去离子水	77.0
丙二醇	6.0		

配方 3 （眼线笔）

组分	质量分数/%	组分	质量分数/%
地蜡	15.0	三山嵛酸甘油酯	10.5
氢化蓖麻油	10.0	聚乙二醇二硬脂酸酯	5.0
三异辛酸甘油酯	10.0	色素	49.5

配方 4 （眼线笔）

组分	质量分数/%	组分	质量分数/%
黑色底色	50.0	尼泊金丙酯	0.15
乙二胺四乙酸钠	0.26	黄蓍胶	0.3
丙二醇	5.0	聚丙烯酸酯（50%）	15
尼泊金甲酯	0.15	去离子水	29.14

配方 5 （眼线液）

组分	质量分数/%	组分	质量分数/%
PVP	22.0	丙二醇	5.0
黑色氧化铁	5.0	精制水	41.0
蓝色氧化铁	20.0	防腐剂	0.5
聚氧乙烯失水山梨醇单月桂酸酯	1.5	乙醇	5.0

6.3 唇膏

　　唇膏包括润唇膏和口红，是锭状唇部美容化妆品。使用唇膏可勾勒唇形，润湿、软化唇部，保护唇部不干裂。

6.3.1 主要原料

　　唇膏是由油、脂和蜡类原料溶解和分散色素后制成的化妆品类型，其主要原料由着色剂和油、脂、蜡类组成，还通常加入香精和抗氧剂，其中油、脂、蜡类构成了唇膏的基体，也是润唇膏的组成主体。

(1) 着色剂

着色剂也称色素，是唇膏中最主要的成分。在唇膏中很少单独使用一种色素，多数是两种或多种调配而成。唇膏中的色素分为可溶性染料、不溶性颜料和珠光颜料三类，其中可溶性染料和不溶性染料可以合用，也可单独使用。

可溶性染料通过渗入唇部外表面皮肤而发挥着色作用。应用最多的可溶性染料是溴酸红染料，是溴化荧光素类染料的总称，有二溴荧光素、四溴荧光素、四溴四氯荧光素等。溴酸红染料能染红唇部，并有牢固持久的附着力。现代的唇膏制品中，色泽的附着性主要是依靠溴酸红体现。但溴酸红不溶于水，在一般的油、脂、蜡中溶解性较差，要有优良的溶剂存在才能产生良好的着色效果。

不溶性颜料是一些极细的固体粉粒，经搅拌和研磨后，混入油脂、蜡类基质中。这样的唇膏涂敷在口唇上能留下艳丽的色彩，且赋予一定的遮盖力。不溶性颜料包括有机颜料、有机色淀颜料和无机颜料。唇膏使用的不溶性颜料主要是有机色淀颜料，它是极细的固体粉粒，色彩鲜艳，有较好的遮盖力。经搅拌和研磨后，加入油脂、蜡基质中，但有机色淀的附着力不好，需要和溴酸红染料并用。无机颜料中的常用品种是二氧化钛，其可使唇膏产生紫色色调和乳白膜。

珠光颜料多采用合成珠光颜料，如氢氧化铋、二氧化钛覆盖云母片等，随膜层的厚度不同而显示不同的珠光色泽。二氧化钛覆盖云母片对人体及皮肤无毒、无刺激性，产品有多种系列。

(2) 油脂、蜡类

油脂、蜡类是唇膏的基本原料，含量一般占 90% 左右。各种油脂、蜡类用于唇膏中，使其具有不同的特性，以达到唇膏的质量要求，如黏着性、对染料的溶解性、触变性、成膜性以及硬度、熔点等方面的要求。

制备唇膏常用的油脂、蜡类原料如下。

① 蓖麻油　它是唇膏中最常用的油脂原料，可赋予唇膏一定的黏度，以增加其黏着力。蓖麻油还对溴酸红染料有较好的溶解性，但其与白油、地蜡的互溶性不好。其用量一般为 12%～50%，不宜超过 50%，以 25% 较适宜，否则易形成黏稠油腻膜。它的缺点还包括有不愉快的气味和容易产生酸败，因此原料的纯度要求较高，不可含游离碱、水分和游离脂肪酸。

② 橄榄油　其可用来调节唇膏的硬度和延展性。

③ 可可脂　因其熔点接近体温，可在唇膏中降低凝固点，并增加唇膏涂抹时的速熔性，可作唇膏优良的润滑剂和光泽剂。其用量一般为 1%～5%，最高的用量一般不超过 8%，过量则易起粉末而影响唇膏的光泽性并有变为凹凸不平的倾向。

④ 无水羊毛脂　其与蓖麻油一样，是唇膏不可缺少的原料。无水羊毛脂具有良好的相容性、低熔点和高黏度，可使唇膏中的各种油、蜡黏合均匀，羊毛脂对防止油相的油分析出及对温度和压力的突变有抵抗作用，可防止唇膏发汗、干裂等。羊毛脂还是优良的滋润性物质。由于气味不佳，其用量不宜过多，一般为 10%～30%。多采用羊毛脂衍生物替代羊毛脂以避免此缺点。

⑤ 鲸蜡和鲸蜡醇　鲸蜡的熔点低，在唇膏中可增加触变性，但不增强唇膏的硬度；鲸蜡醇在唇膏中具有缓和作用并可溶解溴酸红染料，但因可使唇膏涂敷后的薄膜形成失光的外表面而应用受限。

⑥ 单硬脂酸甘油酯　其是唇膏配方中主要的原料，对溴酸红染料有很高的溶解性，且具有增强滋润及其他多种作用。

⑦ 肉豆蔻酸异丙酯　其作为唇膏的互溶剂及滑润剂，可增加涂擦时的延展性，用量约为 3%～8%。

⑧ 精制地蜡　其用作唇膏的硬化剂，有较好的吸收矿物油的性能，可使唇膏在浇注时收缩而易于脱出，但用量过多，会影响唇膏的表面光泽。

⑨ 巴西棕榈蜡　巴西棕榈蜡为高熔点的质硬而脆的不溶于水的固体，是化妆品原料中硬度最高的一种。其与蓖麻油等油脂类原料的相溶性良好，广泛用于唇膏和膏霜类化妆品中，在唇膏中作硬化剂，用以提高产品的熔点而不致影响其触变性，并赋予光泽和热稳定性，因此对保持唇膏形体和表面光亮起着重要作用。其用量过多会引起唇膏脆化，一般在 1%～3%，不超过 5%。引起的唇膏脆性现象也可通过加入蜂蜡得以缓和。

⑩ 蜂蜡　蜂蜡能提高唇膏的熔点而不明显影响硬度，具有良好的相容性，可辅助其他成分成为均一体系，并同地蜡一样，可使唇膏容易从模具中脱出。

⑪ 小烛树蜡　其可用作蜂蜡和巴西棕榈蜡的代用品，用以提高产品热稳定性，也可作为软蜡的硬化剂。

⑫ 凡士林　凡士林在唇膏中的用量不宜超过 20%，以避免阻曳现象。

⑬ 白油　白油具有相对密度低、黏度高、无异味的特点，可作唇膏的润滑剂，但常会影响产品的黏着性及附着力，遇热还会软化，析出油分，在制品中的使用逐渐减少。

（3）香精

唇膏的香料，既要芳香舒适，又需口味和悦，还有考虑其安全性。唇膏的香料要求是：既要完全掩盖油脂和蜡的气味，还要体现淡雅的清香气味，可被消费者普遍接受。唇膏经常使用一些清雅的花香、水果香和某些食品香料品种，如橙花、茉莉、玫瑰、香豆素、香兰素、杨梅等。许多芳香物会对黏膜产生刺激，不适宜用于唇膏中；有苦味和不适口味的芳香物，极易产生身体的不良反应，也不宜用于唇膏中。香精在唇膏中的用量约为 2%～4%。

6.3.2 制备工艺

唇膏的制备主要是将着色剂分布于油中或全部的脂、蜡基中，成为细腻均匀的混合体系。将溴酸红溶解或分布于蓖麻油中，或配方中的其他溶剂中。蜡类熔化的温度略高于体系中最高熔点原料的熔点值。将软脂及液体油熔化后，加入其他颜料，经研磨机（如胶体磨）磨成均匀的混合体系。然后将上述三种体系混合再研磨一次，当温度下降至约高于混合物的熔点 5～10℃ 时，即进行浇注，并快速冷却。香精在混合物完全熔化时加入。

在制备过程中，颜料容易在基质中出现聚集结团现象，较难分布均匀。为此，通常先将颜料用低黏度的油浸透，然后再加入较稠厚的油脂进行混合，并通常在油脂处于较好的流动状态下（约高于脂、蜡基的熔点 20℃）趁热进行研磨，以防止在研磨之前颜料沉淀。此时研磨的作用并非是使颜料颗粒加细，而主要是使粉体分散。

膏料中如混有空气，则在制品中会有小孔。在浇注前通常需加热并缓慢搅拌以使空气泡浮于表面除去或采取真空脱气方法，排出空气。

唇膏冷却凝结成型后，可将其从模具中取出，用文火进行表面重熔，使表面平滑和光亮。

6.3.3 产品配方

唇膏制品的配方示例如下。

配方 1（普通唇膏）

组分	质量分数/%	组分	质量分数/%
蓖麻油	44.5	无水羊毛脂	4.5
单硬脂酸甘油酯	9.5	鲸蜡醇	2.0
棕榈酸异丙酯	2.5	溴酸红	2.0
蜂蜡	20.0	色淀	10.0
巴西棕榈蜡	5.0	香精、抗氧剂	适量

配方 1 为普通唇膏，也称原色唇膏。其色泽可分为四大基色，即大红、宝红、赭红、玫瑰红。主要特点是涂于口唇后，色泽不变。

配方 2（透明护肤唇膏）

组分	质量分数/%	组分	质量分数/%
地蜡	12.0	橄榄油	5.0
蜂蜡	18.0	肉豆蔻酸异丙酯	10.0
微晶蜡	6.0	羊毛酸	2.0
白凡士林	20.0	聚乙二醇羊毛酸酯	2.0
可可脂	10.0	香精、抗氧剂	适量
白油	15.0		

配方 2 是透明唇膏，是不含不溶性乳白颜料和色淀的制品，润肤的油脂含量较

高。主要是利用可溶性或加溶性染料产生颜色，形成透明的覆盖层，光透过时有闪光层，使唇部产生润湿的外观，防止干裂。

配方3（变色唇膏）

组分	质量分数/%	组分	质量分数/%
蓖麻油	44.8	巴西棕榈蜡	10.0
肉豆蔻酸异丙酯	10.0	钛白粉	4.2
羊毛脂	11.0	曙红酸	3.0
蜂蜡	9.0	香精、抗氧剂	适量
固体石蜡	8.0		

配方3为变色唇膏，又称双色调唇膏。其使用时可在数秒内由淡橙色逐渐变为玫瑰红色。所使用的染料为曙红酸，又名四溴荧光素或四溴荧光黄，其在酸性或中性条件下为淡橙色，在唇部略带碱性的环境中变为曙红，呈现玫瑰红色。变色唇膏除要求使用特定染料外，其油脂成分的色泽要求较浅，且符合酸度要求。

配方4（防水唇膏）

组分	质量分数/%	组分	质量分数/%
蓖麻油	30.0	巴西棕榈蜡	10.0
白油	15.0	地蜡	10.0
蜂蜡	15.0	二甲基硅氧烷	10.0
白蜡	10.0	香精、抗氧剂	适量

配方5（防水唇膏）

组分	质量分数/%	组分	质量分数/%
蓖麻油	28.0	辛基十二烷醇	10.0
羊毛脂	2.5	超细二氧化硅	1.0
巴西棕榈蜡	2.5	抗氧剂	适量
地蜡	4.0	防腐剂	适量
苯基二甲基硅氧烷	15.0	颜料基质	30.0
小烛树蜡	7.0		

配方4、5为防水唇膏，其中添加了抗水性的硅油组分，涂布后形成憎水膜，化妆效果的保留时间较长。

配方6（乳化唇膏）

组分	质量分数/%	组分	质量分数/%
蓖麻油	30.0	溴酸红	2.0
白油	8.0	甘油	2.0
巴西蜡	2.0	丙二醇	1.0
地蜡	4.0	去离子水	5.0
羊毛脂	8.0	防晒剂	适量
异硬脂酸二甘油酯	32.0	防腐剂	适量
聚氧乙烯(25)聚氧丙烯十四烷醚	1.0	香精	适量
二氧化钛	5.0		

将溴酸红溶于 70℃的单甘酯中,必要时加蓖麻油充分溶解,制得染料部。将烘干磨细的不溶性颜料与液体油脂原料(蓖麻油)混合均匀,保温。将上述两部分原料混合到真空乳化罐,均质搅拌抽真空,将油脂和色淀混合物中的空气除去。将羊毛脂和蜡类在另一容器中加热经过滤后,加入乳化罐,慢速搅拌,不使色淀颜料下沉,并加入香精,然后注入模型,急剧冷却、脱模,最后过火烘面抛光,获得产品。

配方 7(珠光唇膏)

组分	质量分数/%	组分	质量分数/%
蓖麻油	40.0	蜂蜡	18.0
羊毛脂	8.0	鲸蜡醇	2.0
硅油	2.0	云母/二氧化钛	3.0
单硬脂酸甘油酯	10.0	色淀	7.0
肉豆蔻酸异丙酯	4.0	染料	2.0
巴西蜡	4.0	香精、抗氧剂	适量

配方 8(防晒唇膏)

组分	质量分数/%	组分	质量分数/%
三异硬脂酸柠檬酸酯	59.4	二亚油酸双异丙酯	10.0
小烛树脂	8.0	对羟基苯甲酸丙酯	0.1
肉豆蔻酸乳酸酯	7.5	超微细 TiO_2	2.0
微晶蜡	5.0	颜料(云母、氢氧化铋、胭脂红)	6.0
巴西棕榈蜡	2.0	香精	适量

6.4 指甲美容化妆品

指甲是由上皮细胞角化后重叠堆积而成的半透明状甲板,由胱氨酸为主要成分的硬角蛋白构成。指甲化妆品是指可修饰指甲形状、增添光亮,美化和保护指甲的化妆品类型。指甲化妆品主要包括:指甲护理剂、指甲表皮清除剂、指甲油和指甲油清除剂等。其中指甲油是最流行的指甲化妆品。

6.4.1 指甲油

指甲油是用来修饰指甲,增进其美观的化妆用品。良好指甲油的性能要求包括黏稠度适宜,以方便涂布于指甲表面;颜色均匀,并保持确定的色调和光泽;干燥成膜较快,薄膜均匀平滑;附着力强,不易剥落、破损;对皮肤、指甲安全无毒;易被指甲清除剂清除。

(1)主要原料

指甲油的主要原料可分为成膜物、树脂、增塑剂、溶剂和着色剂等。

① 成膜物 成膜物是指甲油的基本原料,在涂布后形成薄膜。可作为指甲油成膜物的物质很多,如硝酸纤维素、醋酸纤维素、醋丁纤维素、乙基纤维素、聚乙烯化合物以及丙烯酸甲酯聚合物等。其中硝酸纤维素俗称硝化棉,是软毛状白色纤

维物质，它在黏度、附着力、硬度、光滑性、耐磨性和耐水性等方面都较优良，成膜机理简单，干燥快，是用于指甲油成膜物的主要原料类型，也是各成膜原料中较为适宜的类型。但硝酸纤维素也有缺点，如收缩变脆、光彩差和黏着力不足够强等，还必须和合适的黏合剂、增塑剂配伍，此外，硝酸纤维素属易燃危险品，在贮存、运输和使用时需严格操作，远离火源。

② 树脂　树脂是为加强指甲油所形成的膜与指甲表面的附着力而添加的成分，也称为胶黏剂，是指甲油不可缺少的组分。树脂的加入有时还可增强膜的光泽性。一般使用的树脂包括醇酸树脂、氨基树脂、丙烯酸树脂、聚乙酸乙烯酯、对甲苯磺酰胺甲醛树脂等。这类原料的选择主要考虑的是其与色素的相互作用、与成膜剂的相溶性和溶解性等。

③ 增塑剂　增塑剂主要是为增加硝化棉薄膜的柔韧性和减少收缩而加入的物质。增塑剂不仅可以改变膜的性质，还可增加成膜的光泽，但含量过高会影响成膜附着力。在选用增塑剂时要考虑其与成膜物、树脂等的互溶性以及挥发性和毒性等。指甲油中常用的增塑剂有：樟脑、蓖麻油、苯甲酸苄酯、磷酸三丁酯、柠檬酸三乙酯、乙酰柠檬酸三丁酯等，其中比较理想的增塑剂是樟脑和柠檬酸酯类。

④ 溶剂　溶剂在配方中约占 $70\% \sim 80\%$，其作用主要是溶解成膜物、树脂和增塑剂，并调整体系的黏度使之适合使用。溶剂为挥发性物质，其挥发速度会影响干燥速度、制品的流动性以及膜的光泽、平滑性等。为达到理性的效果，多采用混合溶剂。混合溶剂中又分为真溶剂、助溶剂和稀释剂。

真溶剂是真正具有溶解能力的物质，利用它可以溶解成膜物等，并赋予体系一定的黏度、快干性和流动性。常用的有丙酮、丁酮、乙酸乙酯、乙酸丁酯、乳酸乙酯等。助溶剂本身不具有溶解成膜物的能力但可协助真溶剂溶解成膜物，并改善制品的黏度和流动性。助溶剂主要是醇类，常用的有乙醇、丁醇等。稀释剂单独使用时对成膜物没有溶解能力，与真溶剂配合使用会增大树脂的溶解能力，并能调节产品的使用性能，还可适当降低产品成本。

⑤ 着色剂　指甲油所用的着色剂主要为一些不溶性的颜料和有机色淀，以赋予不透明的色调。还常添加二氧化钛等增加乳白感，添加珠光颜料以增强光泽。

⑥ 悬浮剂　因着色剂的相对密度较大以及粒径较大等原因，常会出现着色剂的沉淀，因此，配方中常少量添加悬浮剂。常用的悬浮剂即为高分子胶质物质。

（2）制备工艺

指甲油的制备过程主要包括配料、调色、混合、搅拌、包装等工序。其制备方法为：用稀释剂或助溶剂将硝酸纤维素润湿，另将溶剂、树脂、增塑剂混合，并加入硝酸纤维素中，搅拌使其完全溶解，经压滤机或离心机处理，去除杂质和不溶物，贮存静置，然后加入颜料浆，进行灌装。其中颜料的颗粒必须进行充分粉碎至较细，以使其悬浮于液体中，常用球磨机或辊磨机粉碎颗粒。研磨的方法是以颜料、硝酸纤维素、增塑剂和足够的溶剂使其成为浆状物，然后经研磨数次以达到所需的细度。

(3) 产品配方

指甲油的配方示例如下。

配方 1

组分	质量分数/%	组分	质量分数/%
硝化纤维素	10.0	乙醇	5.0
醇酸树脂	10.0	甲苯	35.0
乙酸乙酯	20.0	颜料	适量
乙酸丁酯	15.0	悬浮剂	适量
柠檬酸乙酰三丁酯	5.0		

其制备过程是：将颜料加入一部分醇酸树脂和一部分乙酰柠檬酸三丁酯中，混合均匀。将其余所有组分混合，形成混合溶剂。将上述颜料混合物加入混合溶剂中，充分搅拌，使其分散均匀，包装。

配方 2

组分	质量分数/%	组分	质量分数/%
硝基纤维素	11.5	乙酸乙酯	30.0
磷酸三甲苯酯	8.5	乙醇	5.0
邻苯二甲酸二丁酯	13.0	颜料	0.4
乙酸丁酯	31.6		

配方 3

组分	质量分数/%	组分	质量分数/%
硝基纤维素	14.0	邻苯二甲酸二丁酯	7.0
树脂	6.0	磷酸三甲苯酯	3.0
甲苯	35.0	骨胶原、角朊水解物	6.0
乙酸丁酯	25.0	颜料	4.0

配方 4

组分	质量分数/%	组分	质量分数/%
硝基纤维素	15.0	邻苯二甲酸二丁酯	3.0
甲基苯磺酸钠-甲醛树脂	12.0	樟脑	1.5
无油醇酸树脂	2.0	甲苯	22.0
乙酸乙酯(95%)	9.0	正丙醇	1.0
乙酸丁酯	30.5	二氧化钛/氧化铁或有机颜料	4.0

配方 5

组分	质量分数/%	组分	质量分数/%
硝基纤维素	10.0	乙酸乙酯	8.0
醇酸树脂	12.0	乙酸丁酯	25.0
丙烯酸树脂	7.0	丁醇	3.0
乙酰基柠檬酸三丁酯	3.0	甲苯	21.0
DL-樟脑	0.5	颜料	3.0
有机膨润土	1.5	尼龙粉(10μm)	1.0
异丙醇	5.0		

配方 6

组分	质量分数/%	组分	质量分数/%
硝基纤维素	10.0	黑色氧化铁	0.2
醇酸树脂	10.0	二氧基苄硬酯基氯化铵改性	1.0
柠檬酸乙酰基三丁酯	5.0	蒙脱土	
乙酸	15.0	黄色氧化铁	0.7
丁酸	20.0	红色 202 号	1.4
异丙醇	8.0	硫酸钡(0.03μm)	5.0
甲苯	23.7		

配方 7

组分	质量分数/%	组分	质量分数/%
羟丙基甲基纤维素	0.5	樟脑	1.5
硝基纤维素	12.0	乙酸丁酯	42.0
醇酸树脂	6.0	甲苯	12.0
苯甲酸蔗糖酯	5.0	颜料	14.0
乙酰基柠檬酸三丁酯	6.0	有机膨润土凝胶剂	1.0

配方 8

组分	质量分数/%	组分	质量分数/%
硝基纤维素	10.0	甲苯	32.0
醇酸树脂	10.0	红色氧化铁	1.0
乙酰柠檬酸三丁酯	5.0	十八烷基二甲基苄基氯化铵改性	0.3
乙酸乙酯	20.0	膨润土	
乙酸丁酯	16.67	硬脂酸镁	0.03
乙醇	5.0		

配方 9

组分	质量分数/%	组分	质量分数/%
γ-谷维素	0.01	乙酸丁酯	49.99
硝基纤维素	12.0	甲苯	20.0
改性醇酸树脂	10.0	颜料	1.0
邻苯二甲酸二丁酯	4.0	凝胶剂	1.0
樟脑	2.0		

配方 10

组分	质量分数/%	组分	质量分数/%
硝基纤维素	10.0	乙酸乙酯	8.0
醇酸树脂	7.0	乙酸丁酯	25.0
丙烯酸树脂	7.0	丁醇	3.0
甲基磺酰胺-甲醛树脂	10.0	甲苯	19.3
乙酰柠檬酸三丁酯	3.0	106 号红	0.2
樟脑	0.5	二氧化钛片	1.5
异丙醇	4.0	有机膨润土	1.5

6.4.2 指甲油清除剂

指甲油涂敷在指甲上后，通常需要使用指甲油清除剂清除陈旧的涂层。指甲油清除剂主要含有能溶解硝酸纤维素和树脂的溶剂类混合物。在溶解、清除指甲油时，也会同时清除指甲上原来的脂质并具有脱水作用，为此，常加入脂肪酸酯和羊毛脂衍生物等脂肪物质以及润湿剂等。指甲油清除剂的主要原料都是易燃物，因此，其制备、贮存、运输和使用均需防火防爆。

指甲油清除剂的配方示例如下。

配方 1

组分	质量分数/%	组分	质量分数/%
羊毛脂油	0.5	乙醇	10.0
乙酸丁酯	43.0	香精	适量
丙酮	43.0	去离子水	3.5

其制备过程是：将羊毛脂油加入到乙酸乙酯或丙酮中，在搅拌下添加乙醇和精制水，搅拌均匀即可。

配方 2

组分	质量分数/%	组分	质量分数/%
乙酸乙酯	40.0	肉豆蔻酸异丙酯	5.0
乙酸丁酯	30.0	羊毛脂	1.0
丙酮	14.0	香精	适量
乙基乙二醇醚	10.0	色素	适量

配方 3

组分	质量分数/%	组分	质量分数/%
乙酸丁酯	25.0	橄榄油	4.0
乙酸乙酯	40.0	蓖麻油	1.0
丙酮	30.0		

配方 4

组分	质量分数/%	组分	质量分数/%
乙酸乙酯	27.0	Carbopol 934 树脂	1.5
丙二醇	10.0	Timica 珍珠白颜料	0.5
异丙醇	20.0	去离子水	10.0
丙酮	27.5	聚氧乙烯(15)椰子基胺	1.5
聚氧乙烯(16)羊毛脂醚	2.0		

6.5 香水类化妆品

目前，具有香气的物质约 40 万种。它们之中有单离产品，也有数种物质混合起来的调和香料，可供化妆品及其他产品使用。以香味为主的化妆品称芳香制品。

香水类化妆品是芳香化妆品中的一类，属于液状化妆品。一般按其用途分类：皮肤用香水类，如香水、古龙水、花露水、各种化妆水等；毛发用香水类，如头水、奎宁水、营养性润发水等。这些香水类化妆品除了用途不同外，有时也可按赋香率不同而加以区分，如香水赋香率为 $15\% \sim 25\%$，有时达 50%，而花露水为 $5\% \sim 10\%$，古龙水为 $3\% \sim 5\%$，头水为 $0.5\% \sim 1.0\%$，化妆水为 $0.05\% \sim 0.5\%$。

香水、花露水类制品大多是用酒精为溶剂的透明液体。酒精能溶解许多组分，制成各种带治疗性和艺术性的制品，给人以美的享受和起到保护皮肤的功能；其本身无色无臭，对皮肤无毒害，挥发后能引起凉爽感觉，既是温和的收敛剂和抗菌剂，又是较好的溶剂。

6.5.1　主要原料

(1) 香水的主要原料

香水是香精的酒精溶液，或再辅加适量定香剂等组分。香水具有芬芳浓郁的香气，是重要的化妆品之一，主要喷洒于衣襟、手帕及发际等部位，散发怡人的香气。

香水中香精用量较高，一般为 $15\% \sim 25\%$（质量分数），乙醇浓度为 $75\% \sim 85\%$（质量分数），加入 5%（质量分数）的水以使香气透发。酒精对香水、花露水等制品的影响很大，因此不能带有异味。尤其是杂质容易使香气产生严重的破坏作用。所以香水用酒精必须要经过精制。其精制方法主要有：乙醇中加入 $0.02\% \sim 0.05\%$（质量分数）的高锰酸钾，剧烈搅拌，同时通空气鼓泡，如有棕色的二氧化锰沉淀，静止过滤除去，再经蒸馏备用；每升乙醇中加入 $1 \sim 2$ 滴 30%（质量分数）的过氧化氢，在 $25 \sim 30℃$ 下储存数天；乙醇中加入 1%（质量分数）的活性炭，每天搅拌数次，放置数日后，过滤备用；在乙醇中加入少量香料，如秘鲁香脂、安息香树脂等，放置 $30 \sim 60$ 天，消除和调和乙醇气味，使气味醇和。

香精是决定香水香型和质量的关键原料，在高级香水中一般都使用茉莉、玫瑰和麝香等天然香料，但天然香料供应有限，近年来合成了很多新品种，以补充天然香料的不足。香水根据香型可分为两种：一种为花香香水，一般分为一种花香的单香型和几种花香的多香型；另一种为幻想香水，用花以外的天然香料制造的香水或是凭调香师的艺术灵感创造出来的香水，使人联想到某种自然现象、景色、人物、音乐等，如"夜间飞行"、"巴黎之夜"等。

新鲜调制的香水，香气未完全调和，需要放置较长时间（数周~数月），这段时间称为陈化期。在陈化期内，香水的香气会渐渐由粗糙转为醇厚。因此，陈化也是香水成熟或圆熟的过程。

(2) 花露水的主要原料

花露水是一种用于沐浴后祛除部分汗臭，以及在公共场所解除一些秽气的夏令卫生用品。另外，花露水具有一定的消毒杀菌作用，涂在蚊叮、虫咬之处有止痒消肿的功效；涂抹在患痱子的皮肤上，亦能止痒而有凉爽、舒适之感。花露水的香气要求易于发散，并且有一定的留香能力。

花露水以乙醇、香精、蒸馏水为主体，辅以少量螯合剂、抗氧剂和耐晒的水溶性颜料。颜料的颜色以淡湖蓝、绿、黄为宜。香精用量一般在2%～5%（质量分数）之间，酒精浓度为70%～75%（质量分数）。习惯上，香精以清香的薰衣草油为主体，有的产品采用东方香水香型（如玫瑰、麝香型），以加强保香能力，称为花露香水。

(3) 古龙水的主要原料

古龙水又称科隆水，属男用花露香水，其香气清新、舒适，在男用化妆品中占有一席之地。其香精用量为3%～5%（质量分数），乙醇浓度为75%～80%（质量分数），香精中含有柠檬油、薰衣草油、橙花油等。

6.5.2 制备工艺

香水、古龙水、花露水的制备过程基本相似，主要包括准备、配料、混合、贮存、冷冻、过滤、灌装等。香水、花露水的制备工艺如下。

在配制过程中，先把乙醇放入配料罐中，加入香精、定香剂、染料，搅拌溶解，并加入去离子水混合均匀，然后把配制好的香水或花露水输送到贮存罐，进行静置贮存。一般花露水的贮存时间需24h以上，香水的贮存时间至少在一个星期以上，高级香水的贮存时间更长。在陈化期有一些不溶性物质沉淀出来，应过滤除去，一般采取压滤的方法，并加入硅藻土或碳酸镁等助滤剂，在加入助滤剂后，应将香水冷却到5℃以下，而花露水、古龙水冷却到10℃以下，并在过滤时保持该温度，这样才能保证制品的清晰度指标要求。装瓶时，应先将空瓶用乙醇洗涤后再罐装，并应在瓶颈处空出4%～7%容积，预防贮藏期间瓶内溶液受热膨胀而使瓶子破裂，装瓶宜在20～25℃下操作完成。

6.5.3 产品配方

① 香水　配方示例如下。

配方1（茉莉香型香水）

香精配方-1

组分	质量分数/%	组分	质量分数/%
大花茉莉净油	8.0	羟基香茅醛	7.0
苄醇	9.0	苯乙醇	4.0
乙酸对甲酚酯(20%)	1.0	灵猫香膏(10%)	1.0
白兰叶油	3.0	麝香105	4.5
依兰油	3.0	十五内酯	3.0
树兰油	1.0	水杨酸苄酯	4.5
玫瑰油	1.0		

香精配方-2

组分	质量分数/%	组分	质量分数/%
乙酸苄酯	13.0	甲基紫罗兰酮	5.0
吲哚(10%)	2.0	除萜香柠檬油	4.5
1-戊基桂醛泄馥基	2.0	海狸香浸膏	1.0
橙花油	4.5	环十五酮	2.0
晚香玉香精	1.0	麝香酊(10%)	8.5
橙叶油	4.5	甲基壬基乙醛(10%)	1.0
二甲基苄基原醇	1.0		

香水配方

组分	质量分数/%	组分	质量分数/%
茉莉香型香精	20.0~25.0	色素	适量
酒精(95%)	75.0~80.0	EDTA-Na$_2$	0.1
抗氧剂(BHT)	0.1	去离子水	加至100

配方 2（东方香型香水）

组分	质量分数/%	组分	质量分数/%
檀香脑	1.2	橡苔	1.2
香兰素	1.8	香柠檬	4.5
麝香酮	0.6	茉莉	0.4
合成麝香	0.4	玫瑰	0.3
龙涎香醇	0.5	冬青油	0.04
龙蒿	0.5	薰衣草	0.06
当归	0.1	香兰素	0.3
香紫苏	0.6	胡椒醇	0.7
岩兰草	1.2	依兰油	1.4
沉香醇	0.6	乙酸肉桂酯	0.5
广藿香	0.4	安息香	1.0
异丁子香酚	0.7	乙醇	80.0
甲基紫罗兰酮	1.0		

配方 3（玫瑰香型香水）

组分	质量分数/%	组分	质量分数/%
合成玫瑰香精	2.0	玫瑰净油	0.5
白玫瑰香精	5.0	灵猫香净油	0.1
红玫瑰香精	7.0	麝香酊剂	5.0
玫瑰油	0.2	乙醇	80.0

配方 4（薰衣草香水）

组分	份数	组分	份数
薰衣草油	12.0	香柠檬油	3.0
苯乙醇	2.5	异丙醇	5.0
香荚兰素	0.5	乙醇	加至100
乙酸苯甲酯	2.0		

② 花露水　配方示例如下。

配方 1

组分	质量分数/%	组分	质量分数/%
玫瑰麝香型香精	3.0	酒精(95%)	75.0
豆蔻酸异丙酯	0.2	色素	适量
麝香草酚	0.1	去离子水	21.7

配方 2

组分	质量分数/%	组分	质量分数/%
硼酸	0.2~0.5	水杨酸	0.1~0.5
丙二醇	3.0~5.0	香精、色素	适量
麝香草酚	0.05~0.1	乙醇	70.0~75.0
薄荷脑	0.2~1.0	去离子水	加至100

配方 3

组分	质量分数/%	组分	质量分数/%
乙醇	75.0	二叔丁基对甲酚	0.01
玫瑰型香精	3.0	蒸馏水	21.98
乙二胺四乙酸钠	0.01		

配方 4

组分	质量分数/%	组分	质量分数/%
芦荟萃取液	0.3	乙醇	12.0
蜂蜜	12.0	精制水	71.0
柠檬油	4.7		

配方 5

组分	质量分数/%	组分	质量分数/%
紫草根萃取液	0.3	茉莉香精	2.0
蜂蜜	10.0	橙花油	2.7
乙醇	70.0	色素	适量
精制水	15.0		

配方 6

组分	质量分数/%	组分	质量分数/%
西洋甘菊	0.2	乙醇	78.0
迷迭香油	0.4	精制水	20.9
香柠檬油	0.5		

③ 古龙水　配方示例如下。

配方 1

组分	质量分数/%	组分	质量分数/%
柠檬油	5.0	乙醇	72.5
甲基葡萄糖(PO)$_{20}$醚	1.5	色素	适量
甲基葡萄糖(EO)$_{20}$醚	1.0	去离子水	20.0

配方 2

组分	质量分数/%	组分	质量分数/%
柠檬油	2.8	橙花油	0.15
玫瑰油	0.15	安息香	0.07
丁香油	0.23	乙醇	96.6

配方 3

组分	质量分数/%	组分	质量分数/%
柠檬油	1.4	精制水	16
香柠檬油	0.6	橙花香	0.8
乙醇	80.6	迷迭香油	0.6

第7章　特种化妆品

特种化妆品主要指通过某些特殊功能以达到美容、护肤、消除人体不良气味等作用的化妆品类型，其性能介于药品和化妆品之间，通常含有专属性较强的药效成分，但其作用相对缓和。特种化妆品主要包括防晒、祛斑美白、抗敏消炎、育发、脱毛、美乳、健美等化妆品类型。

7.1　防晒化妆品

防晒化妆品是指具有屏蔽或吸收紫外线作用，减轻因日晒引起皮肤损伤的化妆品。随着人们对紫外线危害性认识的逐步加深及自身保护意识的加强，防晒化妆品的需求增长迅速。

7.1.1　概述

人体经受日光暴晒后会出现皮肤红肿、红疹，甚至形成皮炎，严重时还会患皮肤癌。近年来的研究表明，上述皮肤问题主要是日光中的紫外线对人体皮肤的伤害。日光可分为三个区域：可见光区，波长为 $400 \sim 800nm$，占日光总能量的 51.8%；红外线区，波长为 $800nm$ 以上，占日光总能量的 42.1%；紫外线区，波长为 $200 \sim 400nm$，占日光总能量的 6.1%。紫外线区又可分为三个区域：短波紫外线区，波长为 $200 \sim 280nm$，简称为 UVC；中波紫外线区，波长为 $280 \sim 320nm$，简称为 UVB，它占有日光总能量的 0.5%；长波紫外线区，波长为 $320 \sim 400nm$，简称为 UVA，它占有日光总能量的 5.6%。

不同波段紫外线照射引起皮肤组织学的变化有所不同。紫外线中的短波紫外线经过平流层时，会被平流层中的臭氧吸收不到达地面，对人体无害，但随着平流层中臭氧层的破坏，短波紫外线也将会到达地面。中波紫外线可以穿透人体的表皮照射到真皮表面，虽不能再深入皮肤内部，但仍可产生强烈的皮肤光损伤，使被照射的真皮内血管扩张，呈红肿状。皮肤长久经受紫外线 UVB 段照射会出现红斑、炎症、皮肤老化，甚至引起皮肤癌，因此，UVB 段也称为晒红（伤）段，是主要的紫外线伤害的波段。长波紫外线 UVA 的能量较 UVB 低很多，但到达人体的总能量占紫外线总能量的绝大部分，UVA 的穿透力远比 UVB 强，可到达皮肤的真皮深处，经皮肤部位黑色素作用，可引起皮肤黑色素沉着，通过使皮肤变黑可对其起到抵御作用，也因此 UVA 又称为晒黑段。虽然 UVA 对皮肤的作用缓慢，不会出现急性炎症，但对皮肤的作用有累积效应，长期作用会引起皮肤老化，增加 UVB 对皮肤的伤害，因此，UVA 也是具有伤害的紫外线波段。而且，长期的日光照射还可能引起皮肤的光老化或光敏感，成为加速皮肤衰老重要的外源性因素，以及皮肤一系列相关疾病的引发因素之一。

紫外线辐射的强度和组成主要受纬度、海拔高度、季节和光照角度等因素的影响。位于地球南北纬 30° 之间的地区，UVB 的辐射最强；而在南北纬 60° 内，UVA 的辐射保持不变，我国在此段中，因此受 UVB 的辐射较强。海拔高度每增加 1000m，UVB 的辐射增强 15%，但 UVA 的辐射量不随海拔高度变化。UVA 随季节变化很小，一天之内，UVA 辐射几乎恒定，而 UVB 在 5 月到 9 月间辐射强度较大。在南北纬 50° 以上的地区，冬季几乎没有 UVB 的辐射伤害，而一天之中，UVB 的辐射在 10 点至 14 点间辐射最强。

通过向化妆品中添加对紫外线有吸收或屏蔽作用的天然或合成防晒剂，形成防晒化妆品，可在一定程度上有效抑制和减少日光中紫外线对人体皮肤和健康的伤害。因此，防晒化妆品的有效研发和安全使用意义明显。

7.1.2　产品类型及主要原料

(1) 产品类型

防晒化妆品可在膏霜类及乳液类的基础上通过添加防晒剂制得，其形态有防晒膏、防晒霜、防晒油、防晒凝胶、防晒乳液、防晒摩丝、防晒液等。

防晒膏霜和乳液的乳化体系是防晒制品中最流行的剂型。其优点是容易配入高含量的防晒剂，达到较高的防晒因子（SPF）值；容易铺展和分散于皮肤上，形成厚度均匀的防晒膜，且不会产生油腻感。其不足之处是性能稳定的乳液的配制较为困难；基质较为适于微生物的滋生，易变质腐败；难以获得满意的耐水或防水性能。

防晒油是防晒制品中最早使用的传统型品种，具有工艺简单、可大面积分散和铺展的特点，且防水和耐水性良好。其不足之处是形成的油膜较薄，不能达到较高的 SPF 值；多数防晒油为非极性的酯类，与非极性的油类相互作用，会使紫外线吸收峰向短波方向位移，甚至会降至低于 290nm 而失效。

防晒油膏制品的主要成分为矿物油和酯类，并添加凡士林和蜡类增稠剂，耐水和防水性好，适合游泳和运动时使用，但由于制品较黏，油腻感较重。

其他类防晒制品还包括棒状制品和摩丝类制品等。棒状制品主要含有油溶性防晒剂和油脂、蜡类，并常掺入少量的 TiO_2 和 ZnO，制品耐水和防水性好，使用较为方便，但不适合大面积涂用，且油腻感较重。摩丝类制品的原料体系与乳液相似，具有携带和使用方便的特点，但容器内的压力会随着温度的升高和剧烈的震荡而增大，增加了使用时的不安全性。

(2) 主要原料

防晒剂主要有紫外线屏蔽剂和紫外线吸收剂。借助对光有反射性的物质将光线反射出去，即紫外线屏蔽剂，如氧化锌、氧化铁、二氧化钛等；借助对紫外线有吸收的物质将有害的光线滤除，即紫外线吸收剂，如对氨基苯甲酸及其酯类、水杨酸酯类、二苯甲酮类、对甲氧基肉桂酸酯类等。多种天然来源的防晒剂因其安全性高、刺激性小等诸多优点越来越多的应用于防晒化妆品中。

某些防晒剂是水溶性的，某些是油溶性的，也有许多是溶解于酒精中的。水溶性的防晒效果不高，尤其是形成的薄膜易被汗液或水冲洗去；油溶性防晒剂溶解于油或油膏中，所制得制品通常在使用时有油腻感；而酒精溶解液可以形成持久的薄膜且无油腻感，因此效果相对较好。

防晒制品的基料对其防晒性能的影响较大，基质组分中对防晒效果影响较大的是润肤剂、乳化剂和成膜剂。润肤剂主要影响防晒制品的分散性和防晒剂对皮肤的渗透能力，特别是对防晒剂对皮肤角质层的渗透能力起着很重要的作用。使用有渗透能力的润肤剂可使防晒剂固定在皮肤的上皮层，从而发挥功效，但常用的润肤剂的渗透能力差别较大。润肤剂的铺展性对防晒制品的功效也有一定的影响，为形成平滑、均匀的表面膜，需要使用表面张力高的油相组分。乳化剂主要影响成膜的均匀性、乳液的铺展性、产品的耐水性和渗透性。要提高耐水性，要添加脂质乳化剂，并减少 HLB 值高的乳化剂的使用量。

各种植物油和蜡类可用于防晒化妆品中，这些物质都有轻微的保护作用。甘油也常用于这类产品中，主要发挥其滋润性、分散性和黏附性能。山梨醇可代替甘油达到同样的目的。胶质，如黄蓍胶粉和纤维素衍生物等，也能帮助防晒剂黏附在皮肤上，但这些物质的水溶性使薄膜对水或潮气的敏感性增加。某些聚硅氧烷类原料既能溶解防晒剂还可形成不油腻的薄膜，且能发挥油脂类的抗水效果。此外，防晒制品中还添加抗氧剂、螯合剂和香精等。抗氧化剂有助于防晒制品的稳定；螯合剂可络合那些使乳液变色的金属离子，并具有使防腐剂增效的作用；加入的香精需要考虑其是否具有光敏性和刺激性等。

7.1.3 制备工艺

防晒剂产品的制备方法及过程与其剂型相关。防晒油的制法是将防晒剂溶解于油中（部分制备过程或可需要加热促进溶解），溶解后加入香精等再经过滤即得；防晒膏的制备方法与雪花膏类似，是将水相混合溶解、油相加热熔化后，将二者搅拌混合，形成稳定的乳化体系，冷却加香即得；防晒霜的制法则与冷霜类似，将防晒剂溶解于热的油相中，然后将水相缓慢加入油相中，冷却加香即得；防晒液的制备过程中则是将所有组分加热溶解，冷却后加入香精、抗氧剂和防腐剂，冷至室温即得；防晒乳液的制法与其他乳液类化妆品类似，良好的乳化效果和制品的稳定性是制备的关键。

7.1.4 产品配方

防晒制品的配方示例如下。

配方 1（防晒油）

组分	质量分数/%	组分	质量分数/%
水杨酸薄荷酯	6.0	液体石蜡	20.5
棉籽油	50.0	香精、色素、抗氧剂	0.5
橄榄油	23.0		

配方 2（防晒膏）

组分	质量分数/%	组分	质量分数/%
单硬脂酸甘油酯	5.0	山梨醇	1.0
硬脂酸	13.0	水杨酸苯酯	5.0
羊毛脂	5.0	氨基苯甲酸乙酯	2.0
棕榈酸异丙酯	2.0	香精	0.5
三乙醇胺	1.0	去离子水	加至 100

配方 3（含紫外线屏蔽剂的防晒膏）

组分	质量分数/%	组分	质量分数/%
二甲基对氨基苯甲酸辛酯	8.0	棕榈酸辛酯	10.0
4-羟基-4′-甲氧基二苯甲酮	5.0	对甲氧基肉桂酸二乙醇胺	8.0
甲氧基肉桂酸辛酯	6.0	甘油	5.0
环状二甲基硅氧烷	10.0	TiO_2	3.0
硬脂酸单甘酯	5.0	黄原胶	0.2
苯基二甲基二苯甲酮	2.0	羟乙基纤维素	0.1
十六-十八醇、十六-十八醇醚	2.0	香精、防腐剂	适量
十六醇	1.0	去离子水	加至 100

配方 4（耐水防晒膏）

组分	质量分数/%	组分	质量分数/%
肉豆蔻酸异丙酯	7.0	十六醇	1.0
辛基二甲基对氨基苯甲酸酯	8.0	PEG-40 硬脂酸酯	1.5
甲氧基肉桂酸辛酯	7.5	黄原胶	0.3
4-羟基-4′-甲氧基二苯甲酮	5.0	DEA-十六醇磷酸酯	8.0
邻氨基苯甲酸薄荷酯	5.0	甘油	3.5
硬脂酸	3.0	香精、防腐剂	适量
硬脂酸单甘酯	4.0	去离子水	加至 100

配方 5（植物防晒膏）

组分	质量分数/%	组分	质量分数/%
单硬脂酸甘油酯	6.0	芦丁提取液	2.0
十八醇	10.0	KSH 天然防晒剂	0.01
硬脂酸	18.0	十二烷基硫酸钠	1.0
凡士林	2.0	V_C 衍生物	0.2
V_E 醋酸酯	2.0	硼砂	3.0
甘油	4.0	防腐剂	适量
超微氧化锌	2.5	去离子水	加至 100

配方 6（防晒霜）

组分	质量分数/%	组分	质量分数/%
单硬脂酸甘油酯	5.0	硼砂	1.0
蜂蜡	14.0	氨基苯甲酸薄荷酯	4.0
液体石蜡	35.0	香精	0.5
地蜡	1.0	去离子水	加至 100
凡士林	12.0		

配方 7（O/W 型防晒霜）

组分	质量分数/%	组分	质量分数/%
SF-9033 硅凝胶	1.0	Carbopol 940	0.2
十六醇	1.0	EDTA-Na$_2$	0.05
硬脂酸	1.0	防腐剂	适量
PEG 1540	1.0	聚二甲基硅油	4.5
Span-60	0.5	十甲基环五硅氧烷	2.0
二甲基硅油	0.5	Uvinul T-150（乙基己基三嗪酮）	2.0
肉豆蔻酸异丙酯	2.0	Uvinul MC-80（甲氧基肉桂酸乙基己酯）	
卵磷脂	1.0		4.0
去离子水	加至 100.0	三乙醇胺	1.0

配方 8（W/O 型防晒霜）

组分	质量分数/%	组分	质量分数/%
微晶蜡	1.0	失水山梨糖醇倍半油酸	1.5
白油	10.0	Escalol 557（甲氧基肉桂酸辛酯）	5.0
石蜡	5.0	Escalol 567（二苯甲酮-3）	2.0
凡士林	2.0	甘油	5.0
羊毛脂	3.0	香精、防腐剂	适量
肉豆蔻酸异丙酯	10.0	去离子水	55.5

配方 9（防晒液）

组分	质量分数/%	组分	质量分数/%
芦荟液（浓缩）	2.0	羧甲基纤维素	0.3
1,2-丙二醇	6.0	氢氧化钠	适量
二苯甲酮-4	3.0	香精	适量
苯基苯并咪唑磺酸	2.0	去离子水	加至 100

这是一种含水和醇的液体，有清爽感，使用方便。其中添加的是水溶性紫外线吸收剂，耐水性差。

配方 10（防晒乳液）

组分	质量分数/％	组分	质量分数/％
白矿油、羊毛醇	10.0	月桂醇聚氧乙烯(23)醚	1.0
硬脂酸	3.0	黄原胶	0.2
辛基二甲基对氨基苯甲酸酯	6.0	三乙醇胺(99％)	0.5
4-羟基-4-甲氧基二苯甲酮	2.5	香精、防腐剂	适量
可可脂	3.0	去离子水	加至100
肉豆蔻酸异丙酯	5.0		

7.2　美白祛斑化妆品

随着对皮肤结构和功能以及皮肤新陈代谢的生物化学过程的深入了解，在皮肤学家和化妆品学家的共同努力下，使皮肤的美白祛斑与皮肤医学更好地结合起来。一些美化皮肤用化妆品亦从过去着重于美学和心理学的因素，发展到美学和心理学与医学和生理学的并重。

美白祛斑化妆品是指用以减退皮肤表面色素沉着、提升皮肤白皙度的化妆品类型。正常时，人体皮肤内的黑色素能吸收过量的日光光线，特别是吸收紫外线，保护人体。随着其生成量的增多，皮肤会变暗、变黑；若生成的黑色素不能及时的代谢而聚集、沉积或对称分布于表皮，甚至出现雀斑、黄褐斑或老年斑等色斑。

7.2.1　概述

决定人体皮肤颜色的最主要的因素是黑色素，而人类的表皮基层中存在着一种黑素细胞，能够形成黑色素。当黑素细胞高时皮肤即由浅褐色变为黑色。黑素细胞的分布密度无人种差异，各种肤色的人基本相同，全身共约 10 亿～20 亿个。人体皮肤色泽主要决定于各黑素细胞产生黑色素的能力。一般认为，黑色素的生成机理是在黑素细胞内的黑素体上的酪氨酸经酪氨酸酶催化而合成的。黑色素量越多，皮肤越黑。酪氨酸氧化成黑色素的过程是复杂的，紫外线能够引起酪氨酸酶的活性和黑素细胞活性的增强，因而会促进这一氧化作用，尤其对原有的色素沉着也会因太阳的照射而进一步加深，甚至恶化。因此，紫外线的辐射是使皮肤变黑的物理因素。而黑色素产生后，不正常的代谢会产生聚集、沉积，进一步形成色斑。

雀斑、黄褐斑等色素沉着的病理原因是多方面的，病因也相当复杂，至今也尚未完全清楚。医学上认为主要是内分泌系统的失调、紊乱所引起的，和色素代谢异常有关，还认为雀斑与遗传有关，中医认为是因肝脾郁结、失和，肾虚所致，而紫外线的照射是外在的诱发因素。

黑色素的合成机理如图 7-1 所示。

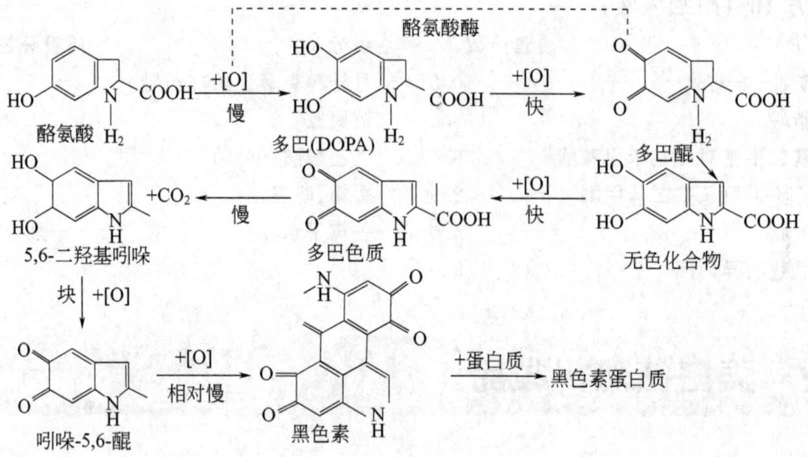

图 7-1　黑色素的合成机理

黑色素生成机理研究的不断深入，为美白祛斑化妆品的研制和开发提供了依据。基于黑色素的产生，以及色斑的形成机理，以防止色素沉积和减缓和去除色斑为目的的美白祛斑化妆品的主要作用途径包括以下几方面：①抑制黑色素的生成。通过抑制酪氨酸酶的生成和酪氨酸酶的活性，或干扰黑色素生成的中间体，或清除氧自由基，以改变黑色素的生成途径，从而防止黑色素的生成。②黑色素的还原、脱色，以及光氧化的防止。通过角质细胞刺激黑色素的消减，使已生成的黑色素淡化。③促进黑色素的代谢。通过提高肌肤的新陈代谢，使黑色素迅速排出肌肤外。④防止紫外线对皮肤的照射。通过防晒效果的制剂，用物理方法阻挡紫外线，排除由紫外线形成过多的黑色素。

7.2.2　主要原料

能减缓黑色素的生成、消除和减退皮肤的色素沉着和各种色斑的制剂称为美白祛斑剂，其多同时具有美白和祛斑的功效。其类型中包括化学药剂、生化药剂、中草药和动物蛋白提取物等。如熊果苷、曲酸及其衍生物、抗坏血酸及其衍生物、超氧化物歧化酶（SOD）等。半胱氨酸的巯基也具有还原黑色素的能力，可调节（竞争）黑色素的生成，改变和阻断黑色素的生成途径，因此，可抑制黑色素的生成，具有美白祛斑的作用。许多中草药或其他类天然植物提取物都有特定的有效成分，它们能抑制酪氨酸的活化，而阻断黑色素的生成；尤其具有安全、温和等优点，备受青睐。如木瓜提取物中除含有果酸外，含有一种天然蛋白质，它可置换黑色素形成过程的铜离子酶，而中断黑色素的生成，故具有良好的美白作用；再比如甘草提取物中的硬脂甘草酸等成分也是良好的美白剂；动物提取物，如胎盘、萃取液、珍珠水解液等，经实践表明均具有良好的美白作用；但天然美白祛斑剂，如维生素 C 及其衍生物、曲酸等也存在诸如稳定性不足或功效显现缓慢等不足。此外，对紫外线具有吸收或屏蔽作用的物质也可通过吸收或散射阳光中的紫外线，抑制黑色素的生成。

7.2.3 制备工艺

美白祛斑产品的制备方法及过程与其相应的剂型相关。美白化妆品的主要类型有增白霜、增白蜜和美白乳液等，其制法与一般对应类型的化妆品基本相同；而祛斑化妆品的主要类型有祛斑乳、祛斑霜、祛斑露、祛斑面膜、祛斑洗面奶等，祛斑化妆品的制备方法与其对应的化妆品的制备方法基本相同。

7.2.4 产品配方

① 美白类化妆品　配方示例如下。

配方 1（美白乳液）

组分	质量分数/%	组分	质量分数/%
L-抗坏血酸-聚氧乙烯加成物	2.0	甘油	5.0
橄榄油	15.0	对羟基苯甲酸甲酯	0.1
棕榈酸异丙酯	5.0	乙醇	7.0
聚氧乙烯壬基酚醚	0.5	去离子水	加至100

配方 2（增白霜）

组分	质量分数/%	组分	质量分数/%
十六醇	4.0	硬脂酸单甘油酯	2.0
凡士林	5.0	熊果苷	5.0
白矿油	8.0	甘油	5.0
角鲨烷	5.0	丙二醇	5.0
棕榈酸异丙酯	3.0	防腐剂	适量
聚氧乙烯(16)醇醚	2.0	去离子水	加至100
硬脂基二甲基氧化胺	3.0		

配方 3

组分 A	质量分数/%	组分 A	质量分数/%
3-乙酸乙酯基抗坏血酸	1.5	甘油单硬脂酸酯	3.0
凡士林	5.0	微晶蜡	11.0
氢化羊毛脂	7.0	蜂蜡	4.0
角鲨烷	34.0	Tween-80	1.0
己二酸十六烷酯	10.0		
组分 B	质量分数/%	**组分 B**	质量分数/%
丙二醇	2.5	去离子水	20.5
抗氧化剂、杀菌剂	适量		
组分 C	质量分数/%		
香精	0.5		

配方 4

组分 A	质量分数/%	组分 A	质量分数/%
蜂蜡	4.0	角鲨烷	37.5
十六醇	5.0	甘油脂肪酸酯	4.0
氢化羊毛脂	8.0		

组分 B	质量分数/%	组分 B	质量分数/%
甘油单硬脂酸酯	2.0	丙二醇	5
Tween-20	2.0	防腐剂、抗氧化剂	适量
半胱氨酸	0.25	去离子水	30.25

组分 C	质量分数/%
香精	适量

配方 5

组分 A	质量分数/%	组分 A	质量分数/%
角鲨烷	25.0	橄榄油	2.0
微晶石蜡	5.0	二乙基壬二酸酯	5.0

组分 B	质量分数/%	组分 B	质量分数/%
黄原酸树胶	1.0	去离子水	加至 100
尼泊金甲酯	0.2		

组分 C	质量分数/%
香精	0.55

配方 6

组分	质量分数/%	组分	质量分数/%
肉豆蔻酸异丙酯	5.0~15.0	大麦芽	0.1~0.5
甘油三硬脂酸酯	2.0~6.0	尼泊金甲酯	0.02~0.15
羊毛脂乙基氧化物	2.0~6.0	尼泊金丙酯	0.05~0.2
三乙醇胺	0.2~1.0	香精	0.3~1.0
蜂蜡	0.5~1.5	发酵浓乳液	1.5~6.0
甘油单硬脂酸酯	1.0~3.0	脱臭水貂油	加至 100
金丝桃油浸膏	0.1~0.3		

配方 7

组分	质量分数/%	组分	质量分数/%
鞣花酸钾	1.0	甘油单硬脂酸酯	2.0
左旋抗坏血酸	0.5	Tween-20	2.5
液体石蜡	10.0	1,3-丁二醇	5.0
角鲨烷	12.0	尼泊金甲酯	0.2
十八醇	5.0	香精	适量
蜂蜡	1.5	去离子水	加至 100

配方 8

组分	质量分数/%	组分	质量分数/%
甘油单硬脂酸酯	2.0	Tween-20	1.0
蜂蜡	1.0	凡士林	4.0
液体石蜡	15.0	尼泊金甲酯	0.1
抗坏血酸磷酸酯镁	3.0	N-十八酰基谷氨酸钠	1.0
二氯乙酸二异丙基胺	0.2	去离子水	加至100.0

配方 9

组分	质量分数/%	组分	质量分数/%
抗坏血酸二硫酸酯	1.0	十二烷基二甲基氧化胺	0.16
丙二醇	8.0	甘油单脂肪酸酯	1.5
甘油	5.0	防腐剂	适量
液体石蜡	1.0	膨润土	6.0
己二酸二异丙醇酯	3.0	去离子水	加至100.0
十二烷基磷酸酯三乙醇胺	0.08		

② 祛斑类化妆品　配方示例如下。

配方 1（祛斑乳）

组分	质量分数/%	组分	质量分数/%
角鲨烷	5.0	甘油	3.0
肉豆蔻酸异丙酯	5.0	黄原胶	0.1
十六醇	4.5	Vc 衍生物（Vc 磷酸酯镁）	1.5
甲基硅氧烷	0.5	EDTA-Na$_2$	0.1
聚氧乙烯甘油单硬脂酸酯	2.0	柠檬酸	适量
单硬脂酸甘油酯	4.0	香精、防腐剂	适量
植物精油	1.0	去离子水	71.3
1,3-丁二醇	2.0		

配方 1 中的植物精油可选择具有祛斑增白作用的金缕梅精油、七叶苷精油、洋甘菊精油、小黄瓜精油等；Vc 的磷酸镁盐为水溶性、稳定性好、易被皮肤吸收的衍生物，在体内可被酶分解为 Vc 而发挥作用，抑制黑色素和过氧化脂质的生成，具有良好的祛斑增白作用。

配方 2（祛斑膏）

组分	质量分数/%	组分	质量分数/%
人参提取液	0.1	氯化铵	2.0
樟脑	0.2	乙醇（75%）	0.5
蛋白质	1.0	玫瑰香精	适量
蜂蜡	30.0	精制水	加至100
白凡士林	15.0		

配方 3（祛斑露）

组分	质量分数/%	组分	质量分数/%
白芷萃取液	0.5	三乙醇胺	0.2
白油	12.0	硼砂	0.4
硬脂酸	2.0	甜橙油	0.5
凡士林	20.0	柠檬油	0.3
蜂蜡	6.0	精制水	加至100
羊毛脂	20.0		

配方 4（祛斑粉）

组分	质量分数/%	组分	质量分数/%
滑石粉	80.0	米淀粉	5.0
珍珠粉	0.5	抗氧剂	适量
氧化锌	7.5	香精	适量
钛白粉	6.0		

本品同时具祛斑与美容增白的功效。

7.3 抗敏化妆品

人们饮食结构的变化、大气污染、生活和工作压力的增大，以及使用的化妆品种类与成分的复杂化，提高了敏感皮肤出现及接受刺激的可能性，过敏患者逐年增加。尤其是在日本、美国等发达国家，皮肤敏感已经成为影响人类健康的社会问题。据不完全统计，全球自我感觉敏感性肌肤的人群越来越多，其中男性约占38%，女性约占61%。

皮肤敏感，是指对多种因素易感而诱发的主观感觉症状的皮肤状态，即皮肤反应性高、耐受性差甚至易过敏。敏感皮肤主要发生于面部，还有手脚、头皮等其他部位。医学上普遍认为皮肤敏感不是皮肤疾病，就日常状态而言，敏感皮肤并无客观皮损或皮肤疾病证据，主要特点是更为干燥、容易紧绷和发红；受到轻微刺激，即可产生瘙痒、脱屑甚至烧灼和刺痛等感觉，严重者可产生不良情绪或精神症状。由于敏感皮肤成因和机制的复杂性，目前尚无特效治疗的方法，因而针对性化妆品的使用和有意识的日常皮肤护理习惯有很重要的作用。

敏感皮肤易发生皮肤刺激和过敏，可视为二者产生的原因之一；皮肤刺激和过敏，都是敏感皮肤受到外源刺激后的反应。通常所说的"抗敏"，是指针对敏感皮肤的一系列修护作用，包括对其日常的护理和改善，抑制刺激反应，舒缓炎症和过敏。抗敏抗炎型皮肤用化妆品是指通过添加抗敏物质，有效阻隔过敏原、降低致敏原自身刺激性，抑制组胺等炎症介质释放，增强机体屏障功能以及清除体内的自由基等为主要目的而研发的化妆品类型。

7.3.1 概述

敏感皮肤的成因并不是特定物质的接触和作用，而是皮肤自身结构和感受神经的既定状态。其成因包括以下几个可能因素：①屏障功能，皮肤屏障能有效防止外界有害因素的入侵和体内营养物质的流失，皮肤屏障功能受损，是皮肤敏感的重要原因。研究者发现，角质层较薄的人更容易受化学物质的刺激，即薄弱的角质层使皮肤渗透能力强，刺激物更容易进入而引起皮肤的炎性反应。②神经因素，研究表明，敏感皮肤过敏反应与神经因素密切相关。敏感皮肤的发生与外周神经功能异常及中枢神经功能改变有关，特别是与其皮肤神经反应增强有关。③炎症反应，由于敏感皮肤存在屏障功能损伤或神经功能异常的特点，与正常皮肤相比更难于抵御外界刺激物与过敏原的侵袭，容易发生一系列刺激或过敏导致的皮肤炎症反应，然后进一步损害皮肤屏障结构与神经末梢，导致恶性循环。

相应地，防治皮肤过敏主要有如下四条途径。

① 远离过敏原，降低致敏原自身刺激性　过敏性皮炎实质上是一种由人体免疫功能失调而引起的皮肤病，临床上看到的大部分皮炎，都因过敏而引起。而过敏则是具有过敏体质的人在接触过敏原后，引发的免疫异常反应和免疫调节紊乱。因此，防治皮肤过敏最重要的是尽量避免与引起过敏的物质接触，因为随着与过敏物质接触的次数增加，体内针对过敏物的免疫物质也会随之增加，反应会更剧烈；相反如果长期不与过敏物质接触，那么相应的抗体或淋巴细胞就会渐渐减少，过敏反应也就会逐渐自行消失。

② 抑制组胺等炎症介质释放　组胺等炎症介质是自体活性物质之一，在体内由组氨酸脱羧基而成，组织中的组胺是以无活性的结合型存在于肥大细胞和嗜碱性粒细胞的颗粒中，以皮肤、支气管黏膜、肠黏膜和神经系统中含量较多。当机体受到理化刺激或发生过敏反应时，可引起这些细胞脱颗粒，导致组胺释放，与组胺受体结合而产生生物效应。

抗组胺是拮抗组胺对人体的生物效应，即应用抗组胺药物。抗组胺受体就是拮抗组胺的 H_1 和 H_2 受体。由于此两种受体在人体内分布不同而产生不同的效应，它是抗组胺药应用治疗疾病的生理药理基础。抗组胺药物可抑制肥大细胞释放组胺等过敏物质，抑制嗜酸性细胞和肥大细胞的分裂作用，从而阻止这类细胞在炎症部位的聚集，缓解炎症反应，达到治疗目的。

③ 增强机体屏障功能　广义的皮肤屏障功能指其物理性屏障作用，还包括皮肤的色素屏障作用、神经屏障作用、免疫屏障作用以及其他与皮肤功能相关的诸多方面；狭义的皮肤屏障功能通常指表皮，尤其是角质层的物理性或机械性屏障结构。从细胞分化和组织形成的角度来看，皮肤的物理性屏障功能不仅依赖于表皮角质层，而且依赖于表皮全层结构；从生化组成和功能作用方面来看，表皮的物理性屏障结构不仅和表皮的脂质有关，也和表皮的各种蛋白质、水、无机盐以及其他代谢产物密切相关。这些成分的任何异常都会影响皮肤的屏障功能，不同程度地参与

或触发临床皮肤疾病的病因及病理过程。

从生化组成来看，细胞间脂质在从棘细胞向角质细胞的分化过程中发生了显著变化，即极性脂类迅速减少，而中性脂类逐渐增加，尤其是鞘脂类如神经酰胺，后者储水保湿能力卓越，是化妆品中经常使用的保湿原料；从结构特点来看，细胞间脂质具有明显的生物膜双分子层结构，即亲脂基团向内，亲水基团向外，形成水脂相间的多层夹心结构。这种结构一方面保留了生物膜的半通透或选择性通透的性质，有利于某些小分子营养物质如电解质的吸收渗透，另一方面它结合了一部分水分子而把后者固定下来，这些水分就是所谓的结合水，即使在很干燥的情况下结合水也不会丢失。

细胞间脂质的上述特点与皮肤角质层屏障保持水分的能力密切相关。结构性脂质的任何变化包括数量的减少或组成比例的变化，均会直接影响皮肤的屏障结构，导致透皮水分丢失（TEWL）增加，皮肤干燥、脱屑等。敏感类肌肤的基因缺陷致类固醇硫酸脂酶缺乏，不能正常代谢角质层中的类固醇硫酸盐，后者在角质细胞间的堆积影响了细胞间脂质的正常结构，最终出现片状脱屑、皮肤干燥、屏障结构破坏等症状。

总之，脂质性屏障的异常不仅降低了皮肤的储水保湿功能，也直接影响着角质形成细胞的生长与分化调节，影响健康角质层的形成，而后者正是皮肤物理性屏障结构的核心部分，修复或增强皮肤的屏障功能是降低皮肤敏感度的有效方式。

④ 清除体内的自由基　有研究表明，过敏体质的形成，以及过敏的发作，都与机体内的自由基过多地堆积有关。而日趋严重的环境污染、化学品滥用及辐射问题，都会直接造成自由基在体内的堆积。过敏研究机构通过清除自由基，调节机体免疫，达到逐步改善过敏体质，使过敏原与机体的不良免疫反应降到最低限度。

生物体系主要遇到的是氧自由基，例如超氧阴离子自由基、羟自由基、脂氧自由基、二氧化氮和一氧化氮自由基。加上过氧化氢、单线态氧和臭氧，通称活性氧。体内活性氧自由基具有一定的功能，如免疫和信号传导过程。但过多的活性氧自由基就会有破坏行为，导致人体正常细胞和组织的损坏，从而导致人体出现敏感症状。

损害人体健康的自由基几乎都与那些活性较强的含氧物质有关，即活性氧自由基。活性氧自由基对人体的损害实际上是一种氧化过程。

大量研究已经证实，人体内本身就具有清除多余自由基的能力，这主要是靠内源性自由基清除系统，它包括超氧化物歧化酶（SOD）、过氧化氢酶、谷胱甘肽过氧化酶等一些酶和维生素 C、维生素 E、还原性谷胱甘肽、胡萝卜素和硒等一些抗氧化剂。酶类物质可以使体内的活性氧自由基变为活性较低的物质，从而削弱它们对机体的攻击力。酶的防御作用仅限于细胞内，而抗氧化剂有些作用于细胞膜，有些则是在细胞外就可起到防御作用。这些物质存在于人体内，只要保持它们的量和活力就会发挥清除多余自由基的能力，使体内的自由基保持平衡。要降低自由基对人体的危害，除了依靠体内自由基清除系统外，还要寻找和发掘外源性自由基清除剂，利用这些物质作为替身，让其在自由基进入人体之前就先与自由基结合，以阻断外界自由基的攻击，使人体免受伤害。

因此，降低自由基危害的途径通常有两条：利用内源性自由基清除系统清除体内多余自由基；发掘外源性抗氧化剂，即自由基清除剂，阻断自由基对人体的入侵。

以上四条防治途径，任何一条的阻断都会取得一定的防治效果。

7.3.2 主要原料

敏感皮肤的成因主要包括屏障功能缺陷、神经反应性过强或炎症反应的恶性循环，在此基础上将抗敏活性分为屏障功能修护、神经镇静及抑制炎症等类型。

在化妆品基质中添加具有防治皮肤过敏、消除皮肤炎症等功能的功效添加剂，可形成抗敏抗炎肤用化妆品。其组成原料除适合敏感皮肤用的基质原料外，主要是功能添加剂发挥了良好的抗敏感、消除皮肤炎症等作用。优异的抗敏化妆品不仅能高效清除自由基，而且可保护细胞膜不受自由基侵害，还可以抑制致敏因子——组胺的释放，能深入细胞从根本上阻断过敏反应的发生。但大部分抗组胺药为化妆品中的禁用或限用物质，长期使用会引发严重的副作用。筛选天然植物中的具有抗组胺效果、并被法规允许应用于化妆品中的天然活性成分，具有很好的市场前景。许多有价值的天然抗氧化剂也已陆续开发出来。如我国一些特有的食用和药用植物中，含有大量的酚类物质，这些物质有着很容易被自由基夺走的电子，而它们在失去电子后就会成为一种对人没有伤害的稳定物质。

除部分用于抗敏、消炎类的药物在化妆品中作为功能添加剂外，更多的天然来源的植物提取物在逐步应用于此类化妆品中，如仙人掌提取物、燕麦生物碱、表儿茶酸（简称EGCg）的衍生物、茶多酚、马齿苋提取物、紫苏油等。

仙人掌具有抗敏、保湿、舒缓、镇静作用，其中的生物碱类，尤其是墨斯卡林、黄酮类（如黄酮醇）、甾醇类（如谷甾醇）以及其他成分如油脂、蛋白质、多糖类、微量元素等在抗敏中起重要作用；其在过敏治疗中，可保证从源头上阻断肥大细胞和嗜碱粒细胞释放的组胺对靶器官的攻击和致敏作用，表现出良好的抗敏效果。

燕麦生物碱又名雀麦、野麦，有优异的抗敏抗刺激效果。燕麦作用温和，因此对于婴儿及有长期皮肤问题的人非常适用。实验证实，燕麦生物碱是燕麦中主要抗氧化活性成分，也是唯一在燕麦中发现的一类酚类化合物，大部分存在于籽粒外层的麸皮和次级糊粉层，还具有优异的止痒效果，其在非常低的含量下就能起到相应的功效作用。但其在燕麦中含量很低，麸皮中最高约含 400mg/kg，且提取工艺对燕麦生物碱含量和其抗氧化性有一定的影响。

表儿茶酸（简称EGCg）的衍生物、茶多酚能够减轻花粉症等过敏病症。研究表明，表儿茶酸的衍生物比已知的儿茶酸有更好的抗过敏症效果。其在制作红茶的过程中会因发酵而消失，而在制作绿茶过程中由于没有发酵工序因而得到保留。绿茶中的 EGCg 有较强的抗炎作用，可以显著地抑制体外 IL-1 信号转换，可能的机理包括对 IL-1 受体关联激酶依赖性传递信号和对磷酸化起抑制作用。

马齿苋含有 L-去甲肾上腺素、多巴明，及少量多巴、挥发油、氨基酸、维生素、黄酮和多糖等，具有广泛的药理活性及营养保健作用。马齿苋中含有丰富的具有生物活性的氨基酸，对血管平滑肌有收缩作用，并且此种收缩作用兼有中枢及末梢性（发生病变的位置不同），可以起舒缓皮肤和抑制因干燥引起的皮肤瘙痒的作用，还具有防止皮肤干燥、老化，增加皮肤的舒适度以及清除自由基等综合改善皮肤的性能。富含维生素 C、维生素 E 以及膳食纤维、果胶、矿物质等。其中维生素 C 和维生素 E 是较强的抗氧化剂，有一定的消除色斑、抗皮肤衰老的功效。马齿苋的铜元素含量较高，而体内铜离子是酪氨酸酶的重要组成部分，缺乏铜元素可导致黑色素生成减少，致使白发增多。

紫苏油是来自紫苏的提取物，紫苏是我家首批批准的药食两用植物，具有消痰、润肺、止痛、解毒等功效。紫苏油主要成分：α-亚麻酸、棕榈酸、亚油酸、油酸、硬脂酸、维生素 E，18 种氨基酸及多种微量元素。其中人体必需脂肪酸尤为丰富。紫苏油具有抗过敏、抗炎症功能，可抑制 PAF 的产生。进一步研究还证明，其作用机理是因为紫苏油能抑制 PAF 前体脱脂 PAF 向 PAF 转化的关键酶 CoA，它具有强的抑制 PAF 和白三烯产生的作用。紫苏油还具有抗衰老功能，摄取紫苏油可明显提高红细胞中超氧化物歧化酶（SOD）的活力，对延缓机体衰老有明显作用。而 SOD 通过对 O 起歧化作用合成水，再由其他抗氧化酶连续代谢变成水，清除自由基。

此外，许多其他植物来源的抗敏成分，如金雀花、积雪草、金盏花、欧洲七叶树、甘草等植物的活性成分可以帮助消除皮肤敏感性反应，起到舒缓、降低刺激、消除水肿、红血丝等不良症状。产于中国、印度、日本等地的金银花、葛根、槐花和金缕梅等提取物，对于抗炎、抗过敏、抗氧化都具有一定效果。其他植物的提取物也具有抗敏功效，如：牡丹酚苷有天然抗过敏功效、消炎抗菌作用；麦冬，有抗组胺、抗敏止痒作用；枳实提取液有抗过敏作用；黄芩苷具有祛斑美白、抗过敏、防晒和抗菌杀菌作用；春黄菊/洋甘菊提取液，具有抗过敏、止痒等功能，镇静，适合干性与过敏皮肤；龙葵总碱具有抗肿瘤、升血糖、强心、抗过敏、抗菌等作用。

7.3.3　设计原则

由于过敏性皮肤的症状因人而异，其表现也各不相同。因此，筛选和确定此类护肤品配方时需十分慎重，有较多方面区别于其他类皮肤用化妆品，主要遵循的原则有如下几项。

(1) 避用化妆品常见致敏原

皮肤过敏的原因之一可能是由于化妆品中的某些成分，对皮肤细胞产生刺激，使皮肤细胞产生抗体，从而导致过敏。化妆品接触性皮炎的常见致敏原主要有以下几种。

① 防腐剂 防腐剂是引起化妆品接触性皮炎的最常见成分，在统计的化妆品皮炎致敏物中约有 30%～40% 为防腐剂，较多的为对羟基苯甲酸酯类、咪唑烷基脲、季铵盐-15(Q-15)、甲醛和异噻唑啉酮类。在调查常用防腐剂过敏率的过程中，显示甲醛和甲基异噻唑啉酮的过敏率一直处于高水平。甲醛很少作为化妆品防腐剂使用，但化妆品中许多其他防腐剂在使用后可以释放出甲醛，如咪唑烷基脲、双咪唑烷基脲、季铵盐-15 等。在我国和欧盟的化妆品法规中，规定化妆品中游离甲醛的含量不得超过 0.2%，也有文献报道甲醛引起过敏或皮炎所需的阈浓度远低于此，分别为 $30\mu g/L$（0.003%）和 $250\mu g/L$（0.025%）。

② 香料香精 香料香精是许多化妆品中的必需成分，也是引起化妆品皮炎的常见因素，约占化妆品皮炎致敏物的 20%～30%。香料香精能在与皮肤直接接触时引起皮肤过敏，可在应用部位引起化妆品接触性皮炎和光敏性接触性皮炎，也能在其挥发过程中通过呼吸引起人体过敏，是不可忽视的过敏原。但由于香料香精的种类繁多以及成分的复杂性，加大了其具体致敏原检测的难度。

③ 表面活性剂及染发剂 表面活性剂是引起化妆品接触性皮炎的另一主要因素，约占致敏物的 15% 左右。如，SDS 是目前公认的刺激原标准物，油酰胺丙基二胺阳离子乳化剂也是一种近来报道较多的过敏原。再如染发剂中对苯二胺（PPD）引起的接触性过敏众所周知，PPD 及其衍生物是永久和半永久染发剂中的主要染色物质，也是头发染黑的主要功效物质，其过敏反应的发生率相当稳定。慢性的过敏性接触皮肤炎，会引起长期的头皮瘙痒，甚至掉发，而急性反应更会引起红肿和流出、渗出液体，除了头皮外，有时甚至连脸和眼皮都会红肿，所以有过因染发剂引起接触性皮肤炎病史的患者，需避免使用。

其他，如常用化妆品中的甲苯磺酰胺以及甲醛类物质都是常见的过敏源，很容易引起皮肤过敏以及一些皮肤病。此外，防晒剂、抗氧化剂、抗菌剂等都是化妆品接触性皮炎常见的致敏原。

（2）加强皮肤屏障修复

敏感类肌肤的皮肤屏障功能普遍存在不同程度的缺陷，因此屏障功能的修复和加强，可以从配方设计方面实现可控性和操作性。

（3）配方成分精简，提供保湿组分

针对敏感类皮肤的配方应讲求精简，成分越复杂，其致敏的危险性就越高。首先，敏感性皮肤不宜去掉角质。角质薄和角质损伤是造成敏感的主要原因，因而配方的首要原则就是维护角质不受伤害。另外，由于敏感性肌肤的表皮层较薄，缺乏对紫外线的防御能力，容易老化，因此，应该注意防晒产品的使用，防晒产品的成分也是易刺激皮肤的因素之一，因此在选择防晒添加剂时应提前做好刺激性和致敏性实验检测。其次，敏感性肌肤的角质层常常不能保持足够的水分，从而导致出现发痒现象。具有此类肤质的人，会比一般人更敏锐地感觉到环境中水分的缺失或变化，皮肤缺水、干燥，因而配方设计时应注意相应的保湿，特别是对干燥性的皮肤配方，应选用含有更温和更有效的保湿剂。

7.3.4 产品配方

抗敏、抗炎类化妆品配方示例如下。

配方 1 抗敏乳液

组相 A	质量分数/%	组相 A	质量分数/%
鲸蜡硬脂醇聚氧乙烯(2)醚	1.2	棕榈酸乙基己酯	4.0
鲸蜡硬脂醇聚氧乙烯(21)醚	1.5	聚二甲基硅氧烷	2.0
氢化聚异丁烯	5.0	生育酚	0.5
辛酸甘油三酸酯/癸酸甘油三酸酯	3.0	尼泊金甲酯/尼泊金乙酯	0.2/0.1
组相 B	质量分数/%	组相 B	质量分数/%
Carbopol	0.1	燕麦 β-葡聚糖	3.0
丙三醇	5.0	甘草酸二钾	0.2
麦冬提取物	1.0	丙二醇	3.0
扭刺仙人掌茎提取物	2.0	去离子水	加至 100.0
海藻糖	3.0		
组相 C	质量分数/%	组相 C	质量分数/%
三乙醇胺	0.1	氮酮	1.0

配方 2 舒敏保湿乳

组相 A	质量分数/%	组相 A	质量分数/%
聚甘油-3-甲基葡糖二硬脂酸酯	2.5	生育酚乙酸酯	1.0
氢化聚异丁烯	3.0	红没药醇	0.15
辛酸甘油三酯/癸酸甘油三酯	3.0	乳木果油	2.0
澳洲坚果油	4.0	聚二甲基硅氧烷	2.0
鲸蜡硬脂醇	0.5		
组相 B	质量分数/%	组相 B	质量分数/%
Carbopol	0.1	海藻糖	2.0
汉生胶	0.1	仙人掌提取液	3.0
甘油	3.0	己二醇	1.0
EDTA-Na$_2$	0.03	水	加至 100.0
丁二醇	3.0		
组相 C	质量分数/%		
10%NaOH 水溶液	适量		
组相 D	质量分数/%		
1%透明质酸钠水溶液	3.0		
组相 E	质量分数/%		
苯氧乙醇	0.6		

配制过程中，将 A 相原料加热到 80℃，保温灭菌 30min，待用；将 B 相原料 Carbopol 均匀分散至水中，快速搅拌使其完全水合，甘油、丁二醇和汉生胶搅拌均匀后加入到水中，加入 B 相其余原料，加热到 80℃，搅拌溶解均匀，保温灭菌 30min；将 A 相加入 B 相中，均质 3000r/min，均质 5min；搅拌降温，55℃加入 C 相原料，调整体系 pH 值为 6.5 左右；搅拌降温，50℃以下加入 D 相原料，搅拌均匀；搅拌降温，40℃以下加入 E 相原料，搅拌均匀；38℃以下，取样检测，出料。

配方3　抗敏膏霜

组相 A	质量分数/%	组相 A	质量分数/%
鲸蜡硬脂醇聚氧乙烯(2)醚	1.5	辛酸甘油三酯/癸酸甘油三酯	4.0
鲸蜡硬脂醇聚氧乙烯(21)醚	2.0	棕榈酸乙基己酯	3.0
液体石蜡	3.0	聚二甲基硅氧烷	2.0
生育酚	0.5	十四酸异辛酯	3.0
鲸蜡硬脂醇	2.0	沙棘油	2.0
单硬脂酸甘油酯	1.0	尼泊金甲酯/尼泊金乙酯	0.2/0.1
组相 B	质量分数/%	组相 B	质量分数/%
丙烯酸酯/$C_{10} \sim C_{30}$ 烷基 丙烯酸酯交链共聚物	0.2	燕麦 β-葡聚糖	3.0
		甘草酸二钾	0.2
丙三醇	4.0	丙二醇	3.0
海藻糖	3.0	去离子水	加至 100
组相 C	质量分数/%	组相 C	质量分数/%
三乙醇胺	0.2	氮酮	1.0

配方4　抗敏爽肤水

组相 A	质量分数/%	组相 A	质量分数/%
丙三醇	5.0	海藻糖	3.0
丙二醇	3.0	甘草酸二钾	0.5
扭刺仙人掌茎提取物	5.0	去离子水	加至 100.0
组相 B	质量分数/%	组相 B	质量分数/%
重氮咪唑烷基脲	0.2	氮酮/PEG-40 氢化蓖麻油	1.0
透明质酸	0.1		

配方5　舒敏修复爽肤水

组相 A	质量分数/%	组相 A	质量分数/%
水	加至 100.0	汉生胶	0.05
甘油	4.0	EDTA-Na$_2$	0.03
丁二醇	3.0	己二醇	1.0
组相 B	质量分数/%	组相 B	质量分数/%
海藻糖	1.0	芦荟粉	0.1
D-泛醇	0.15	尿囊素	0.15
组相 C	质量分数/%		
苯氧乙醇	0.5		

制备工艺：将 A 相中甘油、丁二醇、汉生胶搅拌均匀后，加入水、己二醇、EDTA 搅拌均匀；加热到 85℃，保温灭菌 30min；加入 B 相原料，搅拌溶解均匀；搅拌降温，40℃以下加入 C 相原料，搅拌溶解均匀；38℃以下，取样检测，出料。

配方 6　抗敏啫喱

组相 A	质量分数/%	组相 A	质量分数/%
丙烯酸酯/$C_{10} \sim C_{30}$ 烷基	0.65	燕麦 β-葡聚糖	3.0
丙烯酸酯交链共聚物		海藻糖	3.0
丙三醇	5.0	扭刺仙人掌茎提取物	5.0
丙二醇	3.0	去离子水	加至 100
组相 B	质量分数/%	组相 B	质量分数/%
重氮咪唑烷基脲	0.2	三乙醇胺	0.9
氮酮/PEG-40 氢化蓖麻油	1.0		

配方 7　舒敏修复精华素

组相 A	质量分数/%	组相 A	质量分数/%
甘油	4.0	EDTA-Na$_2$	0.03
丁二醇	3.0	己二醇	1.0
汉生胶	0.02	水	加至 100
组相 B	质量分数/%	组相 B	质量分数/%
海藻糖	1.0	甘草酸二钾	0.2
芦荟粉	0.3		
组相 C	质量分数/%		
丙烯酰二甲基牛磺酸铵-VP 共聚物	1.2		
组相 D	质量分数/%		
1%透明质酸钠水溶液	3.0		
组相 E	质量分数/%		
苯氧乙醇	0.6		

制备工艺：将 A 相中甘油、丁二醇、汉生胶搅拌均匀后，加入水、己二醇、EDTA-Na$_2$ 搅拌均匀；加热到 85℃，保温灭菌 30min；加入 B 相原料，搅拌溶解均匀；搅拌降温，55℃加入 C 相原料，搅拌均匀；搅拌降温，50℃以下加入 D 相原料，搅拌均匀；搅拌降温，40℃以下加入 E 相原料，搅拌均匀；38℃以下，取样检测，出料。

配方 8　舒敏保湿面膜

组相 A	质量分数/%	组相 A	质量分数/%
甘油	3.0	EDTA-Na$_2$	0.03
丁二醇	3.0	戊二醇	2.0
汉生胶	0.05	水	加至 100
组相 B	质量分数/%	组相 B	质量分数/%
海藻糖	2.0	PCA 钠	1.0
D-泛醇	0.15	尿囊素	0.15
芦荟粉	0.1	霍霍巴蜡 PEG-120 酯类	1.0

组相 C	质量分数/%
苯氧乙醇	0.4

制备工艺：将 A 相中甘油、丁二醇、汉生胶搅拌均匀后，加入水、戊二醇、EDTA 搅拌均匀；加入到 85℃，保温灭菌 30min；加入 B 相原料，搅拌溶解均匀；搅拌降温，40℃以下加入 B 相苯氧乙醇，搅拌溶解均匀；38℃以下，取样检测，出料。

配方 9　舒敏保湿睡眠面膜

组相 A	质量分数/%	组相 A	质量分数/%
水	加至 100.0	丁二醇	3.0
丙烯酸(酯)类/C_{10}～C_{30}烷醇		汉生胶	0.02
丙烯酸酯交联聚合物	0.6	己二醇	1.0
甘油	4.0	EDTA-Na_2	0.03
组相 B	质量分数/%	组相 B	质量分数/%
海藻糖	1.0	甘草酸二钾	0.0
芦荟粉	0.0		
组相 C	质量分数/%		
10%NaOH 水溶液	适量		
组相 D	质量分数/%		
1%透明质酸钠水溶液	4.00		
组相 E	质量分数/%		
苯氧乙醇	0.50		

制备工艺：将 A 相丙烯酸（酯）类/C_{10}～C_{30}烷醇丙烯酸酯交联聚合物撒入水中，待完全水合后，将甘油、丁二醇、汉生胶搅拌均匀后加入水中，加入己二醇、EDTA 搅拌均匀；加入到 85℃，保温灭菌 30min；加入 B 相原料，搅拌溶解均匀；搅拌降温，55℃加入 C 相原料，搅拌均匀，调整体系 pH 值为 6.5 左右；搅拌降温，50℃以下加入 D 相原料，搅拌均匀；搅拌降温，40℃以下加入 E 相原料，搅拌均匀；38℃以下，取样检测，出料。

7.4　抑汗除臭化妆品

抑汗除臭化妆品是用来抑制汗腺分泌，去除或减轻汗腺分泌物的臭味，清除体臭或腋臭的化妆品类型。人体皮肤的气味和体臭主要来自汗腺和皮脂腺的分泌物及其与皮肤上的微生物相互作用，发生变化后的产物通常为挥发性小分子。要去除或减轻体臭，或防止体臭需要抑制汗腺分泌和皮脂腺分泌，消除或降解引起体臭的物质。一般抑汗除臭剂主要适用于除腋下体臭。

7.4.1　概述

腋下出汗是由于小汗腺和大汗腺的分泌作用，而且主要是小汗腺的汗液。汗腺中的小汗腺遍布全身，主要功能是通过皮肤出汗、水分蒸发使体温控制在正常范围内，精神方面的压力也会引起小汗腺的响应，如手心和脚心的出汗，而味觉的刺激可引起鼻尖、前额以及唇部的出汗。小汗腺分泌汗液的成分几乎全部是水，固体含量仅为 $0.3\% \sim 0.8\%$，固体中主要含有氯化钠、微量的乳酸和尿素。小汗腺分泌物的 pH 值为 $4.5 \sim 6.5$。大汗腺在人体上只见于少数部位，如腋窝、乳晕、脐窝、肛门生殖器、外耳道内变形大汗腺等。大汗腺于青春期后分泌活动增加，受肾上腺神经纤维支配，即受激素控制，情绪变化影响大汗腺的分泌。大汗腺分泌奶样乳浊物，含有蛋白质、脂质、碳水化合物和盐类等，虽然它们本身不具有很浓的气味，但经皮肤表面细菌的分解可产生臭气，尤其是大汗腺所分泌的汗腺，经细菌分解后，可发出特异的臭气，因散发于腋窝处，一般称之为腋臭或狐臭。大汗腺发达、汗腺分泌旺盛的人会有可能产生腋臭，人种、饮食、运动、精神等因素也与腋臭的产生有关。

体臭的防治可以采用局部除臭的方法，如讲究卫生、保持皮肤干燥；使用外涂药物，予以治疗；重症患者可通过手术切除腋下大汗腺；而采用特种抑汗除臭剂进行局部涂敷，以破坏大汗腺而进行除臭是目前普遍采用的方法，可通过抑制汗液的分泌量，去除汗臭；还可通过抑制、杀灭细菌，制止细菌的作用，或两者同时兼用。此外，还可通过芬芳香精进行掩盖。

祛臭化妆品较为普遍使用的品种主要有：祛臭露（祛臭化妆水）、祛臭霜和气溶胶祛臭剂（粉）等。

7.4.2 主要原料

祛臭化妆品中的主要原料是抑汗剂、除臭剂和杀菌剂，这些大多为化妆品限用物质，因此在配方中的使用浓度应符合化妆品卫生标准及其原料的安全使用规范等的相关规定。

具有抑制人体汗液过量分泌和排出的主要物质是收敛剂，这类化合物主要是锌盐和铝盐。它们对蛋白质有凝聚作用，接触皮肤后，能使汗腺口肿胀而堵塞汗液的流通，间接地减少或抑制排汗。铝盐除具有抑汗作用外，还具有杀菌、抑菌作用。常用的抑汗剂有羟基氯化铝、硫酸铝钾、柠檬酸铝、苯酚对磺酸锌、尿囊素氯羟基铝、尿囊素二羟基铝等。简单的铝盐易水解，溶液呈较高的酸性，对皮肤和衣物都有较大的影响；采用硫酸铝或氯化铝则需要加入缓冲剂，常添加尿素和其他可溶性氨基化合物以减少其对衣服的沾污，但效果不甚理想；氯化铝的刺激性很大，其用量不可太高。因此，简单铝盐较少直接用于抑汗剂配方中。羟基氯化铝等碱式铝盐以及复合型金属盐抑汗剂，呈弱碱性，对皮肤的刺激性和衣物的沾污和损伤较少，成为较常见的抑汗剂品种，如碱式氯化铝的复盐可以在没有缓冲剂存在的情况下使用。

具有抑菌、杀菌作用的物质类型是杀菌剂，利用杀菌剂可以抑制细菌的繁殖和分解，直接防止体外汗液的分解变臭。常见的杀菌防臭剂有六氯酚、三氯生（2,4,

4′-三氯-2′-羟基二苯醚)、氯化苄烷胺、盐酸洗必泰等，这些物质在使用时均有限用量。现在还配用季铵盐型表面活性剂，如鲸蜡基吡啶氯盐、烷基三甲基氯化铵等，这类制品的安全性高，对皮肤的刺激性小，功效持久，但在和其他类抑汗除臭剂复配时须考虑某些季铵盐品种与硫酸根离子是不相容的。此外，抑汗剂还可使用硼、叶绿素的衍生物（铜钾盐、铜钾钠盐和镁钠盐等）、精油和香料等。

具有祛臭作用的物质有氧化锌，因氧化锌或某些碱性锌盐可与产生体臭的低级脂肪酸进行反应生成金属盐，部分除去臭气。国内还常使用中草药，如广木香、丁香、藿香、荆芥等的制剂作为除臭剂。

如果膏霜类祛臭剂采用氯化苯酚类，则需严格选择与其相容的乳化剂类型。硬脂酸钾和硬脂酸的雪花膏类乳化体可作为这类物质良好的基体。而非离子型乳化剂则会影响这类产品的杀菌性能。

液状除臭剂的有效成分一般采用季铵盐类化合物，因其在皮肤上有附着的倾向，不易被汗液冲洗去，因此杀菌和祛臭的效能较长久。通常将季铵盐类原料溶解于水或50%的酒精溶液中，加入叶绿素衍生物与季铵盐类化合物并用于祛臭液和祛臭霜，配方中还加入香料和保湿剂。

一般的芳香水，如香水、花露水等也可以消除或掩盖一般的汗臭。

7.4.3 制备工艺

液体抑汗剂的配方较为简单，大部分是含有收敛性的盐类，另外含有少量的保湿剂、香料、香料的分散剂等的水或酒精水溶液。因抑汗剂是酸性的，因此应选用在酸性不会变色和变味的香料。少量的非离子表面活性剂，如聚氧乙烯单棕榈酸失水山梨醇酯类，可使香料分散于溶液中。如采用祛臭剂则须能溶于抑汗剂溶液中。配方中通常加入酒精以阻止抑汗剂在溶液中水解的倾向，增加挥发率。其制备过程包括将水溶性成分在同一容器内搅拌混合，缓慢加入表面活性剂和抑汗剂成分直至成为透明澄清的溶液，然后加入香精。

膏霜类抑汗剂是较为流行的品种，这类产品含有15%～20%的收敛性盐类，采用的乳化剂是在酸性中较为稳定且与收敛性盐类相容的乳化剂。适宜于膏霜类的保湿剂很多，如甘油、丙二醇、山梨醇和聚乙二醇（400）等是抑汗霜中常用的保湿剂。保湿剂在配方中的用量一般是3%～10%，浓度过高会使膏体涂敷于皮肤后有潮湿的感觉。膏霜类抑汗剂的制备过程较液体制品复杂。具体为：将油脂和乳化剂共同加热至75～85℃，将水性原料混合后加热至同一温度加入，搅拌使起乳化作用。冷却乳化体，加入配方中的部分粉料并继续搅拌使混合均匀，控制温度在35～40℃时加入铝盐，继续搅拌使铝盐完全溶解，膏体均匀，然后缓慢加入已磨细的剩余粉料，维持搅拌直至溶解，最后加入香精，搅拌均匀并冷至室温。如果配方中加入收敛性盐类的含量较高，则膏霜类抑汗剂的制备中，膏体需经过研磨过程，以保证产品的均匀一致性。

7.4.4　产品配方

抑汗除臭剂的配方示例如下。

配方 1（液体抑汗剂）

组分	质量分数/%	组分	质量分数/%
碱式氯化铝	16.0	乙醇	42.0
鲸蜡基吡啶氯盐	0.5	香精	0.25
丙二醇	5.0	去离子水	加至100.0

将水、丙二醇和乙醇在同一容器内搅拌混合，缓慢加入表面活性剂鲸蜡基吡啶氯盐和碱式氯化铝直至成为透明澄清的溶液，然后加入香精即得。

配方 2（抑汗膏）

组分	质量分数/%	组分	质量分数/%
单硬脂酸甘油酯	17.0	尿素	5.0
鲸蜡	5.0	钛白粉	0.5
月桂醇硫酸钠	1.5	香精	0.2
甘油	5.0	去离子水	加至100.0
硫酸铝	18.0		

将油脂和乳化剂一起加热至75～85℃，将水和甘油混合后加热至同一温度加入，搅拌使起乳化作用。冷却乳化体，加入配方中的钛白粉并继续搅拌使混合均匀，控制温度在35～40℃时加入铝盐，继续搅拌使铝盐完全溶解，膏体均匀，然后缓慢加入已磨细的尿素，维持搅拌直至溶解，最后加入香精，搅拌均匀并冷至室温。

配方 3（除臭膏）

组分	质量分数/%	组分	质量分数/%
硬脂酸单甘油酯	10.0	氢氧化钾	1.0
硬脂酸	5.0	甘油	10.0
鲸蜡醇	1.5	香精	0.8
肉豆蔻酸异丙酯	2.5	去离子水	加至100.0
六氯二苯酚基甲烷	0.5		

将六氯二苯酚基甲烷及油脂、蜡类物质在同一容器内熔化均匀，保持温度在75℃，将氢氧化钾、水及甘油在另一容器内溶解并加热至同一温度，将水相加入油相中并不断搅拌，直至温度降至室温，香精在45℃时加入，静置过夜，经搅拌后灌装。

配方 4（抑汗霜）

组分	质量分数/%	组分	质量分数/%
硫酸铝	18.0	丙二醇	5.0
单硬脂酸甘油酯	16.0	钛白粉	0.5
十六烷基硫酸钠	1.5	去离子水	48.8
鲸蜡	5.0	香精	0.2
尿素	5.0		

配方 5 (抑汗乳液)

组分	质量分数/%	组分	质量分数/%
羊毛脂的乙酰化聚氧乙烯衍生物	2.0	胶态硅酸铝镁	1.0
羊毛脂的衍生物甾醇萃取物	5.0	去离子水	48.0
鲸蜡醇	2.0	水合氯化铝(50%)	36.0
甘油	2.0	香精、防腐剂	适量
乙二醇硬脂酸酯	4.0		

配方 6 (抑汗霜)

组分	质量分数/%	组分	质量分数/%
水合氯化铝	18.0	氯化双氧化牛油烷基二甲基铵	8.0
无水乙醇	36.0	疏水处理水辉石	
挥发性聚硅氧烷	4.0	甘油三(二十二酸)酯	4.0
丁醇聚氧乙烯(14)醚	4.0	滑石粉	6.0
十八醇	19.0	香精	1.0

配方 7 (乳液型抑汗剂)

组分	质量分数/%	组分	质量分数/%
环状二甲基硅氧烷(Dow Corning 344)	20.0	四氯化羟锆铝-甘氨酸(35%水溶液)	58.0
环状二甲基硅氧烷、二甲基硅氧烷聚醚(Dow Corning 3225C)	10.0	去离子水	3.3
		丙二醇	8.7

配方 8 (抑汗喷剂)

组分	质量分数/%	组分	质量分数/%
环状二甲基硅氧烷(Abil B-8839)	7.0	二氧化硅	0.5
十六醇二甲基硅氧烷(Abil Wax-9801)	0.5	羟基氯化铝	6.5
肉豆蔻酸异丙酯	0.5	异丁烷-丙烷	85.0

配方 9 (气雾剂型抑汗剂)

组分(基质配方)	质量分数/%	组分(基质配方)	质量分数/%
丙酸肉豆蔻酯(Lonzest 143-S)	64.0	二氧化硅	3.0
羟基氯化铝(微细粉体)	33.0	基质/推进剂＝25/75	

注:推进剂选择参照"4.3.1 喷雾发胶"的"(1) 主要原料"的"②喷射剂"中的气体类型。

配方 10 (抑汗粉)

组分	质量分数/%	组分	质量分数/%
滑石粉	40.0	硬脂酸锌	6.0
高岭土	5.0	绣绒菊提取物	0.5
碱式氯化铝	18.0	柠檬油	0.5

本品具有抑汗、消炎止痒、除臭等多种功效,且有柠檬香味。

配方 11（乳膏型止汗剂）

组分	质量分数/%	组分	质量分数/%
四氯水合锆铝	55.0	山梨醇(70%水溶液)	3.0
Arlacel 165 乳化剂	15.0	去离子水	22.0
鲸蜡醇	5.0		

7.5 脱毛化妆品

脱毛化妆品是指具有减少、消除体毛作用的化妆品。用脱毛化妆品可达到净肤、洁肤、增强美感的作用。因不是借助于剃刀或镊子等去除毛发，且可使皮肤表面的绒毛除净，刺激性低，无痛楚感，并使皮肤光滑，因此，又将此类化妆品称为化学脱毛剂。这一类脱毛剂一般是膏霜状产品。

良好的化学脱毛剂的性能要求是：在短时间内能软化体毛，作用温和，对皮肤安全、无刺激性，脱毛效率高等。

7.5.1 概述

人体的毛发和体毛的成分是相同的，都是由角蛋白组成。体毛和毛发的角蛋白的分子链间除存在氢键、盐键、范德华力、共价多肽和酯键等外，还存在二硫键。二硫键是贡献毛发刚度和机械强度以及稳定性的主要键合形式，它对一般的酸碱性介质环境以及大多数有机介质是惰性的。因此，一般情况下，在接近室温时，稀酸或稀碱以及有机溶剂对角蛋白没有明显作用。但二硫键可被还原剂还原而发生断裂，毛发的机械强度也因此降低，容易被折断除去。脱毛剂就是通过还原剂的作用破坏二硫键和多肽键。其脱毛机理是：在碱性条件下，利用还原剂将构成体毛的主要成分角蛋白胱氨酸链段中的二硫键还原成半胱氨酸，从而切断体毛，达到脱毛的目的。碱性物质的作用主要是辅助肽键的水解以及膨胀毛发，使还原剂的渗入和处理更为明显。

7.5.2 主要原料

过去所使用的脱毛还原剂主要是无机硫化物，如硫化钠、硫化钙、硫化锶、硫化钡等。这些无机盐还原剂有较强的臭味和刺激性，且容易氧化而失去活性，目前已较少使用，逐渐被巯基乙酸盐类所取代。除有机类的巯基乙酸盐类（钙、钾、钠盐）可作为还原剂外，与巯基乙酸类似的巯甘醇也可用作脱毛剂。在脱毛化妆品配方中，巯基乙酸钙等盐类的刺激性低，其臭味也较少，是主要的脱毛剂原料，还需有氢氧化钾或氢氧化钠（钙）来提高产品的碱性。脱毛剂和卷发剂的作用都是破坏毛发中的二硫键，但卷发剂在处理中要防止硫化链完全破坏，因此，不完全丧失毛发的刚度是极为重要的；而脱毛剂目的则是要求足够的破坏二硫键的能力，因此，二者所使用的碱性物质的类型不同。脱毛剂中使用的是非挥发性的强碱，处理效果好且不具有不良的挥发气味。此外，还常加入尿素等脱毛辅助剂，以利于体毛的角蛋白膨胀而取得较佳的脱毛效果。

脱毛化妆品的主要品种有液体、膏体和粉体状制品，常见的有脱毛液（露）和脱毛膏霜。

研究表明，较好的脱毛剂的巯基乙酸盐的浓度为 2.5%～4.0%，某些情况可达 6%～7%；制剂的 pH 值范围在 9.0～12.5，常为 10.5～12.5；一般配成 O/W 型乳化体系，还通常添加水溶性的聚合物来增加制品的稳定性。O/W 型乳液的润湿和溶胀作用较 W/O 型乳化体系强，脱毛功效较高。

7.5.3　制备工艺

脱毛液的制法是将还原剂和其他水性原料混合后，将香料溶解于酒精后加入上述水溶液，搅拌均匀，调节体系的 pH 值，过滤后避光保存。

膏霜类脱毛剂的制备区别于其他剂型的脱毛剂制备，是将油相熔化、水相溶解并混合形成乳化体后，需要将组分中的还原剂和碱剂以及部分水混合形成水溶液或浆状物，然后加入乳化体系中，搅拌均匀后加入香精，继续搅拌。或直接将还原剂、碱剂溶入水相中进行配制，用碱进行体系 pH 值的调节。

7.5.4　产品配方

化学脱毛剂的配方示例如下。

配方 1（脱毛霜）

组分	质量分数/%	组分	质量分数/%
白油	3.0	巯基乙酸钾（30%水溶液）	15.0
十六醇	4.0	氢氧化钙	0.5
羊毛醇	1.0	氢氧化钾（30%水溶液），（调节 pH	适量
鲸蜡硬脂醇（及）聚乙二醇	5.0	值为 12.5）	
鲸蜡硬脂醇醚	5.0	香精、色素、防腐剂	适量
羟乙基纤维素	0.2	去离子水	66.3

制备过程：将油相熔化、水相溶解并混合形成乳化体后，将巯基乙酸盐和氢氧化物以及部分水混合形成水溶液或浆状物，然后加入乳化体系中，搅拌均匀后加入香精，继续搅拌。或直接将巯基乙酸盐类、氢氧化物溶入水相中进行配制，用碱进行体系 pH 值的调节。

配方 2（脱毛液）

组分	质量分数/%	组分	质量分数/%
巯基乙酸钙	7.0	氨水（调节 pH 值为 13.4）	适量
甘油	12.0	香精	1.0
酒精	8.0	去离子水	加至 100

制备过程：将巯基乙酸钙、甘油和水混合后，将香料溶解于酒精后加入上述水溶液，搅拌均匀，调节体系的 pH 值，过滤后装入棕色瓶中。

参 考 文 献

[1] 阎世翔.化妆品科学（上、下册）[M].北京：科技文献出版社，1995.

[2] 裘炳毅.化妆品化学与工艺技术大全 [M].第 2 版.北京：中国轻工业出版社，2000.

[3] 刘程，等.表面活性剂应用大全 [M].北京：北京工业大学出版社，1992.

[4] 童俐俐，冯兰宾.化妆品工艺学 [M]修订版.北京：中国轻工业出版社，1999.

[5] 王培义.化妆品——原理·配方·生产工艺 [M].北京：化学工业出版社，1999.

[6] 刘程.表面活性剂应用手册 [M].北京：化学工业出版社，1992.

[7] 光井武夫编.新化妆品学 [M].张宝旭译.北京：中国轻工业出版社，1996.

[8] 王艳萍，赵虎山.化妆品微生物学 [M].北京：中国轻工业出版社，2002.

[9] 包于珊.化妆品学 [M].北京：中国纺织出版社，1998.

[10] 白景瑞，滕进.化妆品配方设计及应用实例 [M].北京：中国石化出版社，2001.

[11] 肖子英.化妆品学 [M].天津：天津教育出版社，1988.

[12] 王鹏.实用化妆品配方 [M].昆明：云南科技出版社，1989.

[13] A.J.森泽尔 [美]编.化妆品分析 [M].曾仲韬，周恒荣，徐卫明译.北京：中国轻工业出版社，1987.

[14] 宋琦如，金锡鹏，沈光祖.几种皮肤增白剂的功效评价 [J].日用化学工业，2002，32（2）：47-49.

[15] 宋启煌.精细化工工艺学 [M].第 2 版.北京：化学工业出版社，1996.

[16] 方佑龄.肤色超微粉末氧化锌的制备 [J].涂料工业，1991（4）：4-7.

[17] 李萍.化妆品用肤色二氧化钛的制备研究 [J].化学工业，2002（2）：32.

[18] 余克全.抗衰老化妆品的原料 [J].日用化学工业，1999（4）：62-63.

[19] 李芳怀.抗衰老化妆品 [J].日用化学工业.1996（3）：55-57.

[20] 汪昌国，金抒，李华山.皮肤美白剂进展 [J].日用化学工业.2002，32（4）：56-64.

[21] 杨亚军，林莉，程艳，等.天然活性物美白功效的细胞生物学研究 [J].日用化学工业，2002，32（3）：19-21.

[22] 王纪文，等.添加剂功效的实验研究 [J].日用化学工业，2000（3）：12-13.

[23] 李安良.杨淑珍.郭秀茹.熊果苷的进展 [J].日用化学工业，2000，30（4）：62-65.

[24] 依凡林.皮肤美白剂的比较 [J].日用化学工业，2000，30（4）：62-65.

[25] 宁岭.皮肤的美白 [J].日用化学工业，1998（3）：24-27.

[26] 殷蕾，李斌，蒋人俊，等.美白添加剂美白效果的评价研究 [J].日用化学工业，1997，3：41-44.

[27] 于涛，荆国林.新型表面活性剂烷基糖苷的合成研究 [J].日用化学工业，2000（4）：17-19.

[28] 何坚，孙宝国.香料化学与工艺学——天然·合成·调和香料 [M].北京：化学工业出版社，1995.

[29] 孙宝国.香精概论 [M].北京：化学工业出版社，1996.

[30] 夏铮南，王文君.香料与香精 [M].北京：中国物资出版社，1998.

[31] 杨先麟，吴璧耀，邝生鲁.精细化工产品配方与实用技术 [M].武汉：湖北科技出版社，1995.

[32] 刘创.牙膏中活性原料综述 [J].日用化学品科学，1997（6）：13-14.

[33] 王福庚，郑林.日化产品学 [M].北京：中国纺织出版社，1998.

[34] 化妆品生产工艺编写组.化妆品生产工艺 [M].第 2 版.北京：中国轻工业出版社，1989.

[35] 张复强.中国化妆品行业的现状与未来 [J].日用化学科学，2001，24（2）：5-7.

[36] 张殿义.中国化妆品工业发展趋势 [J].日用化学品科学，2001，24（2）：1-2.

[37] 尹贝立.21 世纪化妆品开发热点 [J].日用化学品科学，2001，24（3）：27-29.

[38] 符移才，魏少敏，金锡鹏，等.21 世纪生命科学发展与化妆品研究开发 [J].日用化学品科学，2001，24（5）：34-37.

[39] 张晓冬．中国化妆品市场发展与展望［J］．日用化学品科学，1999（1）：19-23．

[40] 张殿义．发展中的中国化妆品工业［J］．日用化学品科学，1999（6）：17-19．

[41] 徐良，步平．美白去斑化妆品及其未来发展［J］．日用化学工业．2001，（2）：42-45．

[42] 张殿义．中国化妆品工业回顾与展望［J］．日用化学品科学，1998（2）：32-35．

[43] 贾爱群，孙洋，王建新，等．美白剂的发展现状与黑色素抑制机理的研究进展［J］．日用化学工业，2001，31（2）：41-44．

[44] 顾发荧．日用化工产品及原料制造与应用大全［M］．北京：化学工业出版社，1997．

[45] 李和平，葛虹．精细化工工艺学［M］．北京：科学出版社，1998．

[46] 肖子英．中国药物化妆品［M］．北京：中国医药科技出版社，1992．

[47] 毛培坤．新机能化妆品和洗涤剂［M］．北京：中国轻工业出版社，1993．

[48] 孙绍曾．新编实用日用化学品制造技术［M］．北京：化学工业出版社，1996．

[49] 张丽卿．化妆品检验［M］．北京：中国纺织出版社，1999．

[50] 杨先麟．精细化工产品配方与实用技术［M］．武汉：湖北科学技术出版社，1995．

[51] 程铸生．精细化工品化学［M］．上海：华东理工大学出版社，1996．

[52] 冯盛．精细化工手册［M］．广州：广东科技出版社，1993．

[53] 陆晔，周名权，吕小枫，等．特殊用途化妆品的功效评价［J］．环境与健康杂志，2001，18（2）：121-124．

[54] 黄畋，仲王旬．某些化妆品致色素作用的实验研究［J］．中国皮肤科杂志，1996，（6）：430-431．

[55] 宋琦如，金锡鹏．皮肤美白剂的作用原理及其存在的卫生问题［J］．环境与健康杂志，2000，17（2）：119-120．

[56] 曾繁涤．精细化工产品及工艺学［M］．北京：化学工业出版社，1997．

[57] Gilchrest B A，Park H Y，Eller M S，et al．Mechanisms of ultraviolet light induced pigmentation［J］．Photochem Photobiol，1996，63：110．

[58] 常建民．紫外线引起皮肤色素沉着的机制［J］．国外医学皮肤性病学分册，2000，26（6）：334-336．

[59] Krasagakis K，Garbe C，Eberle J．Tumour factors and interleukins inhibit the growth and modulate the antigen expression of normal human melanocytes in vitro［J］．Arch Dermatol Res，1995，287（3-4）：259．

[60] 吴志华．现代皮肤性病学［M］．广州：广东人民大学出版社，2002：16．

[61] 《日用化工原料手册》编写组．日用化工原料手册［M］．第2版．北京：中国轻工业出版社，1994．

[62] 冯培基．日用化工产品［M］．第2版．北京：化学工业出版社，1994．

[63] 郑星泉．化妆品卫生检验［M］．天津：天津大学出版社，1994．

[64] 杜小豪，徐卫，杜雪洁．防晒化妆品UVA区效果评价方法的研究［J］．日用化学工业，2002，32（1）：68-71．

[65] 李东光．实用化妆品生产技术手册［M］．北京：化学工业出版社，2001．

[66] 毛培坤．化妆品功能性评价和分析方法［M］．北京：中国轻工业出版社，1998．

[67] 王慎敏，唐冬雁．日用化学品化学［M］．第2版．哈尔滨：哈尔滨工业大学出版社，2008．

[68] 宋启煌，王飞镝．精细化工工艺学［M］．第3版．北京：化学工业出版社，2013．

[69] 冯清，徐文清，刘敏．营养与美容——揭开健康与美丽的奥秘［M］．武汉：华中科技大学出版社，2013．

[70] 李敏，陈宇宇，温文忠，等．儿童化妆品原料及其性能研究进展［J］．精细与专用化学品，2014，22（9）：16-19．

[71] 樊豫萍．防晒化妆品功效性评价与发展趋势［J］．香料香精化妆品，2014（4）：49-54．

[72] 杨云，李焯原，李鑫宇．国内外化妆品市场现状浅析［J］．日用化学品科学，2013，36（6）：3-5．

[73] 陶丽莉，刘洋，吴金昊，等．化妆品美白功效评价方法研究进展［J］．日用化学品科学，2015，38

（3）：15-21.

[74] 申桂英 . 化妆品原料市场现状与发展趋势 [J] . 精细与专用化学品，2014，22（10）：16-20.

[75] 董银卯，邓小锋 . 化妆品植物原料现状、应用与发展趋势 [J] . 轻工学报，2016，31（4）：30-38.

[76] 谢艳君，孔维军，杨美华，杨世海 . 化妆品中常用中草药原料研究进展 [J] . 中国中药杂志，2015，40（20）：3925-3931.

[77] 杨艳伟，刘思然，罗嵩，等 . 化妆品中防腐剂使用情况调查 [J] . 环境卫生学杂志，2012，2（2）：56-59.

[78] 李想，胡君姣，李琼，等 . 抗衰老化妆品及其功效评价 [J] . 香料香精化妆品，2013（5）：58-62.

[79] 马艳春，孙海峰，杨菲菲 . 美白中药化妆品添加剂功效评价方法的研究进展 [J] . 中医药学报，2016，44（1）：81-84.

[80] 龙燕，谢俊彪 . 纳米微胶囊技术与纳米化妆品研究进展 [J] . 轻工标准与质量，2015（2）：57-58.

[81] 郝志刚 . 水溶性高分子化合物的品种与应用 [J] . 精细与专用化学品，2016，24（4）：1-4.

[82] 王丹，谢小丽，胡璇，等 . 天然香料在化妆品中的应用现状 [J] . 现代生物医学进展，2013，13（31）：6189-6193.

[83] 李峰，王涛 . 我国化妆品工业发展趋势 [J] . 中国洗涤用品工业，2014（10）：65-69.

[84] 杨嘉萌 . 植物提取物在化妆品中的应用及展望 [J] . 日用化学工业，2013，43（4）：313-316.

[85] 刘薇，陈庆生，龚盛昭，等 . 表皮生长因子及其在化妆品中的应用研究进展 [J] . 日用化学品科学，2014，36（1）：36-39.

[86] 刘培，李传茂，刘德海，等 . 海洋天然产物在化妆品中的应用 [J] . 广东化工，2015，42（296）：98-99.

[87] 李九零，朱鹏，陈海敏 . 海藻中生物活性物质在药用化妆品中的研究进展 [J] . 天然产物研究与开发，2015，27：1979-1984.

[88] 樊琳娜，贾焱，蒋丽刚，等 . 敏感皮肤成因解析及化妆品抗敏活性评价进展 [J] . 日用化学工业 . 2015，45（7）：409-414.

[89] 黄韵璇，李海峰，黄泽波 . 天然药物抗氧化活性物质研究进展 [J] . 广东药学院学报，2016（4）：1-5.

[90] 丁姣，白耀辉 . 生物活性美容多肽的研究进展 [J] . 广东化工，2016，43（328）：97-98.